面向“十二五”高等院校应用型人才培养规划教材

现代工程制图

Modern Engineering Graphics

精品课主讲人　谢　军　王国顺◎主　编
朱　静◎副主编

Modern
Engineering
Graphics

中国铁道出版社有限公司
CHINA RAILWAY PUBLISHING HOUSE CO., LTD.

图书在版编目（CIP）数据

现代工程制图/谢军，王国顺主编．—北京：中国铁道出版社，2010.8（2023.7 重印）

面向“十二五”高等院校应用型人才培养规划教材

ISBN 978-7-113-10769-7

Ⅰ．现…　Ⅱ．①谢…②王…　Ⅲ．工程制图-高等学校-教材　Ⅳ．TB23

中国版本图书馆 CIP 数据核字（2009）第 210271 号

书　　名：现代工程制图
作　　者：谢　军　王国顺

责任编辑：曾亚非　　**编辑部电话：**（010）63551926
封面设计：薛小卉
责任校对：张玉华
责任印制：樊启鹏

出版发行：中国铁道出版社有限公司（100054，北京市西城区右安门西街 8 号）
网　　址：http://www.tdpress.com/51eds/
印　　刷：三河市航远印刷有限公司
版　　次：2010 年 8 月第 1 版　　2023 年 7 月第 9 次印刷
开　　本：787 mm×1 092 mm　1/16　**印张：**15.25　**字数：**372 千
书　　号：ISBN 978-7-113-10769-7
定　　价：35.00 元

前言

Preface

党的二十大报告强调，教育要以立德树人为根本任务，要坚持科技自立自强，加强建设科技强国。

工程制图课程是工科院校的一门技术基础课，同时也是教育部教学优秀评价指定的六门课程之一。其传统的教学方法是以投影理论为基础，以圆规、直尺、图板为工具，以黑板、挂图、模型为媒介，从点、线、面的投影入手，是在学生缺少对空间形体的感性认识的基础上进行的，从而给人以枯燥无味、空洞抽象的印象。尽管目前已经实现了以“甩掉图板”为目标的计算机辅助绘图，但是，工程制图课程教学体系仍延续传统模式。而实际上，人类的认知过程是从三维到二维，首先在脑海里形成三维立体，再运用投影知识与理论进行二维表达。传统的教学方法恰恰与之相反，增加了学习难度。

大连交通大学（原大连铁道学院）的《画法几何与工程制图》课程，1996 年被评为铁道部优秀课程，2001 年为辽宁省首批优秀课程，2003 年为辽宁省精品课程。几代制图人在本课程的教学工作中进行了多年的探索工作，本书在总结多年教学改革成果的基础上，结合工程类、电子类等专业特点编写而成。本教材的特点如下。

(1)从立体入手，了解立体的分类与形成，了解立体的三维与二维表达方式，理解课程的研究对象、方法和手段，在此基础上进入课程的研究与学习。这种先见森林后见树木的学习方式，有利于学生有目的、有计划地开展学习，有利于调动学生学习的主动性、积极性。

(2)把传统制图与计算机绘图的基本原理统一起来，将几何图形的信息量化为坐标形式，引入平面图形完全定义、欠定义及过定义的概念，使几何图形的描述具有可检验性。

(3)用二叉树表达基于特征的参数化实体造型的形体分析思路，与传统教学中仅限于简单的叠加、挖切相比，更重视指导学生按符合实际的设计思路进行形体的空间构形，从而培养更强的形体分析能力和工程意识。

(4)以三维立体为主线，贯穿整个教材内容，解决了传统教学中的凭空想象问题。强调基本几何要素在立体上的表达，强调组合体的空间分析，强调机件的功能、工艺结构，强调装配体的工作原理，使空间想象直观、形象地表现出来，逐渐实现由三维空间表达到二维平面表达的思维转换，有利于空间想象力的培养。

(5)在计算机绘图部分，结合实例重点讲解应用 AutoCAD 2008 绘制图样的思路、方法,具有快速入门的指导作用。通过计算机绘图技术的引导性学习和绘图实践,达到熟练运用软件的目的。

(6)本教材采用最新颁布的《机械制图》、《技术制图》、《CAD 制图》及相关的国家标准。

《现代工程制图习题集》与本书配套使用。本教材可供普通高等院校近机械类、电子类专业学生使用,也可供其他专业学生和工程技术人员参考。

参加本教材编写工作的有:大连交通大学谢军(第 1 章、第 3 章部分)、王国顺(第 7 章、第 8 章)、朱静(第 4 章、第 5 章)、阎晓琳(第 2 章、第 6 章、第 10 章)、张凤莲(第 9 章、附录)、辽宁科技大学石加联(第 3 章部分),谢军、王国顺任主编,朱静任副主编,高中保教授任主审。

本教材在编写过程中,参考了相关的教材、习题集及论文等(见书后的参考文献),在此向有关作者表示谢意。限于我们水平和教改实践的局限,加之时间紧迫,内容不当之处在所难免,敬请各位读者批评指正。

编　者

2023.7.20

教学建议

本课程的研究对象与任务

本课程的研究对象是工程图样。图样是工程界用来表达物体形状、大小和有关技术要求的图形技术文件。设计者通过图样表达设计意图和要求，制造者通过图样了解设计要求、组织生产，使用者通过图样了解产品结构和性能、掌握使用及维护方法。因此，图样和文字、数字一样，是人们进行技术交流的重要工具，被誉为工程界的技术语言。

本课程是工科院校一门重要的技术基础课程，是应用投影的方法在平面上表示空间立体、图解空间几何问题，研究绘制和阅读工程图的原理和方法。目的是培养绘制、阅读工程图样的能力。其主要任务：

(1)学习投影理论，培养空间思维能力；

(2)学习机械制图国家标准的有关知识，培养贯彻、执行国家标准的意识；

(3)培养仪器绘图、徒手绘图及计算机绘图的能力以及阅读工程图样的能力；

(4)通过绘图实践，培养耐心细致、一丝不苟的工作作风。

本课程的基本内容

本课程基本内容可分为画法几何、制图基础及工程图三个方面。画法几何部分主要包括正投影理论及图解一般空间几何问题；制图基础部分主要包括机械制图、工程制图的相关国家标准及组合体的绘图与读图的方法，培养学生的空间想象能力；工程图部分主要包括零件图、装配图的绘制和阅读，标准零件的种类、用途和规定画法等。计算机绘图与实践环节将贯穿整个教学过程。常见的72学时及48学时的教学学时安排建议见下表。

教学学时安排建议

教学内容	建议学时(72学时)	建议学时(48学时)
第1章　绪论	2	3
第2章　制图的基本知识与基本技能	6(含绘图实践2)	5(含绘图实践2)
第3章　工程图的投影基础	16(含习题课)	10(含习题课)
第4章　组合体	12(含绘图实践4)	10(含绘图实践2)
第5章　图样的基本表示方法	8(含绘图实践4)	8(含绘图实践2)
第6章　零件与零件图	8(含绘图实践2)	4
第7章　标准件与常用件	4(含绘图实践2)	2
第8章　装配体与装配图	8(含绘图实践2)	2
第9章　计算机绘图基础	6	4
第10章　展开图与焊接图	2	

□ 本课程的学习方法

本课程是一门既有系统的理论又有较强实践性的技术基础课。要学好本课程必须要注重实践，即在认真学习投影理论的基础上，通过由浅入深的绘图、读图实践，来不断地分析、想象空间形体与二维图样的对应关系，逐步提高空间想象能力和分析能力。学习中要做到：

(1)在学习投影理论的同时，要注意积累对空间立体模型、零件、部件的感性认识，为提高空间想象能力奠定基础；

(2)除上课认真听讲、积极思考以外，更重要的是多动手画图、多想象立体，深入理解三维立体与二维图形之间的转换规律；

(3)在仪器绘图、徒手绘图及计算机绘图练习中，掌握绘图技能并培养贯彻国家标准的工程意识。

目录
Contents
现代工程制图
Modern Engineering Graphics

第1章　绪　　论

1.1　立体的分类与形成

从形体分析的观点来研究形体的分类、组成规律，从而更深刻地认识空间形体，以便正确的表达空间形体。

1.1.1　立体的分类

立体分为基本立体和组合体。常见的基本立体有棱柱、棱锥、圆柱、圆锥、圆球等。组合体则结构千变万化，但其都是由基本立体按一定规律组合而成。

1. 基本立体

基本立体可以看成是由若干表面所围成的形状简单的几何体，依据表面性质不同分为平面立体和曲面立体，常见的曲面立体为回转体。

完全由平面包围而成的实体称为平面立体，常见的平面立体有棱柱和棱锥两种。平面与平面的交线称为棱线，棱线与棱线的交点称为顶点。通常按其底面边数来命名，如图1.1(a)、(b)所示分别为六棱柱、三棱锥。

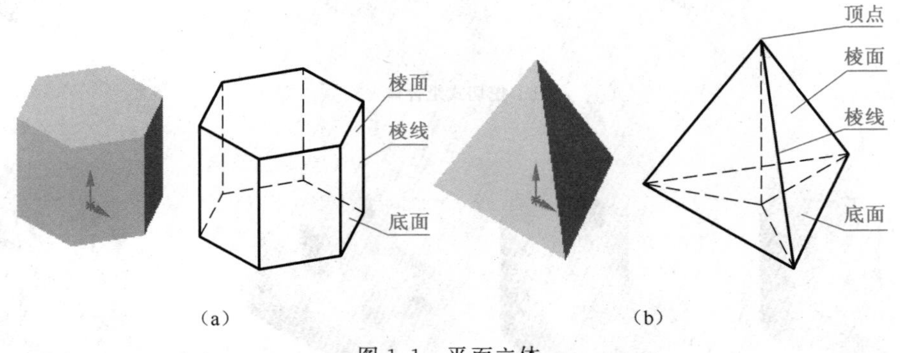

图1.1　平面立体

回转体是由回转面或回转面和平面围成的实体，形成回转面的动线(直线、圆或其他曲线)称为母线，围绕其旋转的定线称为轴线，任意位置的母线称为素线，母线上任意一点的运动轨迹均为垂直于轴线的圆，称为纬圆，如图1.2(a)所示。常见的回转体有圆柱、圆锥、圆球和圆环，如图 1.2(b)所示。

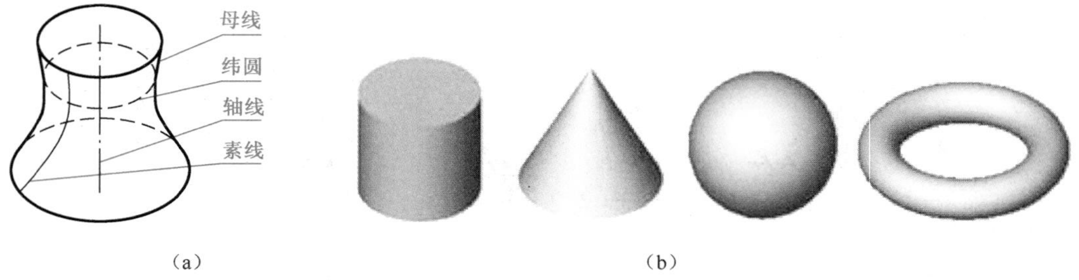

(a)　　　　(b)

图 1.2　回转面的形成及常见回转体

2. 组合体

基本立体是构成组合体的基本单元，组合体由基本立体通过叠加、挖切等组合方式生成叠加式组合体、挖切式组合体以及更为复杂的综合式组合体，如图 1.3 所示。

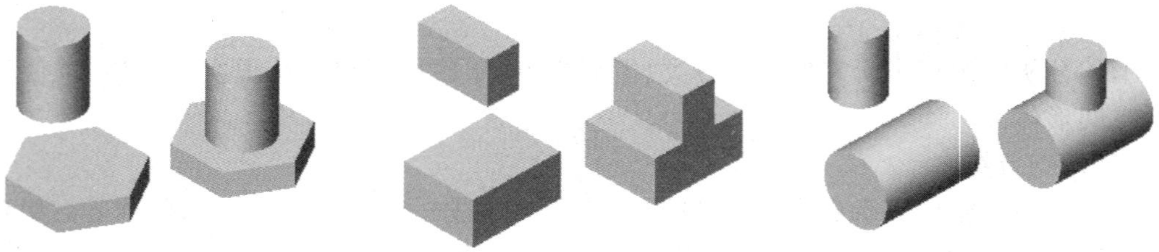

(a) **叠加式组合体**

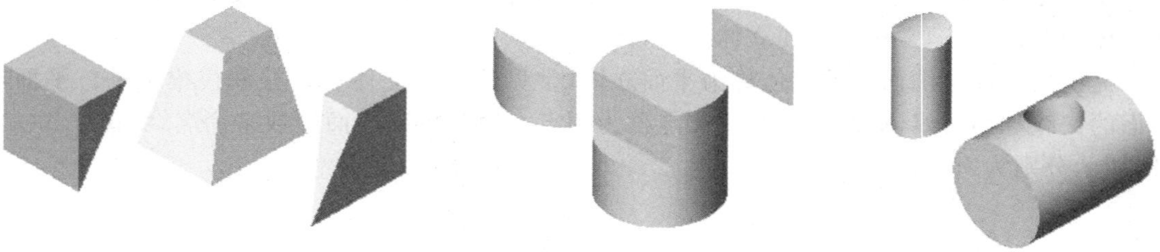

(b) **挖切式组合体**

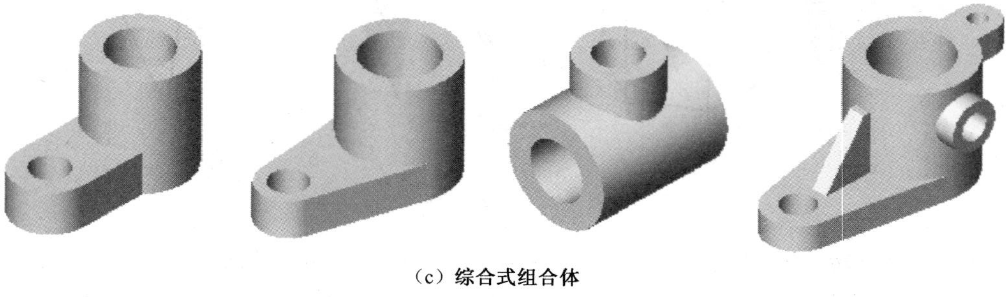

(c) **综合式组合体**

图 1.3　组合体

1.1.2 立体的形成

立体可由不同的方式形成，这里以计算机三维实体造型的观点来阐述立体的形成方式。常见的计算机实体造型方法为特征建模法。特征是指各个基本体及可一次成形的简单体，组合体的建模即是各种特征的组合。特征的形成是通过对特征面的拉伸、旋转、放样等不同运算方式而形成。

1. 基本体的形成

棱柱、圆柱等柱类基本体，其特征面即为其底面，沿与底面垂直的方向拉伸，即形成各种柱类形体，如图 1.4 所示。

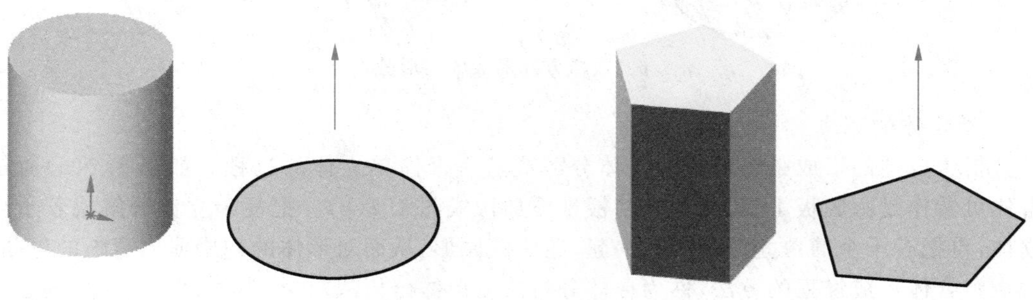

图 1.4 拉伸方式形成的柱类基本体

回转体均可由特征面绕轴线旋转而成，特征面相对于轴线的位置不同则生成不同的回转体，如图 1.5 所示。

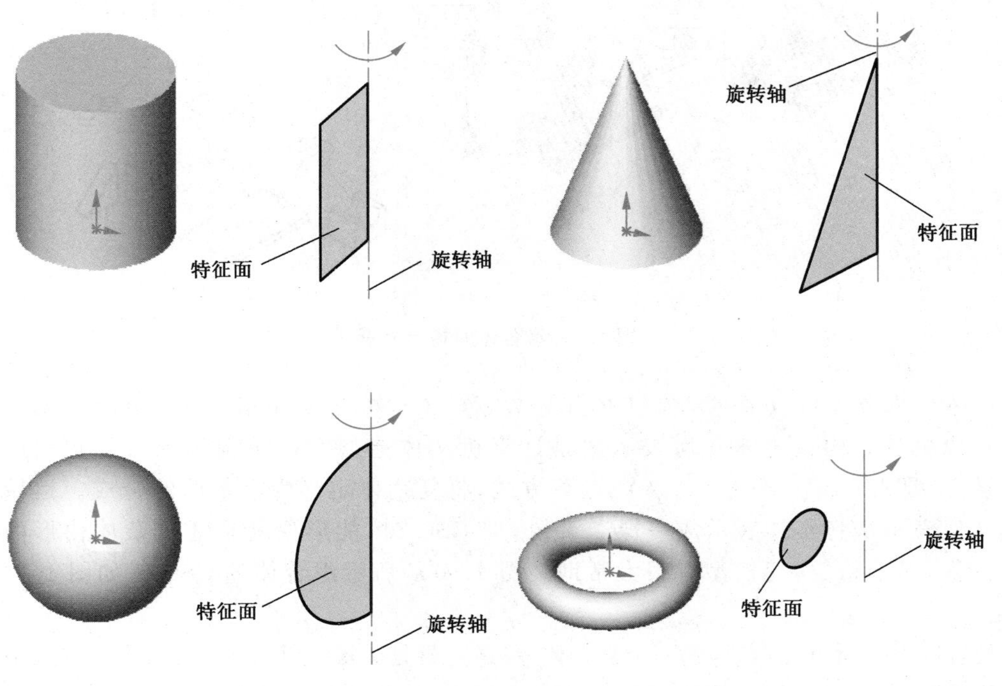

图 1.5 旋转方式形成的回转体

棱锥、圆锥等变截面基本体，是通过不同形状的特征平面，按一定的顺序、相同的线性比例变化过渡而形成的，即是用放样的方式形成的，如图 1.6 所示。

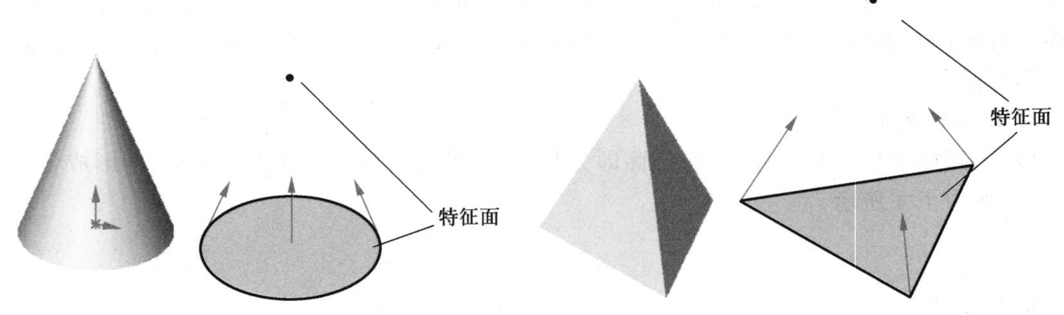

图 1.6　放样方式形成的锥形基本体

2. 组合体的形成

分析组合体的形成是将较复杂立体分解成若干个简单立体的过程。如图 1.7(a)所示的组合体可看作是由底板Ⅰ、凸台Ⅱ和肋板Ⅲ叠加构成图 1.7(b)。把复杂立体分解成若干个简单立体，再把若干个简单立体组合在一起，还原成原形，从而对形体的构成形成清晰的思路，这种分析组合体形成过程的方法，称为形体分析法。形体分析法"化整为零、积零为整"的思想是进行空间构思造型的基础，也是构建组合体的关键所在。

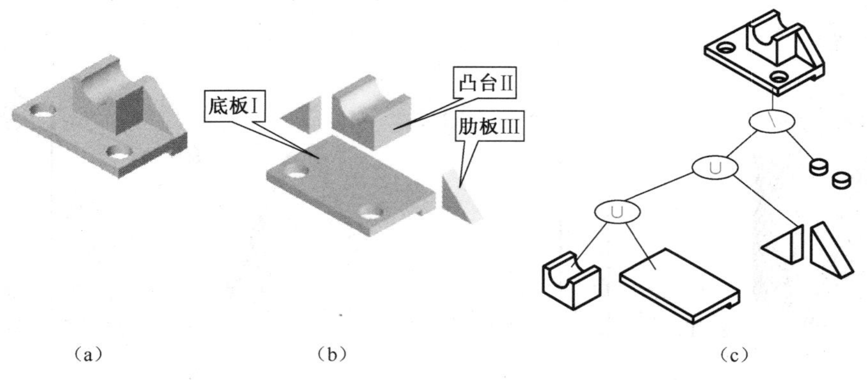

图 1.7　组合体的构形分析

形体分析方法可以通过构造实体几何表示法 CSG(Constructive Solid Geometry)来直观地加以描述。构造实体几何表示法是计算机实体造型的一种构形方法。它利用正则集合运算，即并(∪)、交(∩)、差(\)运算方式，将复杂体定义为简单体的合成。运用构造实体几何表示法将实体表示成一棵二叉树，即 CSG 树，能形象地描述复杂体构形的整个思维过程，对分析、构建模型有很大帮助。图 1.7(a)所示组合体的 CSG 树如图 1.7(c)所示。

通过以上分析可见，要构建一个复杂体，形体分析是关键。针对同一复杂体可能存在几种不同的拆分方法，以分解为构成的简单体数量最少、最能反映立体特征为最终目的。图 1.8(b)～(d)反映了针对同一立体图 1.8(a)所能采取的不同分解方案。

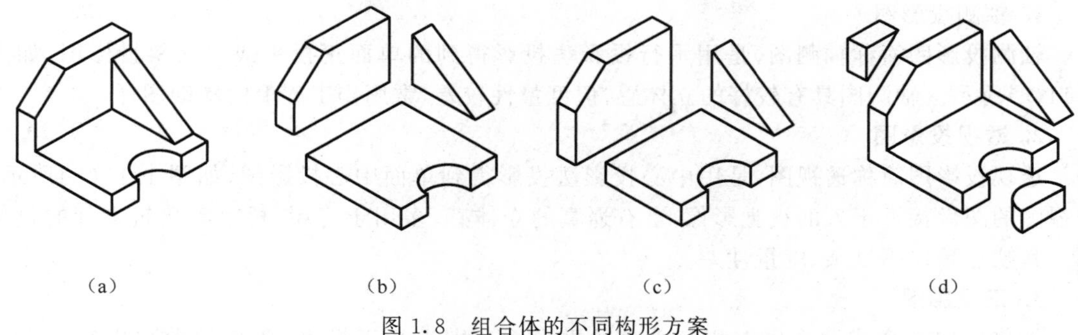

图 1.8 组合体的不同构形方案

1.2 立体的二维与三维表述

1.2.1 投影法的基本知识

日常生活中随处可见在光线的照射下，物体会在墙面、地面上出现影子，这就是投影法在自然界中的原型。

投影法就是投射线通过物体，向选定的面投射，并在该面上得到图形的方法。根据投影法所得到的图形称为投影(投影图)。投影法中得到图形的面称为投影面，投射线的起源点称为投射中心，发自投射中心且通过被投射形体上各点的直线称为投射线，如图 1.9 所示。

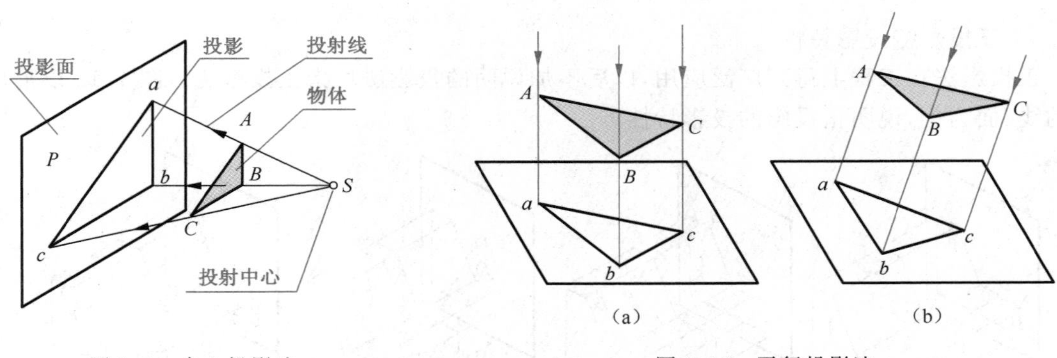

图 1.9 中心投影法

图 1.10 平行投影法

根据投射线间的相对位置，将投影法分为中心投影法和平行投影法。投射线交汇于一点的投影法称为中心投影法，此时物体投影的大小与其相对投影面的距离有关，且不能反映物体的真实形状，如图 1.9 所示。

将投影中心 S 移至无穷远，则所有投射线将彼此平行，这种投射线相互平行的投影方法称为平行投影法。平行投影法中，又根据投射线与投影面间夹角不同分为正投影法和斜投影法。投射线与投影面相垂直的平行投影法，称正投影法；投射线与投影面相倾斜的平行投影法，称斜投影法如图 1.10 所示。

1.2.2 工程中常用的投影图

用不同的投影法可以得到工程上常用的各种投影图。

1. 轴测投影图

轴测投影图简称轴测图，是用平行投影法投影得到的单面正投影或单面斜投影图，如图1.11(a)所示。轴测图具有较好的立体感，但度量性较差，常用作工程上的辅助图样。

2. 透视投影图

透视投影图简称透视图，是用中心投影法投影得到单面中心投影图，如图1.11(b)所示。透视图的图像接近于人的视觉影像，富有逼真的立体感，多用于房屋、桥梁等建筑设计的效果图。其缺点是作图复杂、度量性差。

3. 正投影图

将物体向两个或两个以上相互垂直的投影面分别进行正投影，并将投影与投影面一起按一定的规则展开到同一平面上，即得到物体的正投影图，如图1.11(c)所示，为圆柱的正投影图。正投影图虽然立体感差，但能完整地表达物体各个方向的形状，度量性好且作图简便，在工程上被广泛应用。

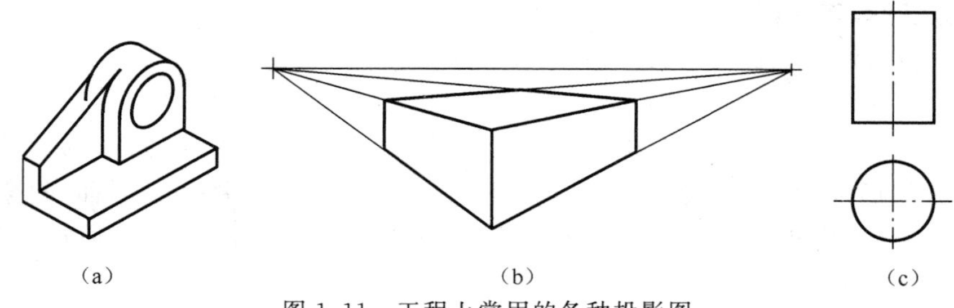

(a)　　(b)　　(c)

图1.11　工程上常用的各种投影图

1.2.3　正投影的投影特性

正投影法在工程上得到广泛应用，以后不加说明的投影法均指正投影法。图1.12以形体上的线、面为例，说明正投影的投影特性。

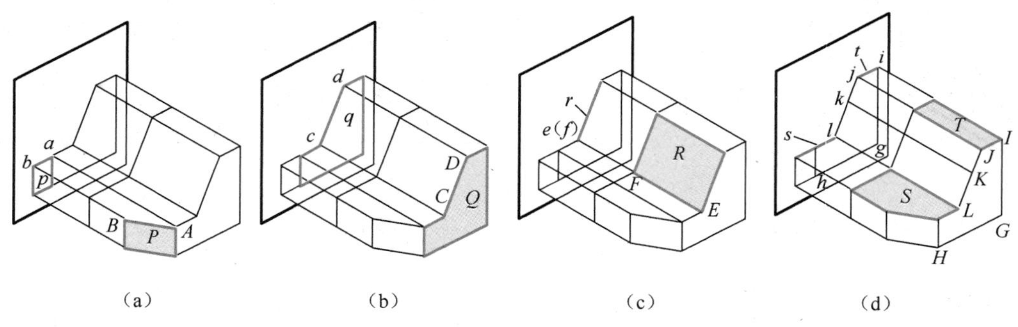

(a)　　(b)　　(c)　　(d)

图1.12　正投影的投影特性

1. 单一几何元素与投影面处于不同位置时的投影特性

(1)类似性。如图1.12(a)所示，倾斜于投影面的平面 P 及直线 AB 的投影必为小于原形的类似形 p 和缩短了的直线段 ab。

(2)显实性。如图1.12(b)所示，平行于投影面的平面 Q 及直线 CD 的投影必为反映原形的实形 q 和实长 cd。

(3)积聚性。如图1.12(c)所示，垂直于投影面的平面 R 及直线 EF 的投影必积聚为直线

段 r 和点 e 或 f。

2. 两个几何要素处于不同相对位置时的投影特性，如图 1.12(d)所示

(1)平行性。两条平行线($GH/\!/IJ$)的投影仍保持平行($gh/\!/ij$)。

(2)从属性。点 K 属于直线 JL，点 K 的投影 k 必定属于该直线的投影 jl。

(3)等比性。两条平行线的长度比和属于直线段的点分线段之比，投影中均保持不变，即 $gh:ij=GH:IJ$，$jk:kl=JK:KL$。

1.2.4 多面投影体系及视图

国家标准(GB/T 16948—1997)规定：多面正投影是指物体在相互垂直的两个或多个投影面上所得到的正投影，并将这些投影面旋转展开到同一图面上，使该物体的各正投影图有规则地配置，相互之间形成对应关系。在机械制图中，根据国家标准中图样画法、配置、标注等有关规定，物体用正投影法得到的图形称为视图。

1. 多面投影体系

相互垂直的三个投影面，分别用 H(水平投影面)、V(正立投影面)、W(侧立投影面)表示，两个投影面的交线称为投影轴，分别用 OX、OY、OZ 表示，三个投影面和三根投影轴构成了常见的三面正投影体系。H、V、W 三个投影面将空间分为八个区域，称为分角，排序如图 1.13 所示。在 V 面上的投影称为正面投影，在 H 面上的投影称为水平投影，在 W 面上的投影称为侧面投影。将投影图旋转展开到同一图面上时，保持 V 面不动，其他面旋转至与 V 面重合。

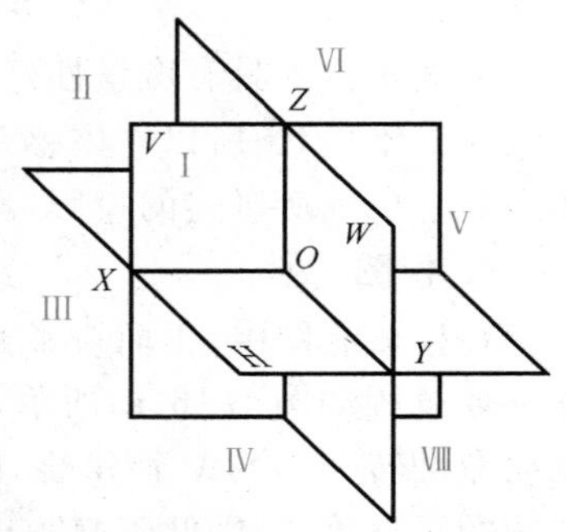

图 1.13 投影面、投影轴及分角

工程界采用多面正投影有以下两种画法。

(1)第一角投影。也称第一角画法(简称 E 法)。将物体置于第一分角内，并使其处于观察者与投影面之间而得到多面正投影。中国、俄罗斯、英国、法国和德国等国家均采用该画法，其投影方向如图 1.14(a)所示，展开后的投影位置如图 1.14(b)所示。

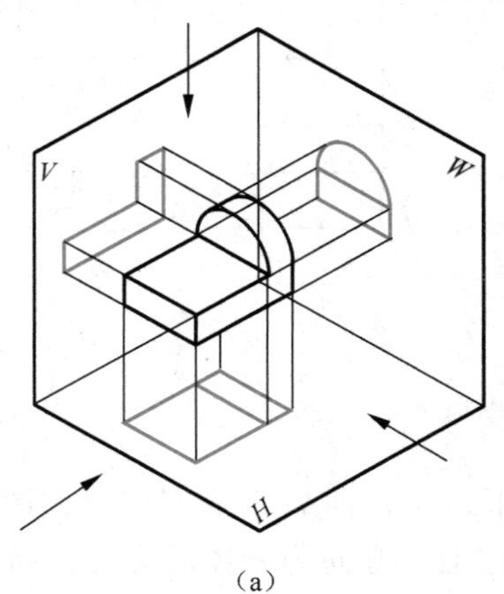

(a)

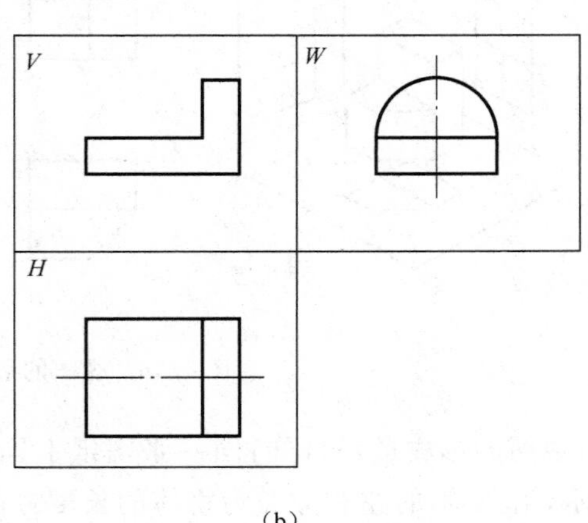

(b)

图 1.14 第一角投影

(2)第三角投影。也称第三角画法(简称 A 法)。将物体置于第三分角内，并使投影面处于观察者与物体之间而得到多面正投影。美国、日本、加拿大和澳大利亚等国家均采用该画法。图 1.15(a)所示为其投影方向,展开后的投影位置如图 1.15(b)所示。该画法中,假想投影面是透明的,观察者可以看见投影面后面的立体。

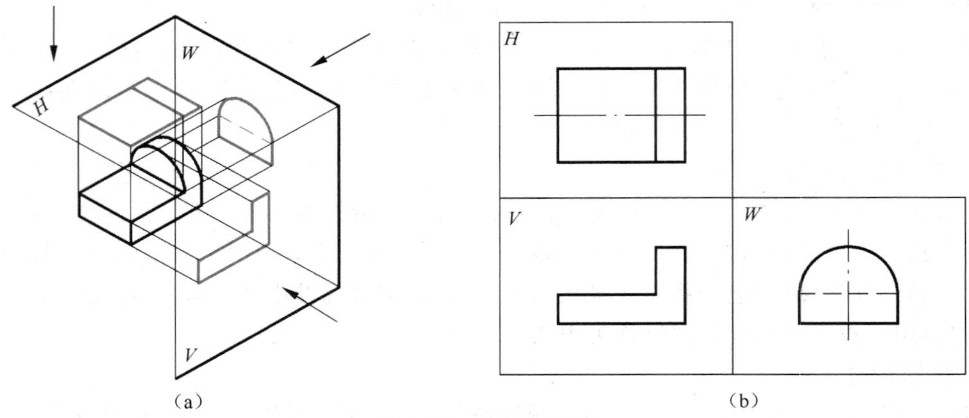

图 1.15 第三角投影

多面正投影具有度量性好、绘图简单等优点,广泛应用于机械行业。但由于其每个投影只能反映二维形状,所以立体感差,必须综合多面投影知识并通过空间想象和推理,才能确定物体全貌。以下所讲述的投影,均指第一角投影。

2. 视图

在机械制图中,正面投影称为主视图,水平投影称为俯视图,侧面投影称为左视图。视图的形成过程如图 1.16(a)所示,使 V 面不动,H 面绕 X 轴向下翻转 90°,与 V 面重合;W 面绕 Z 轴向右翻转 90°,与 V 面重合,即得到一组视图。视图用来表达物体的形状,与物体和投影面之间的距离无关,因此不必画出投影轴,如图 1.16(b)所示。

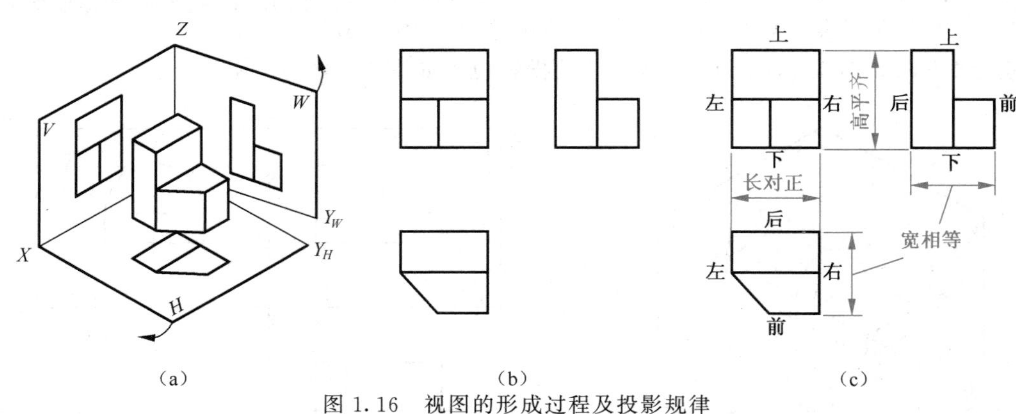

图 1.16 视图的形成过程及投影规律

由视图的形成过程可知:同一张图纸上同时反映上下、左右、前后六个方向。如图 1.16(c)所示,沿 X 轴的左右方向为物体的长度方向,沿 Y 轴的前后方向为物体的宽度方向,沿 Z 轴的上下方向为物体的高度方向。

各视图间的关系即投影规律:主视图和俯视图都反映物体的长度即长对正;主视图和左视图都反映物体的高度即高平齐;俯视图和左视图都反映物体的宽度即宽相等。

常见基本立体的视图见表 1.1。

表 1.1 常见基本立体的视图

	正六棱柱	正三棱锥	四棱台
空间位置	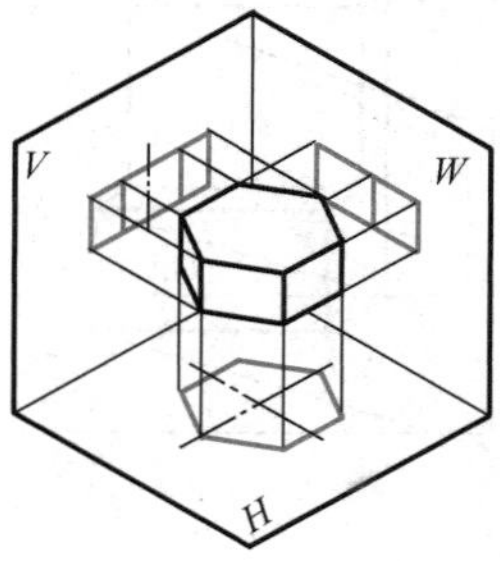	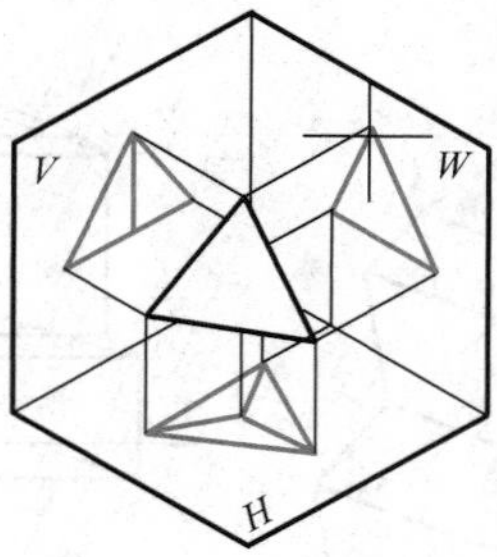	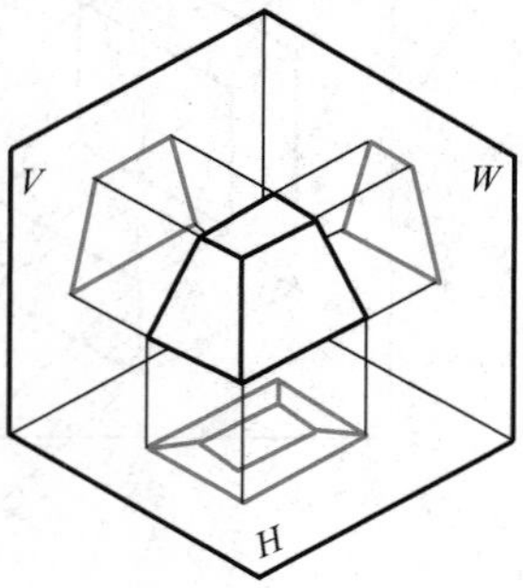
视图	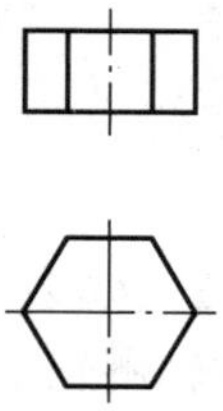	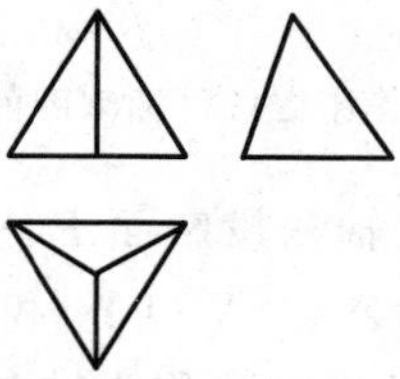	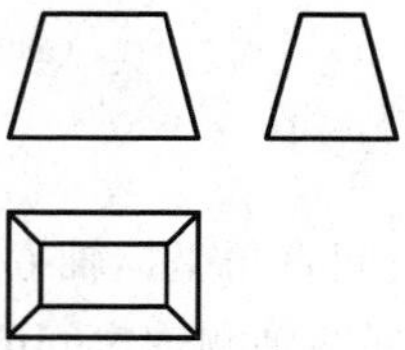
	圆柱	圆锥	圆球
空间位置	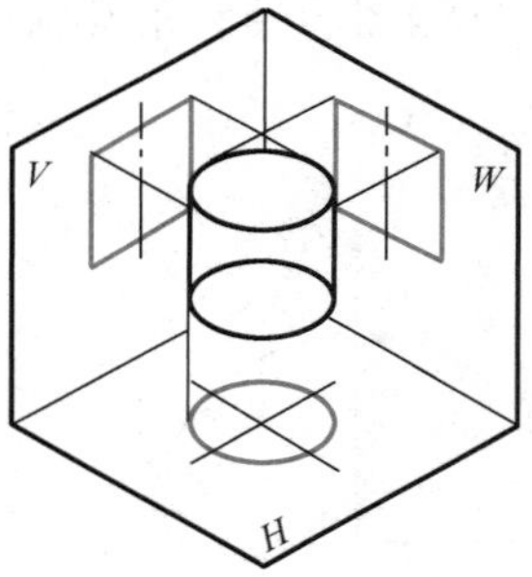	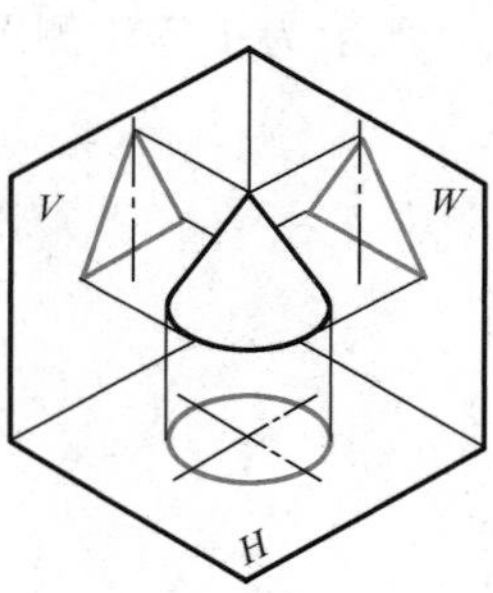	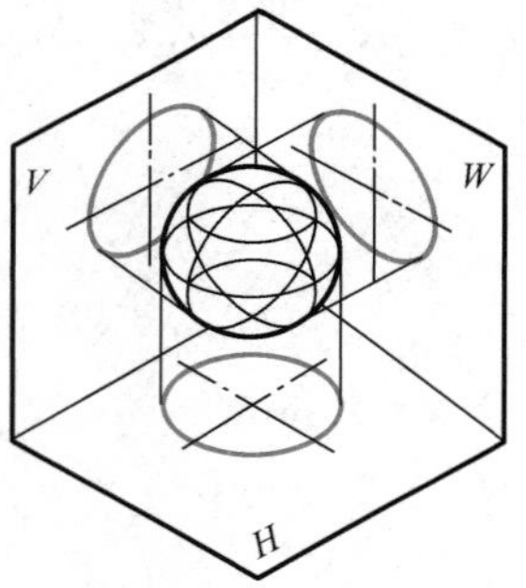
视图	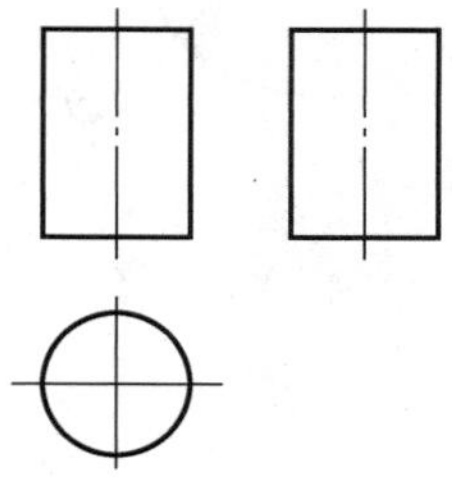	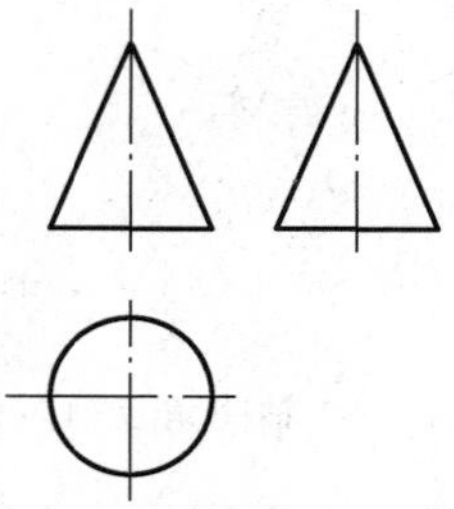	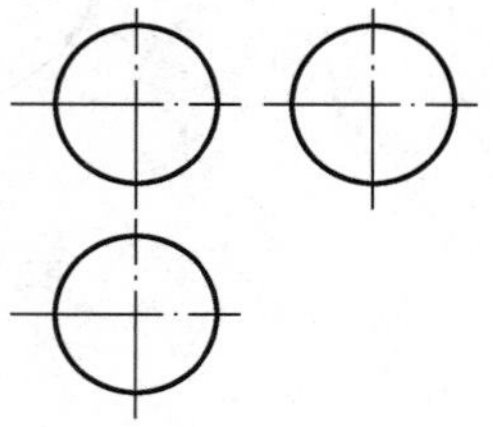

1.2.5 轴测投影图

1. 概述

轴测图是将物体连同其直角坐标系，沿不平行于任何坐标平面的方向，用平行投影法投射在单一投影面上所得的图形。根据投射方向与轴测投影面是否垂直，可将轴测图分为两类。投射方向与轴测投影面垂直，即用正投影法得到的轴测图称正轴测图，如图 1.17(a)所示。投射方向与轴测投影面倾斜，即用斜投影法得到的轴测图称斜轴测图，如图 1.17(b)所示。

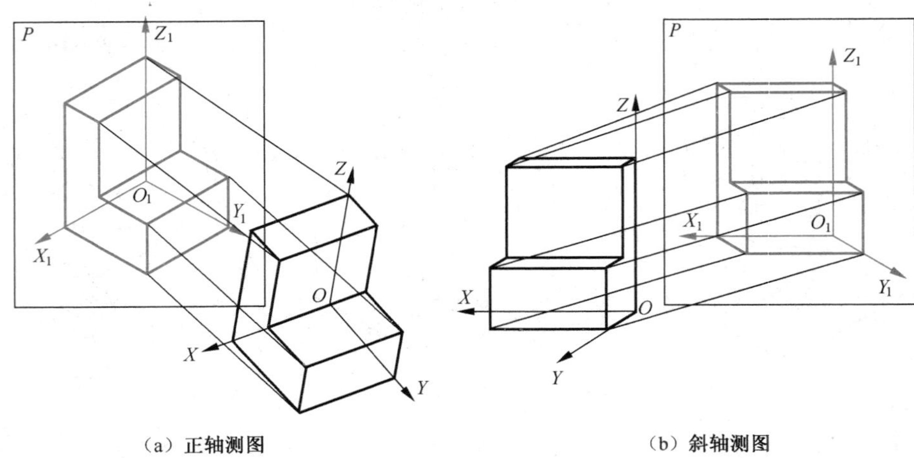

（a）正轴测图　　（b）斜轴测图

图 1.17　轴测图的形成

空间直角坐标轴 OX、OY、OZ 在轴测投影面 P 上的轴测投影 O_1X_1、O_1Y_1、O_1Z_1 称为轴测轴；相邻两轴测轴之间的夹角$\angle X_1O_1Z_1$、$\angle X_1O_1Y_1$ 和$\angle Y_1O_1Z_1$ 称为轴间角；轴测轴上的单位长度与相应空间直角坐标轴上的单位长度之比称为轴向伸缩系数。在 OX、OY、OZ 轴上各取一单位长度 μ，在 O_1X_1、O_1Y_1、O_1Z_1 轴上的投影长度分别为 i、j、k，分别用 p、q、r 表示轴向伸缩系数，即 $p=i/\mu$，$q=j/\mu$，$r=k/\mu$。图 1.18 所示为正等轴测图和斜二轴测图的轴间角及轴向伸缩系数。

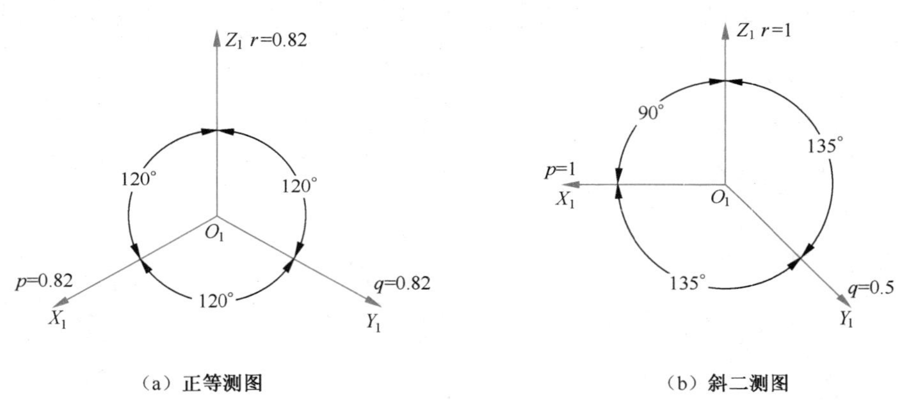

（a）正等测图　　（b）斜二测图

图 1.18　轴间角及轴向伸缩系数

2. 正等轴测图画法

正等轴测图的轴向伸缩系数 $p=q=r=0.82$，三个轴间角均为 120°。为了作图方便，工程中一般采用简化系数 $p=q=r=1$，即在三个轴测轴方向上的尺寸均按实际长度量取。轴测图的基本作图方法有坐标法、叠加法和切割法，其中坐标法是画轴测图的基本方法。

【例 1.1】　画正六棱柱的正等轴测图(图 1.19)。

分析

用坐标法画平面立体轴测图是沿坐标轴测量，用坐标定点得到平面立体各顶点的位置。

坐标法。正六棱柱的前后、左右均对称，顶面和底面均为正六边形。作图时可先作出棱柱顶面正六边形的六个顶点，再在 Z_1 方向上将各顶点向下移动距离 H，得六棱柱底面的各顶点，最后将对应顶点连接成棱线和棱面，即得到正六棱柱的轴测图。

作图步骤

(1)确定直角坐标系　坐标原点取顶面的中心，如图 1.19(a)。

(2)画正六棱柱顶面　沿 X_1 轴方向量取 $O_1I=o1$，得到 I 点，沿 Y_1 方向量取距离 $O_1\,Ⅲ=o3$，得到 Ⅲ点，过Ⅲ点作 O_1X_1 的平行线，量取 Ⅱ Ⅲ=23，得到 Ⅱ 点。根据六边形对边平行性作出顶面的轴测投影，如图 1.19(b)所示。

(3)画正六棱柱底面　从顶面各顶点沿 Z_1 方向向下截取六棱柱高度 H，得到底面各点的轴测投影，如图 1.19(c)所示。

(4)完成正六棱柱轴测投影　连接可见的边与棱线，擦去多余作图线，完成正六棱柱的正等轴测图，如图 1.19(d)所示。

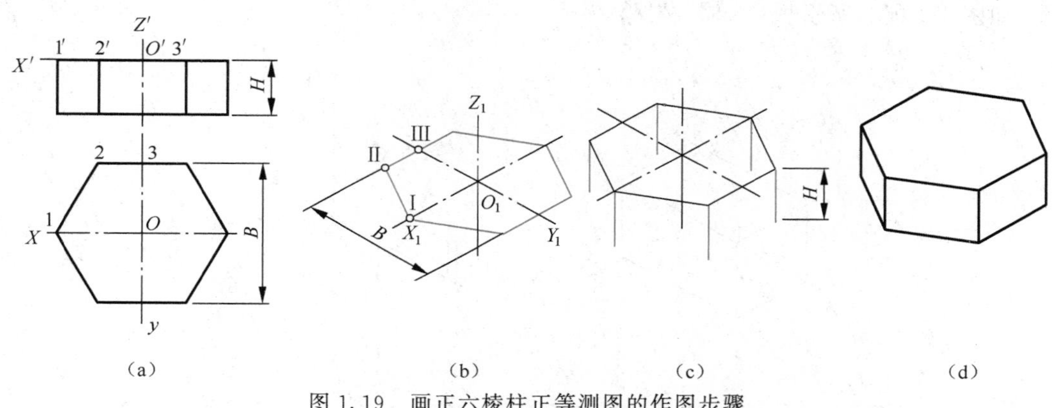

(a)　(b)　(c)　(d)

图 1.19　画正六棱柱正等测图的作图步骤

【例 1.2】　画平面切割体的正等轴测图(图 1.20)。

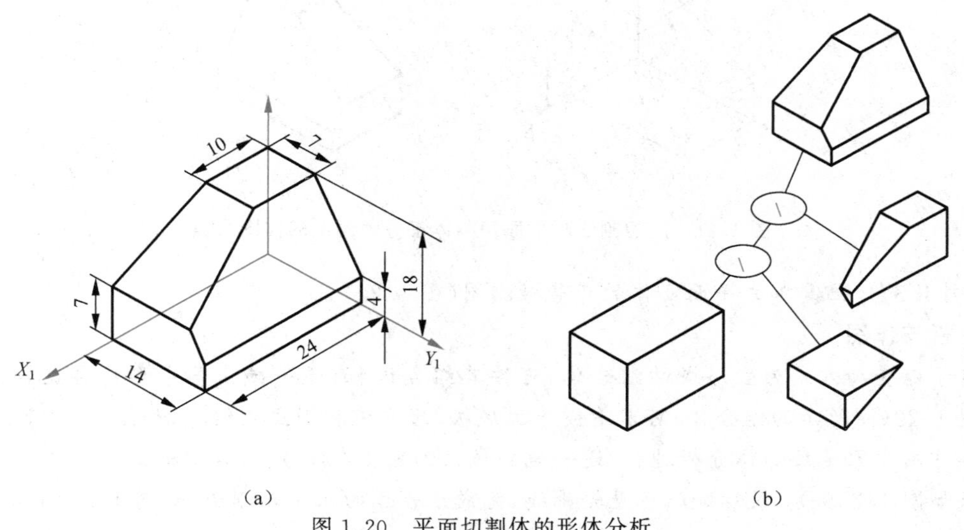

(a)　(b)

图 1.20　平面切割体的形体分析

分析

对于平面切割体，可先画出其切割前的完整形体，再按形体分析过程逐一切割而得到立体轴测图。图 1.20(a)所示切割体，可以看成是由四棱柱用正垂面及侧垂面两次切割而成，形体分析过程，如图 1.20(b)所示。

作图步骤

(1)画完整形体的正等轴测图 取图 1.20 所示形体的总长 24、总宽 14 及总高 15，作出四棱柱的正等轴测图，如图 1.21(a)所示。

(2)画正垂的截切面 沿 O_1X_1、O_1Z_1 方向分别量取正垂截切面的定位尺寸 10 和 7，画出截切面的轴测投影，如图 1.21(b)所示。

(3)画侧垂的截切面 沿 O_1Y_1、O_1Z_1 方向分别量取侧垂截切面的定位尺寸 7 和 4，画出截切面的轴测投影，如图 1.21(c)所示。

(4)完成切割体轴测投影 连接可见的边与棱线，擦去多余作图线，完成切割体的正等轴测图，如图 1.21(d)所示。

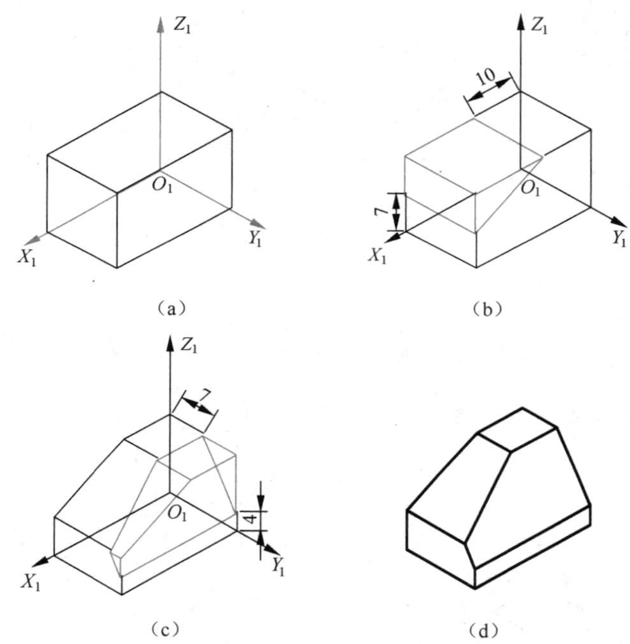

图 1.21 用切割法画平面切割体正等轴测图的作图步骤

【例 1.3】 画叠加式平面立体的正等轴测图(图 1.22)。

分析与作图

对于以叠加方式为主形成的组合体，可按其组合过程，逐一画出各个形体再进行叠加组合。图 1.22(a)所示的组合体，可以看成是由底板、后立板和侧立板组成，如图 1.22(b)所示。

其作图步骤是按形体分析过程，逐一地画底板如图 1.23(a)、画后立板如图 1.23(b)、再画侧立板如图 1.23(c)，最后加深可见轮廓线，完成组合体的正等轴测图，如图 1.23(d)所示。

【例 1.4】 绘制平行于坐标面的圆的正等轴测图。

分析

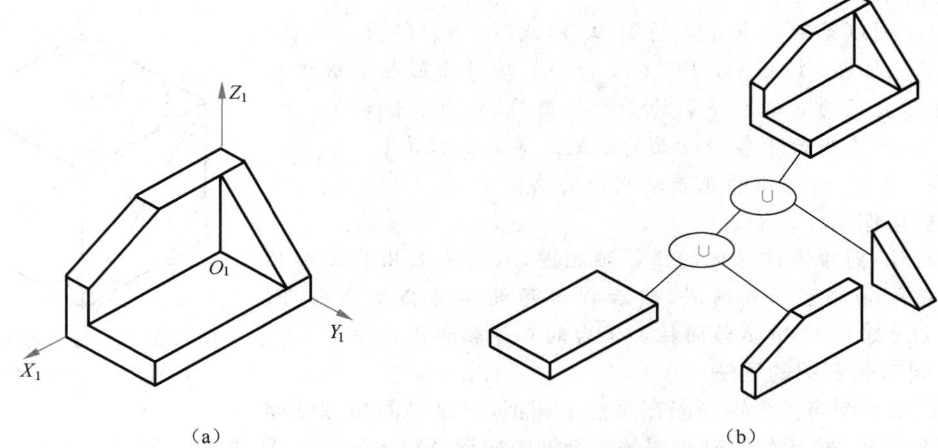

图 1.22　叠加式平面立体正投影

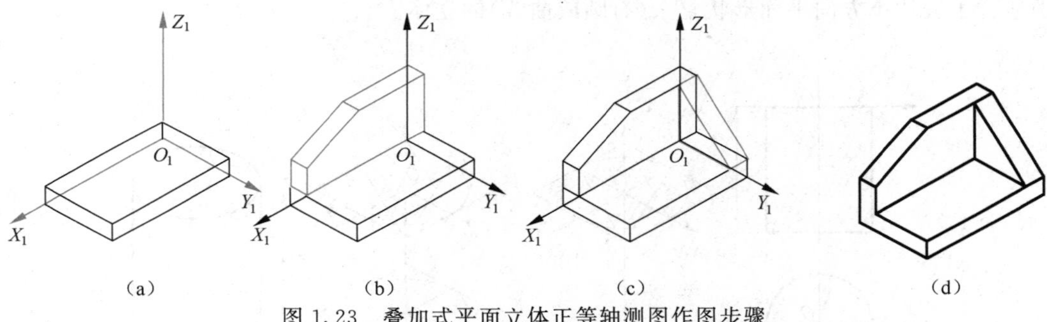

图 1.23　叠加式平面立体正等轴测图作图步骤

圆的正等轴测投影为椭圆，该椭圆常采用“四心椭圆法”近似画出。即首先画出圆的外切正方形的正等轴测投影，然后定出四个圆心，用四段圆弧近似代替椭圆曲线。图 1.24 所示为直径为 d 的水平圆的正等轴测投影的画法。

作图步骤

(1)在轴测轴 X_1、Y_1 上，量取水平圆的直径 d，分别得到 A、B、C、D 四点。过 A、C 点作 O_1Y_1 轴的平行线，过 B、D 点作 O_1X_1 轴的平行线，得到圆的外切正方形的轴测投影，即菱形。菱形的对角线即为椭圆的长短轴，如图 1.24(b)所示。

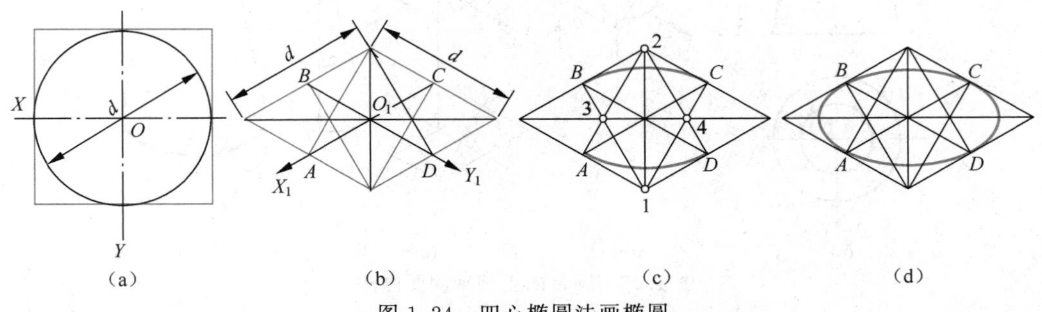

图 1.24　四心椭圆法画椭圆

(2)分别以菱形顶点 1、2 为圆心，以线段 $1B$、$2A$ 长为半径，作大圆弧 BC 和 AD，如图

1.24(c)所示。

(3)分别以菱形顶点 3、4 为圆心，以线段 3A、4C 长为半径，作小圆弧 AB 和 CD。AB、BC、CD 和 DA 四段圆弧相连成近似椭圆，即为直径为 d 的水平圆的正等轴测图，如图 1.24(d)所示。

图 1.25 为平行于各坐标面的圆的正等轴测投影。

图 1.25　平行于各坐标面的圆的正等轴测投影

【例 1.5】 回转体的正等轴测图的画法。

分析与作图

画圆柱、圆锥等回转体的正等轴测图，只要先画出底面和顶面圆的正等轴测图——椭圆，然后作出两椭圆的公切线即可。如图 1.26、图 1.27 所示为圆柱和圆台的正等轴测图画法。

3. 斜二轴测图的画法

斜二轴测图与正等轴测图在画法上相似，只是轴间角和轴向变形系数不同。由于斜二轴测图的两个轴向变形系数 $p=r=1$，且轴间角 $X_1O_1Z_1=90°$[图 1.17(b)]，因此，物体上凡是与 XOZ 坐标面平行的平面在轴测图上均反映物体的实形。斜二轴测图特别适合于表达单方向平面形状复杂(有圆或曲线)的立体。

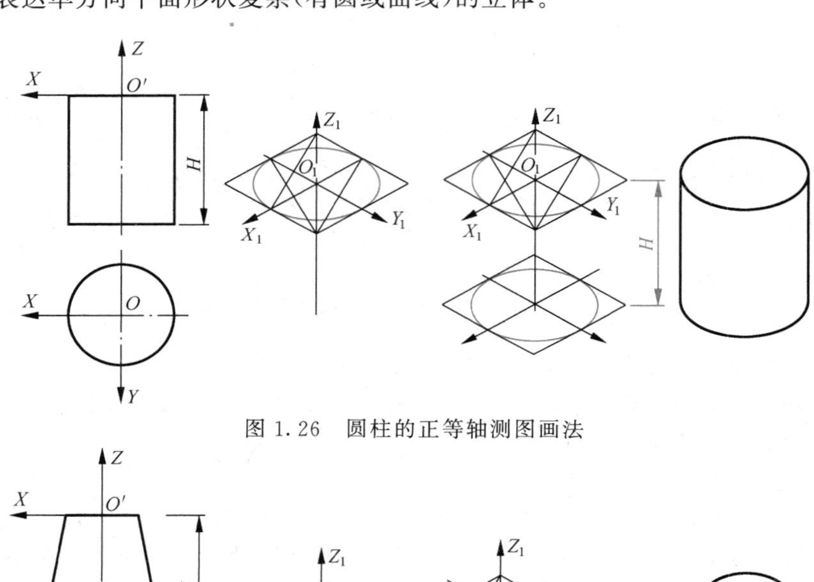

图 1.26　圆柱的正等轴测图画法

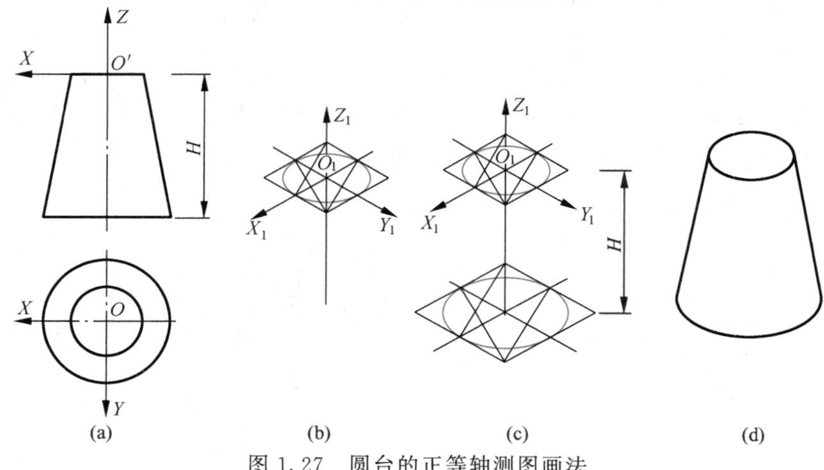

图 1.27　圆台的正等轴测图画法

【例 1.6】 绘制图 1.28(a)所示端盖的斜二轴测图。

分析与作图

从图1.28(a)所示端盖正等轴测图可以看出，该端盖表面所有圆与圆弧皆平行于 $X_1O_1Y_1$ 坐标平面，在正等轴测图中均为椭圆。如果将其旋转到如图1.28(b)所示位置，使其底面处于 $X_1O_1Z_1$ 坐标平面内，画其斜二轴测图，则端盖表面所有圆与圆弧均反映物体的实形，可大大简化作图。图1.28(c)～(g)所示为调整方向后的端盖斜二轴测图的画图步骤。

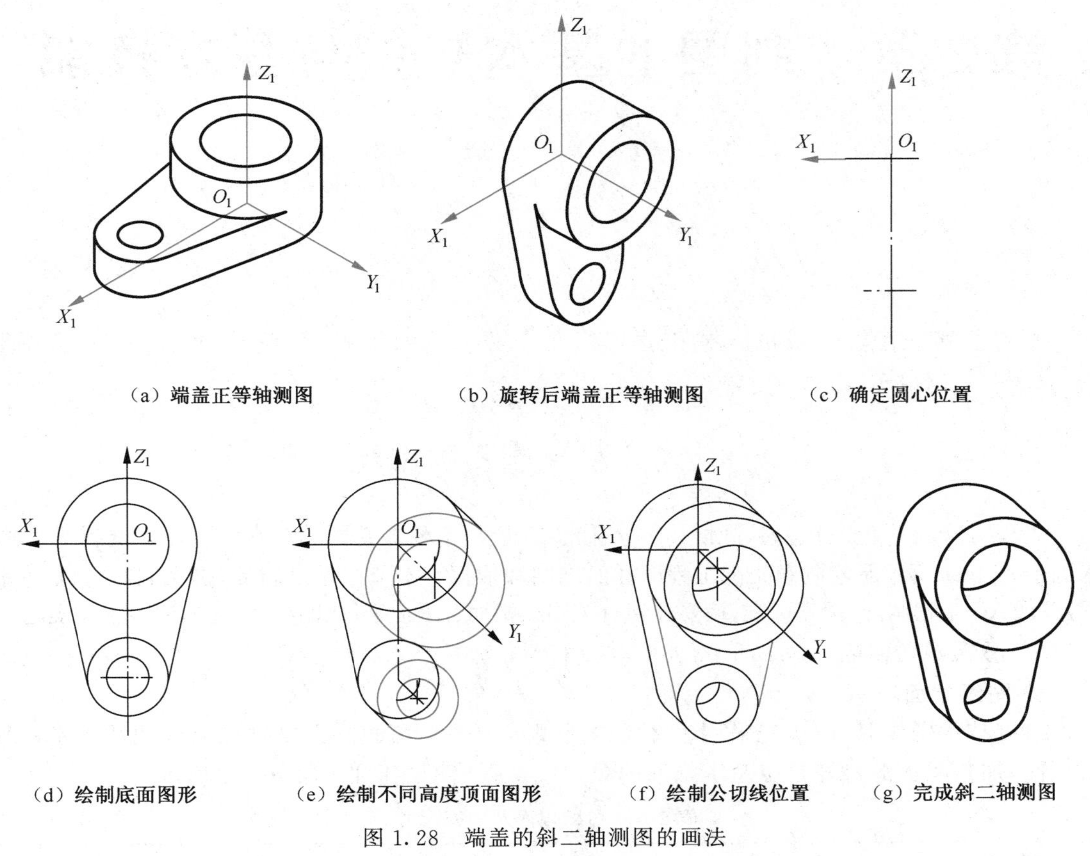

(a) 端盖正等轴测图　(b) 旋转后端盖正等轴测图　(c) 确定圆心位置

(d) 绘制底面图形　(e) 绘制不同高度顶面图形　(f) 绘制公切线位置　(g) 完成斜二轴测图

图1.28　端盖的斜二轴测图的画法

本章小结

学习工程制图课程的实质就是用二维平面图形表达三维空间立体，其基本原理就是投影理论，通过不同的投影方法可以得到各种工程上常用的二维投影图。通过本章的学习，要从总体上了解课程的研究对象即二维投影图和三维空间立体以及投影理论。本章重点应掌握以下内容。

1. 立体的形成。理解基本立体的形成方式，掌握组合体的形体构成过程，组合体构形分析是画图、读图的基本方法，是本课程学习中的重要内容。

2. 正投影理论。理解正投影是二维表达的理论基础，是研究图样的重要手段。掌握正投影的基本特性，了解三面投影体系，掌握三面投影和视图的概念，熟悉基本立体的三面投影图，初步建立起立体与投影的对应关系。

3. 轴测图。掌握正等轴测图的画法，理解斜二轴测图的投影特点，学会快速勾勒轴测草图，将其作为帮助空间想象、辅助读图的重要手段。

第 2 章　制图的基本知识与基本技能

本章主要介绍常见的《机械制图》国家标准、绘图工具的使用、几何作图的方法及平面图形的画法和尺寸标注。

2.1　常用机械制图国家标准

工程图样是表达设计思想，进行技术交流的工具，是工程界共同的技术语言，《机械制图》、《技术制图》等国家标准是绘制和阅读工程图样的准则和依据。本节根据最新的《机械制图》、《技术制图》及《CAD 工程制图》国家标准，摘要介绍有关图纸幅面、比例、字体、图线、尺寸标注等基本规定。

2.1.1　图纸幅面和格式(GB/T 14689—2008①)

1. 图纸幅面

绘制技术图样时，应优先采用表 2.1 中所规定的基本幅面。必要时也允许选用规定的加长幅面，加长幅面的尺寸是由基本幅面的短边成整数倍增加而得，如图 2.1 所示。

表 2.1　图纸幅面及图框尺寸　　单位：mm

幅面代号	A0	A1	A2	A3	A4
$B\times L$	841×1189	594×841	420×594	297×420	210×297
e	20		10		
c	10			5	
a	25				

2. 图框格式

在图纸上必须用粗实线画出图框，图样应绘制在图框内部。图框格式分为不留装订边与留装订边两种，如图 2.2 所示。同一产品的图样只能采用一种格式。为方便复制，在图纸边长的中点处还应绘制对中符号。对中符号用粗实线绘制，画入图框内 5 mm，当对中符号处于标题栏范围内时，深入标题栏内的部分省略不画。

①国家标准的代号“GB/T 14689—2008”中“GB”为“国标”的汉语拼音字头，“T”为推荐的“推”字的汉语拼音字头，“14689”为标准序列号，“2008”为该标准颁布的年代号。

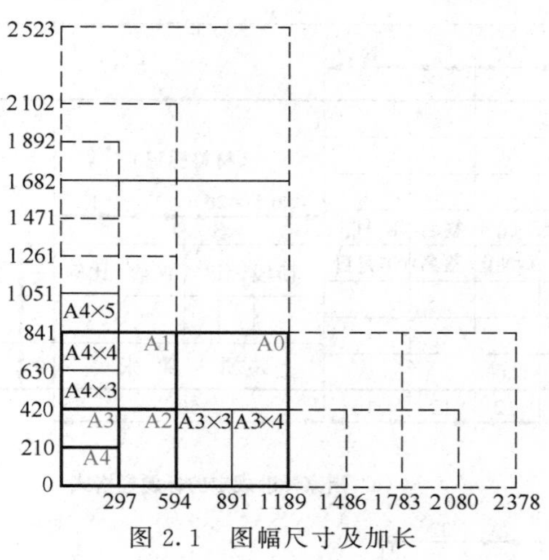

图 2.1　图幅尺寸及加长

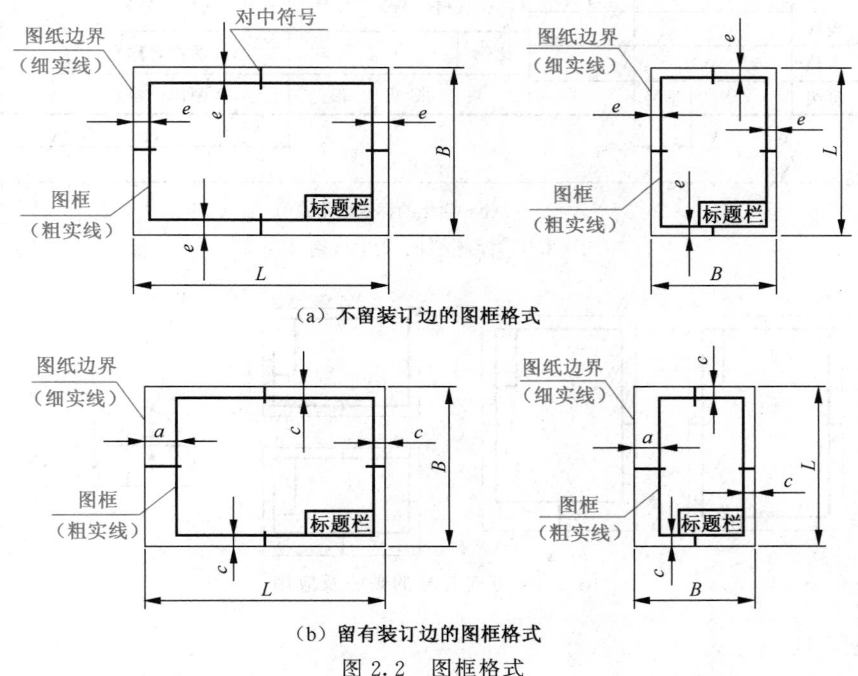

图 2.2　图框格式

3. 标题栏

每张图纸上都必须画出标题栏。标题栏一般由更改区、签字区、其他区、名称及代号区组成，国家标准(GB/T 10609.1—2008)规定其格式和尺寸如图 2.3(a)所示。教学中练习用标题栏可采用图 2.3(b)所示的简化形式。

标题栏一般位于图纸右下角，看图方向与标题栏方向一致，即以标题栏中文字方向为看图方向。但有时为了利用预先印制好的图纸，允许将标题栏置于图纸右上角。此时，看图方向与标题栏方向不一致，应在图纸的下边对中符号处画出一个方向符号。方向符号是用细实线绘制的等边三角形，其大小和所处位置如图 2.4 所示，看图时应使其位于图纸下方。

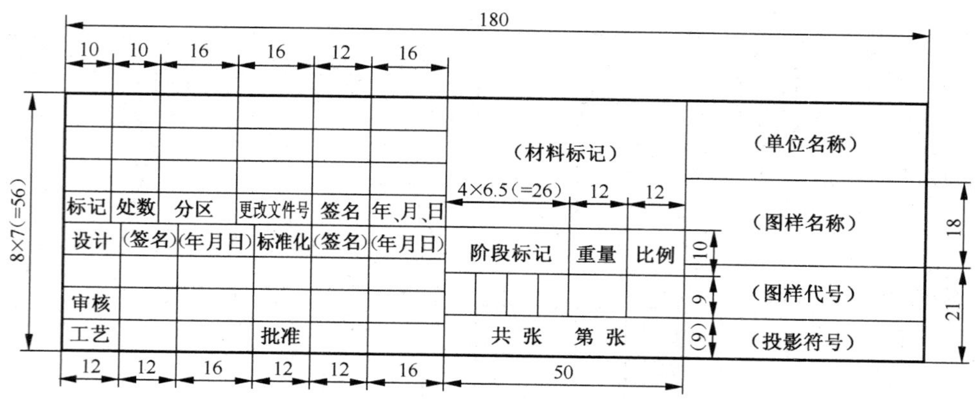

(a)国家标准规定的标题栏格式

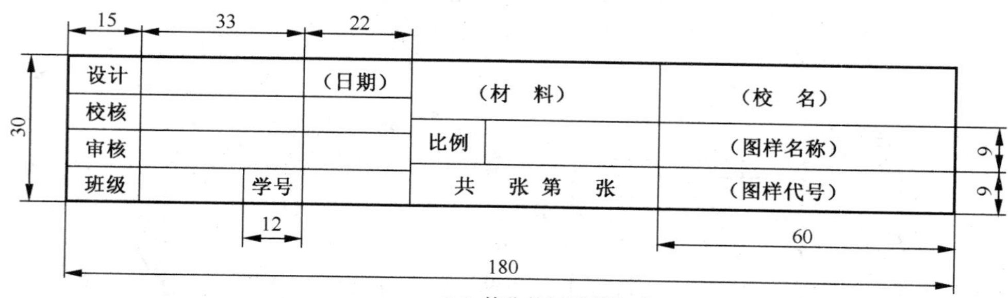

(b)简化的标题栏格式

图 2.3 标题栏的尺寸与格式

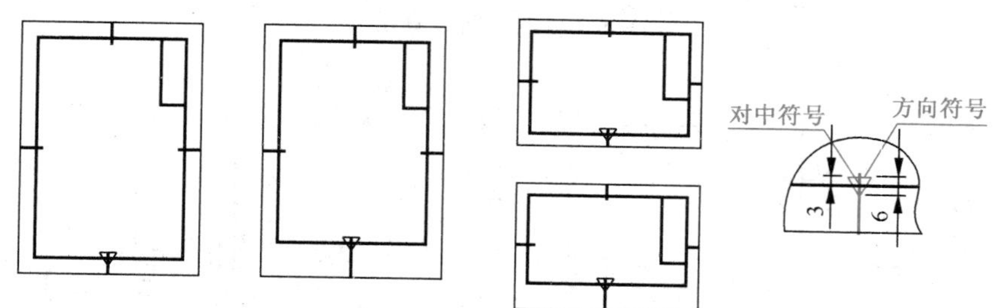

图 2.4 方向符号的画法及应用

2.1.2 比例(GB/T 14690—1993)

比例是指图中图形与其实物相应要素的线性尺寸之比。绘制图样时,一般应选择表 2.2 中所规定的比例,且优先选用原值比例。

表 2.2 国家标准规定的比例系列

种类	优先选用比例	允许选用比例
原值比例	1:1	1:1
缩小比例	1:2 1:5 1:10 1:2×10^n 1:5×10^n 1:1×10^n	1:1.5 1:2.5 1:3 1:4 1:6 1:1.5×10^n 1:2.5×10^n
放大比例	5:1 2:1 5×10^n:1 2×10^n:1 1×10^n:1	4:1 2.5:1 4×10^n:1 2.5×10^n:1

注:n 为正整数。

图样所采用的比例，一般标注在标题栏的“比例”栏目中，必要时可注写在视图名称的下方或右侧，且字号应比图名字号稍小，如：

$$\frac{1}{2:1}\quad \frac{A}{1:100}\quad \frac{B\text{-}B}{25:1}\quad \frac{\text{墙板位置图}}{1:200}\quad \underline{\text{平面图}}\,1:100$$

不论采用何种比例，图形中所标注的尺寸数值必须是实物的实际大小，与图形的比例无关，如图 2.5 所示。

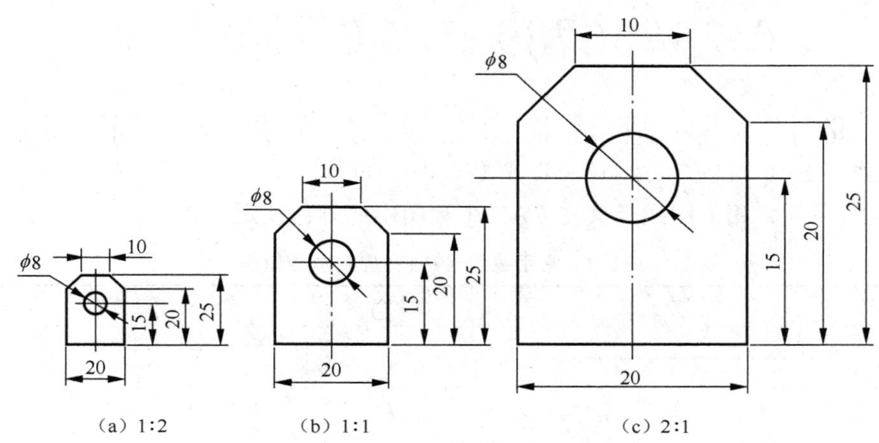

(a) 1:2　　(b) 1:1　　(c) 2:1

图 2.5　不同比例图形的尺寸标注

2.1.3　字体(GB/T 14691—1993)

国家标准规定图样中的字体书写必须做到：字体工整、笔画清楚、间隔均匀、排列整齐。

字体高度(用 h 表示)的公称尺寸系列为：1.8、2.5、3.5、5、7、10、14、20 mm。若需要书写更大的字，其字高可按$\sqrt{2}$的比率递增。字体的高度代表字体的号数。

汉字应写成长仿宋体，并采用中华人民共和国国务院正式公布推行的《汉字简化方案》中规定的简化字。汉字高度 h 不应小于 3.5 mm，其字宽一般为 $h/\sqrt{2}$。国家标准(GB/T 13362.4—1992)中规定，CAD 工程图中长仿宋体字体文件名为 HZCF. *。

字母和数字分为 A 型(笔画宽 $h/14$)和 B 型(笔画宽 $h/10$)两种，可写成直体或斜体，斜体字字头向右倾斜，与水平成 75°。

字体书写示例如下：

汉字

字体工整　笔画清楚　间隔均匀　排列整齐

横平竖直注意起落结构均匀填满方格

直体大写字母

ABCDEFGHIJKLMNOPQRSTUVWXYZ

斜体大写字母

ABCDEFGHIJKLMNOPQRSTUVWXYZ

直体小写字母

abcdefghijklmnopqrstuvwxyz

斜体小写字母

abcdefghijklmnopqrstuvwxyz

直体、斜体阿拉伯数字

0123456789　　*0123456789*

直体、斜体罗马数字

Ⅰ Ⅱ Ⅲ Ⅳ Ⅴ Ⅵ Ⅶ Ⅷ Ⅸ Ⅹ　　*Ⅰ Ⅱ Ⅲ Ⅳ Ⅴ Ⅵ Ⅶ Ⅷ Ⅸ Ⅹ*

2.1.4　图线(GB/T 4457.4—2002,GB/T 17450—1998)

绘制机械图样常用的图线及其在CAD工程图中的颜色规定见表2.3。

表2.3　常用线型名称、宽度及主要用途

名　称	型　式	线宽	主　要　用　途	颜色
粗实线		d	可见轮廓线、可见棱边线、相贯线、螺纹牙顶线、螺纹终止线、剖切符号用线	白色
细实线		0.5d	尺寸线、尺寸界线、剖面线、重合断面轮廓线、引出线	绿色
波浪线		0.5d	断裂处边界线、视图与剖视图的分界线	
双折线		0.5d	断裂处边界线、视图与剖视图的分界线	
细虚线	12d　3d	0.5d	不可见轮廓线、不可见棱边线	黄色
细点画线	24d　3d　0.5d	0.5d	对称中心线、轴线、分度圆(线)、孔系分布的中心线	红色
细双点画线		0.5d	相邻辅助零件的轮廓线、轨迹线、可动零件极限位置的轮廓线、成形前轮廓线	粉红色

注:机械图样中采用粗细两种线宽,它们之间的比例为2∶1。粗实线的线宽d的尺寸系列为0.13、0.18、0.25、0.35、0.5、0.7、1、1.4、2 mm,使用时根据图形的大小和复杂程度选定。在同一图样中,同类图线的宽度应一致,推荐优先使用0.5或0.7 mm的粗实线。

图线用途示例如图2.6所示。

值得注意的是,细点画线的首末两端为长画,并超出所示轮廓线3～5 mm,当其较短时,可用细实线代替;画圆的对称中心线时,两条细点画线在圆心处应是长画相交。用计算机绘图时,应画圆心符号"＋";当虚线在粗实线的延长线时,粗实线应画到分界点,虚线应留有空隙。当虚线与粗实线或虚线相交时,不应留有空隙。当虚线圆弧和虚线直线相切时,虚线圆弧的线段应画至切点,虚线直线则留有空隙;当两个以上不同类型的图线重合时,只画其中一种。优先顺序为:粗实线、虚线、细点画线、细实线。

2.1.5　尺寸标注(GB/T 4458.4—2003,GB/T 16675.2—1996)

1. 尺寸标注基本规则

(1)图样上所标注的尺寸应是机件的真实尺寸,且是机件的最后完工尺寸,与绘图比例和

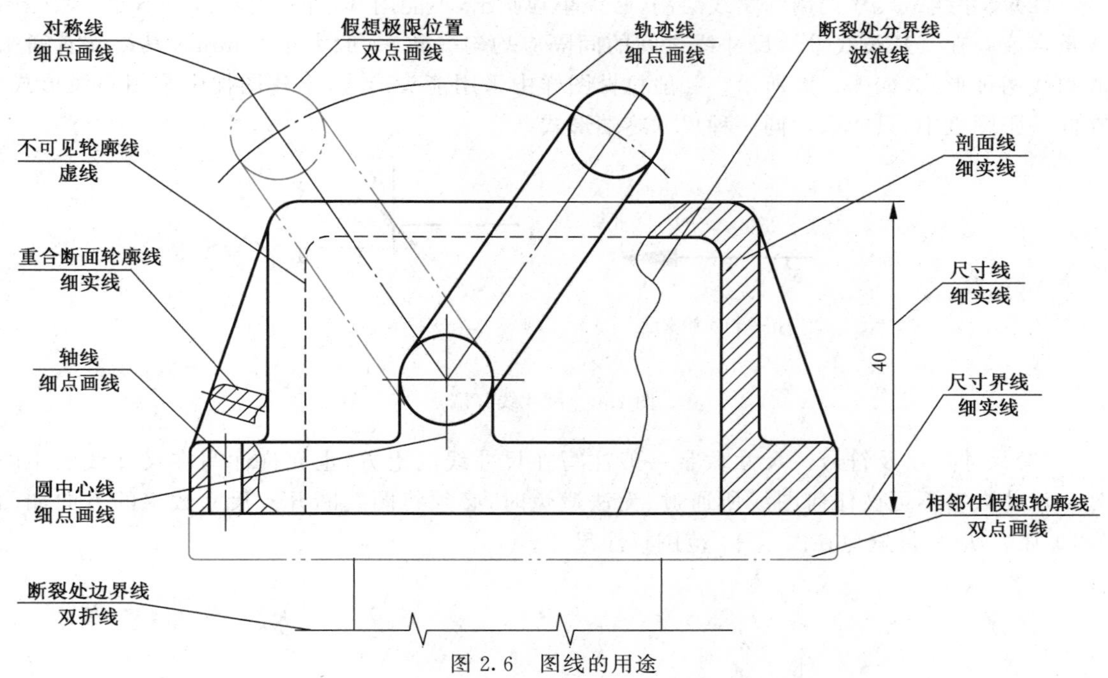

图 2.6　图线的用途

绘图精度无关。

(2)图样中的尺寸以毫米为单位时，不需要标注单位符号或名称，若采用其他单位，则应注明相应的单位符号。

(3)机件的每一个尺寸，一般只标注一次，且应标注在反映该结构最清晰的图形上。

2. 尺寸的组成

组成尺寸的要素有尺寸界线、尺寸线、尺寸数字及符号，如图 2.7 所示。

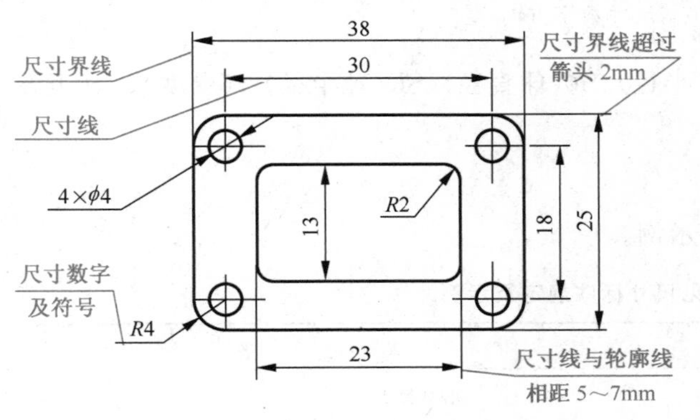

图 2.7　尺寸组成

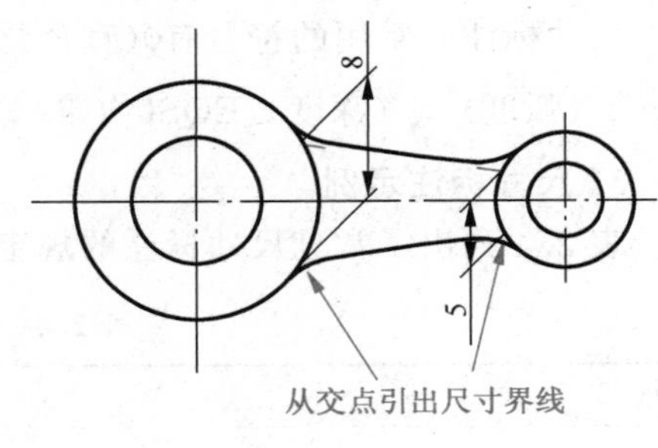

图 2.8　尺寸界线与尺寸线斜交情况

(1)尺寸界线。尺寸界线用细实线绘制，并从图形的轮廓线、轴线或对称中心线引出。也可以直接利用轮廓线、轴线或对称中心线作为尺寸界线。尺寸界线一般应与尺寸线垂直，必要时才允许倾斜。在光滑过渡处标注尺寸时，应用细实线将轮廓线延长，从交点处引出尺寸界线，如图 2.8 所示。尺寸界线应超出尺寸线 3 mm 左右。

(2)尺寸线。尺寸线用细实线绘制，必须单独画出，不能用其他图线代替，也不能与其他图线重合或画在其延长线上。尺寸线之间的间隔应均匀一致，一般大于 5 mm。其终端有箭头和斜线两种形式，如图 2.9 所示。一般机械图样中采用箭头形式，土建图样中采用斜线形式。在同一张图纸中，只能采用同一种尺寸终端形式。

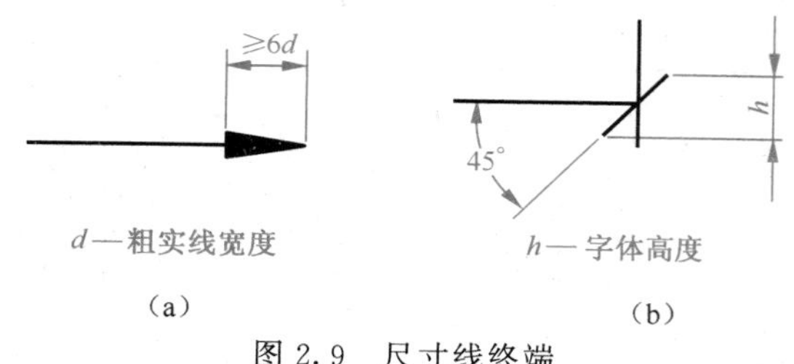

图 2.9　尺寸线终端

(3)尺寸数字及符号。尺寸数字一般注写在尺寸线的上方，也允许注写在尺寸线的中断处。尺寸数字不可被任何图线所通过，无法避免时，必须将图线断开。尺寸数字的方向如图 2.10 所示，应尽量避免在图示 30°范围标注尺寸。

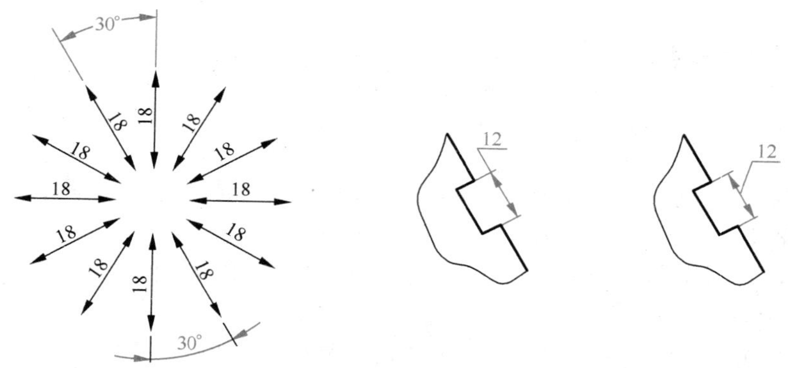

图 2.10　尺寸数字方向

尺寸标注时常用的符号有ϕ(直径)、R(半径)、Sϕ(球直径)、SR(球半径)、t(厚度)、□(正方形)、⌒(弧度)、↧(深度)、EQS(均布)等。

3. 尺寸标注示例

表 2.4 列出了常见尺寸标注的规定及示例。

表 2.4　常见尺寸标注规定及示例

项目	规　　定	示　　例
线性尺寸	线性尺寸的尺寸线与所标注线段平行；连续尺寸尺寸线应对齐；平行尺寸尺寸线间距相等，以 5 mm～7 mm 为宜，且遵循“小尺寸在里，大尺寸在外”的原则	中心线断开 ϕ16　ϕ22　ϕ12 17　6 46

续上表

项目	规　　定	示　　例
圆弧尺寸	整圆和大于半圆的圆弧标注直径；不完整圆的直径尺寸线允许只画一个箭头，无箭头一端要通过中心并延伸少许 小于或等于半圆的圆弧标注半径，其尺寸线应通过圆弧的中心，有箭头的一端指向圆弧轮廓线。当半径过大或在图纸范围内无法标注出其圆心位置时，尺寸线可画成折线，将折线终点画在圆心坐标线上	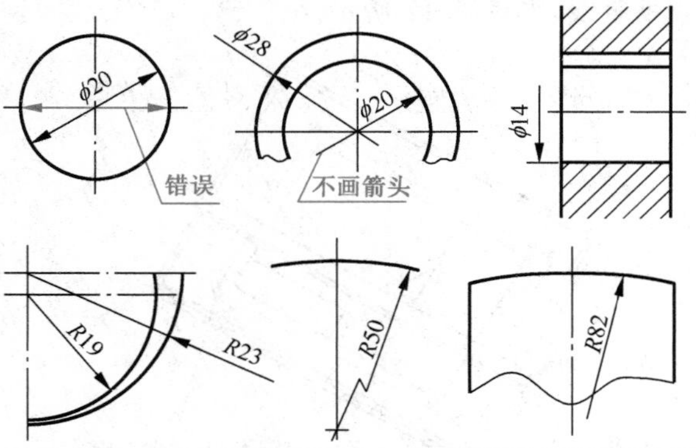 φ20　φ28　φ20　φ14　错误　不画箭头　R19　R23　R50　R82
角度尺寸	标注角度时，尺寸线为圆弧，其圆心为该角的顶角。角度数字一律水平书写，一般注写在尺寸线的中断处或如右图所示	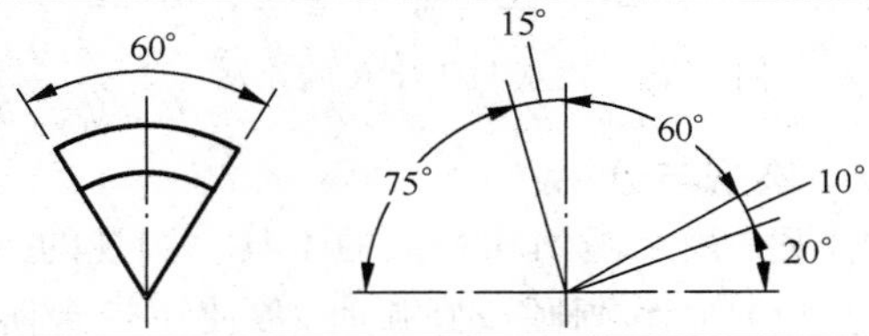 60°　15°　60°　75°　10°　20°
小尺寸	在没有足够的位置画箭头或注写数字符号时，可将箭头、数字符号如右图布置。连续的小尺寸标注时，中间箭头可用斜线或圆点代替	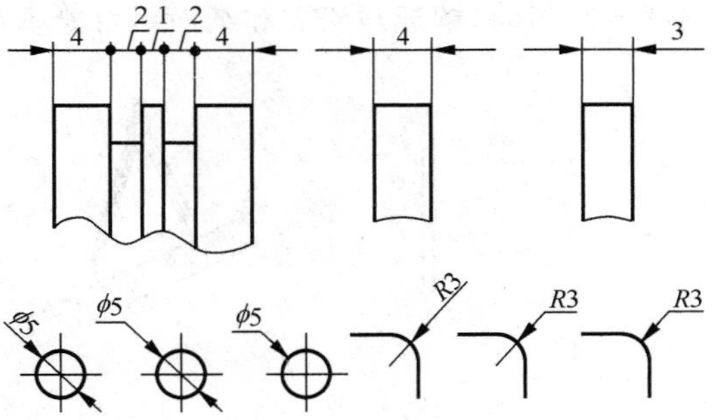 4　2　1　2　4　4　3　φ5　φ5　φ5　R3　R3　R3

2.2　绘图工具及其使用方法

要准确而又迅速地绘制图样，必须正确使用绘图工具。经常动手实践，不断总结经验，养成正确使用绘图工具的良好习惯，才能逐步掌握绘图技能，提高绘图水平。

常用的绘图工具有图板、丁字尺、三角板、铅笔、圆规、分规等。下面分别介绍各种绘图工具的使用方法。

2.2.1　图板、丁字尺与三角板

图板用作画图时的垫板，要求表面平坦光洁，工作边光滑平直。绘图时将图纸固定在图板左下方的适当位置上。

丁字尺由尺头和尺身组成。使用时，用左手握住尺头，使其工作边紧靠图板左侧导边作上下移动，右手执笔，沿尺身上边自左向右画水平线。由上往下移动丁字尺，可画出一组水平线，如图 2.11 所示。

一副三角板和丁字尺配合使用，可画垂直线和 15°、30°、45°、60°、75°等各种角度的斜线。

画垂直线时，将三角板的一直角边紧靠丁字尺尺身工作边，直角在左边，利用另一直角边将铅笔沿三角板的垂直边自下而上画线。将两块三角板配合使用，还可以画出已知直线的平行线或垂直线，如图 2.12 所示。

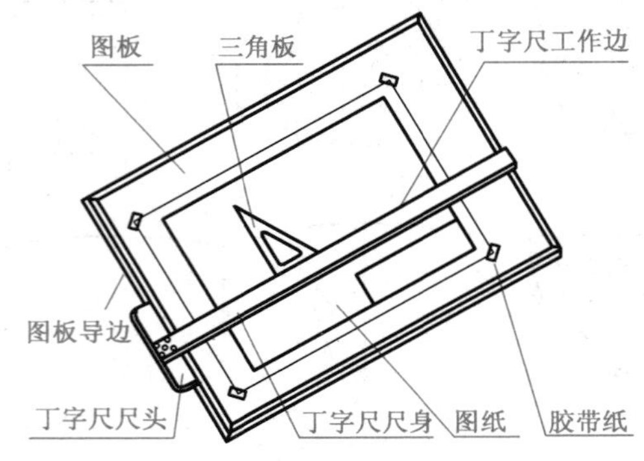

图 2.11　图板与丁字尺的用法

图 2.12　三角板的用法

2.2.2　圆规与分规

圆规是用来画圆和圆弧的工具。圆规的一条腿上装有钢针，称固定腿。钢针两端不同，如图 2.13(a)所示，画圆或圆弧时，常使用带台阶的一端，且钢针尖应比铅芯稍长些。画不同直径的圆或圆弧时，钢针与铅芯和纸面尽可能垂直，特别是在画大圆时更是如此。

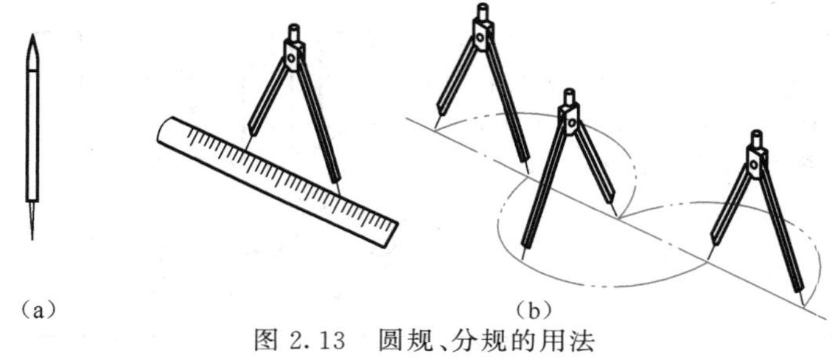

图 2.13　圆规、分规的用法

分规是用以量取线段和分割线段的工具。为准确度量尺寸，分规的两个针尖并拢时应对齐。分割线段时，分规两针尖沿线段交替作为圆心旋转前进，如图 2.13(b)所示。

2.2.3　绘图铅笔

绘图用铅笔的铅芯分别用 B 和 H 表示软硬程度，B 前的数字越大表示铅芯越软，H 前的数字越大表示铅芯越硬。绘图时根据不同使用要求，应备有 2H、H、HB、B 等几种硬度不同的铅笔，通常用 H 或 2H 铅笔绘制底稿，用 B 或 2B 的铅笔画粗实线，用 HB 铅笔标注尺寸和写字。加深图线时，为了保证图线浓淡一致，画圆弧的铅芯应比画直线的铅芯软一号。

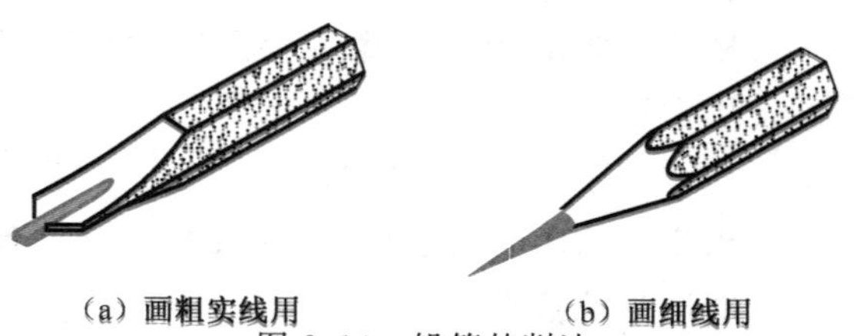

图 2.14　铅笔的削法

铅笔的磨削直接影响图线的质量。铅笔应从无标号的一端削起，画粗实线的铅笔芯磨成凿形，如图 2.14(a)所示。画底稿、各种细线及写字的铅笔芯可磨成锥形，如图 2.14(b)所示。

2.3 几何作图

多种多样的平面图形基本上都是由直线、圆弧和圆所组成。绘制平面图形，首先要掌握常见几何图形作图的原理和方法。

2.3.1 正多边形的画法

1. 正六边形

绘制正六边形，通常利用正六边形的边长等于外接圆半径的原理，作图方法如图 2.15(a)所示。也可以用 60°三角板配合丁字尺通过水平直径的端点作四条边，绘制正六边形，作图方法如图 2.15(b)所示。

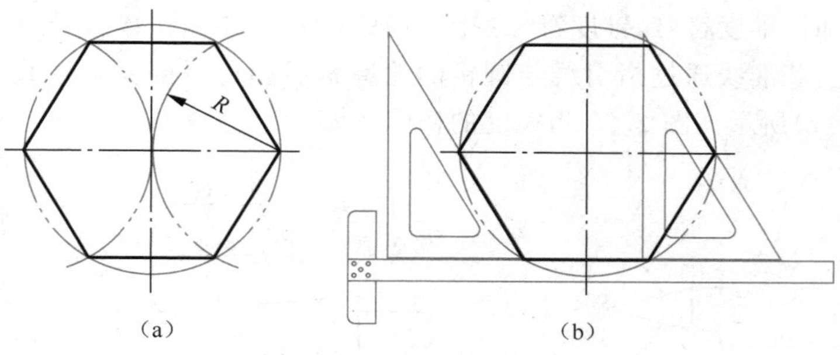

图 2.15　正六边形的画法

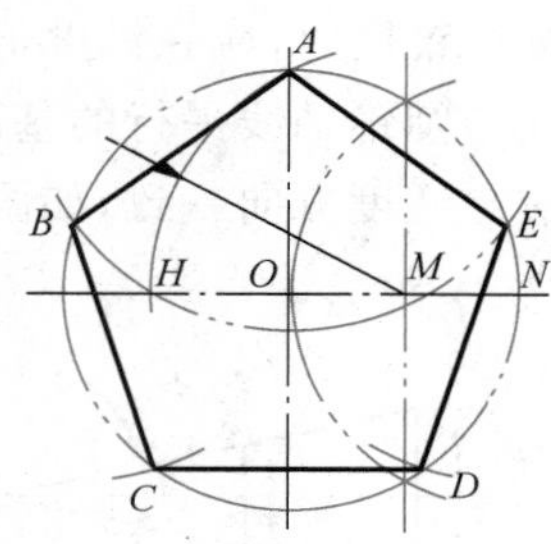

图 2.16　正五边形的画法

2. 正五边形

绘制正多边形通常利用等分外接圆的方法作图。正五边形作图方法如图 2.16 所示，取外接圆半径 ON 的中点 M，以点 M 为圆心、MA 为半径作弧，交水平中心线于 H，AH 即为正五边形的边长。等分圆周得到五个顶点，即可作出圆内接正五边形。

2.3.2 斜度和锥度

1. 斜度

斜度是指一直线(或平面)对另一直线(或平面)的倾斜程度，其大小用该两直线(或平面)间夹角的正切值来表示，如图 2.17(a)所示，把比值化为 1∶n 的形式，即：

$$斜度=\tan\alpha=H:L=1:L/H=1:n$$

标注斜度时，应在斜度值前面加注斜度符号，斜度符号按图 2.17(b)所示绘制，且符号方向应与斜度方向一致，如图 2.17(c)所示。图 2.18 所示为斜度的作图步骤。

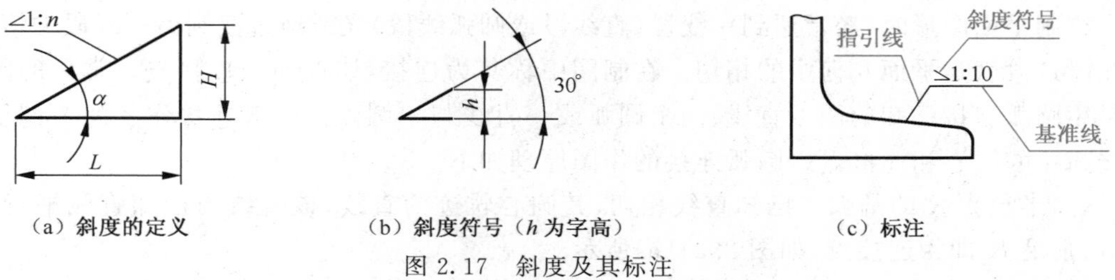

图 2.17　斜度及其标注

2. 锥度

锥度是指正圆锥体的底圆直径与圆锥高度之比。如果是圆台，则是两底圆直径之差与圆

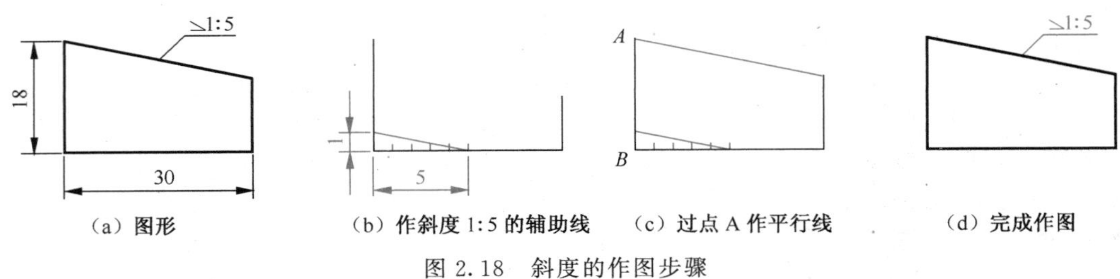

（a）图形　（b）作斜度 1:5 的辅助线　（c）过点 A 作平行线　（d）完成作图

图 2.18　斜度的作图步骤

台高度之比，如图 2.19(a)所示，把比值化为 1∶n 的形式，即：

$$锥度=D/L=(D-d)/l=2\tan\alpha=1:n$$

标注锥度时，应在锥度值前面加注锥度符号，锥度符号按图 2.19(b)所示绘制。该符号应配置在与圆锥轴线平行的基准线上，基准线通过指引线与圆锥的轮廓素线相连。锥度符号的方向应与锥度方向一致，如图 2.19(c)所示。图 2.20 为锥度的作图步骤。

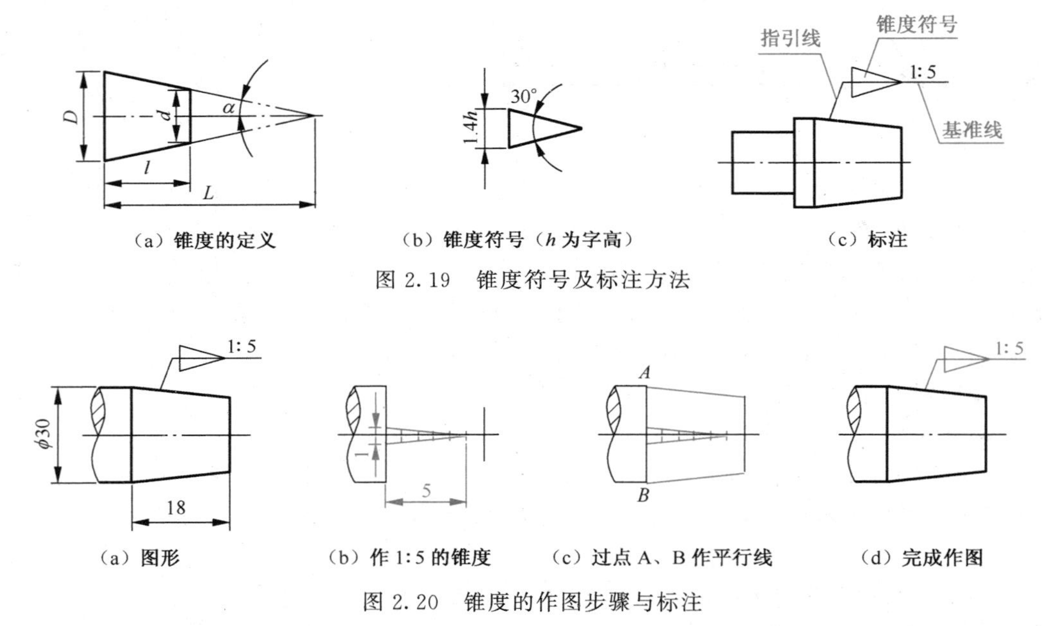

（a）锥度的定义　（b）锥度符号（h 为字高）　（c）标注

图 2.19　锥度符号及标注方法

（a）图形　（b）作 1:5 的锥度　（c）过点 A、B 作平行线　（d）完成作图

图 2.20　锥度的作图步骤与标注

2.3.3　圆弧连接

绘制平面图形时，经常遇到一线段（直线段或圆弧线段）光滑地过渡到另一线段的情况，这种光滑过渡就是平面几何中的相切。在制图中称其为连接，切点即为连接点。常见的圆弧连接是用圆弧连接已知的两条直线、两个圆弧或一直线与一圆弧。圆弧连接作图的关键是确定连接圆弧的圆心和连接点。圆弧连接的作图原理如下。

(1)半径为 R 的圆弧与已知直线相切，其圆心轨迹为直线，该直线与已知直线平行，距离为 R，垂足 K 即为连接点，如图 2.21(a)所示。

(2)半径为 R 的圆弧与半径为 R_1 的已知圆弧相切，其圆心轨迹是已知圆弧的同心圆，该圆弧半径 R_2 的大小由相切情况而定。两圆弧相外切时，$R_2=R_1+R$，如图 2.21(b)所示；两圆弧相内切时，$R_2=R_1-R$，如图 2.21(c)所示。

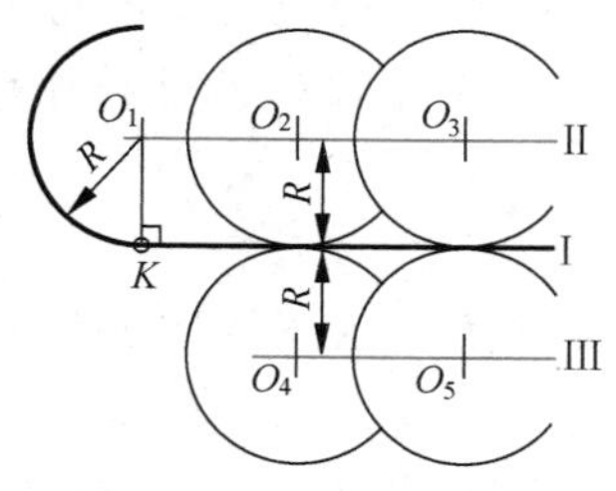

（a）圆弧与直线相切

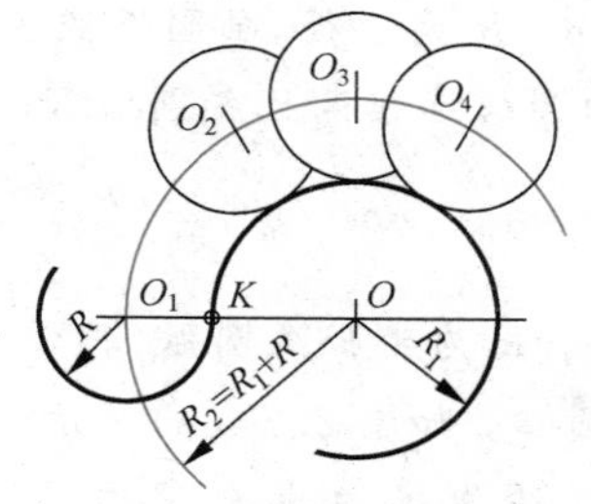

（b）两圆弧相外切

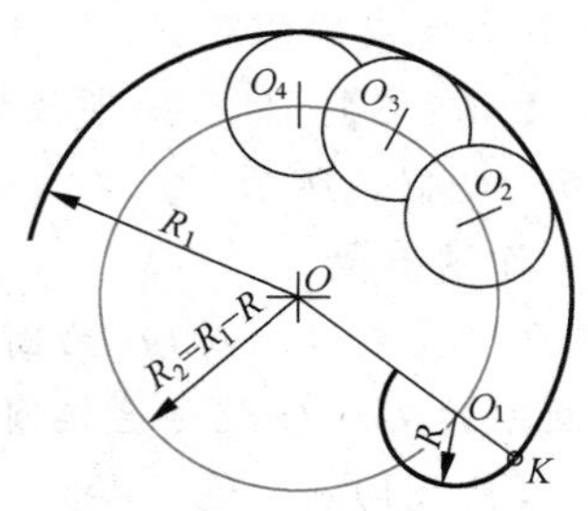

（c）两圆弧相内切

图 2.21　圆弧连接的作图原理

【例 2.1】　用已知半径为 R 的圆弧连接两已知直线 I、II，如图 2.22(a)所示。

作图步骤

(1)找圆心。以 R 为间距，分别作直线 I 和直线 II 的平行线。这两条平行线的交点 O 就是连接圆弧的圆心，如图 2.22(b)所示。

(2)找切点。过圆心 O 分别作已知直线 I 和直线 II 的垂线。垂足 A、B 就是连接圆弧与已知直线的连接点，如图 2.22(c)所示。

(3)完成圆弧连接。以 O 为圆心、R 为半径，画圆弧 AB，并加深图线，如图 2.22(d)所示。

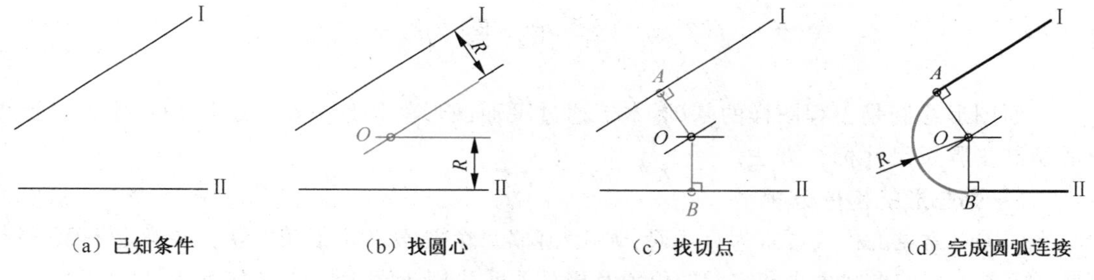

（a）已知条件　（b）找圆心　（c）找切点　（d）完成圆弧连接

图 2.22　用圆弧连接两已知直线

【例 2.2】　用已知半径为 R 的圆弧连接一已知直线和圆弧 R_1，如图 2.23(a)所示。

作图步骤

(1)找圆心。以 R 为间距，作直线 I 的平行线 II。并以 O_1 为圆心、R_1+R 为半径画圆弧。该圆弧与平行线 II 的交点 O 就是连接圆弧的圆心，如图 2.23(b)所示。

(2)找切点。过圆心 O 作已知直线 I 的垂线，并连接 O 与 O_1(圆弧之间的连心线)与圆弧交于点 B。垂足 A 与交点 B 就是连接圆弧与已知直线及圆弧的连接点，如图 2.23(c)所示。

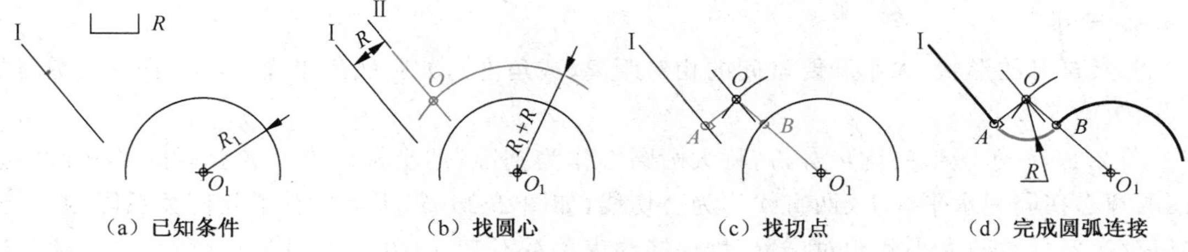

（a）已知条件　（b）找圆心　（c）找切点　（d）完成圆弧连接

图 2.23　用圆弧连接已知直线和圆弧

(3)完成圆弧连接。以 O 为圆心、R 为半径，画圆弧 AB，并加深图线，如图 2.23(d)所示。

【例 2.3】 用已知半径为 R 的圆弧连接两已知圆弧 R_1、R_2，并且与两个圆弧同时相外切，如图 2.24(a)所示。

作图步骤

(1)找圆心。以 O_1 为圆心、R_1+R 为半径画圆弧，再以 O_2 为圆心、R_2+R 为半径画圆弧。两圆弧的交点 O 就是连接圆弧的圆心，如图 2.24(b)所示。

(2)找切点。连接 O 和 O_1 与半径为 R_1 的圆弧交于 A 点，连接 O 和 O_2 与半径为 R_2 的圆弧交于 B 点，A、B 就是连接圆弧与已知圆弧的连接点，如图 2.24(c)所示。

(3) 完成圆弧连接。以 O 为圆心、R 为半径，画圆弧 AB，并加深图线，如图 2.24(d)所示。

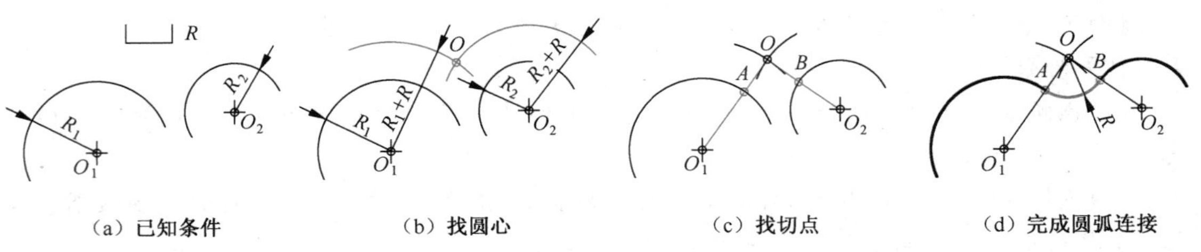

图 2.24　用圆弧连接两相外切的已知弧

2.4　平面图形

平面图形绘制是工程图样的基础，本节通过平面图形的构形分析、尺寸分析，掌握平面图形的绘制步骤及尺寸标注方法。

2.4.1　平面图形的构形分析

平面图形常见的构成要素为直线段、圆弧和圆，每个要素之间相互关联。要确定平面图形，就要确定各要素的形状大小和它们的位置及相互关系，即平面图形应有几何关系、尺寸及基准。

1. 基准

确定平面图形及其要素位置的点和线，如同几何中的坐标系。一般选择较大圆的圆心、较长的水平线、垂直线或对称线作为基准。平面图形中，长度和宽度方向至少各有一个主要基准，还可以有辅助基准。

2. 几何关系

各要素及相互之间的关系，如直线的水平或垂直状态、线段(直线或圆弧)的相切、两直线间的平行或垂直等。

3. 尺寸

要素自身的形状、大小和要素间的相对距离(或角度)，如圆弧的半径、线段的长度、圆心的位置、距离等。

图 2.25 所示图形的构形分析：将大圆圆心作为基准，即坐标原点。各要素间的几何关系有：两圆心在同一水平线上、两直线均为公切线，如图 2.25(a)所示。有了几何关系限制，无论如何改变各要素的大小和相对位置，均保持约束关系不变，如图 2.25(b)、(c)所示。在此基础上加入尺寸，就唯一确定了该平面图形，如图 2.25(d)所示。

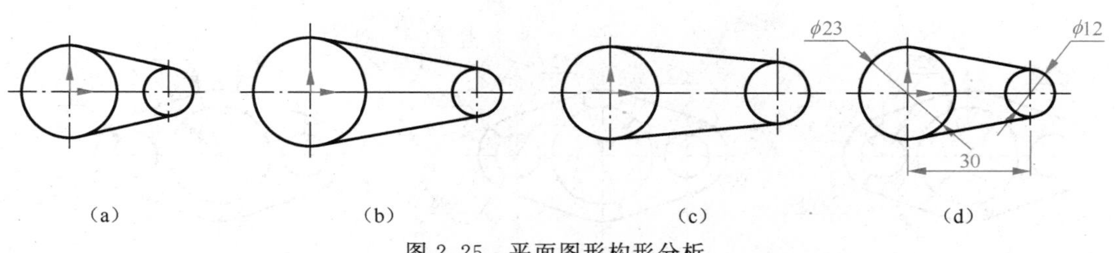

(a)　　(b)　　(c)　　(d)

图 2.25　平面图形构形分析

平面图形由于几何关系约束、尺寸数量的不同呈现完全定义、欠定义和过定义等状态。完全定义是指有完整的约束条件和尺寸定义平面图形，平面图形唯一确定的状态，如图 2.26(a)所示。欠定义是指没有足够的约束条件和尺寸对平面图形进行全面定义，是平面图形的不确定状态，如图 2.26(b)所示。而过定义是指平面图形中存在重复或相互冲突的约束条件或尺寸，是不合理状态，必须去掉多余的约束和尺寸 64，如图 2.26(c)所示。平面图形设计完成时，图形应该是完全定义的。

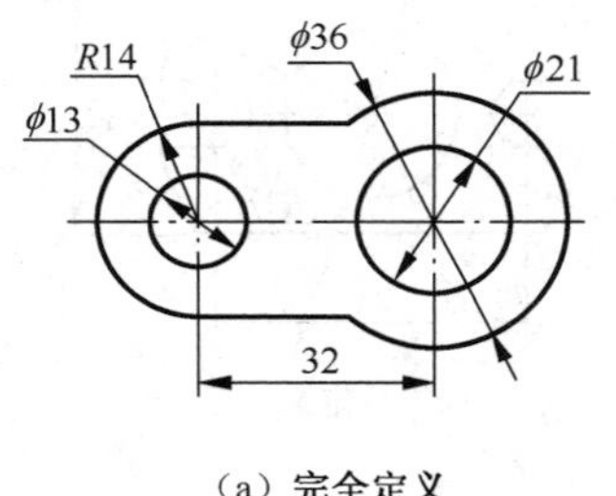

(a) 完全定义

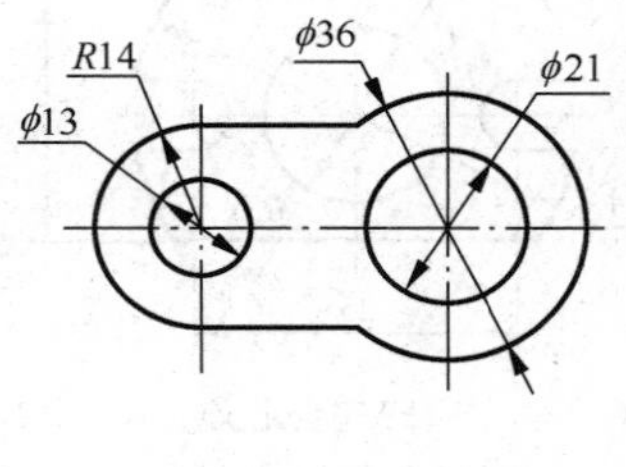

(b) 欠定义

(c) 过定义

图 2.26　平面图形的定义状态

2.4.2　平面图形的尺寸分析

确定平面图形的任何一个要素都需要一定数量的尺寸或几何关系，例如，确定圆则需要圆心坐标 x、y 及半径 R，确定直线则需要直线上一点的坐标 x、y 及直线方向或直线上两点的坐标。在几何关系一定的条件下，尺寸数量决定平面图形的定义状态。平面图形的尺寸按其作用可分为定形尺寸和定位尺寸两类。

1. 定形尺寸

确定图形形状大小的尺寸称为定形尺寸，如线段长度、圆弧直径或半径、角度的大小等。如图 2.27 中的 ϕ8、ϕ20、R15、R12、R50、R10、18 等。

图 2.27　平面图形尺寸分析

2. 定位尺寸

确定平面图形各要素之间相对位置的尺寸称为定位尺寸，如圆心位置尺寸等。如图 2.27 中的 8、75、ϕ30 等，其中，尺寸 75 确定圆弧 R10 的位置，ϕ30 用来确定圆弧 R50 的圆心在垂直方向的位置。

图 2.28、图 2.29 为常见的平面图形尺寸标注实例。

2.4.3　平面图形的画图步骤

组成平面图形的各线段根据其尺寸数量的不同可分为已知线段、中间线段和连接线段三种。

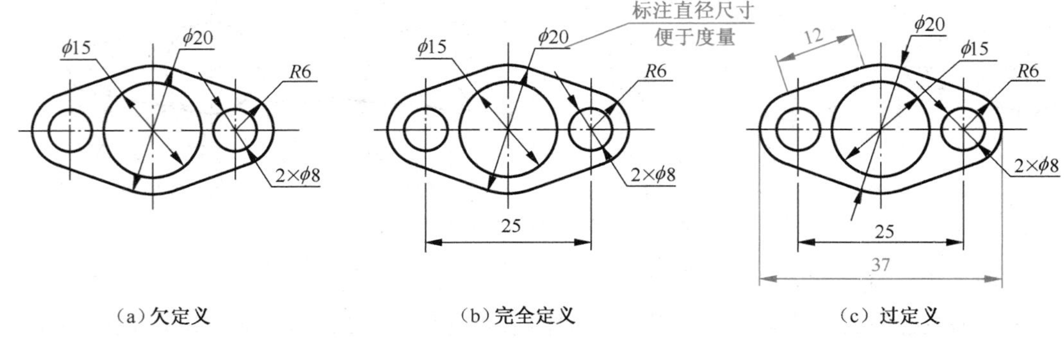

(a)欠定义　(b)完全定义　(c)过定义

图 2.28　平面图形尺寸标注实例(一)

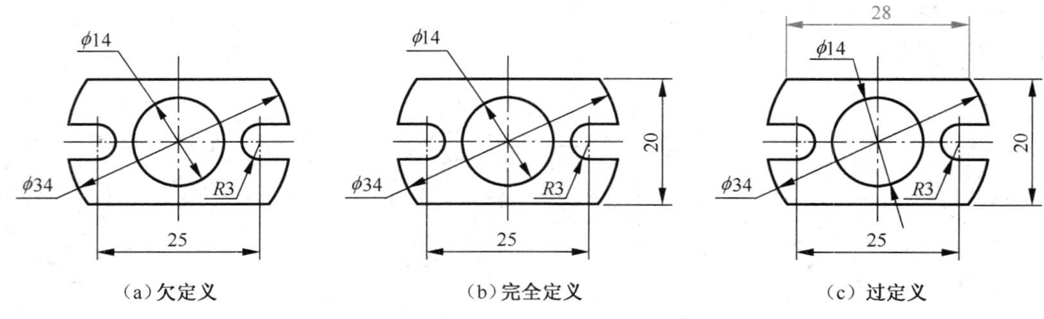

(a)欠定义　(b)完全定义　(c)过定义

图 2.29　平面图形尺寸标注实例(二)

1. 已知线段

定形尺寸和定位尺寸全部已知的线段。它不依赖于其他任何线段而可以直接画出。如图 2.27 中的左端矩形、φ8 的圆及 R15、R10 的圆弧。

2. 中间线段

定形尺寸已知,缺少一个定位尺寸的线段。需要依赖于一个几何关系才能确定,如图 2.27 中的 R50 圆弧。

3. 连接线段

定形尺寸已知,缺少两个定位尺寸的线段。需要依赖于两个几何关系才能确定,如图 2.27 中的 R12 圆弧。

在完全定义的平面图形中,两个已知线段之间,可以有任意条中间线段,但必须有且只能有一条连接线段。

绘制平面图形时,应首先分析平面图形的尺寸及其线段,确定基准,然后按照已知线段、中间线段、连接线段的顺序,依次作图。图 2.30 所示为平面图形手柄的画图步骤。

(1)确定基准。基准线为水平轴线和较长的直线,如图 2.30(a)所示;

(2)画已知线段。左端矩形、φ8 的圆及 R15、R10 的圆弧,如图 2.30(b)所示;

(3)画中间线段。根据已知条件绘制利用 R50 与φ30 直线及 R10 圆弧相切的几何关系确定其圆心,R10 与 R50 圆弧的分界点(连接点)在两圆心连线的延长线上,如图 2.30(c)所示;

(4)画连接线段。利用两个几何关系即 R12 与 R50 和 R15 同时相切确定其圆心,R12 与 R50、R15 圆弧的分界点(连接点)分别在两圆心连线与圆弧的交点处,如图 2.30(d)所示。

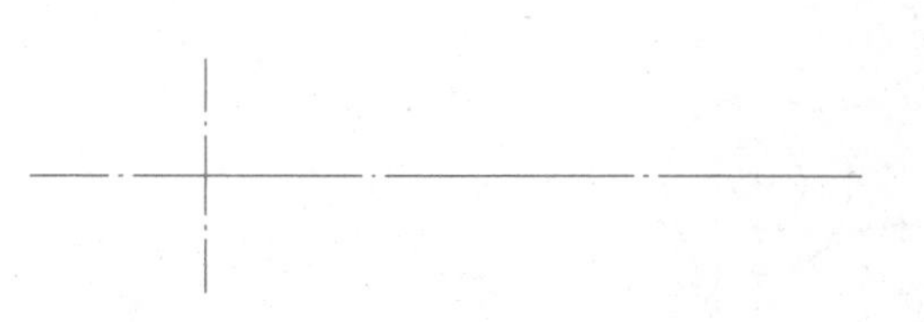

（a）确定基准

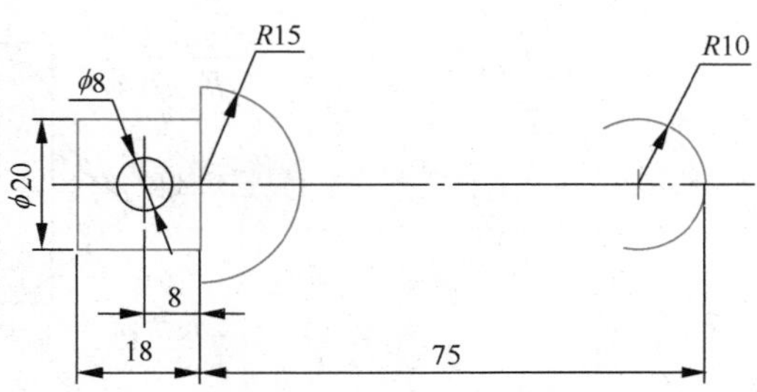

（b）绘制各已知线段

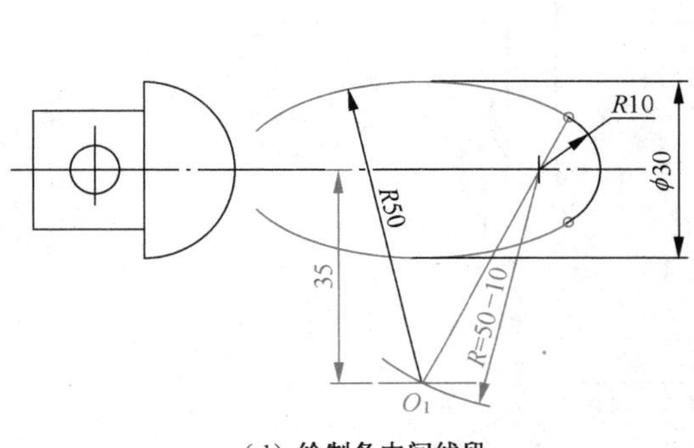

（d）绘制各中间线段

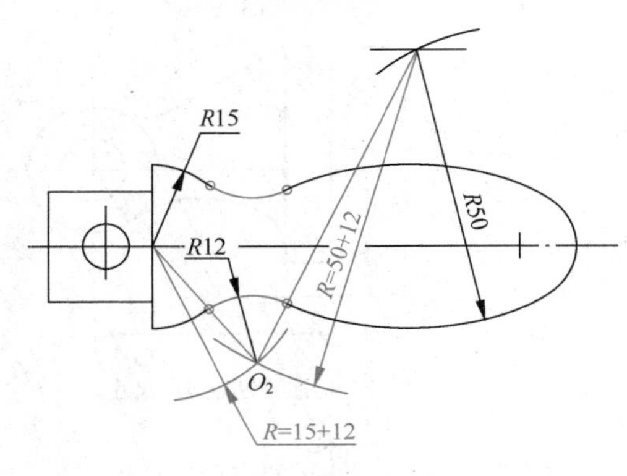

（d）绘制连接线段、完成图形

图 2.30　平面图形画图步骤

2.4.4　平面图形的尺寸标注

以图 2.31 为例，说明平面图形尺寸标注的方法和步骤。

1. 确定尺寸基准，进行线段分析

该图形主要组成部分是左侧的同心圆及右侧的矩形，二者之间由直线和圆弧相连接，因此，可选择较重要的同心圆的对称中心线作为两个方向的基准。位于基准上同心圆及矩形应为已知线段，根据“两个已知线段之间，可以有任意条中间线段，但必须有且只能有一条连接线段”的原理，在上方连接同心圆和矩形的直线和圆弧，必定有一连接线段和一中间线段选圆弧为连接线段；同理，在下方连接同心圆和矩形的两个圆弧中，也是如此，如图 2.31(a)所示。

2. 按已知线段、中间线段、连接线段的次序标注尺寸

(1)标注已知线段　由于同心圆位于基准上，故只需标注其定形尺寸为φ20、φ10；矩形的定形尺寸为 35、7，定位尺寸为 37、15，如图 2.31(b)所示。

(2)标注中间线段　定连接同心圆和矩形上方的斜线为中间线段，标注其角度尺寸 60°，不确定其长度；定下方靠近矩形的圆弧为中间线段，标注半径 $R5$ 并给定某一方向的圆心位置，距离矩形下边为 3，圆心不确定，需要依靠该圆弧与矩形右侧长边相切的条件作图，确定 $R5$ 的圆心位置，如图 2.31(c)所示。

(3)标注连接线段　连接线段，只需标注半径尺寸 $R10$、$R20$，作图时，$R10$ 圆弧靠其与 60°斜线和φ20 大圆相切来定圆心；$R20$ 圆弧靠其与 $R5$ 圆弧和φ20 大圆相切来定圆心。

综上，尺寸标注过程和平面图形绘图过程是相一致的，完整的尺寸标注如图 2.31(e)所示。

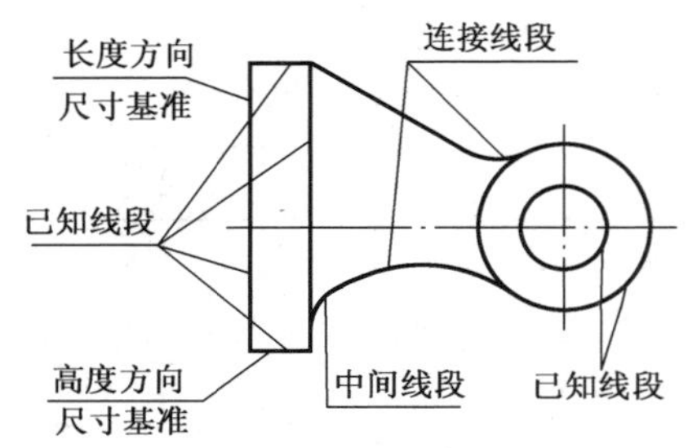

(a) 确定基准、线段分析

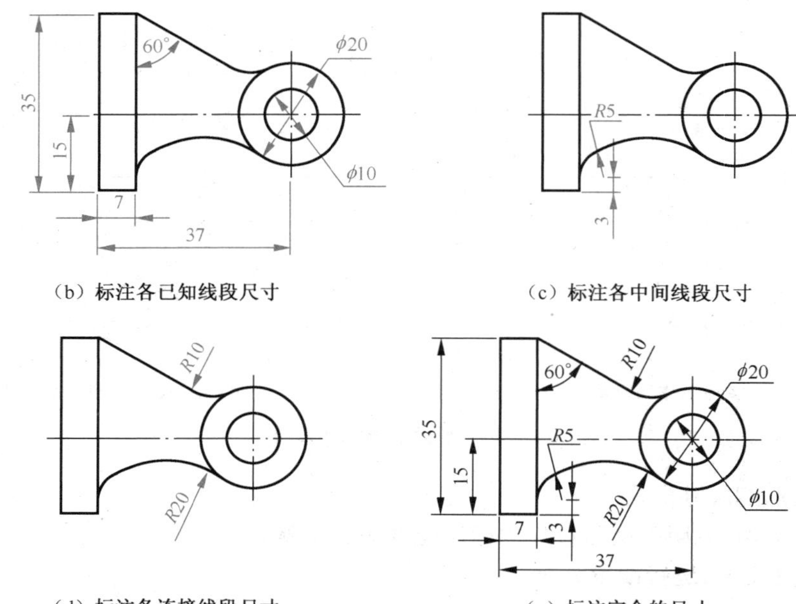

(b) 标注各已知线段尺寸　　(c) 标注各中间线段尺寸

(d) 标注各连接线段尺寸　　(e) 标注完全的尺寸

图 2.31　平面图形尺寸标注步骤

2.4.5　平面图形的构形设计

1. 平面图形构形设计的常用原则

(1)构形应表达功能特征。平面图形构形主要是进行轮廓特征设计,其表达的对象往往是工业产品、设备、工具,如运输设备(车、船或飞行器类)、生产设备、仪器仪表、电器、机器人等。几何图形形状组合的依据,来源于对丰富的现有产品的观察、分析与综合,整个图形的构成应能充分地表达功能特征。在日常生活中,经常使用的自行车、汽车、家具、家用电器、绘图工具等,都可作为平面图形设计的素材,如图 2.32 所示的实例。

(2)便于绘图与标注尺寸。在平面图形构形设计中,应尽可能考虑用常用的平面图形来构成,便于图形的绘制和标注尺寸。因图形是制造的依据,所以设计的平面图形必须标注全部尺寸,即做到完全定义。

对于非圆曲线(如椭圆)要简化成圆弧连接作图,也必须标注需要的全部特征尺寸。有些工程曲线,如车体、船体、飞行器外形、凸轮外轮廓等需按计算结果绘制,它们往往需要标注若干个离散点的坐标,然后用曲线板逐点光滑连接成轮廓线,这样的过程,对于作图和尺寸标注显然是相当复杂。本节的构形设计不是真正的工程设计,一般应避免采用自由曲线。

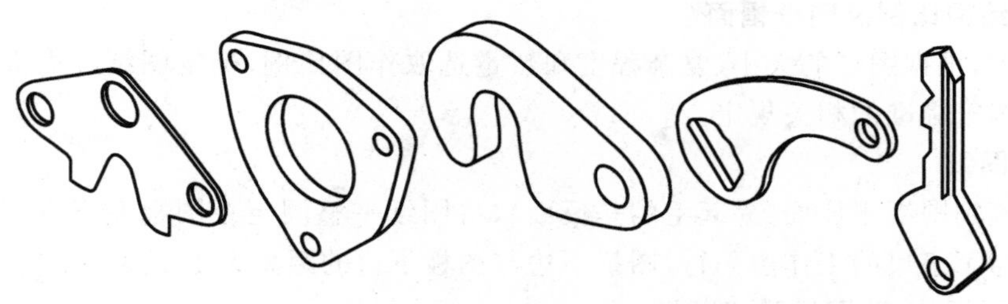

图 2.32　构型设计参考实例

总之，构形设计出来的平面图形应便于绘制，且容易完整地标注尺寸。构形设计不是一般的美术画，切不可随心所欲地勾画图形，从而使需要标注的尺寸繁多，甚至难以注全。一般地说，便于绘制和标注尺寸的图形也便于加工制造，具有良好的工艺性。

(3)注意整体效果。构形设计不仅仅是仿形，更重要的是通过实用、美观、新颖的几何形状设计，培养美学意识、创新能力。因此，在平面图形设计过程中，还应考虑美学、力学、视觉等方面的整体效果。

总之，在构形设计中应积极思维、广泛联想、大胆创造，设计出新颖、富有联想和寓意的平面图形来。

2. 平面图形的设计实例

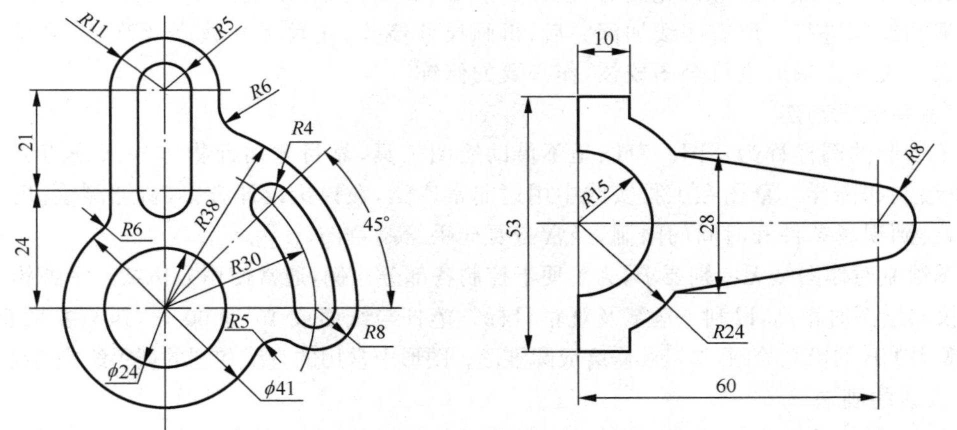

图 2.33　平面图形的设计实例

2.5　手工绘图的方法和步骤

为了满足对图样不同需求，常用的手工绘图方法有尺规绘图和徒手绘图。为了提高图样质量和绘图速度，不仅要正确使用绘图工具，还必须掌握正确的绘图程序和方法。

2.5.1　尺规绘图的步骤

1. 做好准备工作

将图板、丁字尺、三角板等绘图工具擦拭干净，按不同线型要求削磨好铅笔及圆规铅芯，并调整好圆规脚，备全各种用具。

2. 确定绘图比例及图纸幅面

分析图形，根据图形的大小、复杂程度和数量选取作图比例，确定图纸幅面。选取时遵守《机械制图》国家标准的相关规定。

3. 固定图纸

用橡皮鉴别图纸正反面（易起毛的是反面），将图纸平整固定在图板左下方适当位置。图纸上下边应与丁字尺的工作边平行，图纸下边与图板下边的距离大于丁字尺的宽度。

4. 绘制图幅边框、图框及标题栏

5. 布图、绘制底稿

在一张图中，图形应匀称地布置在图框内，并考虑留有注写尺寸和文字说明的地方。布图方案确定后，要画出各个图形的基准线，如对称中心线、轴线及其他主要图线等。绘制底稿时要先画图形的主要轮廓，再画细节部分。

画底稿时不考虑线型，统一使用削尖的 2H 或 H 铅笔，在规定位置轻轻用细线画出，画线要尽量细和清淡，以便于擦除和修改。

6. 加深图线

底稿完成后要进行仔细检查，确认无误后，进行图线加深。加深粗实线一般用 B 的铅笔及铅芯为 2B 的圆规，加深虚线、细实线、点画线以及其他各类细线，一般用 HB 的铅笔。加深图线时要用力均匀，同类图线宽度一致、浓淡一致。

加深图线的步骤一般应按先曲后直、先实后虚、先粗后细，由上到下、由左到右，所有图形同时加深的原则进行。所有图线加深完后，再画尺寸箭头、注写尺寸数字及符号、填写标题栏及其他文字说明。最后进行全图校核，作必要的修饰。

2.5.2 徒手绘图方法

徒手绘制的图样称为草图。草图是不借助绘图工具，靠目测估计物体各部分的尺寸和比例，徒手绘制的图样。草图在工程实践中用途非常广泛，在讨论设计方案、机器测绘、现场技术交流时，受到现场条件和时间的限制，经常需要徒手绘制草图。

草图绘制对作图纸无特别要求，为了便于控制各部分比例，通常使用方格纸。手握铅笔的位置要比仪器绘图时稍高，以利于运笔及观察目标。笔杆与纸面成 45°到 60°角，执笔要稳而有力。草图一般用 HB 的铅笔绘制，将铅芯修磨成圆锥形。图形中常用的直线和圆的徒手绘制方法如下。

1. 直线的画法

在画直线时，手腕靠近纸面不要转动，眼睛看着画线的终点，轻轻移动手腕和手臂，使笔尖向着要画的方向作近似的直线运动。画长斜线时，为了运笔方便，可以将图纸旋转，使之处于最顺手的方向。画线尽可能靠方格纸上格子的节点定位，尤其是画 30°、45°、60°等特殊角度斜线，按直角边的近似比例定出端点后连成直线，如图 2.34 所示。画短线用手腕运笔，画长线则用手臂动作。

2. 圆的画法

徒手画圆时，应先定圆心并画两条互相垂直的中心线，再根据半径大小用目测方法在中心线上定出四点，然后过这四点画圆，如图 2.35(a)中的小圆。当圆的直径较大时，可过圆心增画两条 45°斜线，同样目测再定四个点，然后过这八个点画圆如图 2.35(b)中的大圆。

徒手绘图的基本要求是快、准、好。即画图速度要快，目测比例要准，图面质量要好。要求做到投影正确、内容完整、图形清晰无误、图线正确、线型分明、比例匀称、字体工整、图面整洁。

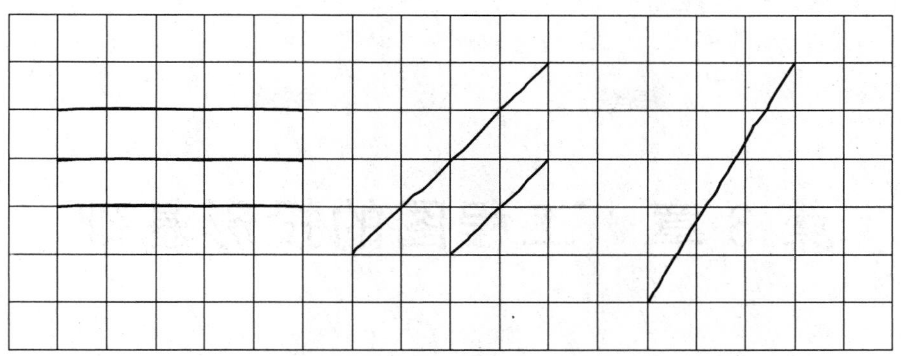

图 2.34　徒手画直线的方法

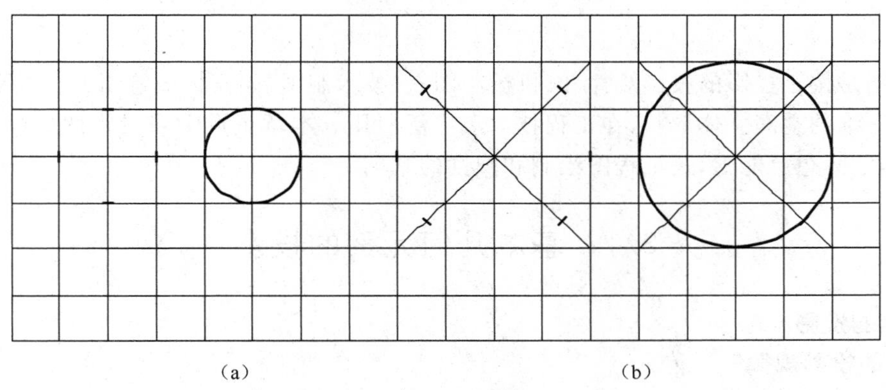

图 2.35　徒手画圆的方法

本章小结

《机械制图》国家标准是绘制机械图样的根本依据，掌握最新国家标准，树立贯彻国家标准的意识是本课程的教学任务之一。本章重点是掌握各种线型的画法及尺寸标注的基本规定，并在平面图形设计中正确应用。学习中可以通过抄画平面图形和给平面图形标注尺寸来检验上述知识的掌握程度。抄画平面图形练习中要注意画图的准确性，找准圆心及连接点，做到光滑连接；平面图形尺寸标注练习中要注意尺寸数量的完整性，做到平面图形的完全定义。

第 3 章　工程图的投影基础

工程图是按正投影的投影规律和《机械制图》、《技术制图》国家标准绘制的二维平面图形，用以表达三维的空间立体形状，在工程技术上广泛应用。本章重点学习投影图的绘制和阅读方法，培养空间想象能力，是工程图绘制和阅读的基础。

3.1　基本几何元素的投影

3.1.1　点的投影

1. 点的投影规律

位于立体表面上的点 A 在三面投影体系中的投影情况及展开后的投影如图 3.1 所示。点 A 在三个投影面上的投影分别用 a（水平投影）、a'（正面投影）和 a''（侧面投影）表示，投射线 Aa''、Aa'和 Aa 分别为点 A 到三个投影面的距离，即 A 点的坐标 x_a、y_a、z_a。图 3.1(b)所示的投影图中，Y_H、Y_W 分别表示随 H 和 W 面旋转后的 Y 轴。由投影图可以看出，点的一个投影只能反映其两个坐标，因此，单一投影不能唯一确定空间点的位置。但已知点的任意两个投影，三个坐标就确定了，空间点也就唯一确定了。实际作图时，应特别注意 H、W 两投影面中y

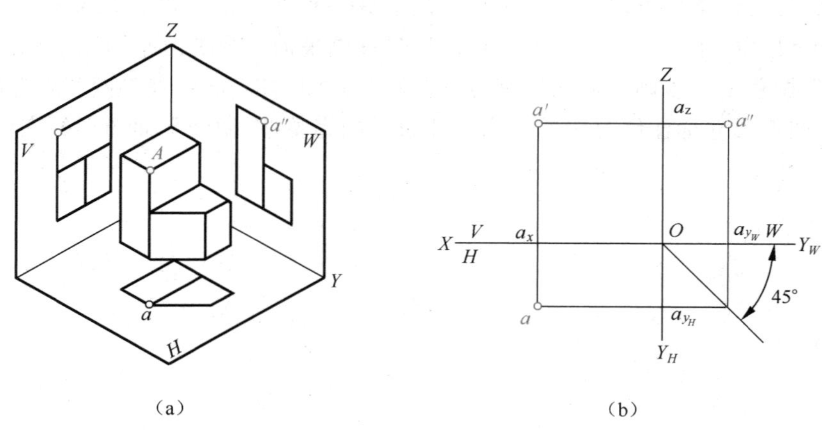

图 3.1　点的投影规律

坐标的对应关系。为作图方便，常添加过原点的 45°辅助线。

由上述分析可概括出点的投影规律：

正面投影与水平投影的连线垂直于 OX 轴，$a'a_Z = aa_{Y_H} = a_xO = x_a$

正面投影与侧面投影的连线垂直于 OZ 轴，$a'a_X = a''_{Y_W} = a_ZO = Z_a$

水平投影到 OX 轴的距离等于侧面投影到 OZ 轴的距离，即 $aa_X = a''a_Z = a_{Y_H}O = a_{Y_W}O = y_a$

2. 相对坐标和无轴投影图

空间点的位置可以用点的绝对坐标表示，也可以由点相对于另一已知点的相对坐标即坐标差来确定。如图 3.2(a)所示，两空间点 A、B，点 B 位于点 A 的右、前、下方。在图 3.2(b)所示的投影图中，Δx、Δy、Δz 即为 A、B 两点的坐标差。如果已知其中任意一点的三面投影及两点的相对坐标，即使没有坐标轴，也可以确定另一点的三面投影。两点之间的相对位置与点和投影面之间的距离无关，因此可以不画出投影轴。不含投影轴的投影图称为无轴投影图，如图 3.2(c)所示。

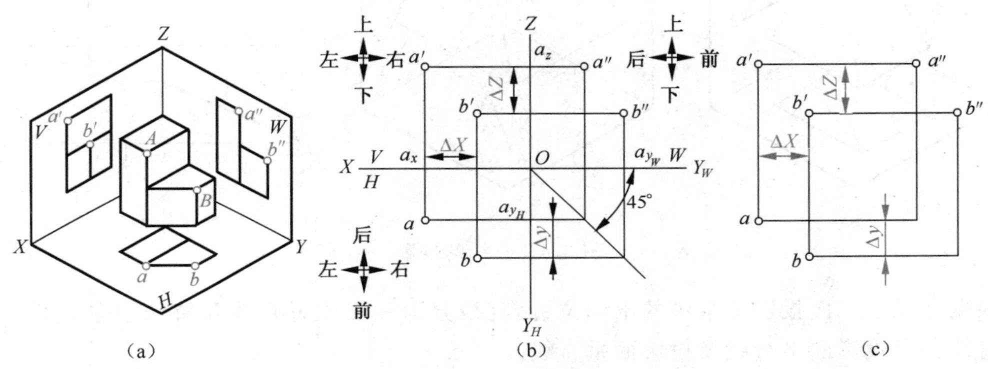

图 3.2　相对坐标和无轴投影图

3. 重影点及其可见性

当空间两点位于一条垂直于某个投影面的直线上时，两点在该投影面上的投影将重合为一点，这点称为该投影面的重影点。如图 3.3(a)所示，点 C 位于点 A 的正下方，则 A、C 两点

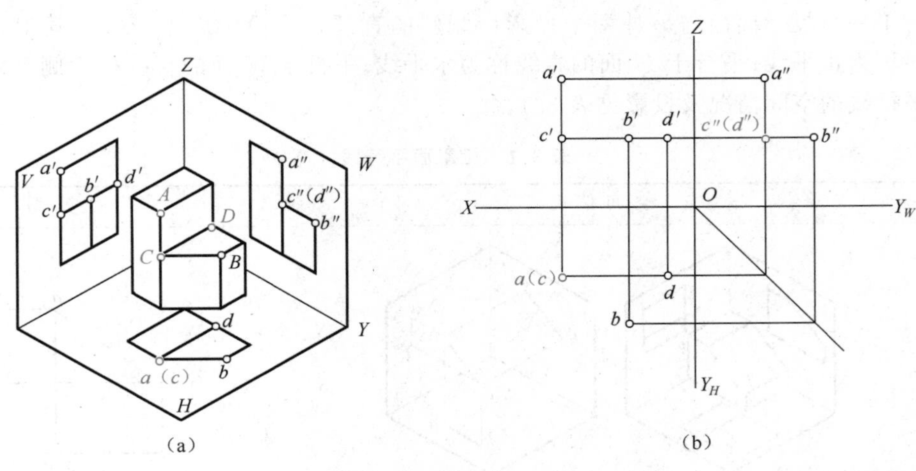

图 3.3　重影点及其可见性

的水平投影 a、c 为水平面的重影点。按水平投影的投射方向观察，先看见点 A，后看见点 C，因此 C 的水平投影 c 不可见，不可见的投影加括号表示，如图 3.3(b)所示。同理，C、D 两点的侧面投影 c''、d''在 W 面上重影为一点，而点 C 在左，点 D 在右，故 D 点的侧面投影 d''不可见。

3.1.2 直线的投影

直线的投影一般情况下仍为直线，其投影由直线段两个端点的同面投影连线来确定。立体表面的直线及其投影的空间情况，如图 3.4(a)所示。空间直线与投影面之间的夹角称为直线的倾角，在三面投影体系中，直线对 H、V、W 面的倾角分别用 α、β、γ 表示，如图 3.4(b)所示。

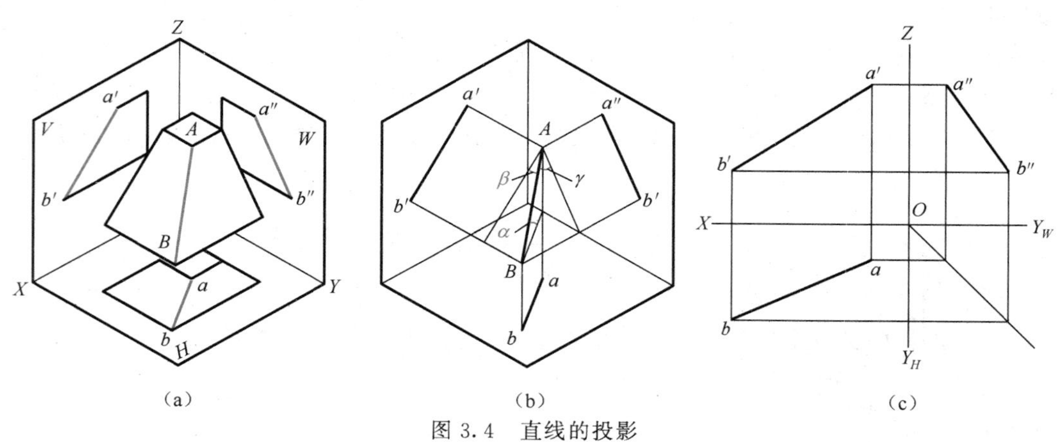

(a)　　(b)　　(c)

图 3.4　直线的投影

根据直线在三面投影体系中的不同位置，直线分为一般位置直线和特殊位置直线。特殊位置直线包含投影面平行线及投影面垂直线。

1. 一般位置直线

对三个投影面都倾斜的直线称为一般位置直线，图 3.4 中的直线 AB 即为一般位置直线。由于一般位置直线对三个投影面都倾斜，所以，其三个投影都与坐标轴倾斜，投影长小于实长，且投影图中不反映倾角的真实大小，如图 3.4(c)所示。

2. 投影面平行线

平行于一个投影面而与另外两个投影面倾斜的直线称为投影面平行线。其中平行于 V 面的直线称为正平线；平行于 H 面的直线称为水平线；平行于 W 面的直线称为侧平线。各种投影面平行线的空间情况及投影见表 3.1。

表 3.1　投影面平行线

	空间情况	投影图
正平线	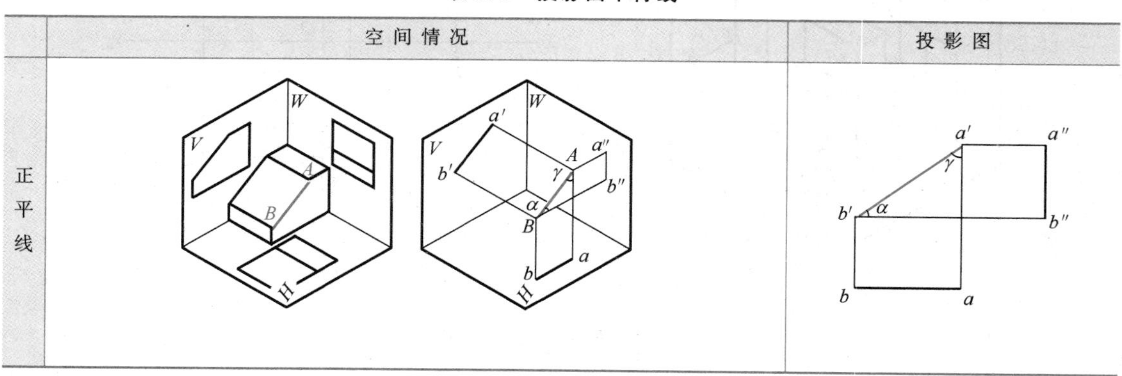	

续上表

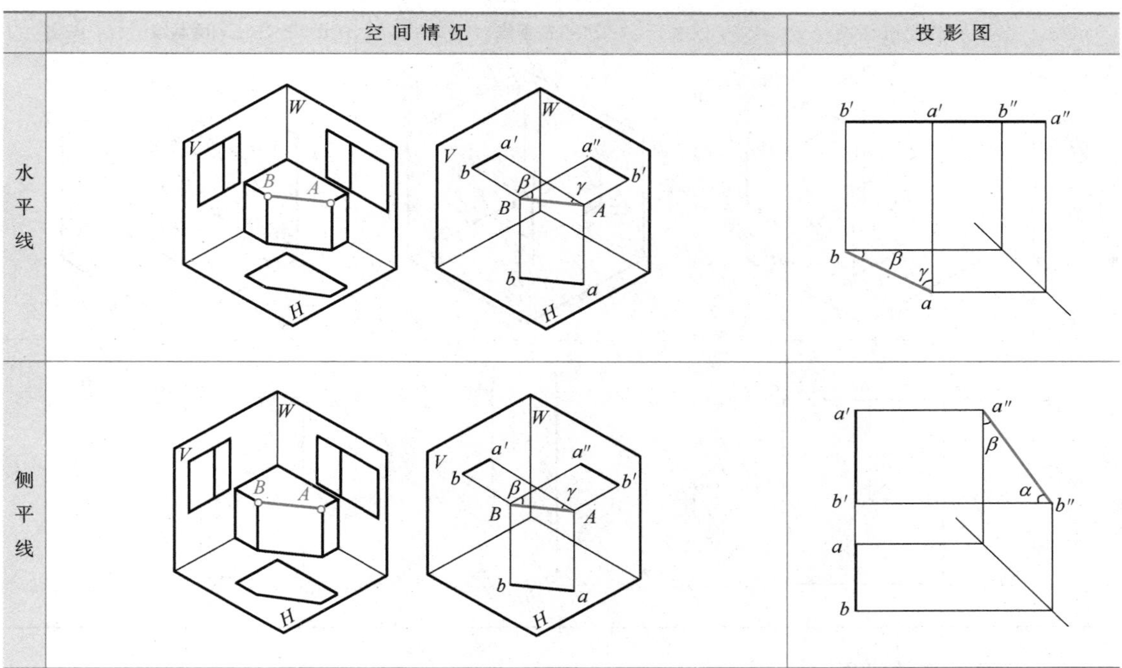

投影面平行线的投影特性是：在与直线平行的投影面上，直线的投影为倾斜线段，反映实长，且反映直线与另两个投影面的倾角；而其余两投影为平行于投影轴的直线段，且线段长度小于实长。

3. 投影面垂直线

垂直于一个投影面的直线称为投影面垂直线，它必平行于另外两个投影面，如图 3.5 所示的正四棱柱的棱线。其中垂直于 V 面的直线称为正垂线（图 3.5 中的 AB）；垂直于 H 面的直线称为铅垂线（图 3.5 中的 AC）；垂直于 W 面的直线称为侧垂线（图 3.5 中的 AD）。各种投影面垂直线的空间情况及投影见表 3.2。

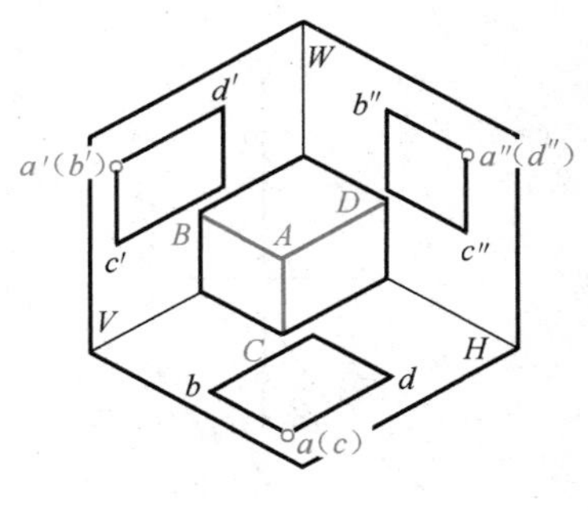

图 3.5　立体表面的投影面垂直线

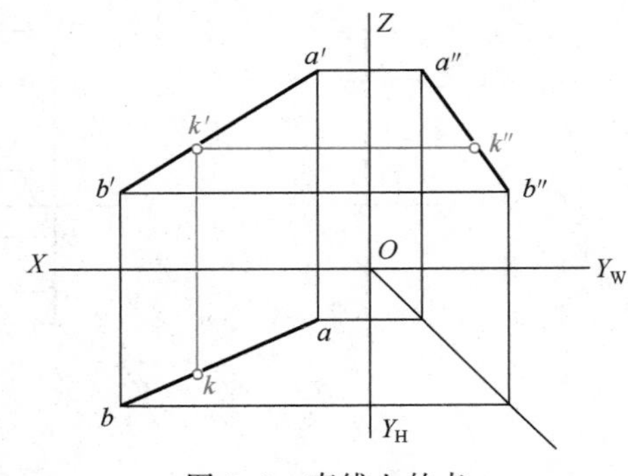

图 3.6　直线上的点

投影面垂直线的投影特性是：在与直线垂直的投影面上，直线的投影积聚为一点；另外两个投影面上的投影为平行于投影轴的直线，且反映实长。

表 3.2　投影面垂直线

	正垂线	铅垂线	侧垂线
空间情况	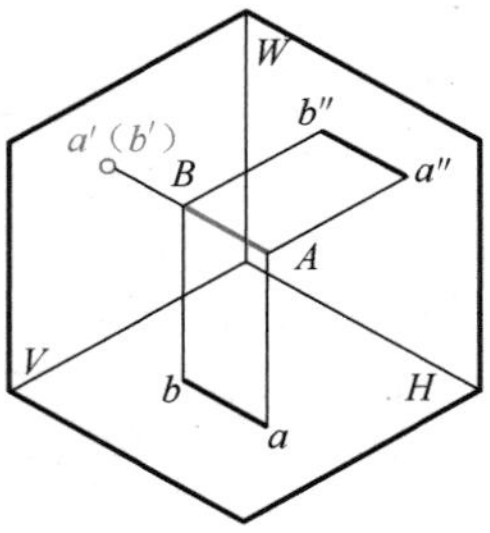	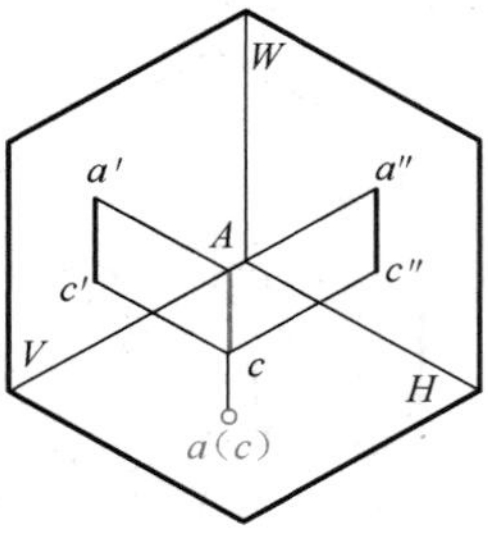	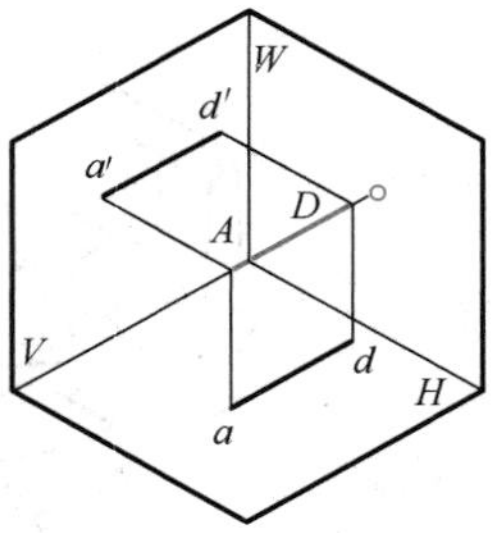
投影图	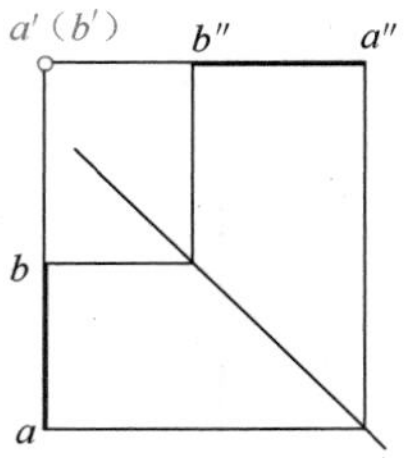	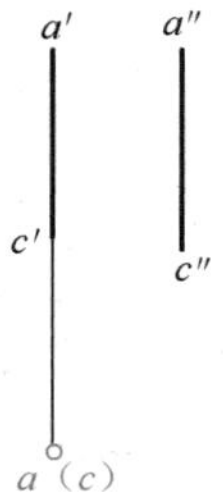	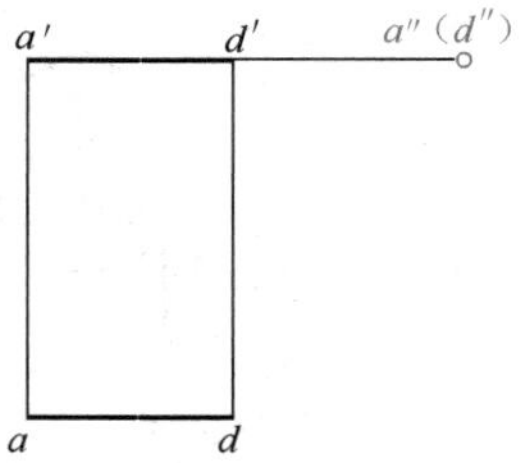

4. 直线上点的投影

如图 3.6 所示，直线 AB 上点 K 的投影特性。

(1)从属性　点在直线上，点的投影就一定在直线的同面投影上。点 K 的投影 k、k'、k''分别在直线的投影 ab、$a'b'$、$a''b''$上。

(2)定比性　同一直线上两线段长度之比等于其投影长度之比。

$$AK:KB=ak:kb=a'k':k'b'=a''k'':k''b''$$

【例 3.1】　已知侧平线 AB 的两面投影和 AB 上的点 K 的正面投影 k'，求 K 点的水平投影 k[图 3.7(a)]。

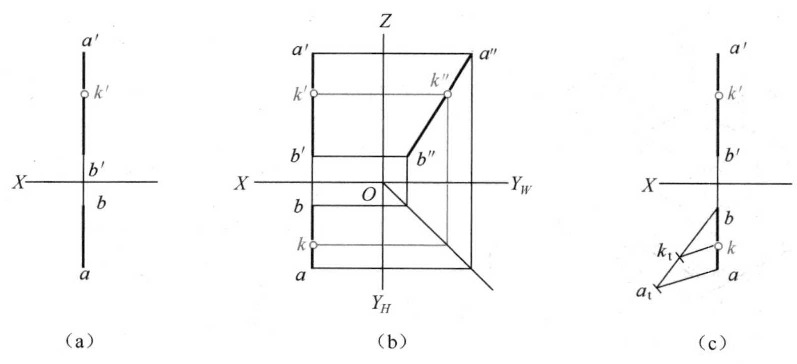

图 3.7　侧平线上取点

分析与作图

直线 AB 为侧平线，其正面投影 $a'b'$和水平投影 ab 都是平行于投影轴的直线段。无法根

据从属性直接求出 K 点的水平投影 k。但由从属性可知，K 点的侧面投影 k'' 一定在直线 AB 的侧面投影 $a''b''$ 上。因此作图方法之一是先求出 K 点的侧面投影 k''，再求其水平投影 k，如图 3.7(b)所示。作图方法之二是根据定比性 $a'k' : k'b' = ak : kb$，用初等几何作图法，直接在水平投影图上求出 K 点的水平投影 k，如图 3.7(c)所示。

3.1.3　平面的投影

根据平面在三面投影体系中的位置不同，可将平面分为一般位置平面和特殊位置平面。特殊位置平面包含投影面平行面和投影面垂直面两种。

1. 平面的表示法

平面可以用确定该平面的几何元素的投影表示，即用不在同一直线上的三点、直线及直线外一点、相交两直线、平行两直线和任何一平面图形的投影表示，如图 3.8(a)所示；也可以用平面与投影面的交线（平面的迹线）表示，如图 3.8(b)所示。平面与 V 面、H 面、W 面的交线，分别称为平面的正面迹线（P_V）、水平迹线（P_H）和侧面迹线（P_W）。

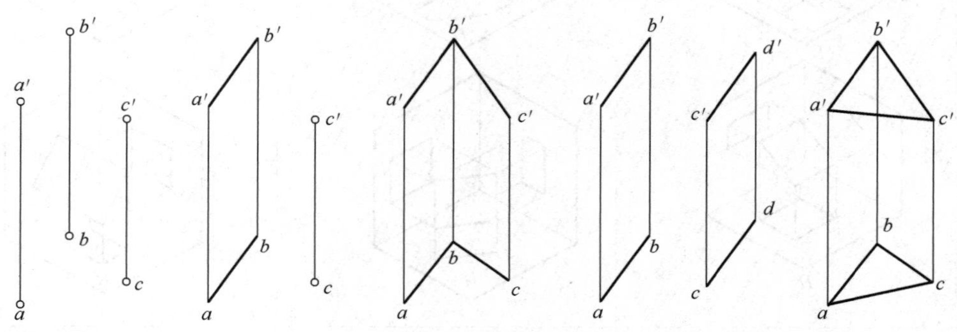

(a) 几何元素表示法

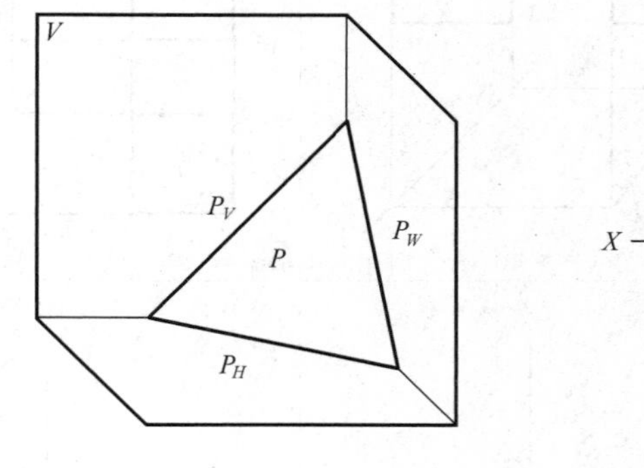

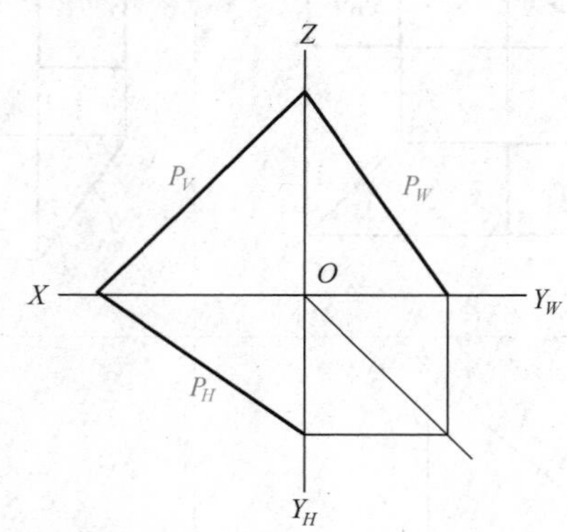

(b) 迹线表示法

图 3.8　平面的表示法

2. 一般位置平面

与三个投影面都倾斜的平面称为一般位置平面，图 3.8 所示的平面均为一般位置平面。平面对 H、V、W 面的倾角分别用 α、β、γ 表示。由于一般位置平面对三个投影面都倾斜，所以，其三个投影的面积都小于实际面积，且投影图中不反映倾角的真实大小。从图 3.8(b)中可以看出，一般位置平面的三条迹线都不平行于投影轴。

3. 投影面垂直面

垂直于一个投影面，对另外两个投影面都倾斜的平面，称为投影面垂直面。其中垂直于 V 面的平面称为正垂面；垂直于 H 面的平面称为铅垂面；垂直于 W 面的平面称为侧垂面。立体表面各种投影面垂直面的空间情况及其投影见表 3.3。

表 3.3　投影面垂直面

	正垂面	铅垂面	侧垂面
空间情况	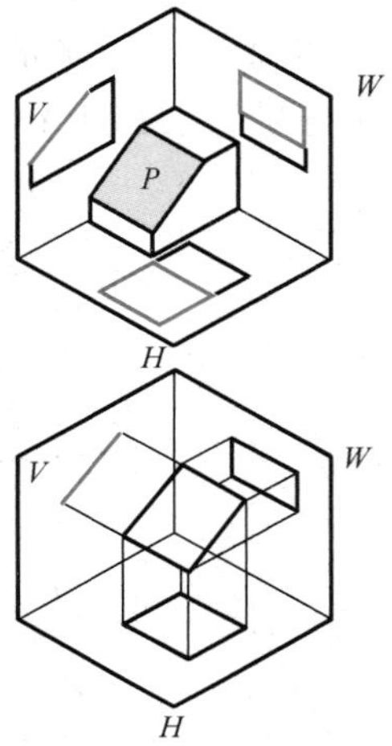 V, W, H, P	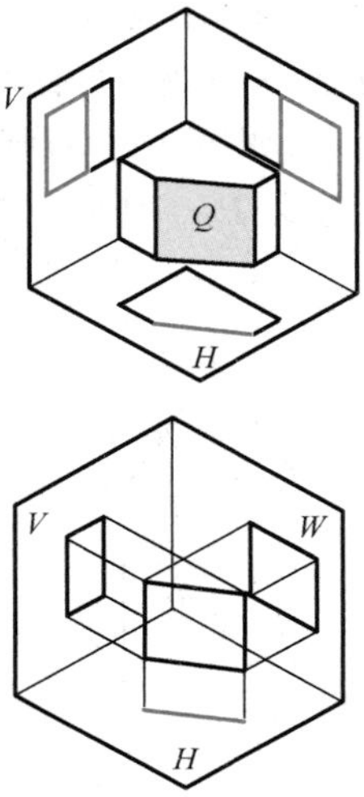 V, W, H, Q	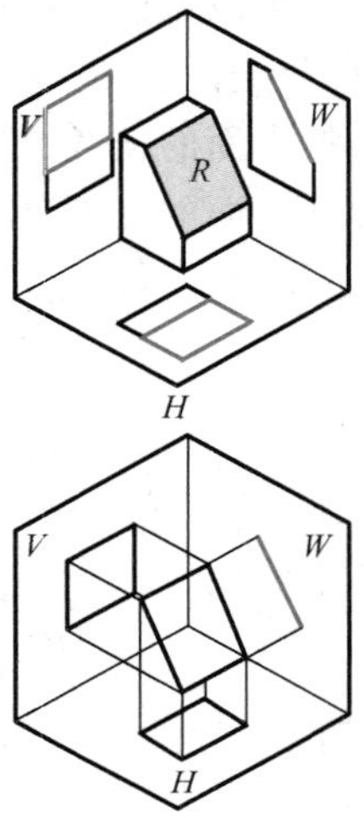 V, W, H, R
投影图	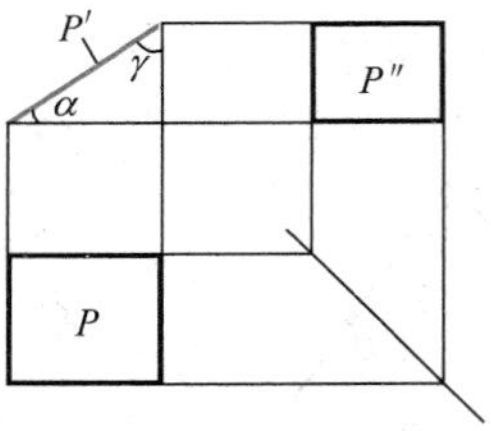 P', P'', P, α, γ	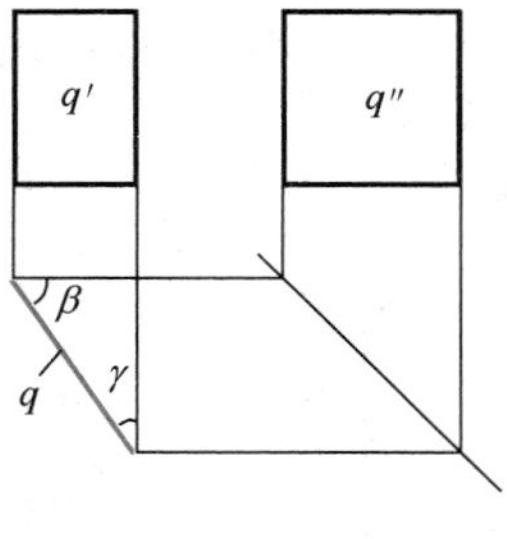 q', q'', q, β, γ	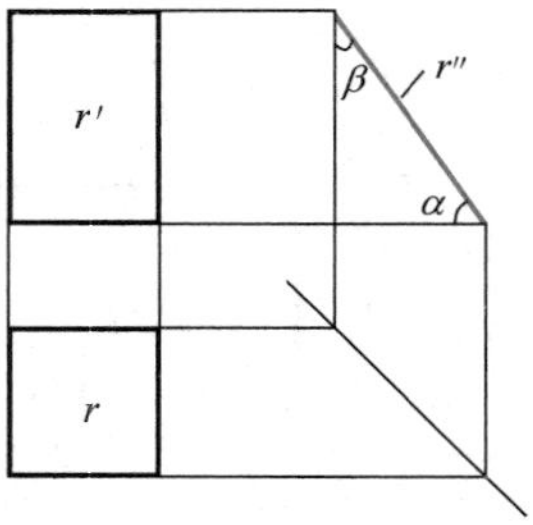 r', r'', r, α, β
迹线表示法	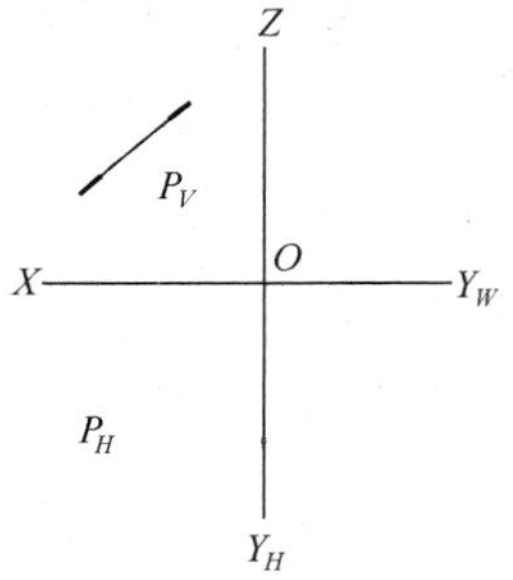 Z, X, O, Y_W, Y_H, P_V, P_H	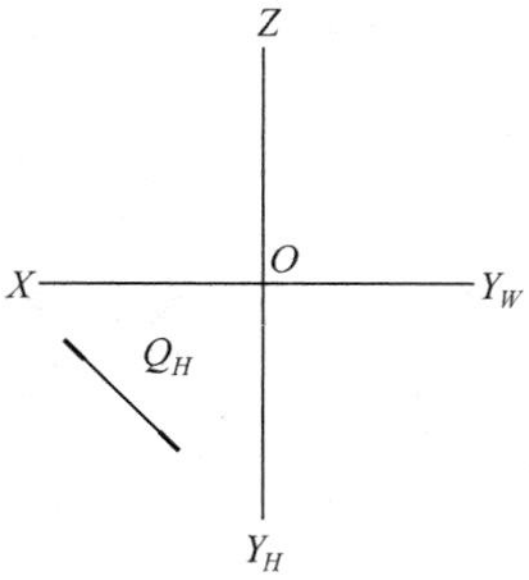 Z, X, O, Y_W, Y_H, Q_H	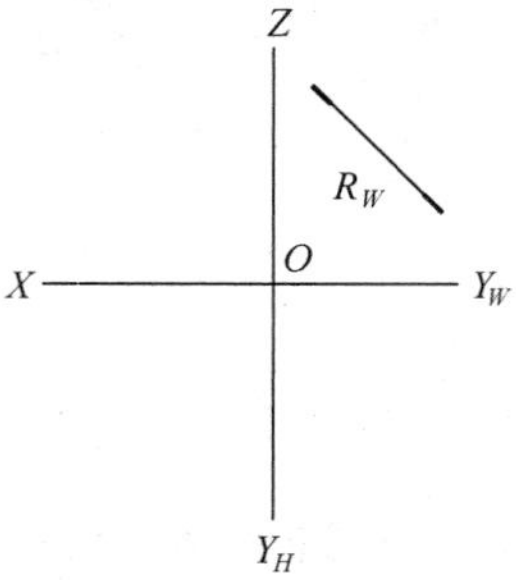 Z, X, O, Y_W, Y_H, R_W

投影面垂直面的投影特性是：在平面所垂直的投影面上，平面的投影具有积聚性；平面具有积聚性的投影反映与另外两个投影面夹角的真实大小；而其余两个投影具有类似性。

用迹线表示投影面垂直面时，具有积聚性的迹线就可以确定平面的空间位置，因此，一般不画无积聚性的迹线。用两段短的粗实线表示具有积聚性的迹线位置，中间以细实线相连并标以迹线符号，如表3.3中的迹线表示法所示。

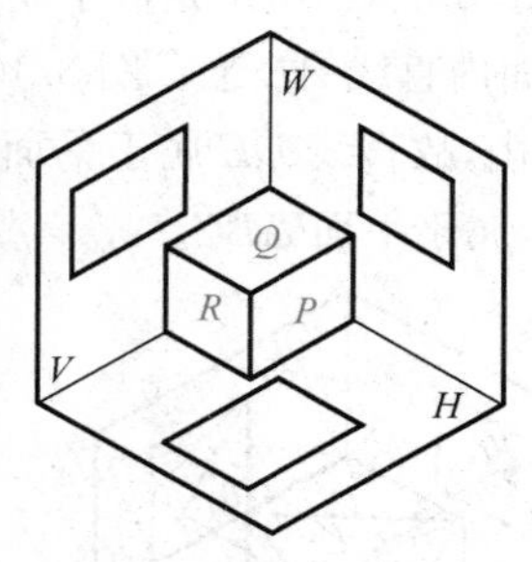

图3.9　立体表面投影面的平行面

4. 投影面平行面

平行于一个投影面的平面，称为投影面平行面，它必垂直于另外两个投影面，如图3.9所示的正四棱柱的各表面。其中平行于V面的平面称为正平面(平面P)；平行于H面的平面称为水平面(平面Q)；平行于W面的平面称为侧平面(平面R)。各种投影面平行面的空间情况及投影见表3.4。

表3.4　投影面平行面的投影

	正平面	水平面	侧平面
空间情况	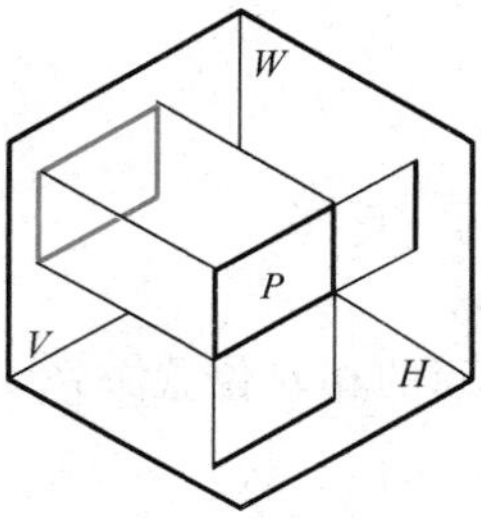	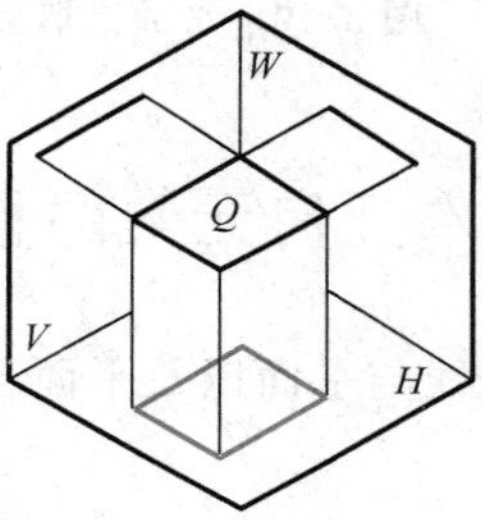	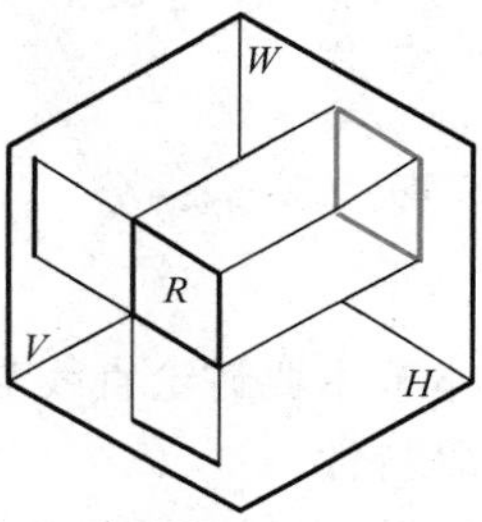
投影图	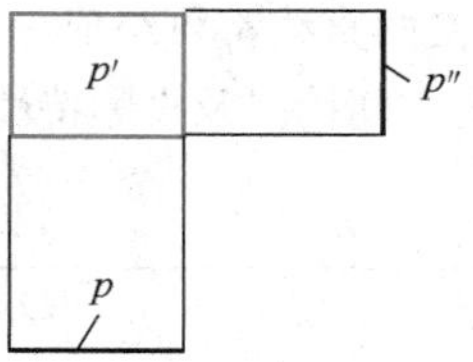	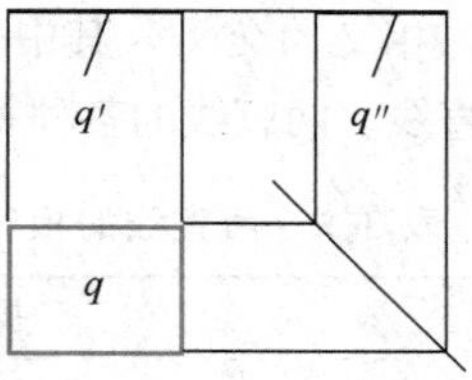	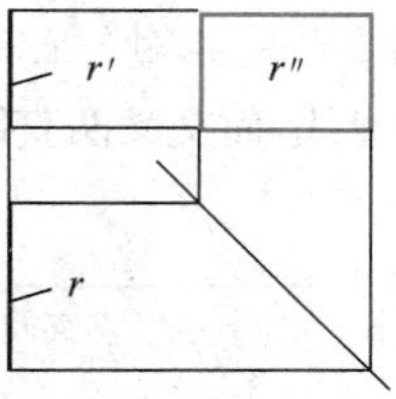
迹线表示	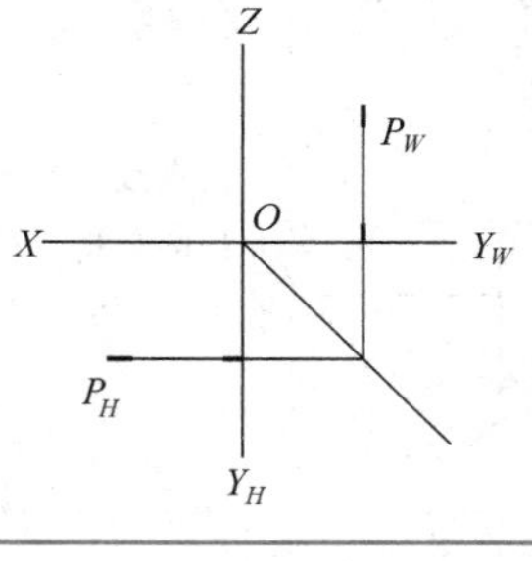	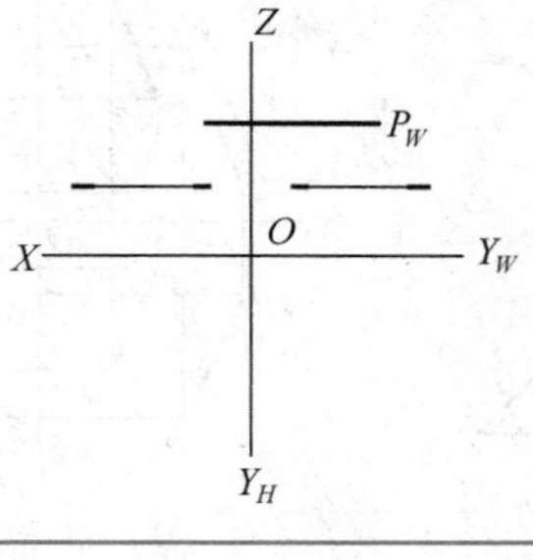	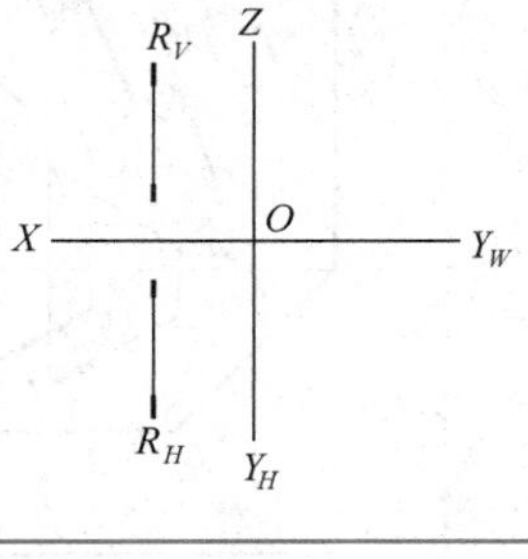

投影面平行面的投影特性是：在与平面平行的投影面上，平面的投影反映实形；另外两个投影具有积聚性且平行于投影轴。如果用迹线表示投影面平行面，只需两条迹线中的一条即可确定平面的空间位置。

5. 平面上点和线

点和直线在平面上的几何条件是：点在平面上，该点必定在平面内的一条线上；直线在平面上，则该直线必定通过平面内的两点，或过平面内的一点且平行于平面内的一条已知直线。

图 3.10(a)所示是位于立体表面一般位置平面 ABC 上的点 P 的空间情况及求解过程，P 点位于平面内直线 AL 上。图 3.10(b)所示为在平面 ABC 内定直线的两种方法。D、E 两点位于平面 ABC 内，故直线 DE 属于平面 ABC；直线 DF 过平面内的 D 点，且平行于平面内直线 BC，故直线 DF 也属于平面 ABC。

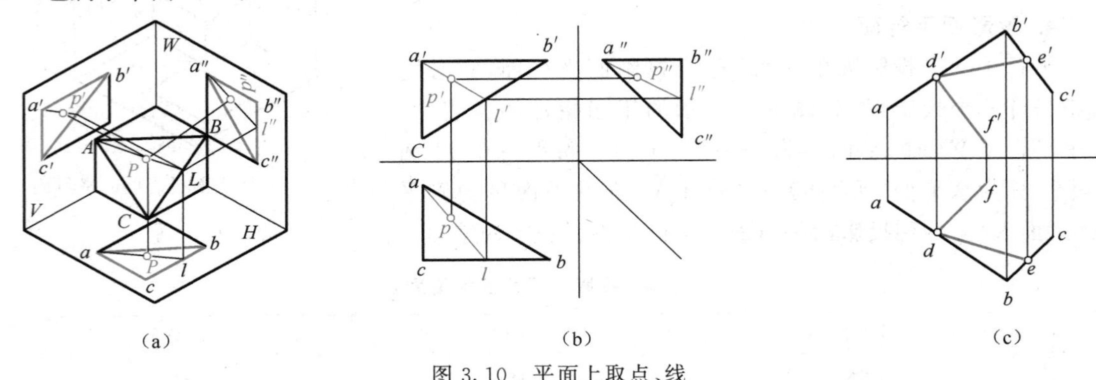

图 3.10 平面上取点、线

3.2 基本几何元素的相对位置关系

本节主要讨论直线与直线、直线与平面以及平面与平面之间的相对位置关系，并研究它们的投影特性。

3.2.1 两直线的相对位置

两直线的相对位置有三种：平行、相交和交叉。其中平行和相交两直线都可组成一个平面，故称为共面直线，而交叉两直线则为异面直线。两直线的各种相对位置的空间情况及投影特性见表 3.5。

表 3.5 两直线的相对位置

	空间情况	投影图	投影特性
平行			两直线空间平行，其各同面投影必相互平行
相交			两直线空间相交，其各同面投影必相交，且交点符合投影规律，即交点的投影连线垂直于相应的投影轴

续上表

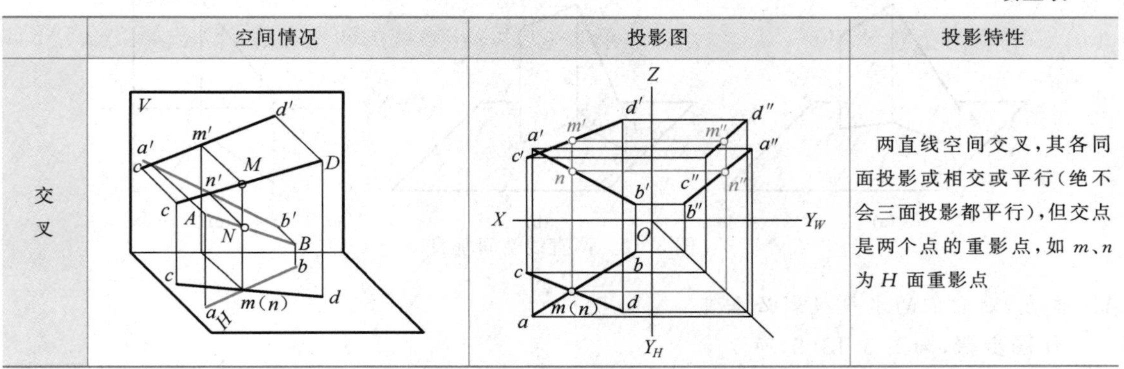

	空间情况	投影图	投影特性
交叉			两直线空间交叉，其各同面投影或相交或平行（绝不会三面投影都平行），但交点是两个点的重影点，如 m、n 为 H 面重影点

【例 3.2】 判断直线 AB 与 CD 是否平行，如图 3.11(a)所示。

分析与作图

直线 AB、CD 是特殊位置直线侧平线，根据侧平线的投影特性可知，其水平投影及正面投影均为平行于投影轴的直线段。因此，不能仅从题给的两面投影平行，就推断出直线 AB、CD 空间平行，须进一步求证其侧面投影是否平行。如图 3.11(b)所示，求出直线 AB、CD 的侧面投影 $a''b''$ 及 $c''d''$，由于 $a''b''$、$c''d''$ 不平行，故判断直线 AB 与 CD 空间不平行。

另一种判断方法如图 3.11(c)所示。如果直线 AB、CD 空间平行，则它们为共面直线。则该平面内任意两条相交直线均应共面。连接 AD、BC 的同面投影 $a'd'$、$b'c'$、ad、bc，显然为交叉关系，故判断直线 AB 与 CD 空间不平行。

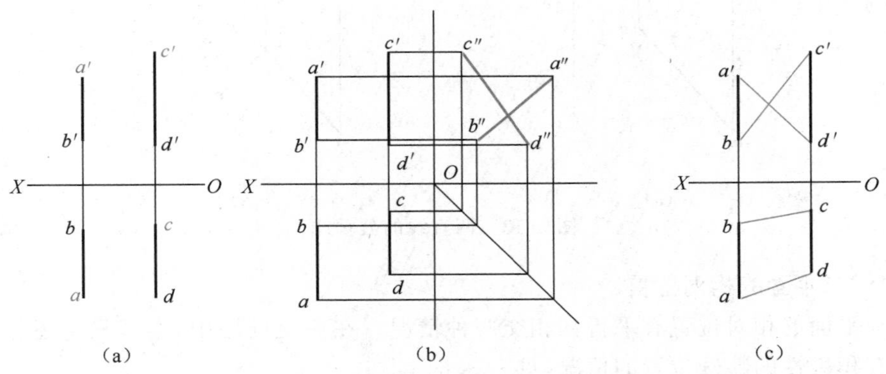

图 3.11　判断直线 AB 与 CD 是否平行

两直线之间除上述三种相对位置关系外，还有一种特殊的相对位置即垂直，包括相交垂直和交叉垂直。一般情况下，两直线空间垂直其投影并不垂直，如图 3.12(a)所示。但当互相垂直的两直线之一为某个投影面的平行线时，两直线在该投影面上的投影必定垂直，此投影特性称为直角投影定理，如图 3.12(b)、(c)所示。反之，如果两直线在某个投影面上的投影互相垂直，且其中一条为该投影面的平行线，则这两条直线空间垂直。

【例 3.3】 求作两直线 AB、CD 的公垂线 EF，如图 3.13(a)所示。

分析

因为直线 CD 为铅垂线，其垂线 EF 必为水平线；根据直角投影定理，水平线 EF 与直线

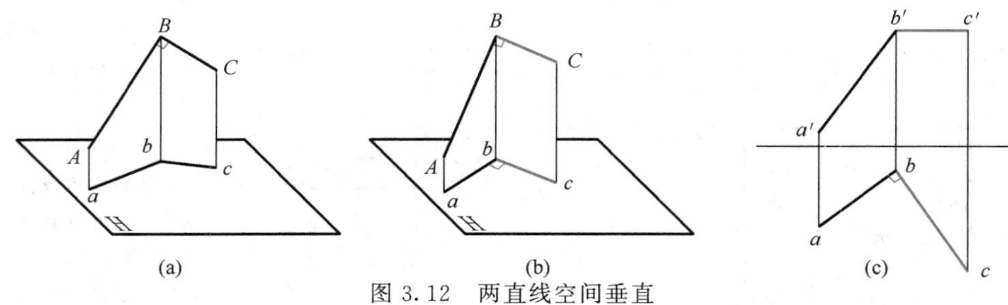

图 3.12　两直线空间垂直

AB 垂直，则它们的水平投影必垂直。

作图步骤，如图 3.13(b)所示

(1)设 $E \in AB$，$F \in CD$，点 F 的水平投影 f 与 CD 的水平投影 cd 重合。过 f 作 $ef \perp ab$，交 ab 于 e。完成公垂线 EF 的水平投影。

(2)$E \in AB$，根据点的从属性作出 e'，公垂线 EF 为水平线，则 $e'f' /\!/ OX$ 轴，完成公垂线 EF 的正面投影。

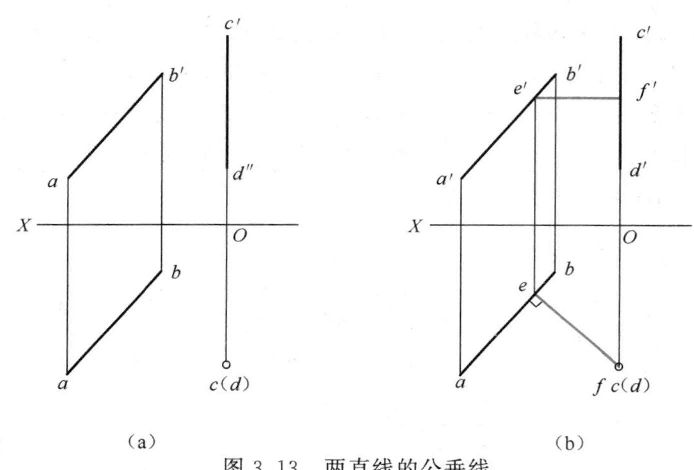

图 3.13　两直线的公垂线

3.2.2　直线与平面的相对位置

直线与平面的相对位置有平行和相交两种情况。在相交问题中，本节只论述相交两要素之一为具有积聚性的特殊位置的情况，见表 3.6。

表 3.6　直线与平面的相对位置

	几何条件	空间情况	投影图	说　明
平行	若一直线平行于平面内的任意一条直线，则直线与该平面平行			直线 $CD \in$ 平面 P $AB /\!/ CD$ ($ab /\!/ cd$, $a'b' /\!/ c'd'$) 则:$AB /\!/$ 平面 P

续上表

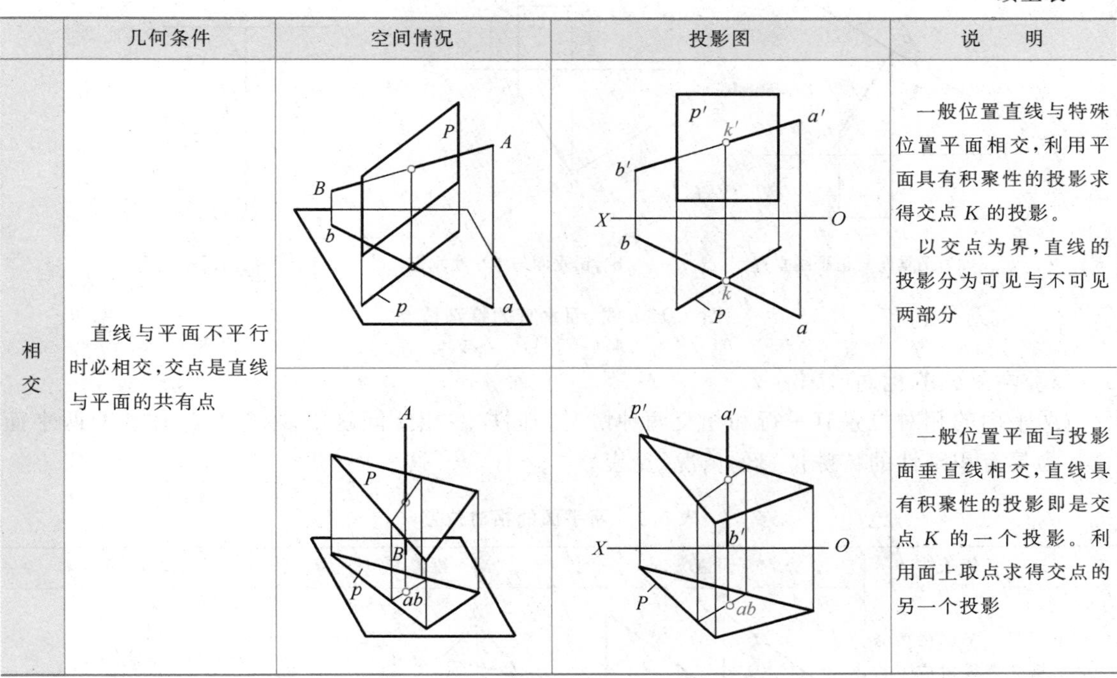

	几何条件	空间情况	投影图	说　明
相交	直线与平面不平行时必相交，交点是直线与平面的共有点			一般位置直线与特殊位置平面相交，利用平面具有积聚性的投影求得交点 K 的投影。 以交点为界，直线的投影分为可见与不可见两部分
				一般位置平面与投影面垂直线相交，直线具有积聚性的投影即是交点 K 的一个投影。利用面上取点求得交点的另一个投影

【例 3.4】 已知水平线 ED 平行于平面 ABC，求作直线 ED 的投影，如图 3.14(a)所示。

分析

直线与平面平行，直线必平行于平面内的已知直线。所求直线 ED 为水平线，它必与平面 ABC 内的一条水平线平行。

作图步骤，如图 3.14(b)所示

(1)作平面 ABC 内的水平线 CI。作 $c'1' \parallel OX$ 轴，交 $a'b'$ 于 $1'$。点 I 在 AB 上，其水平投影 1 必在 AB 的水平投影 ab 上，完成平面 ABC 内的水平线 CI 的两面投影。

(2)作直线 ED 平行于 CI。两直线平行，其同面投影必平行，作 $de \parallel c1, d'e' \parallel c'1'$，完成水平线 ED 的两面投影。

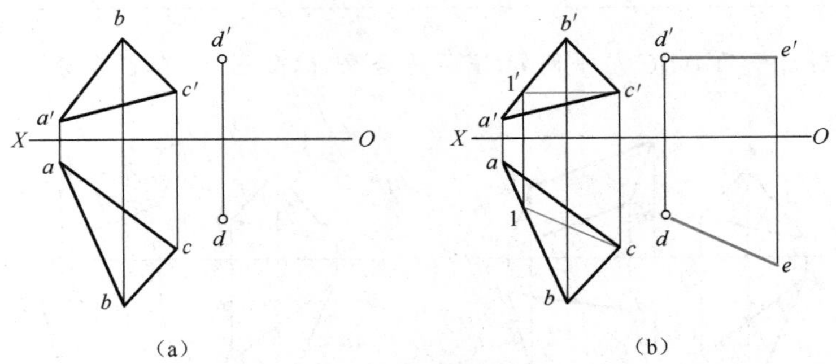

图 3.14　与平面平行的直线

线面相交时的特殊情况为线面垂直。相互垂直的直线与平面，其一要素为特殊位置，另一要素必为特殊位置，如图 3.15 所示。

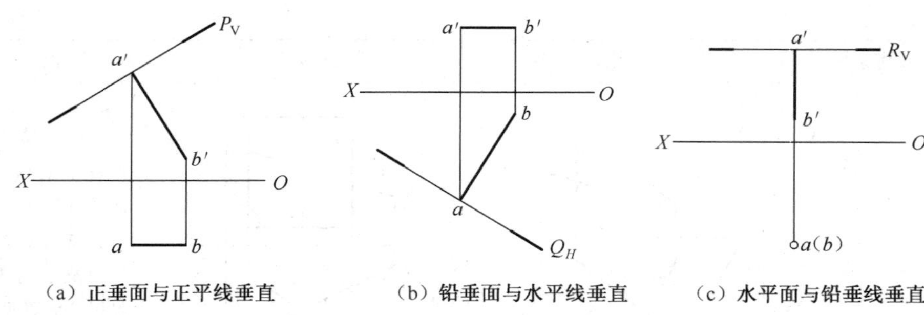

（a）正垂面与正平线垂直　（b）铅垂面与水平线垂直　（c）水平面与铅垂线垂直

图 3.15　线、面垂直的特殊情况

3.2.3　两平面的相对位置

两平面的相对位置有平行和相交两种情况。同样在相交问题中，本节只论述相交两平面之一为具有积聚性的特殊位置的情况，见表 3.7。

表 3.7　两平面的相对位置

	几何条件	空间情况	投影图	说　明
平行	若一平面内两条相交直线对应平行于另一平面内的两条相交直线，则两平面平行			AB∥DE AC∥DF（ab∥de，a′b′∥d′e′ ac∥df，a′c′∥d′f′）则：平面 P∥平面 Q
相交	两平面不平行时必相交，交线是两平面的共有线			利用积聚性求交线的投影。以交线为界，平面的投影分为可见与不可见两部分

【例 3.5】　判断平面 ABC 与平面 DEFG 是否平行，如图 3.16(a)所示。

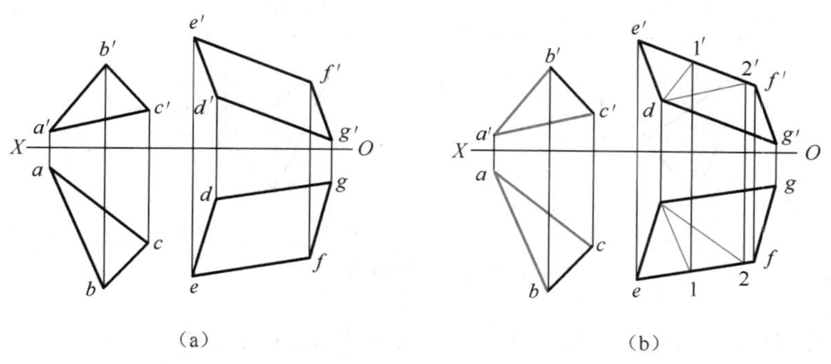

(a)　(b)

图 3.16　两平面平行

分析

两平面平行的条件是两对相交直线对应平行，如果在平面 $DEFG$ 内作一对相交直线与平面 ABC 的任意两边对应平行，则该两平面相互平行。

作图步骤，如图 3.16(b)所示

(1)作 $d'1'/\!/a'b'$，再求得 $d1$；

(2)作 $d'2'/\!/a'c'$，再求得 $d2$；

由于 $d1/\!/ab, d2/\!/ac$，则 DⅠ$/\!/AB$，DⅡ$/\!/AC$，故判断平面 ABC 与平面 $DEFG$ 平行。

【例 3.6】 求平面 ABC 和平面 $DEFG$ 的交线 MN，并判别可见性，如图 3.17(a)所示。

分析

一般位置平面 ABC 与铅垂面 $DEFG$ 相交，由水平投影的积聚性求交线 MN 的投影。

作图步骤，如图 3.17(b)所示

(1)在水平投影上直接求得交线 MN 的水平投影 mn；

(2)由直线上点的从属性可知：点 M 在 AB 边上，则 $m' \in a'b'$，点 N 在 AC 边上，则 $n' \in a'c'$，求得交线 MN 的正面投影 $m'n'$；

(3)判断可见性。平面 $DEFG$ 的水平投影具有积聚性，所以水平投影不判别可见性。由于平面图形是有界限的，故交线的正面投影只取两平面图形的共有部分。两平面正面投影的重合部分以交线为可见部分与不可见部分的分界线。$g'f'$、$b'c'$ 的正面重影点 $1'(2')$ 的可见性，代表交线 $m'n'$ 以右的 $g'f'$、$b'c'$ 重合部分的可见性。从水平投影 1、2 可以看出，bc 在前，gf 在后，所以重合部分的 $b'c'$ 可见，$g'f'$ 不可见，同理判断其他各边的可见性。两面相交的空间情况如图 3.17(c)所示。

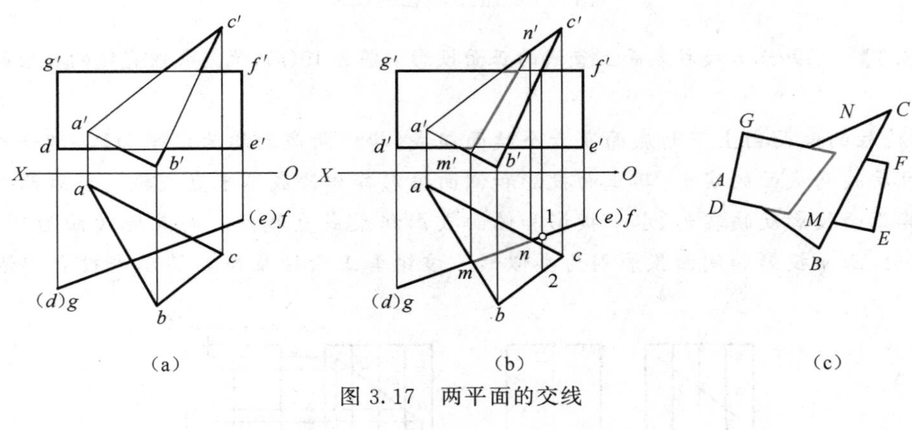

图 3.17　两平面的交线

3.3　基本立体的投影

基本立体是构成组合体的基本元素，研究基本立体的投影是解决组合体投影问题的基础。

3.3.1　平面立体的投影

平面立体的表面由平面多边形围成，而平面多边形的边是相邻表面的交线(棱线、底边)。多边形的顶点是各棱线或棱线与底边的交点。因此，平面立体的投影就是组成平面立体各平面多边形和各条交线及交点的投影，并规定将可见线的投影画成实线，不可见线的投影画成虚

线或不画出；其实，也是空间各种位置直线与各种位置平面及它们之间相对位置和投影特性与作图方法的综合运用。

1. 棱柱的投影分析

如图 3.18 为一直立五棱柱的三面投影，五棱柱的上下底面均为水平面，因此，上下底面的水平投影重叠且显示实形。其正面投影和侧面投影均积聚成平行于相应投影轴的直线段。五棱柱的五个棱面中，最后棱面为正平面，其正面投影显实形，另两投影具有积聚性。其余四个棱面均为铅垂面，其水平投影均具有积聚性，另两个投影均不显实形，为相应棱面的类似形。

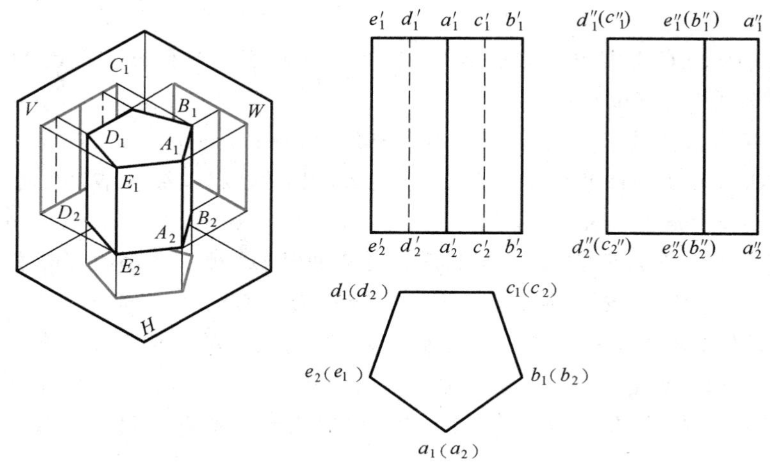

图 3.18　正五棱柱的投影

【例 3.7】　已知正六棱柱表面上直线的正面投影如图 3.19(a)，试完成该直线的其余两投影。

分析

正六棱柱的表面由上下两底面及六个棱面组成，其中两底面均为水平面，其水平投影为正六边形，且反映两底面的实形；其正面投影和侧面投影各积聚成水平直线段。前后两个棱面为正平面，其正面投影反映实形，水平投影和侧面投影积聚成直线段。而其他棱面为铅垂面，水平投影积聚，正面投影和侧面投影则为类似形。该铅垂正六棱柱棱面的水平投影积聚成正六

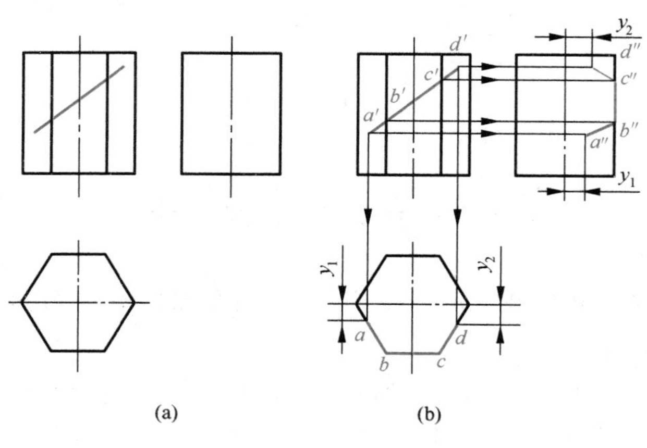

图 3.19　棱柱表面取线

边形，是其最重要的投影特征。

六棱柱表面上所求直线的正面投影，看起来是一条直线，其实是一条折线，由 AB、BC、CD 三段线段组成。

作图步骤，如图 3.19(b)所示

(1)求作水平投影。折线的正面投影 $a'b'$、$b'c'$、$c'd'$ 均可见，表明其位于棱柱的前部可见棱面上。根据六棱柱棱面水平投影的积聚性，该折线的水平投影 ab、bc、bd 可直接求得。

(2)求作侧面投影。由于 B、C 两点位于棱线上，其侧面投影 b''、c'' 可直接得到；再根据点的投影规律，分别求得 A、D 两点的侧面投影 a''、d''。线段 AB 位于左前棱面上，该面的侧面投影可见，因此 $a''b''$ 可见；线段 BC 位于前棱面上，侧面投影与棱面的积聚性投影重合；线段 CD 位于右前棱面上，该棱面的侧面投影不可见，因此 $c''d''$ 不可见。

2. 棱锥的投影分析

如图 3.20 所示，为正三棱锥的三面投影。底面 ABC 为水平面，其水平投影△abc 反映实形；正面投影 $a'b'c'$ 和侧面投影 $a''b''c''$ 积聚为水平直线。后棱面△SAC 为侧垂面，其侧面投影 $s''a''c''$ 积聚为直线段，其余两个投影△sac、△$s'a'c'$ 为类似形。左右两个侧棱面△SAB、△SBC 为一般位置面，它们的三个投影都是类似形。

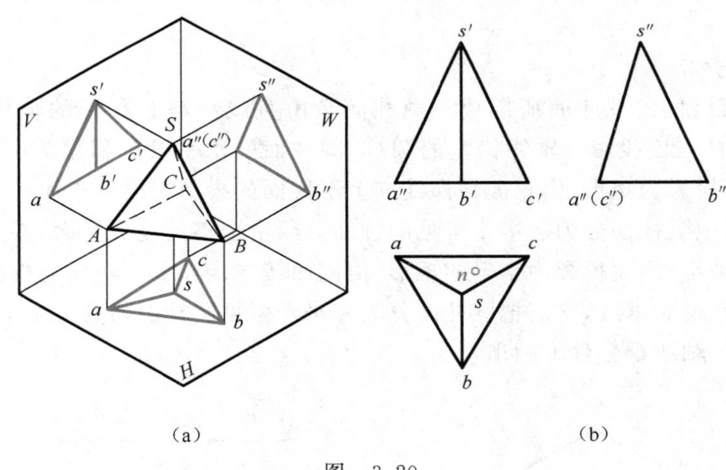

(a)　　　　(b)

图　3.20

【例 3.8】　已知三棱锥表面 M 点的正面投影 m' 和 N 点的水平投影 n，如图 3.21(a)所示，试完成 M、N 两点的其余两面投影。

分析

由于棱锥表面上的点 M 的正面投影 m' 可见，则点 M 必在侧棱面△SAB 内。而棱锥表面上的点 N 的水平投影 n 可见，则 N 点必在后棱面△SAC 内。

作图步骤，如图 3.21(b)所示

(1)过点 M 的正面投影 m' 作辅助线的正面投影 $s'1'$，求出其水平投影 $s1$。根据直线上点的投影特性，得到位于 $s1$ 上的点 M 的水平投影 m。再由点的投影规律求得其侧面投影 m''。由于点 M 属于左侧棱面，所以 M 点的水平投影 m 和侧面投影 m'' 均可见。

(2)点 N 所在的棱面△SAC 为侧垂面，故 N 点的侧面投影 n'' 在其具有积聚性的侧面投影 $s''a''c''$ 上。再由点的投影规律求得其正面投影 n'，由于点 N 在后棱面△SAC 上，故其正面投影 n' 不可见。

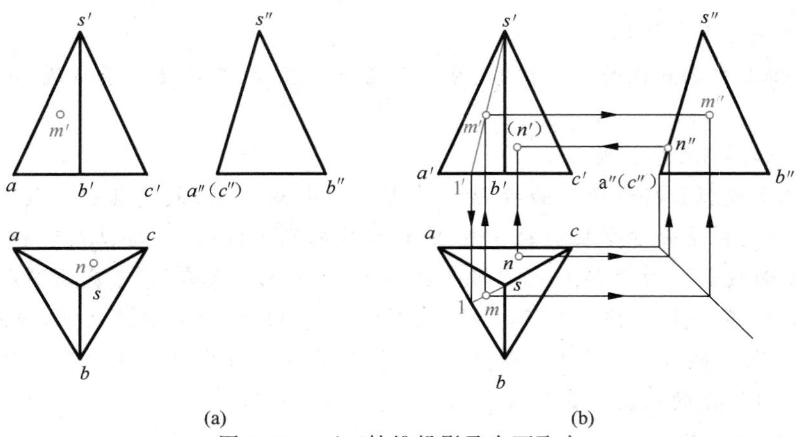

(a) (b)

图 3.21 正三棱锥投影及表面取点

3.3.2 回转体的投影

回转体是由回转面与平面或回转面所围成。回转体的投影就是围成回转体的回转面、平面的投影。回转体表面取点、线与平面上取点、线的作图原理相同。回转体表面取点要根据其所在表面的几何性质，利用积聚性或作辅助线求解，回转面上的辅助线为素线或纬圆。

1. 圆柱投影分析

圆柱由圆柱面和上、下底面所围成。圆柱面是由直线绕与它平行的轴线旋转而成。图 3.22 为铅垂圆柱的三面投影。轴线铅垂的圆柱，圆柱面的水平投影积聚为圆，该圆也是上下底面的投影；正面投影为矩形，由正面转向线和上下底面的投影组成。正面转向线为圆柱最左和最右素线，它们把圆柱面分为前半个可见圆柱面与后半个不可见圆柱面，其侧面投影的位置与轴线重合且不画出；侧面投影为全等的矩形，由侧面转向线和上下底面的投影组成。侧面转向线为圆柱最前和最后素线，它们把圆柱面分为左半个可见圆柱面与右半个不可见圆柱面，其正面投影的位置与轴线重合且不画出。

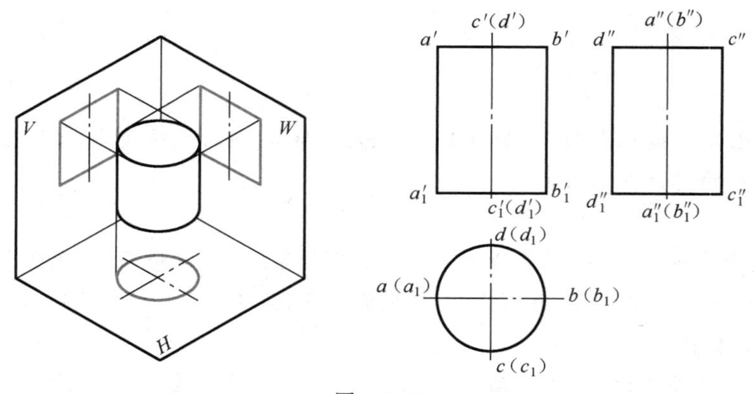

图 3.22

一般情况下，圆柱的轴线都垂直于投影面，故圆柱在与其轴线垂直的投影面上，投影积聚成圆。圆柱表面取点、线，就要利用积聚性作图。

【例 3.9】 已知圆柱表面上的点 A、B 及直线段 CD 的部分投影，如图 3.23(a)所示，试补全它们的其余投影。

作图步骤，如图 3.23(b)所示

(1)求作特殊点 A。点 A 位于圆柱的最左素线上，其水平投影 a 积聚在圆周上最左点，侧面投影 a'' 与轴线重合。

(2)求作一般点 B。由于点 B 的正面投影 b' 可见，因此可知点 B 位于圆柱的前半个表面上，其水平投影 b 积聚在前半个圆周上；因 B 点在圆柱的右半个表面上，故根据投影规律求出的侧面投影 b'' 不可见。

(3)求作直线段 CD。线段 CD 是圆柱表面的一段素线，由于其正面投影 $c'd'$ 不可见，可知线段 CD 位于后半个圆柱面上，故其水平投影 cd 积聚在后半个圆周上。侧面投影 $c''d''$ 仍为一直线段，因线段 CD 位于左半个圆柱面上，故根据投影规律求出的侧面投影 $c''d''$ 可见。

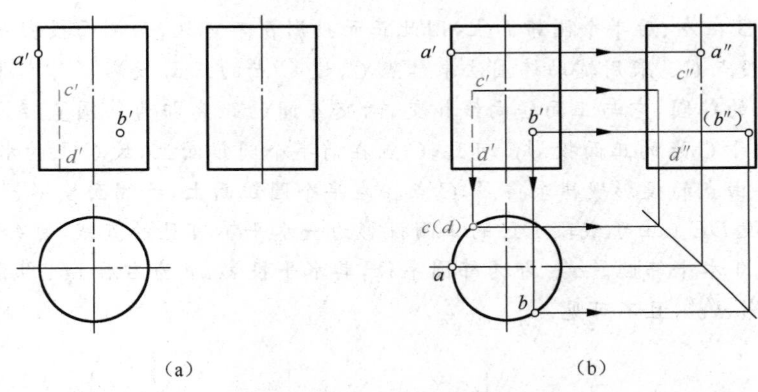

图 3.23　圆柱投影及其表面取点、线

2. 圆锥投影分析

圆锥面的三面投影都没有积聚性，因此其表面取点要采用类似于平面上取点的作图方法，即取自圆锥表面的已知线。圆锥表面可以取两种简单易画的辅助线，即素线和纬圆。因此圆锥表面取点有辅助素线法和辅助纬圆法两种方法。

图 3.24 所示为轴线铅垂的圆锥，其水平投影为一圆，与圆柱的投影不同，该圆没有积聚性，它是

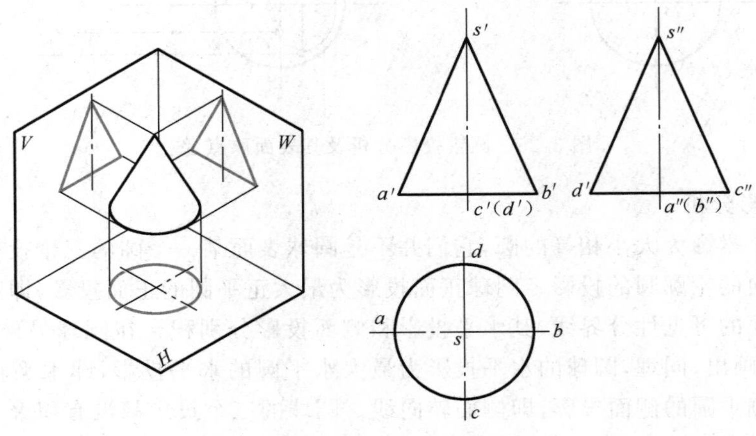

图　3.24

圆锥面和底面的投影;正面投影为等腰三角形,由正面转向线和底面投影组成。正面转向线为圆锥表面最左、最右素线,它们把圆锥表面分成前半个可见圆锥面与后半个不可见圆锥面,其侧面投影的位置与轴线重合且不画出;侧面投影是与正面投影全等的三角形,三角形的两个腰是侧面转向线,即圆锥表面最前、最后两条素线,是左半个可见圆锥面与右半个不可见圆锥面的分界线。

【例 3.10】 已知圆锥表面上的点 A、B、C 及线段 DE 的部分投影,如图 3.25(a)所示,试补全它们的其余投影。

作图步骤,如图 3.25(b)所示

(1)求作特殊点 A。点 A 的正面投影 a' 与轴线投影重合且可见,因此点 A 位于圆锥的最前素线上,可直接按投影规律求得 a'' 和 a;

(2)求作一般点 B。采用辅助素线法求作点 B,过 B 点的水平投影 b 作辅助素线的水平投影 $s1$,求出其正面投影 $s'1'$,B 点的正面投影 b' 必在辅助素线的正面投影 $s'1'$ 上。同理,b'' 也在 $s''1''$ 上。由于点 B 在左、后半个圆锥面上,因此正面投影 b' 不可见,而侧面投影 b'' 可见。

(3)求作一般点 C。采用辅助纬圆法求作点 C,过 C 点的正面投影 c' 作水平线,此线在空间上是圆锥面上的纬圆,它与正面转向线相交,两交点间的距离即为纬圆直径,由此得到纬圆的水平投影。由于 C 点的正面投影 c' 可见,C 点在前半个圆锥面上,故 C 点的水平投影 c 在前半个纬圆上。再由点的投影规律求得 c'',C 点在左半个圆锥面上,故侧面投影 c'' 也可见。

(4)求作线段 DE。由于线段 DE 的正面投影为一水平不可见的直线,可知 DE 为后半个圆锥表面上的 1/4 水平纬圆。$d'e'$ 即为纬圆半径,其水平投影 de 为右后 1/4 纬圆,且可见。同理,求得侧面投影 $d''e''$,且不可见。

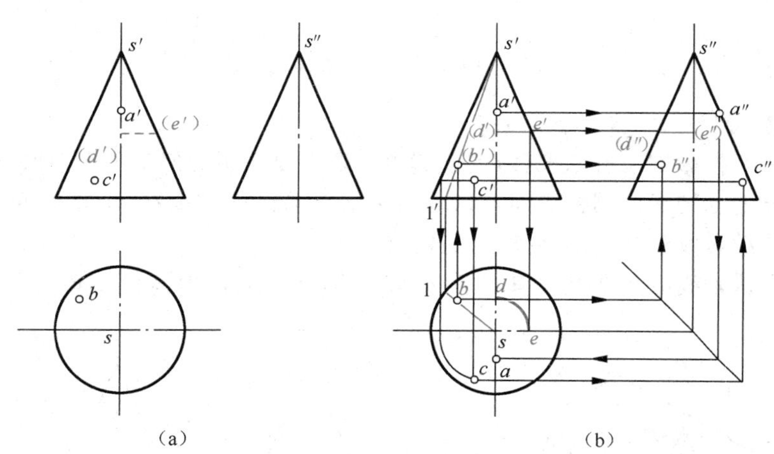

图 3.25 圆锥投影分析及其表面取点、线

3. 圆球投影分析

圆球的三个投影为大小相等的圆,它们并不是圆球表面某一个圆的三个投影,而是圆球表面三个不同方向的轮廓圆的投影。圆球正面投影为最大正平圆的正面投影,即正面转向线,是前后两个半球面的可见性分界线,其水平投影和侧面投影分别积聚在圆球另外两个投影的正平直径上,且不画出;同理,圆球的水平投影为最大水平圆的水平投影,即水平转向线;圆球侧面投影为最大侧平圆的侧面投影,即侧面转向线。圆球的三个投影都没有积聚性,其表面上也没有任何直线段。过球面上任意一点,可作无数个纬圆。故球表面取点只能采用辅助纬圆法,

即用与投影面平行的纬圆作为辅助线。如图 3.26 所示。

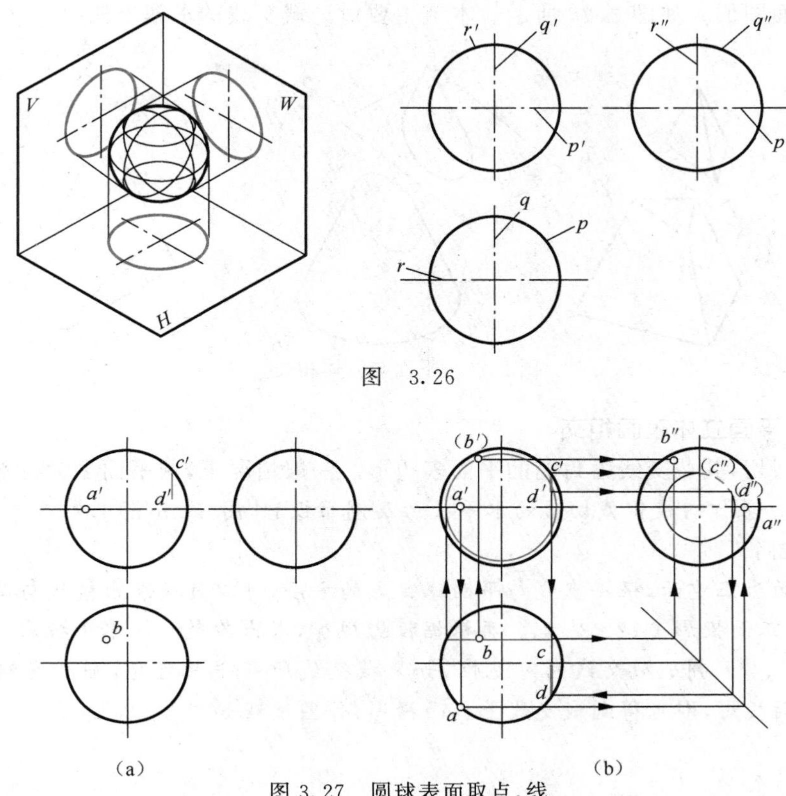

图　3.26

图 3.27　圆球表面取点、线

【例 3.11】　已知圆球表面上的点 A、B 及线段 CD 的部分投影，如图 3.27(a)所示，试完成它们的其余投影。

作图步骤，如图 3.27(b)所示

(1)求作特殊点 A。点 A 位于最大水平圆上，由于正面投影 a' 可见，故点 A 在前半个球面上，由此可直接求出位于水平转向线前部的水平投影 a；根据点的投影规律，求出侧面投影 a''，由于点 A 位于左半球，故其侧面投影 a'' 也可见。

(2)求作一般点 B。采用辅助纬圆法作图，过点 B 的水平投影 b 作正平线，该正平线在空间上是圆球表面的正平纬圆。正平线与水平转向线交于两点，两点间距离即是正平纬圆的直径，其正面投影反映纬圆的实形。由于水平投影 b 可见，其位于上半个圆球面上，故 B 点的正面投影 b'，位于该纬圆的上方，从而求得正面投影 b'。由于点 B 位于后半个球面上，所以正面投影 b' 不可见。由点的投影规律，求得侧面投影 b''，因其在左半个球面上，侧面投影 b'' 可见。

(3)求作线段 CD。由可见的正面投影 $c'd'$ 可知，CD 为圆球表面的部分侧平纬圆，且位于上、前、右 1/8 球表面上。故其水平投影 cd 可见，侧面投影 $c''d''$ 不可见。根据其正面投影 $c'd'$，确定其所在侧平纬圆的半径，直接求出侧面投影 $c''d''$；再根据点的投影规律，求出水平投影 cd。

3.4　平面与立体相交

平面截切立体，即平面与立体相交，这个平面称为截平面，截平面与立体表面的交线称为

截交线。截交线是由既在截平面上，又在立体表面上的点集合而成，因此，截交线是具有共有性的封闭的平面图形。如图 3.28 所示。本节主要讨论截交线的求解方法。

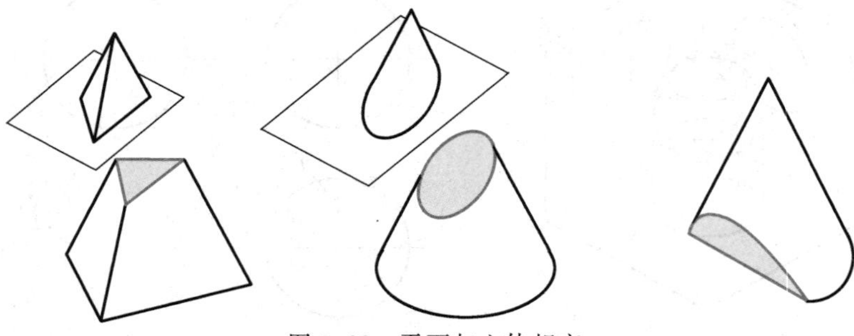

图 3.28　平面与立体相交

3.4.1　平面与平面立体表面相交

平面立体截切，其截交线为封闭的平面多边形。一般情况下，截平面多为特殊位置平面。

【例 3.12】　求作四棱锥截切后的水平投影及侧面投影[图 3.29(a)]。

分析与作图

由于截平面为正垂面，根据直线与平面球交点的方法，可以直接求出棱线与截平面的交点Ⅰ、Ⅱ、Ⅲ、Ⅳ的正面投影 1′、2′、3′、4′。再根据投影规律，求出各交点的水平投影 1、2、3、4 和侧面投影 1″、2″、3″、4″。判别截交线的可见性，如果截交线所在平面可见，则截交线可见。依次连接各点的同面投影，即可得到截交线上各面投影，作图过程如图 3.29(b)所示。

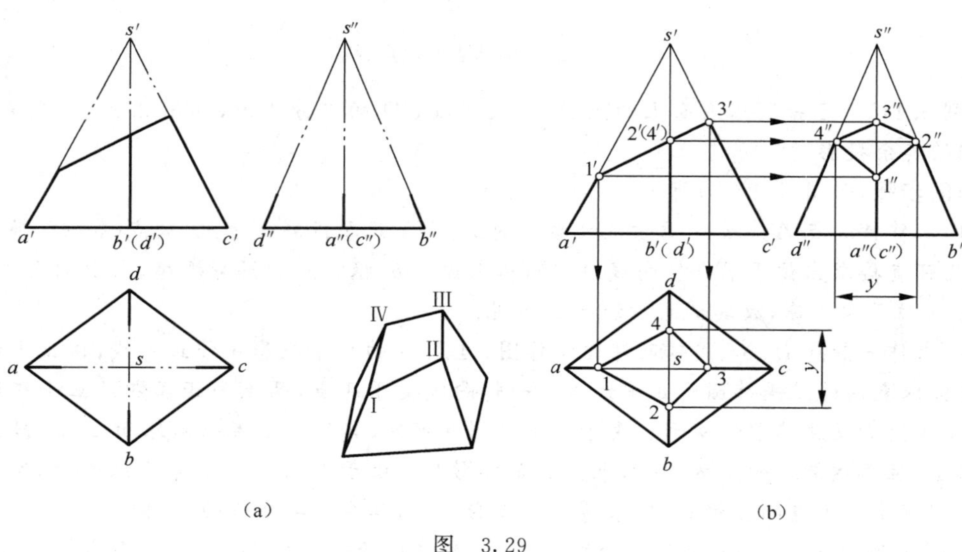

图　3.29

【例 3.13】　完成截切四棱台的水平投影及侧面投影，如图 3.30(a)所示。

分析

四棱台被两个侧平面和一个水平面截切开槽。水平面的侧面投影具有积聚性，且前后贯通；水平面的水平投影具有显实性，其前后方向的宽度由水平截平面的高度决定，并可在侧面投影中量取。

作图步骤，如图 3.30(b)所示

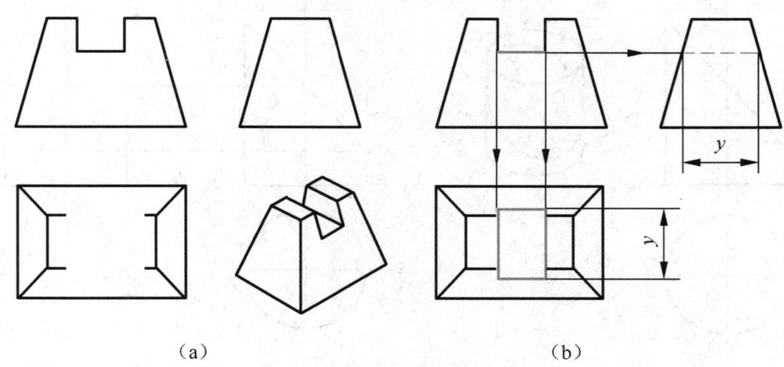

图 3.30 截切四棱台的投影

(1)求作侧面投影。截切水平面的侧面投影具有积聚性，由于是中间开槽，槽底面的侧面投影不可见，所以画出前后贯通的虚线。侧平截切面的侧面投影反映实形，即虚线以上的梯形线框。

(2)求作水平投影。槽底水平面的水平投影具有显实性，其宽度 y 由侧面投影量取，按投影规律画出槽底面的矩形线框。矩形线框的长边也是侧平截切面的积聚性投影。

3.4.2 平面与回转体表面相交

平面与回转体的截交线一般为封闭的平面曲线，特殊情况下为直线。截交线的形状取决于回转体的形状和截平面与回转体轴线之间的相对位置两个因素。

1. 平面与圆柱截交

表 3.8 平面与圆柱截交

截平面位置	截平面平行于轴线	截平面垂直于轴线	截平面倾斜于轴线
截交线	平行直线	圆	椭圆
立体			
投影图			

【例 3.14】 求作正垂面 P 与圆柱的截交线，如图 3.31(a)所示。

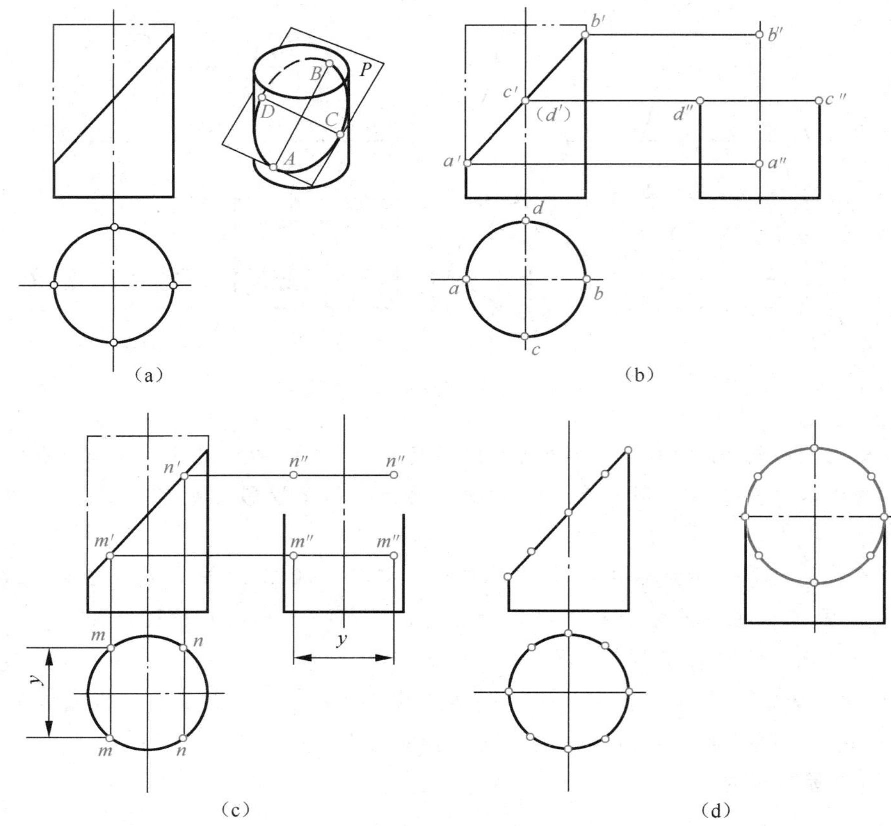

图 3.31 正垂面与圆柱截交

分析

截平面 P 是与圆柱轴线相交的正垂面，则截交线为椭圆。其水平投影积聚在圆柱的水平投影上，其侧面投影为椭圆。

作图步骤

(1)求作特殊点。如图 3.31(b)所示，特殊点 A、B、C、D 位于圆柱转向线上，是椭圆长短轴的端点，也是截交线上的最低、最高、最前及最后点。

(2)求作一般点。如图 3.31(c)所示，在正面投影上特殊点之间的适当位置取 m'、n'，然后求出 m、n 及 m''、n''，M、N 两点实为前后对称的四个点。

(3)依次光滑连接各点的同面投影，并判别可见性。将侧面投影的轮廓线画至 c''、d''，如图 3.31(d)所示。

【例 3.15】 完成截切后圆柱的水平投影及侧面投影，如图 3.32(a)所示。

分析

圆柱被与其轴线平行和垂直的截平面截切，其截交线为圆和素线。截切圆柱上下两部分的侧平面位置相同，其截交线也相同；而被截去的部分不相同，轮廓线的取舍则不同。

作图步骤，如图 3.32(b)所示

(1)求作水平投影。圆柱上部切槽为通槽，两侧平面的水平投影积聚为两条与圆相交的直

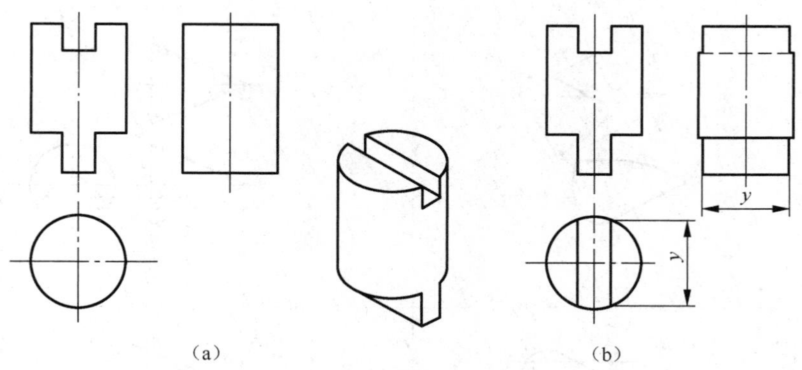

图 3.32 截切圆柱的投影

线段；下部切口的侧平面投影也积聚在同一位置。

(2)求作侧面投影。侧平面截切圆柱所产生的截交线的位置由水平投影量取(y)；上部水平面的侧面投影大部分不可见，而下部侧面投影为一可见的矩形。

(3)侧面投影轮廓线的取舍。圆柱侧面转向线上部被截切掉，轮廓线为截交线；下部轮廓线仍为侧面转向线。

2. 平面与圆锥截交

【例 3.16】 求作正平面 P 与圆锥的截交线，如图 3.33(a)所示。

分析

正平面 P 截切圆锥，截交线为双曲线。其水平投影、侧面投影积聚为直线段，正面投影反映实形。

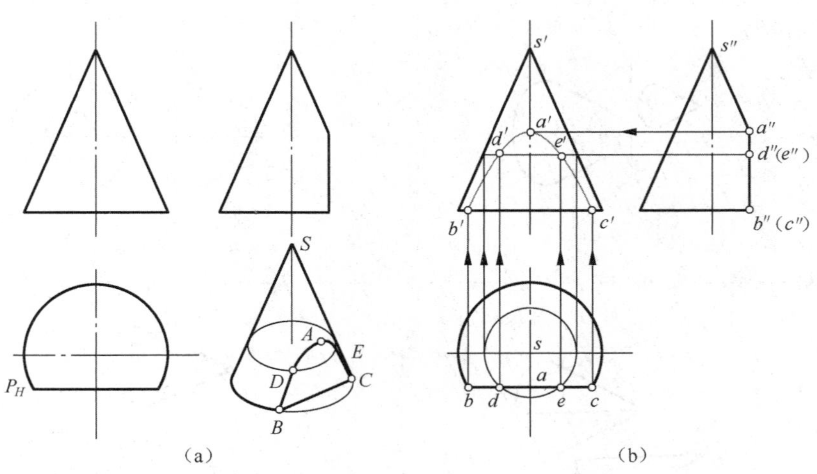

图 3.33 正平面与圆锥截交

作图步骤，如图 3.33(b)所示

(1)求作特殊点。特殊点 A 位于最前侧面转向线上，为截交线上最高点，点 B、C 为截交线上最低点，位于锥体底圆上。

(2)求作一般点。用辅助纬圆法作图，在水平投影上作纬圆与 P 平面交于 d、e，依纬圆直

表 3.9　平面与圆锥截交

截平面位置	过锥顶	不过锥顶（θ为截平面与圆锥体轴线的夹角，α为锥顶半角）			
		$\theta=90°$	$\theta>\alpha$	$\theta<\alpha$或$\theta=0$	$\theta=\alpha$
截交线	素线	圆	椭圆	双曲线	抛物线
立　体	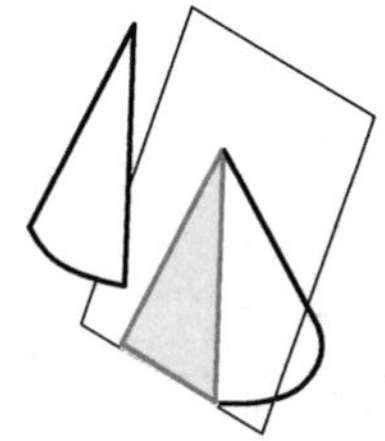	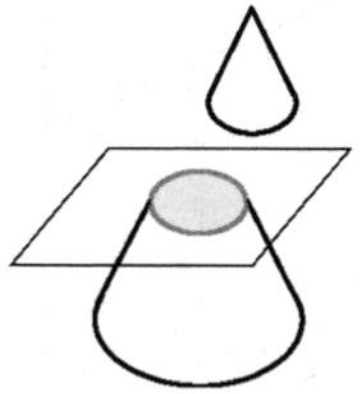	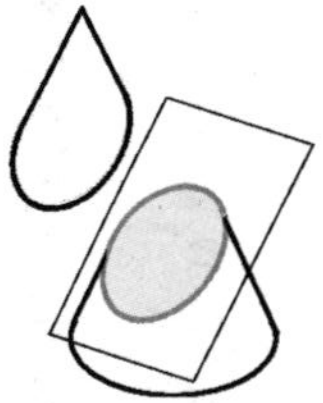	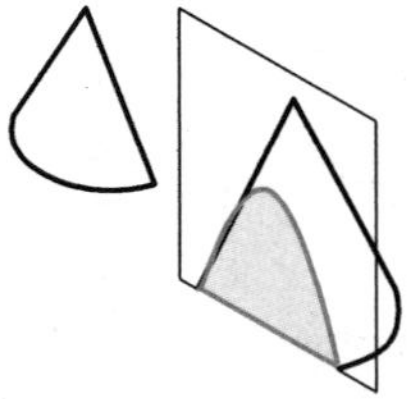	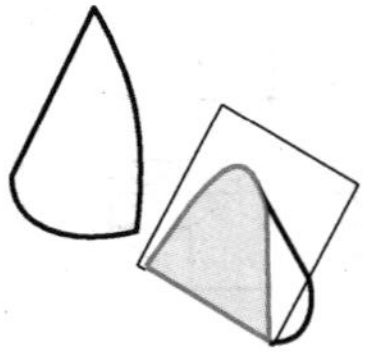
投影图	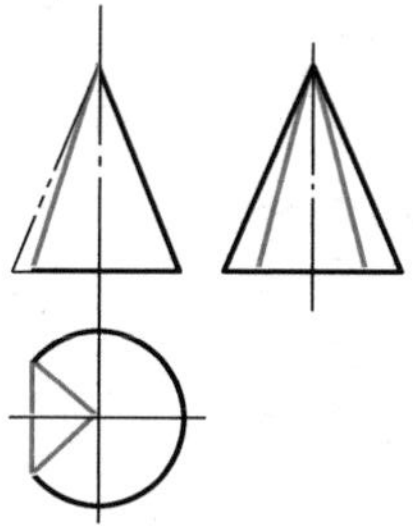	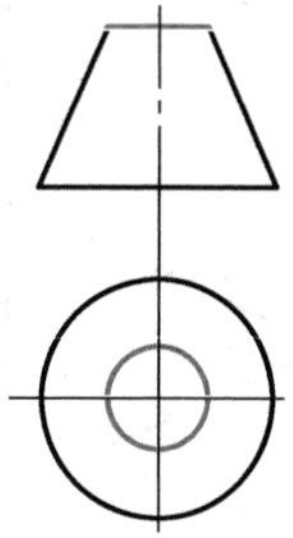	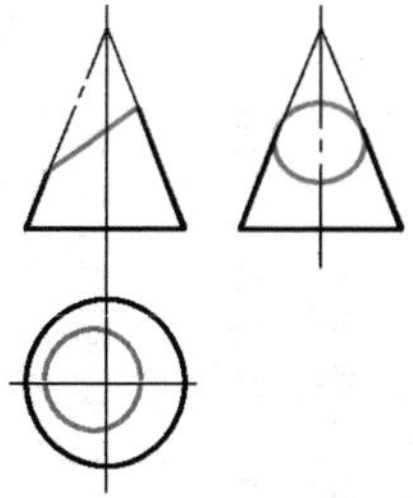	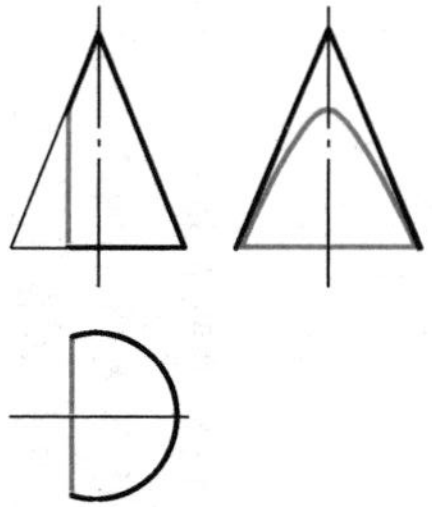	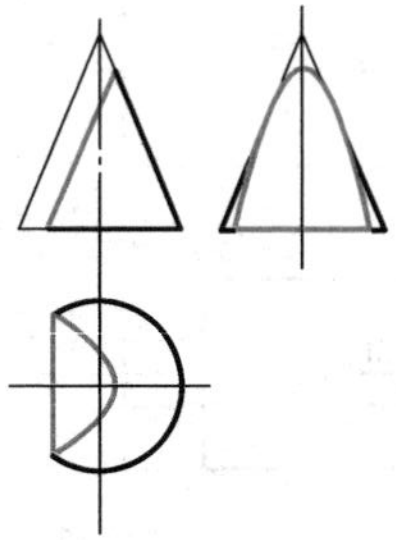

径确定其高度，求出 d'、e'。作出适当数量的一般点，依次连线即可。

3. 平面与圆球截交

平面与圆球相交，其截交线一定为圆。当截平面与投影面平行时，截交线在投影面上的投影反映实形；当截平面与投影面不平行时，截交线在投影面上的投影成椭圆。

【例 3.17】 完成截切后半圆球的水平投影及侧面投影，如图 3.34(a)所示。

分析

半圆球被水平面 Q 及侧平面 P 截切开槽。水平面 Q 与圆球面的截交线为水平圆，侧平面 P 与圆球面的截交线为侧平圆。水平投影中，平面 Q 的投影反映实形，其纬圆半径与开槽深度有关；侧面投影中，平面 P 的投影反映实形，纬圆半径与槽宽有关。

作图步骤，如图 3.34(b)所示

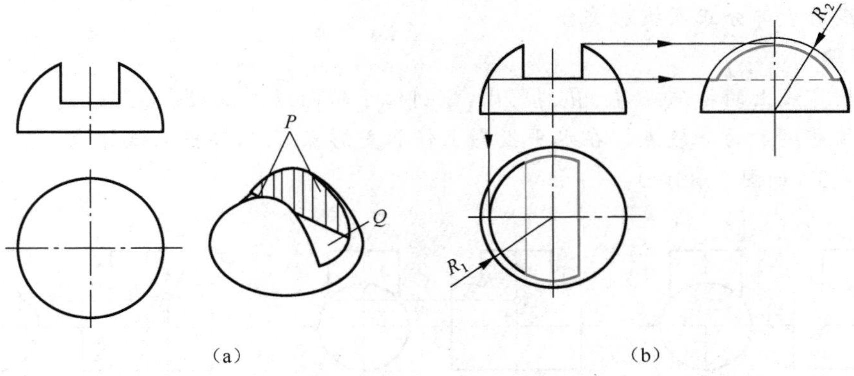

图 3.34　圆球截切

(1)求作水平投影。由 Q 平面正面投影位置(槽底)得到水平纬圆半径 R_1，水平投影反映 Q 平面的实形；平面 P 的水平投影积聚为直线段。

(2)求作侧面投影。由 P 平面正面投影位置(槽侧)得到侧平纬圆半径 R_2，侧面投影反映平面 P 的实形；平面 Q 的侧面投影具有积聚性，侧面投影中槽底大部分不可见，故平面 Q 投影大部分是虚线的直线段。

3.5　两立体表面相交

两基本立体表面相交也称相贯，所产生的立体表面交线称为相贯线。两平面立体相交及平面立体与回转体相交的实质就是截交，已在前两节中介绍过了。本节介绍两回转体相交时的相贯线的特性和作图方法。

回转体间的相贯线一般为空间曲线，特殊情况下为平面曲线或直线，如图 3.35 所示。相贯线的形状取决于相贯两立体的形状、大小以及相对位置。求相贯线投影的一般方法是辅助平面法，但当相贯两立体中至少有一个为具有积聚性的圆柱时，也可以利用积聚性作图。

3.5.1　利用积聚性求解相贯线

【例 3.18】 求作轴线正交两圆柱的相贯线，如图 3.36(a)所示。

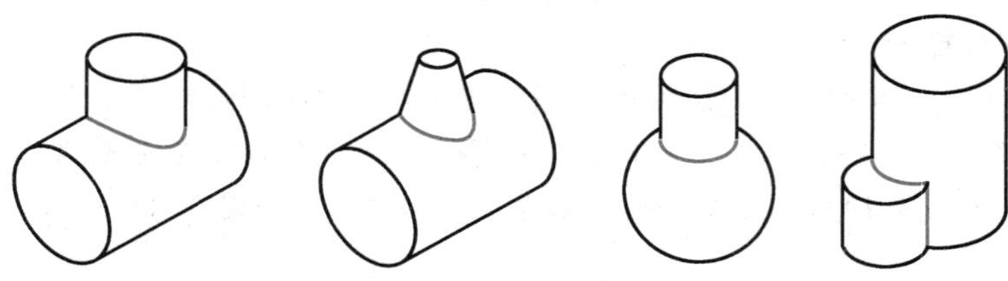

图 3.35　立体表面相交

分析

正交两圆柱的轴线分别呈侧垂和铅垂，其侧面投影和水平投影分别具有积聚性。相贯线为两圆柱交线，必同时属于两圆柱表面，因此，相贯线的水平投影和侧面投影分别积聚在圆柱反映圆的投影上，为已知投影，仅正面投影待求。由于两圆柱轴线正交，轴线所在的平面为正平面，相贯线前后部分正面投影重合。

作图步骤

(1)作相贯线上的特殊点 Ⅰ、Ⅱ、Ⅲ、Ⅳ，分别位于转向线上，如图 3.36(b)。

(2)作相贯线上的一般点。在水平投影上任取重影点 5、6，按投影规律求出 5″、6″，再作出正面投影 5′、6′，如图 3.36(c)。

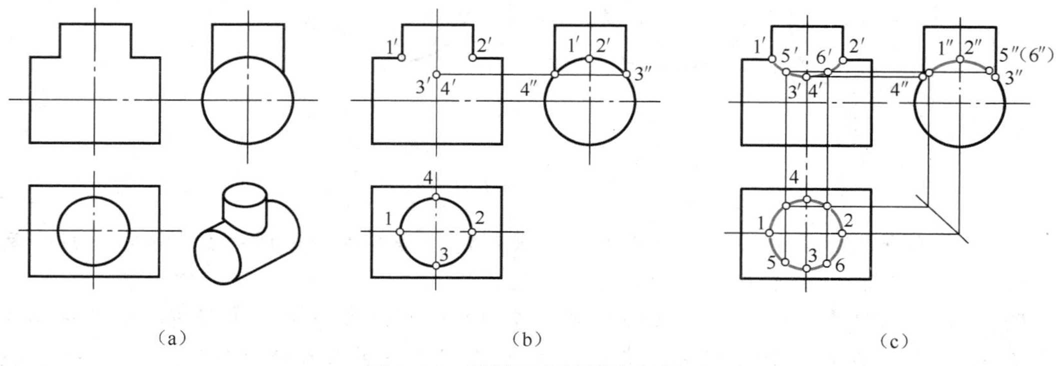

图 3.36　轴线正交两圆柱相贯

(3)依次光滑连接各点，完成相贯线的正面投影。

表 3.10 为立体相贯的三种形式，即两外表面相交、内外表面相交和两内表面相交。两轴线正交圆柱的相贯线的投影，可采用简化画法，用圆弧近似画出，圆弧半径为相贯两个圆柱体中较大圆柱的半径，见表 3.10。

表 3.10　轴线正交两圆柱相贯的三种形式

	两外表面相交	内外表面相交	两内表面相交
立体	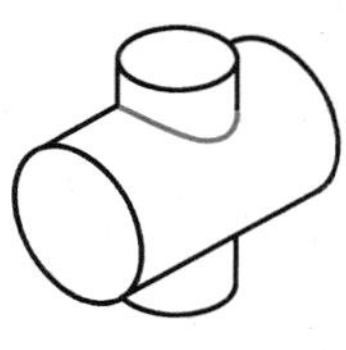	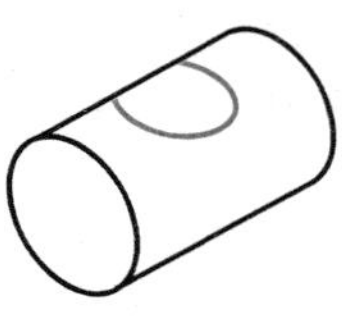	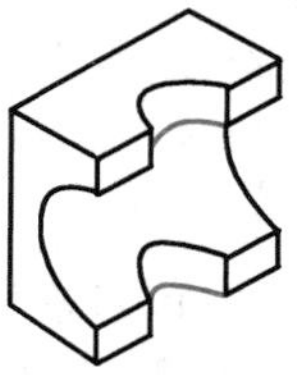

续上表

	两外表面相交	内外表面相交	两内表面相交
投影图			

【例 3.19】 求作轴线垂直交叉的两圆柱表面相贯线，如图 3.37(a)所示。

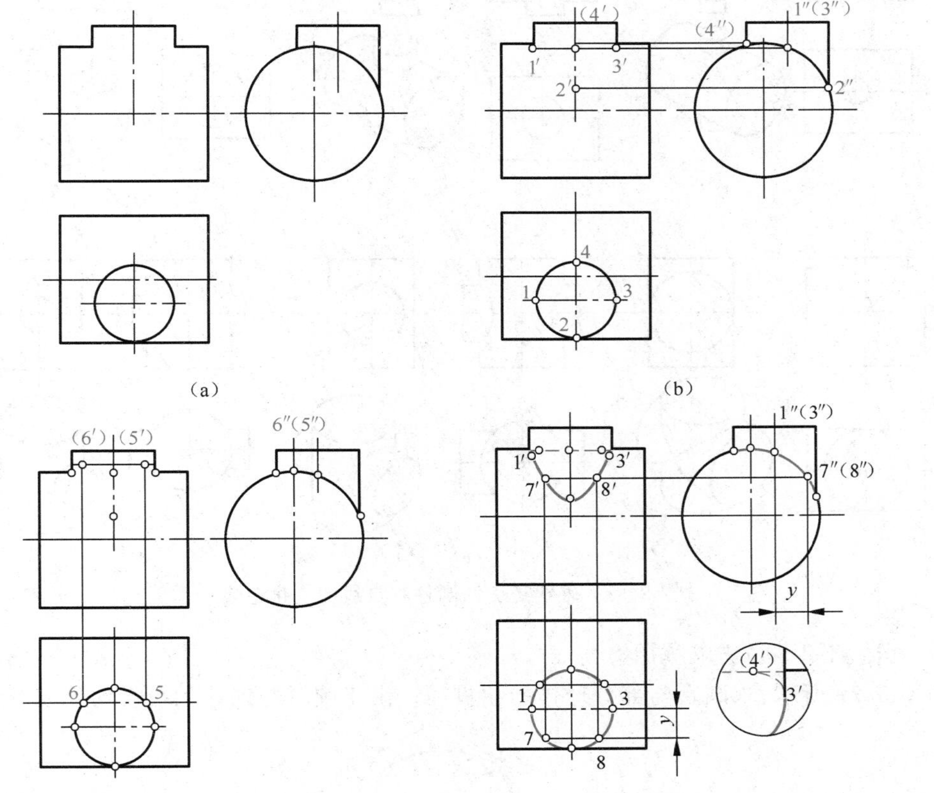

图 3.37 轴线垂直交叉两圆柱相贯

分析

与例 3.18 相比较，本例中两圆柱轴线的相对位置发生了变化。两圆柱前后偏交，轴线垂直交叉，相贯线前后不对称，因此，相贯线的正面投影为封闭非圆曲线。

作图步骤

(1)作相贯线上的特殊点 特殊点Ⅰ、Ⅱ、Ⅲ、Ⅳ位于铅垂圆柱转向线上，其中Ⅰ、Ⅲ两点是相贯线上的最左、最右点，Ⅱ点为相贯线上的最前点，也是最低点，Ⅳ点为最后点，如图 3.37(b)

所示。特殊点Ⅴ、Ⅵ位于侧垂圆柱最上转向线上，也是相贯线上的最高点，如图3.37(c)所示。

(2)作相贯线上的一般点　在特殊点之间的适当位置取一般点。如图3.37(d)所示，取Ⅶ、Ⅷ两点的水平投影7、8，根据圆柱表面取点的方法，求出Ⅶ、Ⅷ两点的其他投影。

(3)判断可见性。在正面投影中，1′、3′两点为相贯线正面投影可见性的分界点，依次光滑连接各点，完成相贯线的投影。应注意的是在正面投影中，侧垂圆柱正面转向线被铅垂圆柱遮挡的部分不可见，应画成虚线，如图3.37(d)中的局部放大图所示。

相贯线的形状取决于相贯两立体的形状、大小以及相对位置。以轴线正交两圆柱为例，相贯线的形状随着两圆柱相对大小的变化而变化，其变化趋势如图3.38所示。

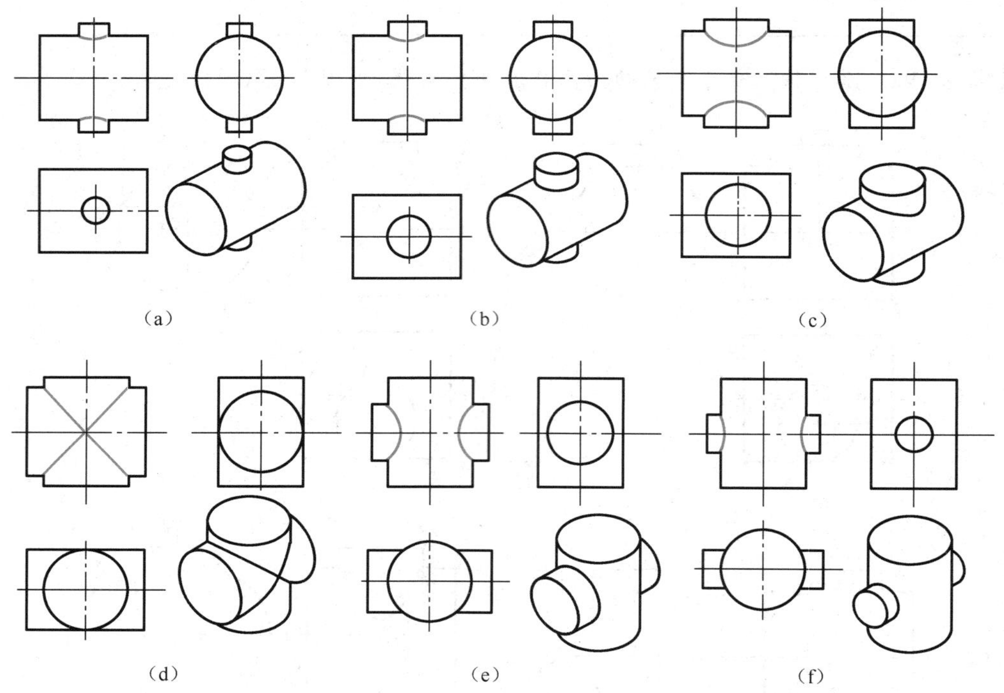

图3.38　轴线正交两圆柱相贯线的变化趋势

3.5.2　利用辅助平面法求解相贯线

如图3.39所示，求圆台与部分球体的相贯线。由于圆台与球体的投影均无积聚性，无 法

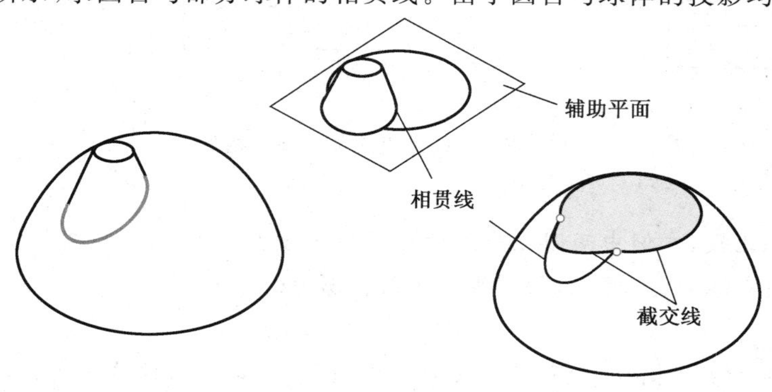

图3.39　辅助平面法原理

直接求得相贯线上的点，须用辅助平面法求解。辅助平面法作图的原理是用假想辅助平面 Q 截切圆台与球体，截平面 Q 与圆台和球体表面的截交线均为圆，两圆交于 Ⅰ、Ⅱ 两点，该两点即为辅助平面、圆台和球体的共有点，必是相贯线上的点。

利用辅助平面法求共有点的作图步骤是：①选择适当的辅助平面；②求出辅助平面与各回转体的截交线；③求出截交线的交点。为作图简便，辅助平面的选择应使截交线的投影是圆或直线。

利用辅助平面法比利用积聚性作图具有更加广泛的适应性，无论相交两回转体是否具有积聚性都可利用辅助平面法作图。

【例 3.20】 求作圆台与圆球的相贯线投影，如图 3.40(a)所示。

分析

圆台的轴线不过球心，相贯线为前后对称的空间曲线，相贯线的正面投影前后重合为曲线段，另两个投影为非圆封闭曲线。

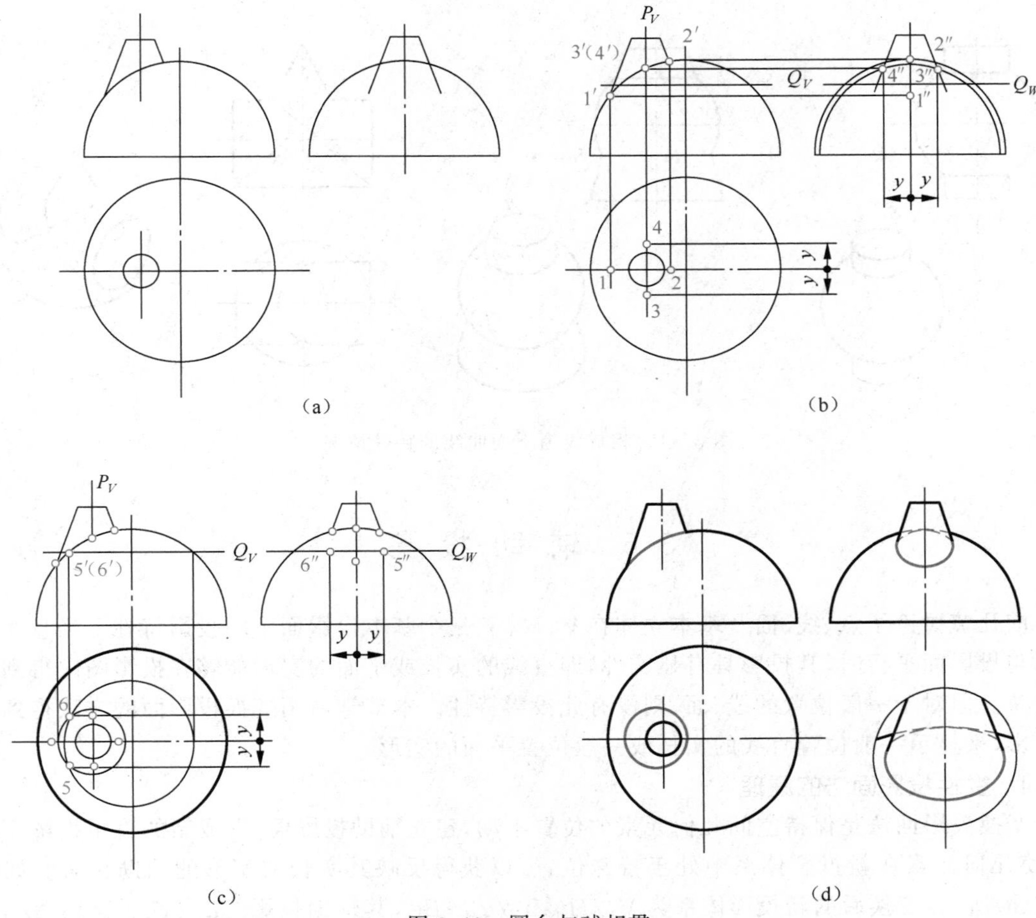

图 3.40　圆台与球相贯

作图步骤

(1)求特殊点 Ⅰ、Ⅱ、Ⅲ、Ⅳ，如图 3.40(b)所示。其中 Ⅰ、Ⅱ 点在圆锥的最左、最右素线上，可直接求得投影。Ⅲ、Ⅳ 点利用辅助平面法求作，选取通过圆台轴线的侧平面 P 为辅助平面，P 平面与圆台的交线为圆台的侧面转向线，与球体的交线为侧平圆，它们的交点 $3''$、$4''$ 即为相贯线上的点Ⅲ、Ⅳ的侧面投影。

(2)求作一般点Ⅴ、Ⅵ，如图3.40(c)所示，选取辅助水平面 Q，平面 Q 与圆台和球体的交线均为水平纬圆，两纬圆的交点即是相贯线上Ⅴ、Ⅵ点的水平投影5、6，其正面投影及侧面投影分别在 Q 平面具有积聚性的投影上，同理可求得其他一般点。

(3)判别可见性。正面投影中，相贯线前后重合；水平投影中，相贯线全部可见；侧面投影中，$3''$、$4''$ 为相贯线可见与不可见的分界点。依次光滑连接各点，并画全轮廓线的投影，侧面投影中，圆锥轮廓线应画至 $3''$、$4''$，圆球顶部的不可见轮廓线用虚线画出，如图3.40(d)所示。

3.5.3 相贯线为平面曲线的特殊情况

共轴回转体相交，其相贯线是相交回转体的公共纬圆，如图3.41(a)、(b)所示。当相交两回转体同时内切于一圆球面时，其相贯线为平面曲线（椭圆），如图3.41(c)、图3.38(d)所示。

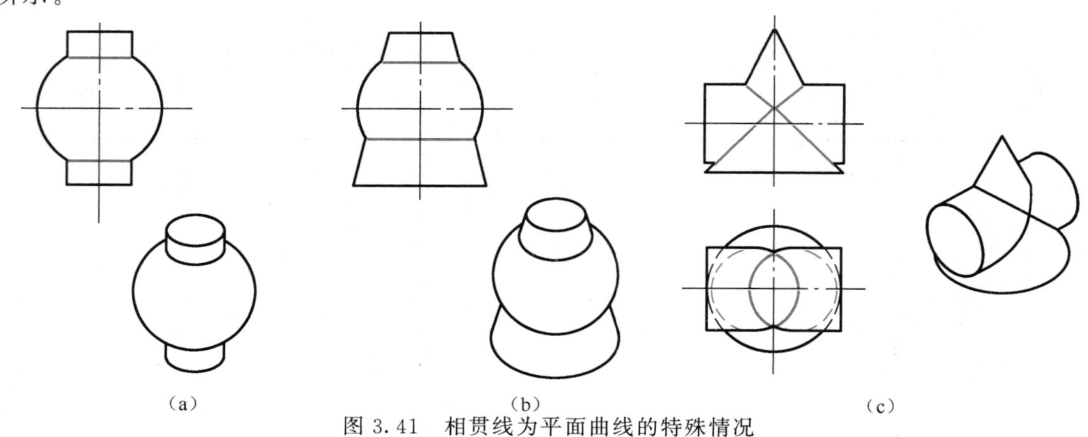

图3.41 相贯线为平面曲线的特殊情况

3.6 辅助投影

前几节讨论了点、线、面及基本立体在 V、H、W 三个基本投影面中的投影特性。当直线或平面与投影面平行时，其投影具有显实性，即直线的实长或平面的实形能够在投影图中得到真实反映。但对于一般位置的线、面，则没有此投影特性。本节学习用变换投影面的方法得到辅助投影，来显示一般位置直线的实长或一般位置平面的实形。

3.6.1 变换投影面法的原理

变换投影面法是保持空间几何元素的位置不动，建立辅助投影面，形成新的直角投影面体系，使几何元素在新投影体系中处于特殊位置，以获得反映其实长或实形的辅助投影。如图3.42(a)所示，变换后的新投影体系为 V_1/H，$V_1 /\!/ \triangle ABC$，其辅助投影 $\triangle a_1'b_1'c_1'$ 反映 $\triangle ABC$ 的实形。

1. 辅助投影面的选择原则

辅助投影面须垂直于一个原有的投影面，以便形成新的直角投影体系，且使空间几何元素相对于辅助投影面处于特殊位置（平行或垂直）。

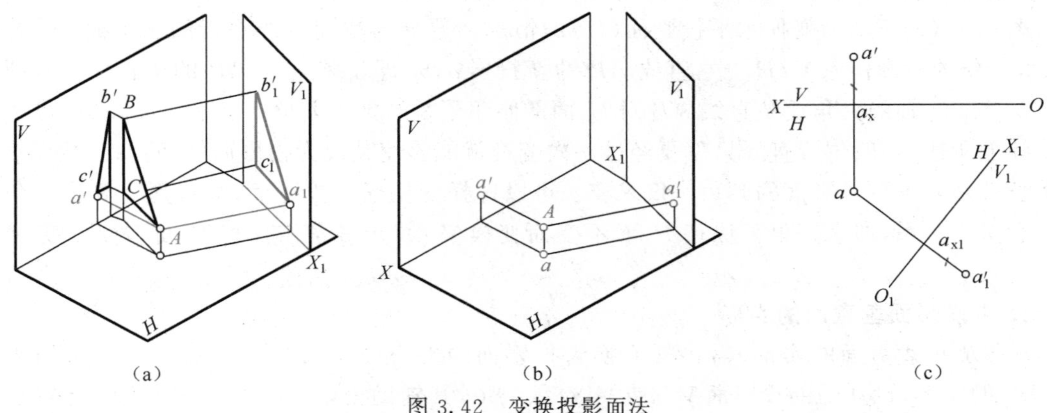

图 3.42　变换投影面法

2. 投影变换规律

以空间点 A 的投影变换为例水平投影后 H 保持不变，用铅垂直 V_1 代替 V 面作为新投影后，组成新投影体系，V_1/H。新投影体系中新轴用 X_1 表示，空向点 A 的新投影用 a_1' 表示，如图 3.42(b)所示。由此得出，点的变换规律如图 3.42(c)所示。

(1)点的新投影与不变投影的连线垂直于新投影轴，即：$aa_1' \perp O_1X_1$；

(2)点的新投影到新投影轴的距离等于点的旧投影到旧投影轴的距离，即：

$$a_1'a_{x1} = a'a_x$$

它们都反映空间点到不变投影面(H)的距离。

3.6.2　投影变换的应用

1. 求一般位置直线的实长

求一般位置直线的实长，需将其变换为投影面的平行线，只要辅助投影面平行于直线即可，如图 3.43(a)所示。

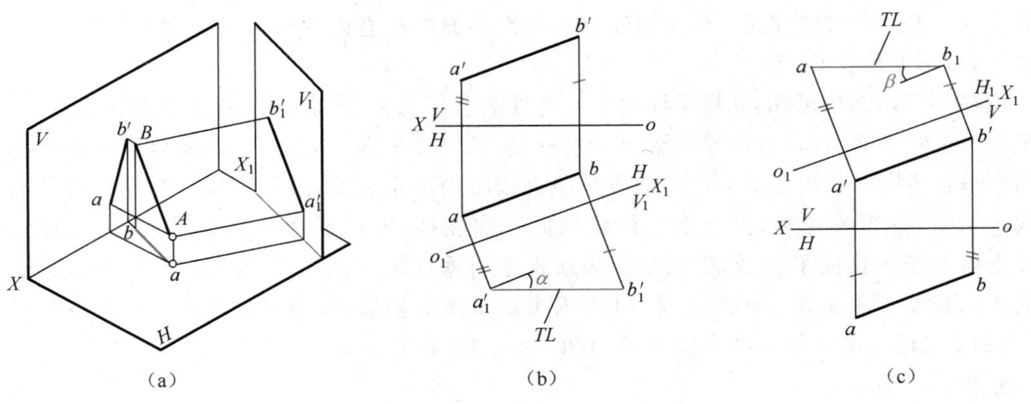

图 3.43　求一般位置直线的实长

图 3.43(b)所示为变换正立投影面(V)的情况。选择与空间直线平行的铅垂面 V_1 替换 V 面，在新的投影体系 V_1/H 中，直线 AB 的新投影 $a_1'b_1'$ 即反映直线 AB 的实长(TL)，新投影 $a_1'b_1'$

与 X_1 轴的夹角反映直线 AB 对 H 面的倾角 α 的真实大小。

图 3.43(c)所示为变换水平投影面(H)的情况。选择与空间直线平行的正垂面 H_1 替换 H 面,在新的投影体系 V/H_1 中,直线 AB 的新投影 a_1b_1 即反映直线 AB 的实长(TL),新投影 a_1b_1 与 X_1 轴的夹角反映直线 AB 对 H 面的倾角了 β 的真实大小。

综上所述,一般位置直线只需要经过一次变换就能够使其成为投影面的平行线,从而求得其实长及其与不变投影面的倾角。仅求实长可以选择变换任意投影面,如果还需要求倾角则应注意对应关系,即求 α 角需保持 H 面不变而变换 V 面,求 β 角需保持 V 面不变而变换 H 面。

2. 求投影面垂直面的实形

求投影面垂直面的实形,需将其变换为投影面的平行面。如图 3.44(a)所示,求铅垂面 $\triangle ABC$ 的实形,设立辅助投影面 V_1,使 $V_1 /\!/ \triangle ABC$,其辅助投影 $\triangle a_1'b_1'c_1'$ 即反映 $\triangle ABC$ 的实形,作图过程如图 3.44(b)所示。同理,求正垂面的实形的作图过程如图 3.44(c)所示。

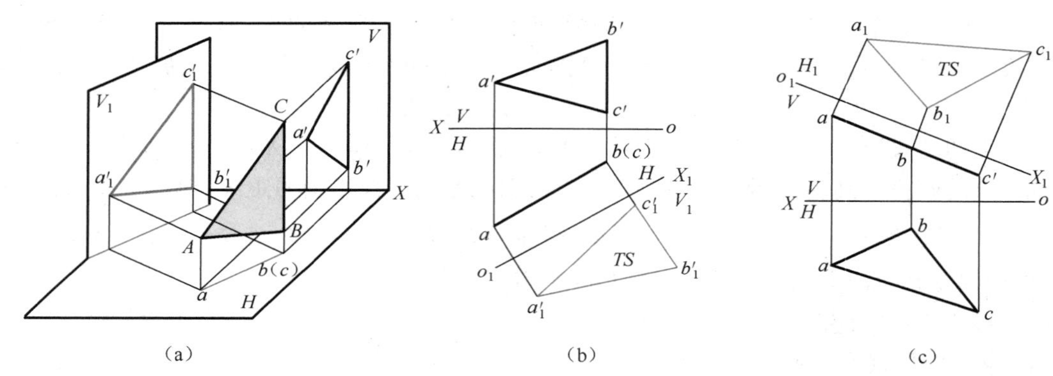

图 3.44 求投影面垂直面的实形

3. 求一般位置平面的实形

为保证所作的辅助投影面始终垂直原有的一个投影面,求一般位置平面的实形时,需首先将其变换为投影面的垂直面,再按前述方法将投影面的垂直面变换为投影面的平行面,从而求得实形,即需要两次变换。

由初等几何知识可知:如果平面内有一直线垂直于另一平面,则该两平面互相垂直。因此,若把一般位置平面 ABC 变换成投影面的垂直面,只要在平面内取一直线,将该直线变换为新投影面的垂直线即可。由于辅助投影面应是原有投影面的垂直面,故该直线应为原有投影面的平行线。如图 3.45(a)所示,投影面平行线只需一次变换,即可成为投影面垂直线。因此,可在平面内取一条投影面平行线,将其变换为新投影面垂直线,则平面即变为新投影面垂直面。再按前述求投影面垂直面实形的方法,即可求出该平面的实形,作图过程如图 3.45(b)所示。

【例 3.21】 求截切四棱台上平面 ABC 的实形,如图 3.46(a)所示。

分析

截切四棱台上平面 ABC 为一般位置平面,求其实形需要两次投影变换。该平面上,直线 AB 为水平线,可一次变换为投影面的垂直线,故一次变换的投影轴垂直于 AB 的水平投影,平面 ABC 变换为新投影面的垂直面;二次变换的投影轴平行于垂直面的积聚性投影,从而求得平面的实形。

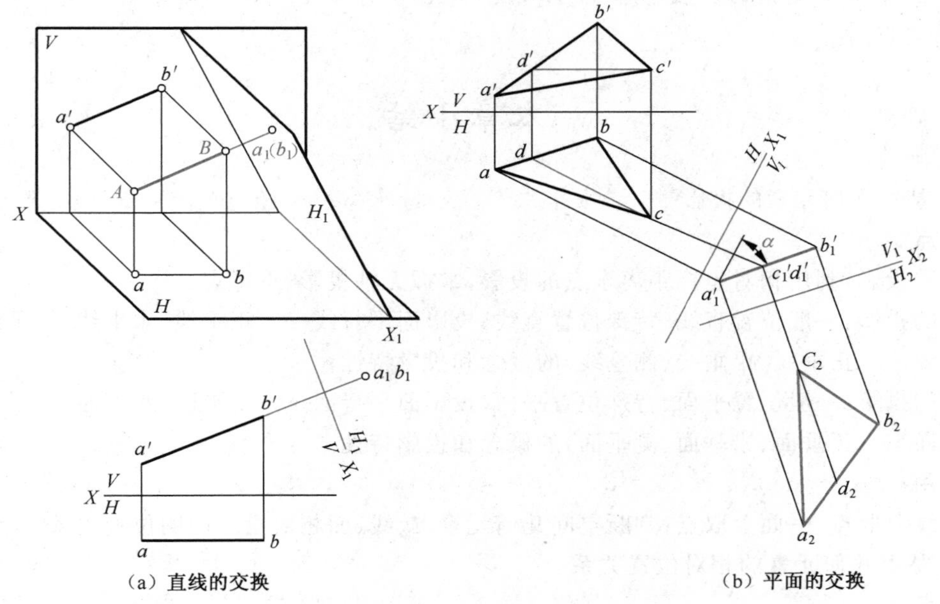

（a）直线的交换　　（b）平面的交换

图 3.45　求一般位置平面的实形

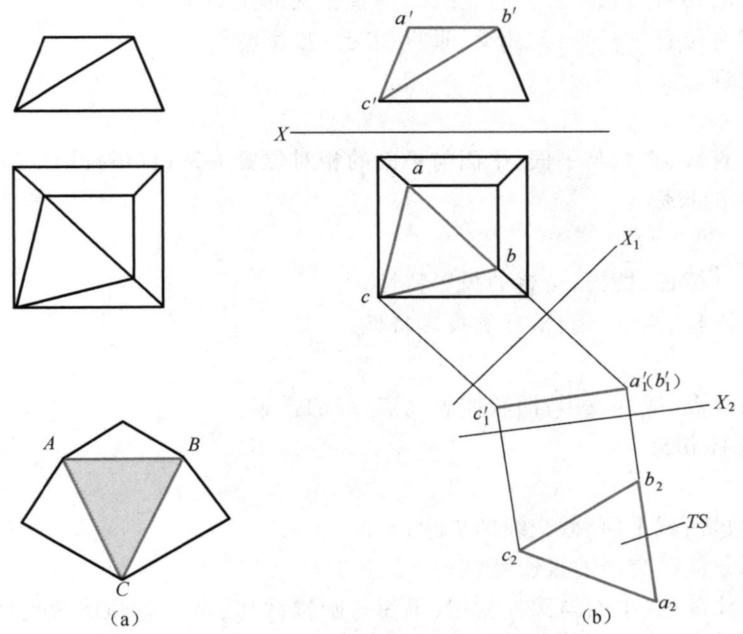

（a）　（b）

图 3.46　四棱台截切面的实形

作图步骤，如图 3.46(b)所示

(1)在投影图上标注平面 ABC 的投影，并在两投影之间任意位置画投影轴 OX。

(2)选取一次变换的新投影轴 O_1X_1，使 $O_1X_1 \perp ab$，变换后的投影 $a_1'b_1'c_1'$ 具有积聚性。

(3)选取二次变换的新投影轴 O_2X_2，使 $O_2X_2 /\!/ a_1'b_1'c_1'$，变换后求得 $a_2b_2c_2$ 即为平面 ABC 的实形。

本章小结

1. 基本几何元素的投影

重点

点的投影：利用相对坐标距离求点的投影，掌握无轴投影、重影点；

线的投影：一般位置直线、特殊位置直线（投影面平行线——正平线、水平线、侧平线；投影面垂直线——正垂线、铅垂线、侧垂线）的概念和投影特性；

面的投影：一般位置平面、特殊位置平面（投影面平行面——正平面、水平面、侧平面；投影面垂直面——正垂面、铅垂面、侧垂面）的概念和投影特性。

应用

直线上取点、平面上取点；判断空间几何元素点、线、面相对投影面的位置关系。

2. 基本几何元素的相对位置关系

重点

两直线的相对位置——平行、相交、交叉、垂直相交、垂直交叉的投影特性；

直线与平面的相对位置——平行、相交、垂直相交的投影特性；

两平面的相对位置——平行、相交、垂直相交的投影特性；

直角投影定理。

应用

判断空间两直线、直线与平面、平面与平面的相对位置关系；直角投影定理的应用。

3. 基本立体的投影

重点

平面立体——棱柱、棱锥、棱台的投影特性；

回转体——圆柱、圆锥、圆台、球的投影特性。

应用

平面立体表面点、线的投影；回转体表面点、线的投影。

4. 平面与立体相交

重点

掌握截交、截切、截平面、截交线的概念；

平面与平面立体截交线的投影特性；

平面与回转体截切：平面与圆柱截切、平面与圆锥截切、平面与圆球截切的截交线的几种形式。

应用

求解平面与立体表面截交线的投影。

5. 两立体表面相交

重点

掌握相贯线概念；圆柱与圆柱垂直正交时相贯线的变化趋势，两圆柱垂直正交相贯线简化

画法；利用积聚性求解相贯线，如：圆柱与圆柱交叉垂直；利用辅助平面法求解相贯线，如：圆柱与圆锥相贯、圆柱与球相贯、圆锥与圆球相贯。

6. 辅助投影

重点

变换投影面的原理；

一般位置直线——投影面平行线——投影面垂直线；

一般位置平面——投影面垂直面——投影面平行面。

应用

立体表面上一般位置平面求实形；求两一般位置直线的距离；求点到直线距离；一般位置直线求实长与投影面夹角。

第4章　组　合　体

在了解组合体的构成及多面投影规律的基础上，本章介绍组合体投影图的画图、读图及尺寸标注的方法。

组合体的画图、读图及尺寸标注的基本方法基于对组合体的构形分析。形体分析法是根据组合体的构形特点，逐一确定各组成部分的形状及相对位置的思维方法，它从形体构成的角度确保组合体画图、读图及尺寸标注的思维井然有序。在形体分析法的基础上，按正投影的基本原理，对投影的细节部分作具体分析的思维方法，称为线面分析法。因此，以形体分析为主，线面分析为辅，综合运用形体分析法和线面分析法，才能有效地进行组合体的画图、读图与尺寸标注。

4.1　组合体构形的投影分析

参加组合的基本立体间相邻表面的连接关系有三种形式：共面、相交和相切。

1. 共面

当相邻两立体表面共面时，两面融合，中间没有分界线。图 4.1 为共面与不共面的投影示例。

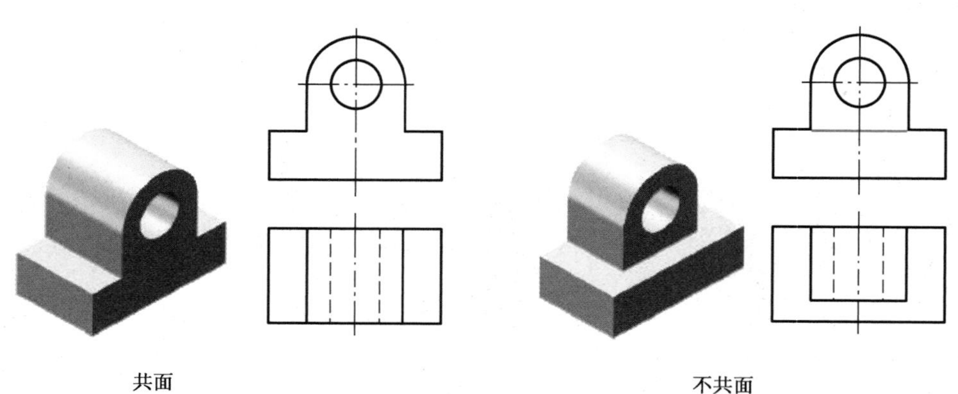

图 4.1　前表面共面与不共面

2. 相交

当相邻两立体表面相交时，相交处必有交线。如图 4.2 中，底板与圆柱之间的交线及轴线正交两圆柱表面的交线。

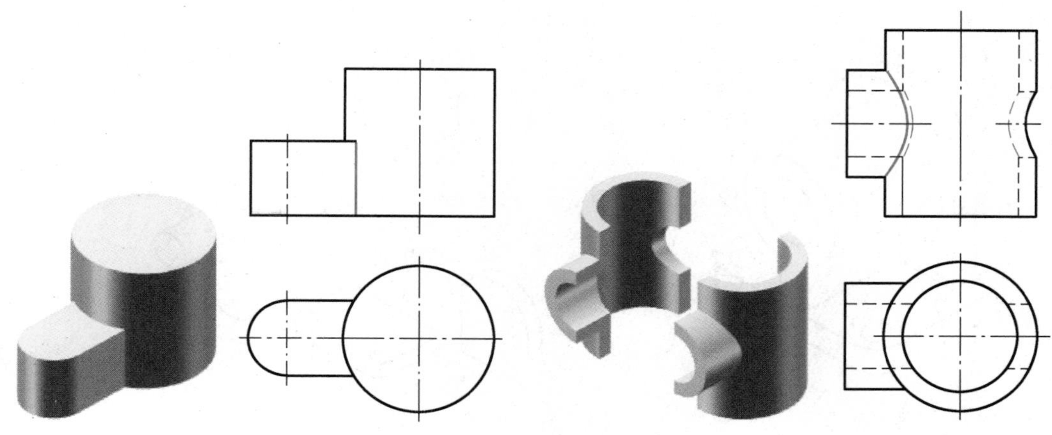

图 4.2　表面相交

3. 相切

当相邻两立体表面相切时，相切处光滑过渡。如图 4.3 中，底板侧面与圆柱面之间看不出平面与曲面的分界线，在投影图中也就不必将切线画出。

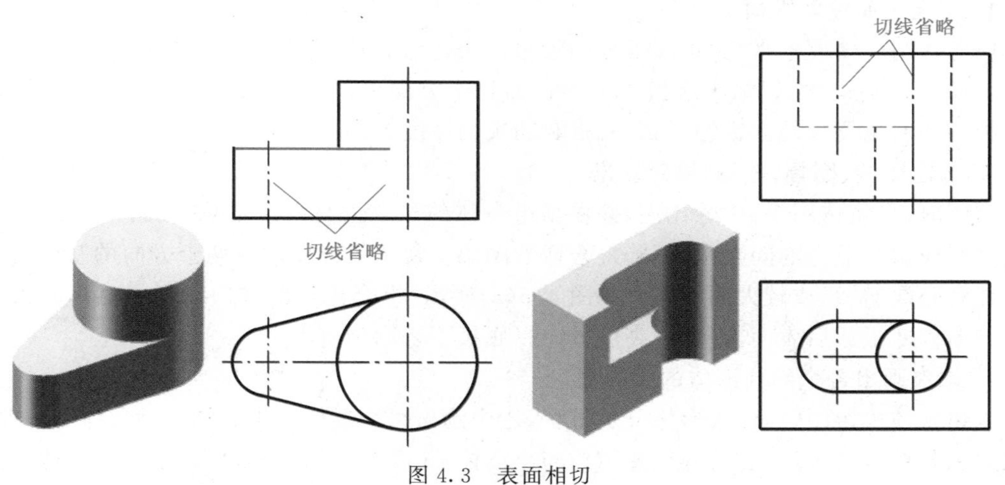

图 4.3　表面相切

4.2　组合体投影图的画图步骤

绘制组合体的基本方法是形体分析法，下面以图 4.4 所示的组合体为例，说明组合体的画图步骤。

1. 形体分析

绘制组合体投影图要通过构形分析，确定各形体之间的相对位置及相邻表面的连接关系。

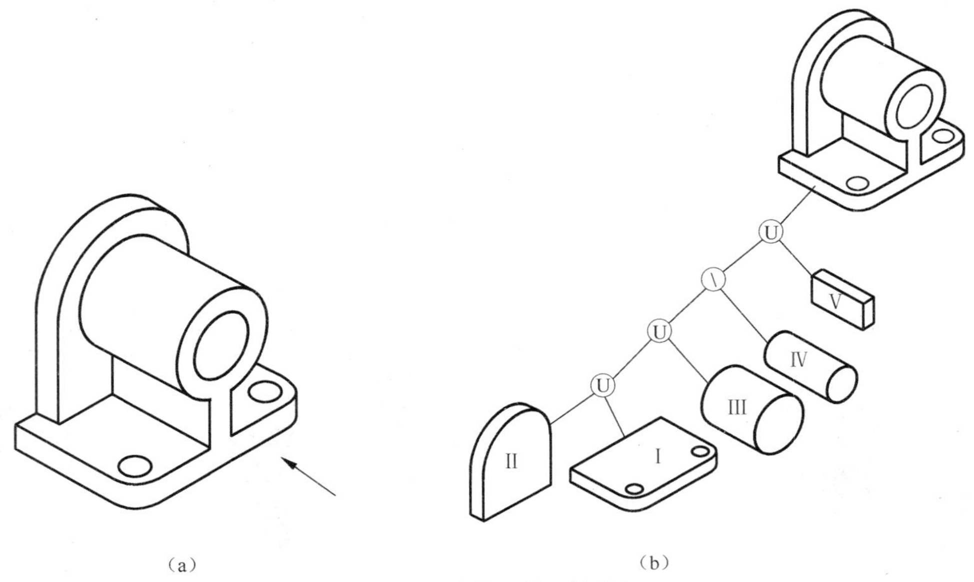

（a）　　　　　　　　　　　　　　　　（b）

图 4.4　组合体及其形体分析

图 4.4(b)所示为组合体构形分析过程，该组合体由底板Ⅰ、立板Ⅱ、大圆柱Ⅲ、小圆柱孔Ⅳ及肋板Ⅴ等五部分组成。底板Ⅰ、肋板Ⅴ及大圆柱Ⅲ的前端面共面，肋板Ⅴ的侧面与大圆柱Ⅲ表面相交。

2. 确定正面投影方向

应考虑组合体放置平稳，正面投影图较多地表达组合体的形状特征且其余各投影中虚线较少。如图 4.4(a)中，以箭头所指方向为正面投影方向，可以清楚地表达出底板、立板、圆柱及肋板的相对位置以及立板的形状、底板和肋板的厚度等。

3. 选定比例、图幅，布图，确定基准

画图时，尽量选用 1∶1 的比例，并根据组合体的长、宽、高大致估算所占位置的大小。各视图之间应留有适当的间距，从而确定合适的图幅。每个投影图均有两个方向的基准线，常选用对称中心线、轴线或较大的平面。如图 4.5(a)所示，组合体长度方向以左右对称面为基准，宽度方向以底板最后表面为基准，高度方向以底板下表面为基准。

4. 依次画出各个组成形体的投影图

画组合体投影图时，应按形体分析过程，逐个画出每个形体的投影图。画形体的一般顺序是先画主要结构与大形体，后画次要结构与小形体；先画叠加的实体，后画挖切的形体；先画轮廓后画细节。对每个形体，画其投影图的一般顺序是先画反映形体特征的投影，如圆柱体反映圆的投影、切割平面具有积聚性的投影等。

图 4.4 所示形体的画图步骤是：①画底板Ⅰ的三面投影，如图 4.5(a)所示；②画立板Ⅱ的三面投影，先画反映其特征的正面投影，后画其他两面投影，如图 4.5(b)所示；③画大圆柱Ⅲ及肋板Ⅴ的投影。大圆柱Ⅲ先画其反映圆的正面投影，再画其水平投影。肋板Ⅴ应先在正面投影上确定其厚度，再根据投影规律，确定其侧面投影的交线位置，肋板的水平投影不可见。由于肋板Ⅴ、底板Ⅰ及大圆柱Ⅲ的前端面共面，故三者的正面投影无分界线，如图 4.5(c)所示；④画挖切的小圆柱Ⅳ，注意前后穿通。最后画细节部分，即底板上的小孔。先在水平投影

上确定位置，画出反映圆的投影，再画另两面非圆投影的虚线，如图 4.5(d)所示。

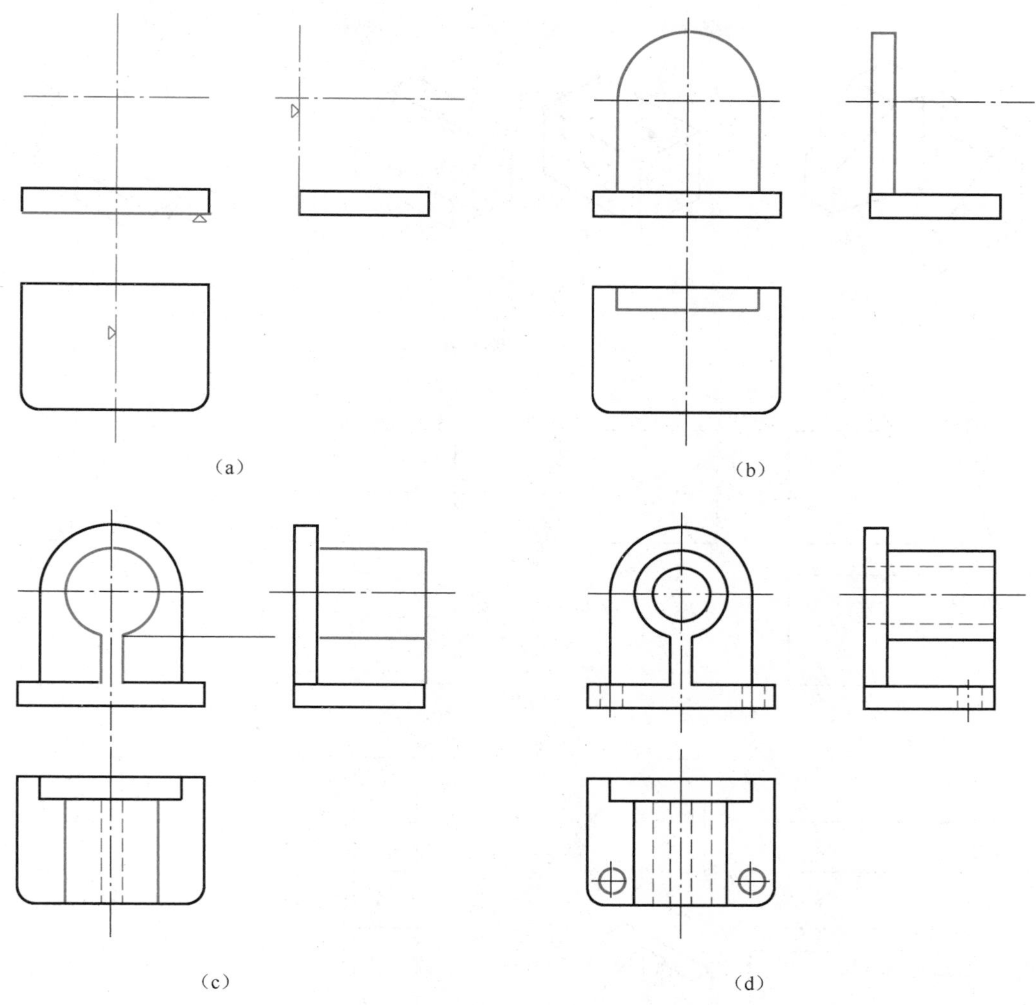

图 4.5 组合体画图步骤

5. 检查并加深，完成组合体投影图

检查所画投影图时，首先按形体分析法检查是否遗漏形体，其次按线面分析法检查投影对应关系是否正确(依次检查长对正、高平齐、宽相等关系)以及相邻形体表面连接处的画法是否正确。将投影图与空间立体反复对照，确认无误后再加深图线，完成全图。图 4.5(d)所示的组合体投影图中，重点检查肋板、底板及大圆柱的前端面共面投影无分界线问题、大圆柱与肋板交线的正面与侧面投影是否投影对应问题以及上部圆孔投影是否前后穿通问题。

上述画图步骤同样适合于切割型组合体，所不同的是，需要在形体分析的基础上，对切割过程中形成的线、面要进一步作投影分析，以便正确地画出切割后形成的线面投影。以图 4.6 所示组合体为例，说明切割型组合体的画图步骤。

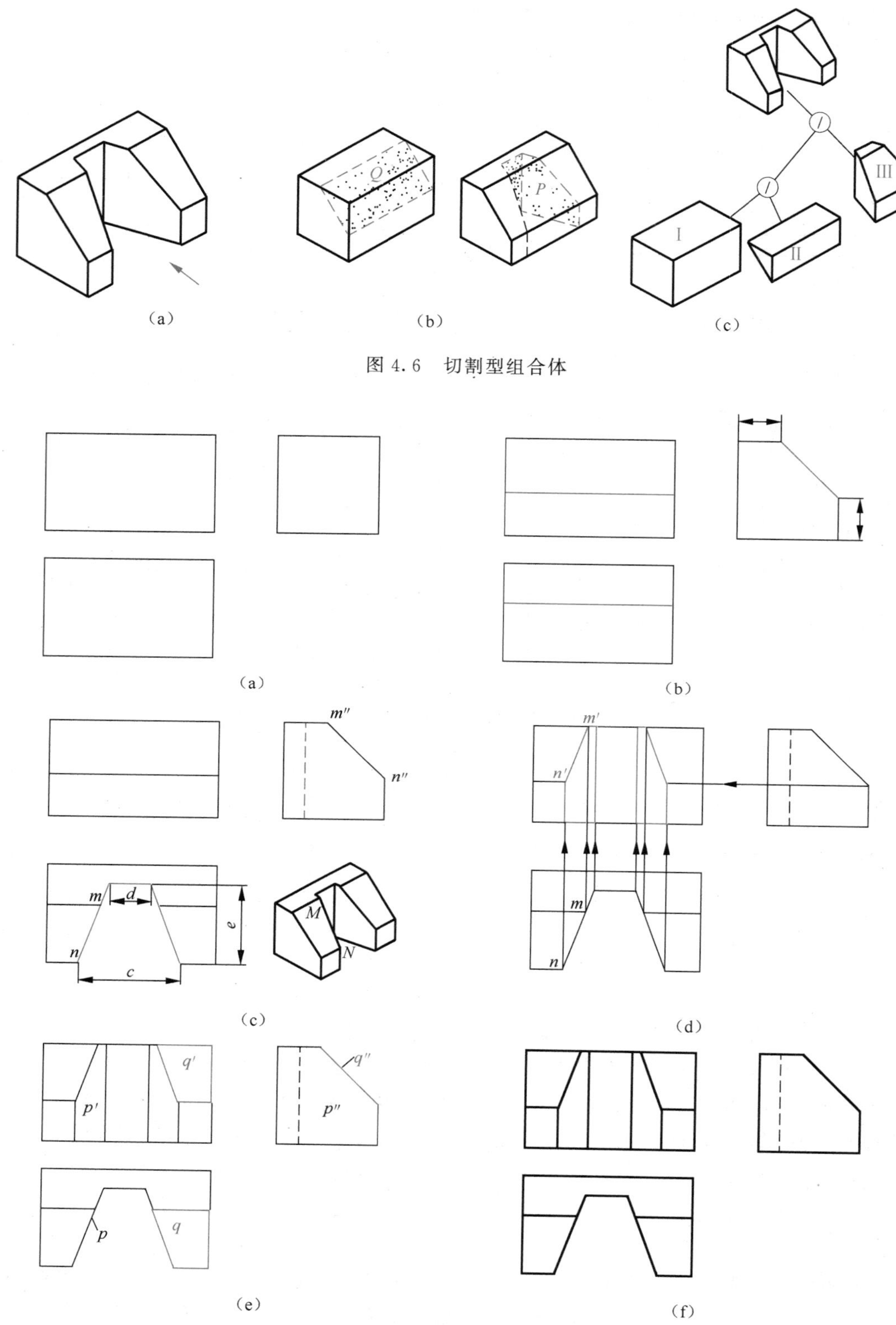

图 4.6 切割型组合体

图 4.7 画图步骤

【例 4.1】 画出图 4.6(a)所示的平面切割组合体的投影图。

分析与作图

首先进行形体分析。该组合体可以看成是由四棱柱Ⅰ依次挖切Ⅱ、Ⅲ形体而成，按图 4.6(a)所示箭头方向为正面投影方向放置形体，由侧垂面切去形体Ⅱ，再由正平面及两对称铅垂面切去形体Ⅲ，形成铅垂槽，如图 4.6(b)、(c)所示。

作图步骤

(1)画完整四棱柱Ⅰ三面投影图，如图 4.7(a)所示。

(2)切去形体Ⅱ。先画切割面具有积聚性的侧面投影，由尺寸(a)、(b)可确定其位置，再按投影关系确定其他两个投影，如图 4.7(b)所示。

(3)切去形体Ⅲ。先画三个切割面均具有积聚性的水平投影，由尺寸 c、d、e 可确定铅垂槽的大小。按"宽相等"的投影关系直接确定切割正平面的侧面投影位置，因其不可见，画成虚线，如图 4.7(c)所示。挖切铅垂槽时，铅垂面 P 与侧垂面 Q 相交，其交线为一般位置线 MN，MN 的水平投影 mn 与侧面投影 $m''n''$ 已知，正面投影 $m'n'$ 可求出，即求出两切割面交线投影，如图 4.7(d)所示。

(4)用线面分析法检查投影。对平面切割型组合体，一般检查其截切平面的投影。如图 4.7(e)所示，检查侧垂面 Q 的投影对应关系。其侧面投影 q'' 具有积聚性，对应的正面投影 q' 为直角梯形线框，水平投影 q 也为类似的直角梯形线框，且符合投影面垂直面的投影特性。同理，检查铅垂面 P。加深完成全图，如图 4.7(f)。

4.3　组合体的尺寸标注

投影图只是表达组合体的结构形状，要确定其各组成形体的大小及相对位置必须要有尺寸约束。因此，组合体尺寸标注是完整表达组合体的重要环节。组合体尺寸标注的基本要求：

(1)正确，符合《机械制图》、《技术制图》国家标准的有关规定；

(2)完整，尺寸能完整定义组合体各形体的形状、大小及相对位置关系；

(3)清晰，尺寸标注清晰可见，便于阅读。

4.3.1　常见基本体的尺寸标注

基本立体一般应确定长、宽、高三个方向的尺寸。不同基本形体所注的尺寸数量和标注形式也不相同。常见基本体的尺寸标注如图 4.8 所示，四棱柱需注出长、宽、高三个尺寸；六棱柱需注出平行棱面间距离和高度两个尺寸，对角距离不需标注，若要作为参考尺寸标注，应将尺寸用括号括起来；棱锥需注出底面外形和高度尺寸；四棱台则需注出上、下两底面的外形尺寸和高度尺寸。圆柱、圆锥及圆台等回转体的直径尺寸应标注在非圆视图上，并在数字前加注符号"ϕ"，即可省略一个视图；圆球也可以只画一个视图，标注尺寸时，需要在直径或半径符号前加注球面符号"S"，即在尺寸数字前加注"Sϕ"或"SR"。

4.3.2　常见截切体及相贯体的尺寸标注

对截切体和相贯体除了要标注基本体的定形尺寸以外，还要标注截平面或基本体之间的定位尺寸。当基本体的大小和截平面的位置确定后，截交线是自然形成的，因此截交线不需要标注尺寸。同样，当相贯体的大小及相对位置确定后，相贯线也不需要标注尺寸。常见截切体及相贯体的尺寸标注如图 4.9(a)、(b)所示，常见错误如图 4.9(c)所示。

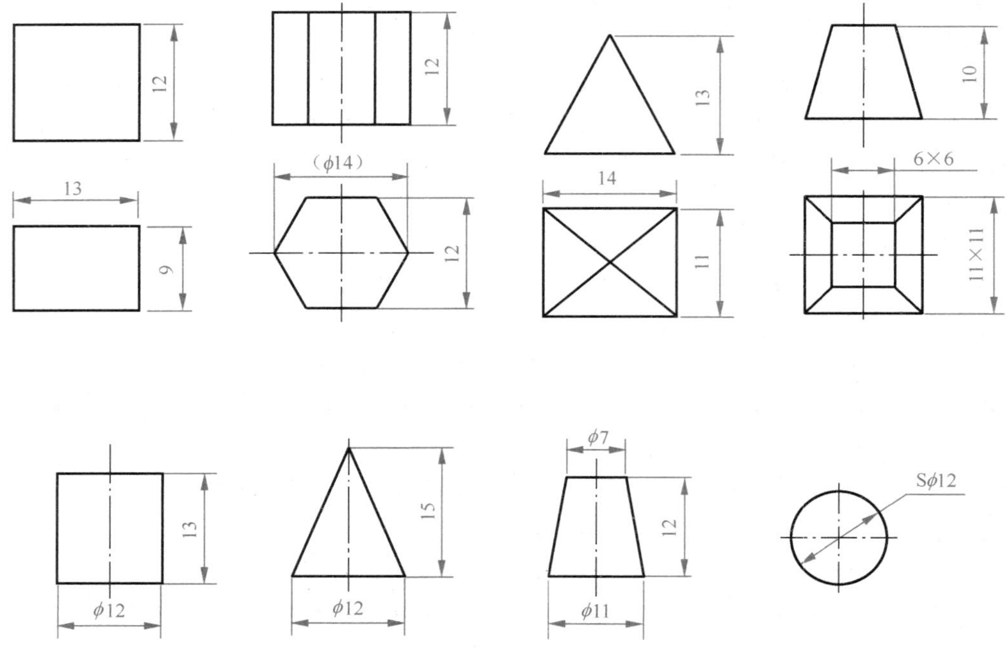

图 4.8　基本体尺寸标注

4.3.3　组合体尺寸标注

1. 尺寸分类及基准

组合体的尺寸分为定形尺寸、定位尺寸及总体尺寸三类。

(1)定形尺寸:定形尺寸是确定单个形体大小的尺寸,如图 4.10 中 10、12、$R10$、$\phi10$ 等均为定形尺寸。

(2)定位尺寸:定位尺寸是各形体之间相对位置尺寸,如图 4.10 中 32、30、48 等均为定位尺寸。

(3)总体尺寸:总体尺寸是组合体的总长、总宽及总高等外形尺寸。组合体的尺寸数量是定形尺寸和定位尺寸的总合,在某一方向加注总体尺寸后,就会出现多余尺寸,为保证尺寸的完整性,同时要去掉同一方向的一个定形尺寸,如图 4.10 中去掉立板的高度尺寸而标注组合体总高尺寸 47。

尺寸基准是标注、测量尺寸的起点。标注定位尺寸时,必须在长、宽、高三个方向分别至少选定一个尺寸基准,以便确定各形体间的相互位置。通常选用对称面、底面、重要端面以及回转体轴线等作为尺寸基准。如图 4.10 所示组合体,选择右端面、前后对称面、底面,分别作为长、宽、高方向的尺寸基准。

2. 标注组合体尺寸的方法和步骤

组合体尺寸虽然是标注在二维投影图上,但实质上是给空间形体标注尺寸。因此,标注尺寸和画组合体投影图一样,其基本方法是形体分析法。步骤为:首先进行形体分析,将组合体分解为若干基本形体,并确定各方向基准;其次逐一形体地标注出表示其大小的定形尺寸以及确定其相对位置的定位尺寸;最后再根据具体情况直接或间接地标注总体尺寸。下面以图 4.11(a)所示轴承座为例说明组合体尺寸标注的步骤。

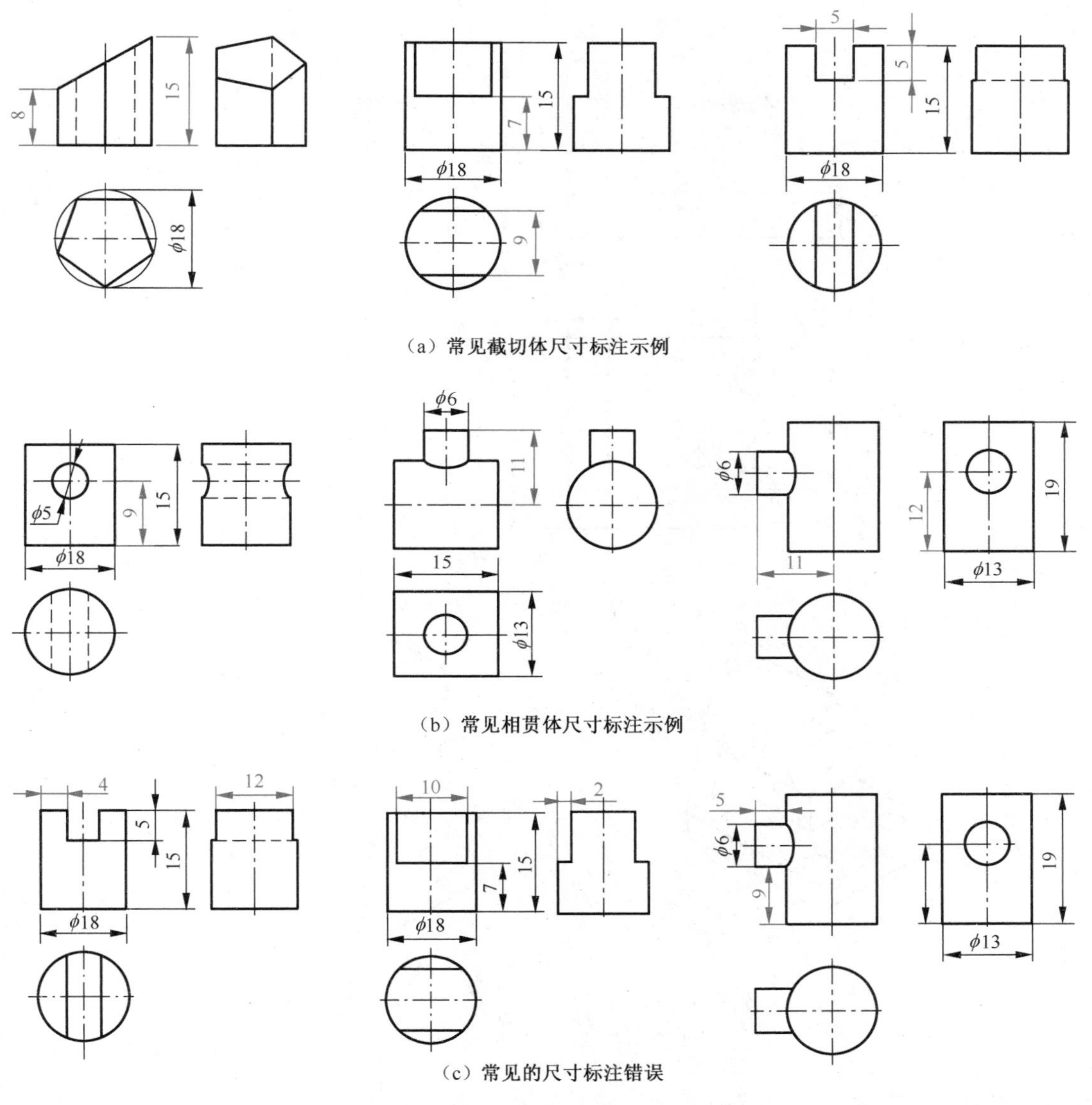

（a）常见截切体尺寸标注示例

（b）常见相贯体尺寸标注示例

（c）常见的尺寸标注错误

图 4.9　常见截切体及相贯体的尺寸标注

【例 4.2】　完成图 4.11 所示轴承座的尺寸标注。

标注尺寸的步骤

(1)形体分析。如图 4.11(b)所示，轴承座分为底板、圆柱、立板及肋板四部分。

(2)确定尺寸基准。如图 4.12 所示高度方向以底面为主要基准，长度方向以立板右端面为主要基准，宽度方向以前后对称面为基准。

(3)依次标注每一个形体的定形尺寸、定位尺寸。①标注底板尺寸，底板的定形尺寸为长 200、宽 170 及高 32，底板圆角尺寸 $R15$。底板上小孔的定形尺寸为 $2\times\phi28$，定位尺寸为圆心距 163 和 110，如图 4.12(a)所示。②标注空心圆柱筒尺寸，空心圆柱筒的定形尺寸 $\phi110$、$\phi60$ 和 125，其与底板之间的定位尺寸为 135(轴线定位)，如图 4.12(b)所示。③标注立板尺寸，立板的形状反映在侧面投影上，其形状由底板宽度、圆柱大小以及底板与圆柱的高度定位决定，

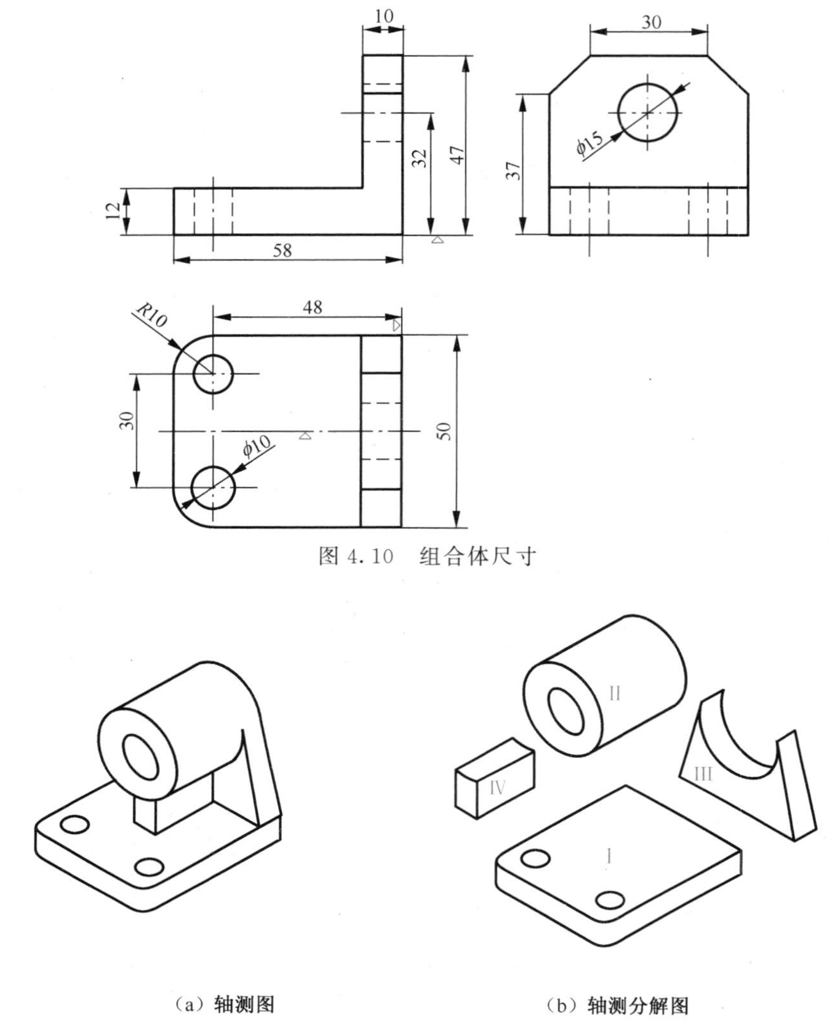

图 4.10 组合体尺寸

（a）轴测图 （b）轴测分解图

图 4.11 轴承座及形体分析

故只需标注厚度尺寸 32。其定位靠侧面与底板右端面共面，如图 4.12(c)所示。④标注肋板尺寸，肋板的形状反映在正面与侧面投影图上，其定形尺寸是 85，厚度 30。肋板与相邻的底板、圆柱及立板均相交，无需定位尺寸，如图 4.12(d)所示。

(4)标注总体尺寸。轴承座的总长 200、总宽 170 就是底板的长度和宽度，其总高并未直接注出。该组合体总高决定于圆柱定位尺寸 135 及圆柱的定形尺寸φ110。如果加注总体高度，必须去掉圆柱定形尺寸，显然该尺寸φ110 为圆柱的特征尺寸，不应舍弃。因此，在该方向上不注总体尺寸。

(5)检查。用形体分析法检查每个形体的定形、定位尺寸是否齐全，补全遗漏的尺寸，去掉多余的尺寸，完成整个组合体的尺寸标注。

3. 组合体尺寸标注应注意的几个问题

(1)尺寸尽量标注在形体特征明显的投影图上。如肋板的定形尺寸 85、30 分别标注在正面投影、侧面投影图上，底板上小孔的定位尺寸 110、163 标注在水平投影图上，看起来比较明显。

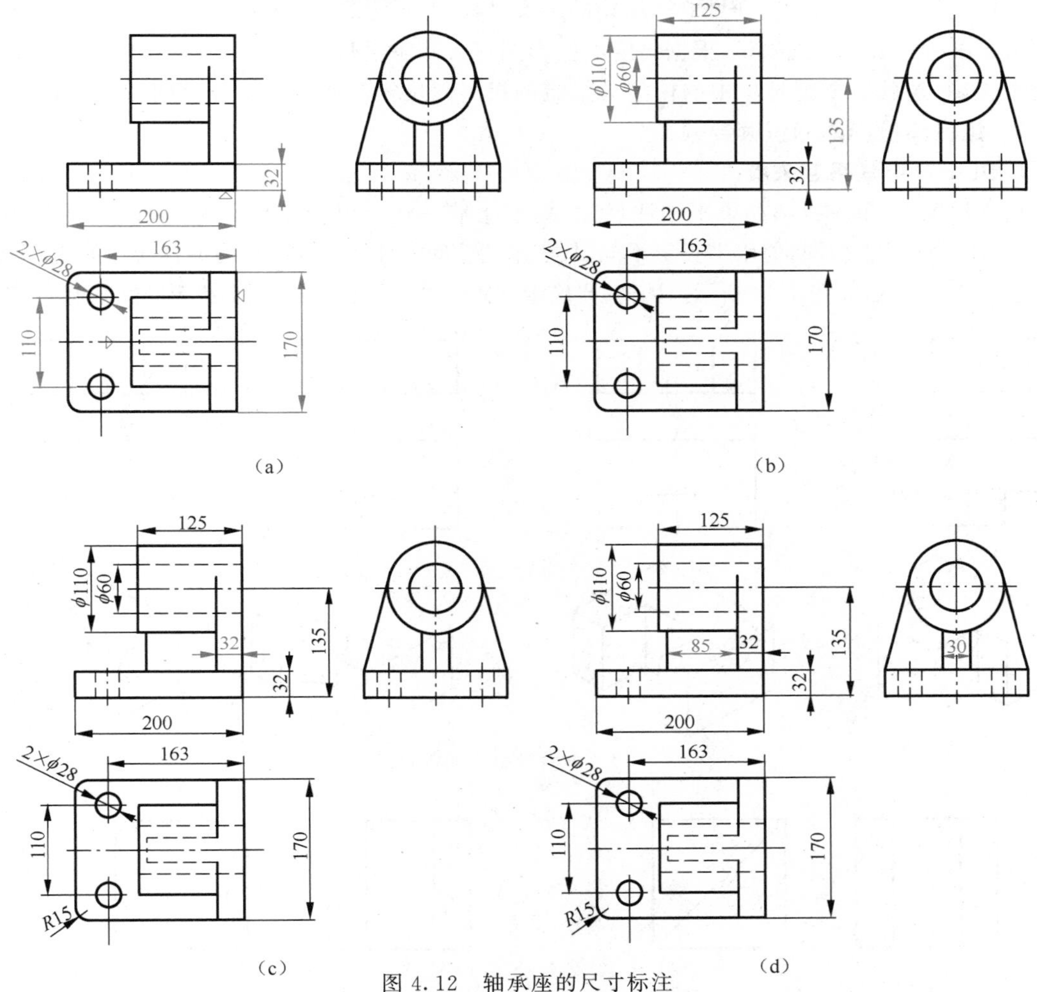

(a)　(b)　(c)　(d)

图 4.12　轴承座的尺寸标注

(2)同一个结构的尺寸尽量集中标注。如底板小孔的尺寸 2×φ28、110、163 集中标注在水平投影图上，有关空心大圆柱的尺寸φ110、φ60、125、135 集中标注在正面投影图上，便于看图时尺寸查找。

(3)同轴回转体的直径尺寸尽量注在非圆投影图上，而半径尺寸应注在投影为圆弧的投影图上。如正面投影上的φ110、φ60，水平投影上的 $R15$ 等尺寸。

(4)尽量避免在虚线上标注尺寸。如底板小孔 2×φ28 注在反映圆的水平投影上，避免住在虚线上。

(5)在某一方向上以回转面结束的形体(投影图上以圆弧结尾)，在该方向上一般不注总体尺寸，如高度方向不加注总体尺寸。

4.4　组合体投影图的识读

组合体读图就是根据组合体投影图进行形体分析和线面分析，逐个识别出基本形体，进而确定各基本形体之间的组合形式和表面连接关系，综合想象出组合体的空间形状和结构的过程。

读图是从二维平面图到三维立体结构的想象过程，是画图的逆过程。在读图过程中，要充分利用画图中所积累的基础知识，根据给定的投影图在大脑中呈现立体模型。想象中的模型可能不完全正确，这就需要把想象中的模型与给定的投影图反复对照、修改，直至两者完全相符。

4.4.1 组合体投影图的识读要领

1. 几个投影联系起来看

通常情况下，单一投影如果不加注尺寸，是不能唯一确定组合体真实形状的，如图 4.13 所示，各形体正面投影相同，但水平投影不同，故表示的空间形体各不相同。有时两个投影也不能完全确定组合体形状，如图 4.14 所示。因此，要确定立体的真实形状，需将几个投影图联系起来看。

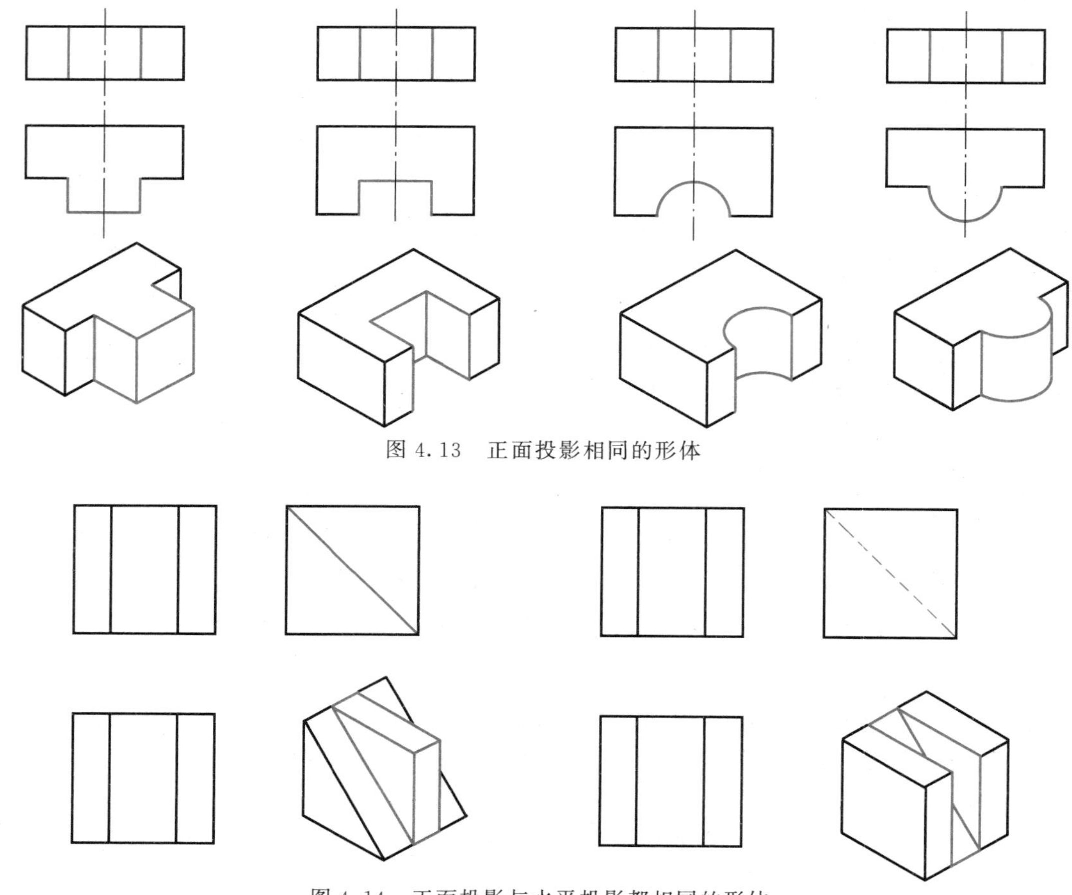

图 4.13 正面投影相同的形体

图 4.14 正面投影与水平投影都相同的形体

2. 弄清投影图中线及线框的含义

投影图是由线和线框组成的。根据投影规律，逐个找出各个线与线框的投影想象空间形体，要求熟知线与线框的含义，如图 4.15 所示。

投影图中线的含义有：平面具有积聚性的投影如图 4.15(a)中的 p'、q'、两面交线的投影（如棱线、截交线、相贯线）、回转体转向线的投影如图 4.15(b)中的 $1'2'$等。

投影图中线框的含义有：平面或曲面的投影如图 4.15(a)中的 p、q 和图 4.15(b)中的虚线框、相切平面和曲面的投影如图 4.15(c)中的 s'、某一表面上的孔如图 4.15(b)中的小圆等。一般情况下，一个封闭线框表示一个面的投影，相邻线框则表示位置不同的两个面的投影。

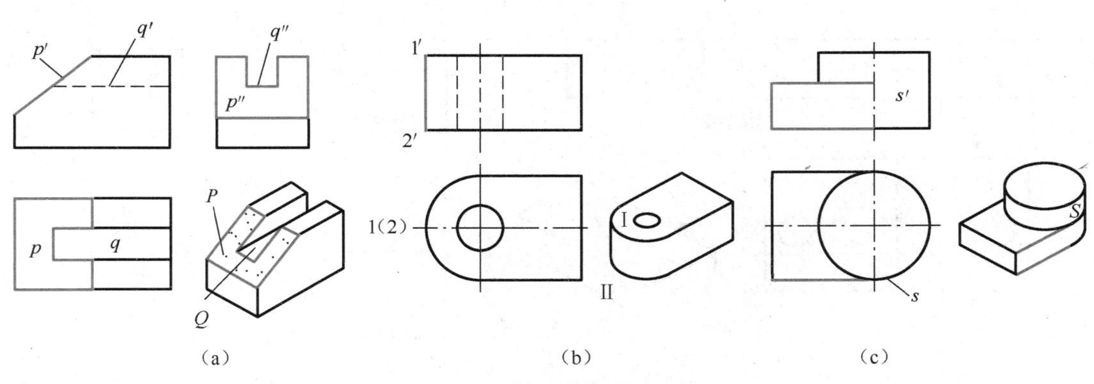

(a)　(b)　(c)

图 4.15　线和线框的含义

3. 检验与修正

读图的过程是不断修正想象中组合体的思维过程。如图 4.16 所示，读图时由正面投影首先想到的是拉伸体Ⅰ，再根据水平投影修正为拉伸体Ⅰ与圆柱体Ⅱ的交集。如此修正后，得到的形体Ⅲ与两面投影均相符，即为所表示的组合体。

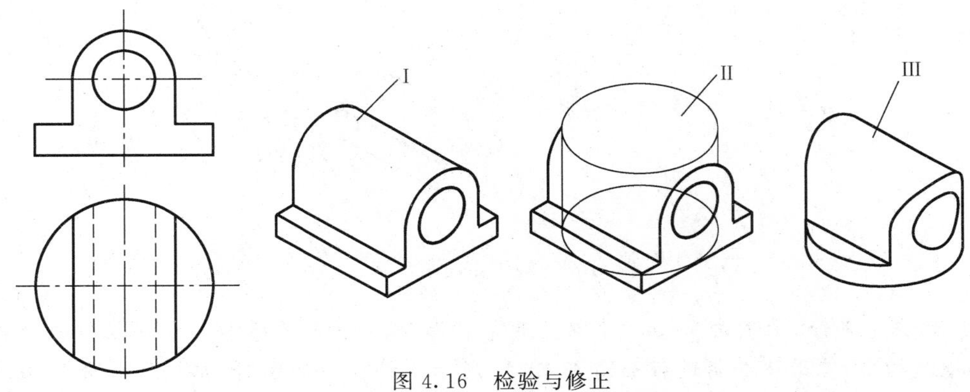

图 4.16　检验与修正

4.4.2　组合体投影图的识读举例

【例 4.3】　由图 4.17 所示的轴承座投影图，分析轴承座的空间形状。

分析与读图

轴承座投影图的识读，从正面投影入手，将其分成Ⅰ、Ⅱ、Ⅲ三类可见线框，如图 4.17 所示。分别找到各线框对应投影，并恰当利用图中的虚线，想象出各部分的立体形状，如图 4.18(a)～(c)所示。最后综合起来确定各部分的相对位置，想象出组合体的整体结构，如图 4.18(d)所示。

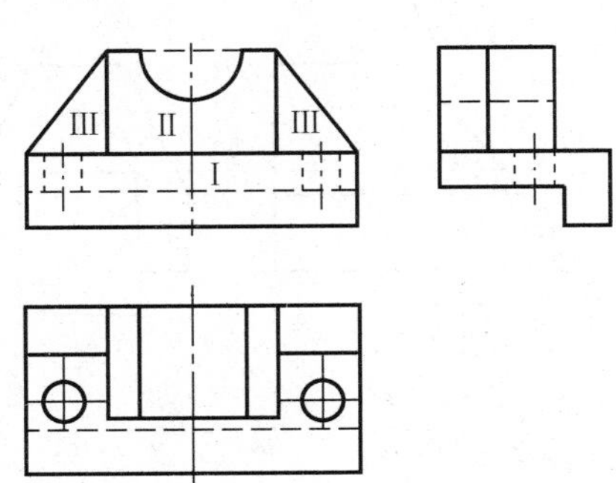

图 4.17　轴承座的识读

【例 4.4】　补画图 4.19(a)所示的平面切割体的水平投影图。

分析与读图

对切割型平面立体，通常是在形体分析基础上，运用线面分析来读懂投影图。如图 4.19(a)所示的切割型平面立体，首先用形体分析法读懂切割过程，该形体在完整四棱柱的基础上，由

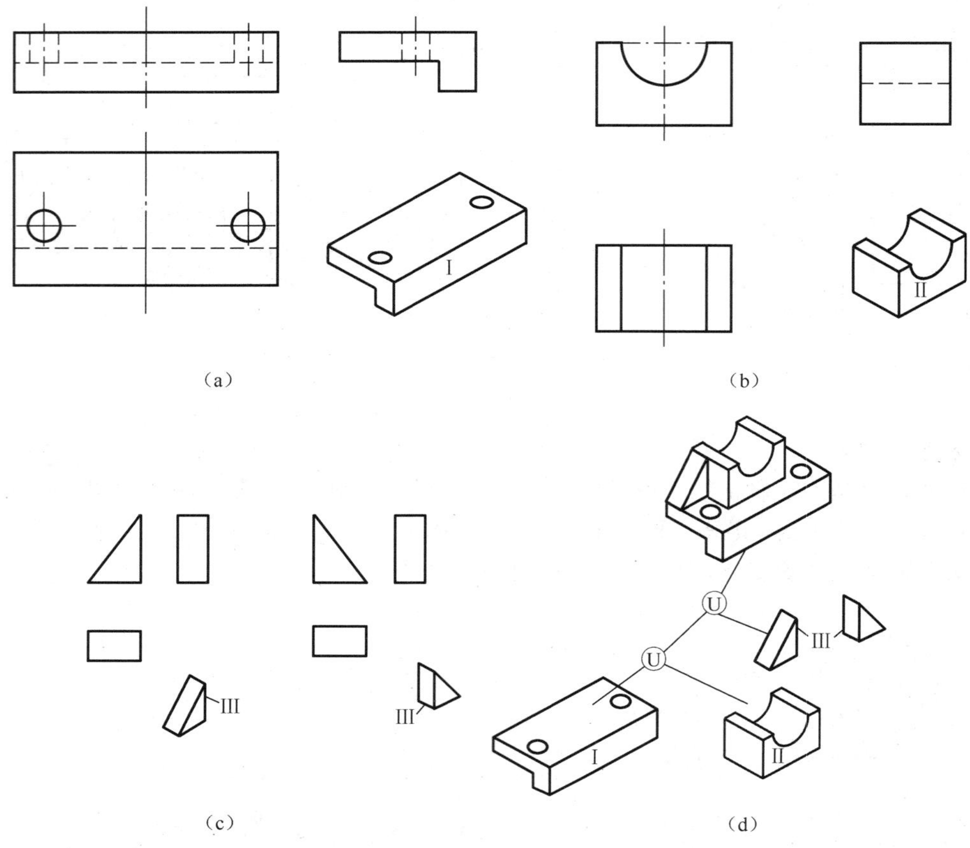

图 4.18　轴承座读图步骤

正垂面 P 切去Ⅰ部分，由侧垂面 Q 切去前后两个Ⅱ部分，又由正平面和水平面切掉一个宽 L、高 H 的槽结构Ⅲ，其形体分析过程如图 4.19(b)所示。补画投影图时，根据线面分析法，逐一按切割过程分析线面的投影，如图 4.20 所示。

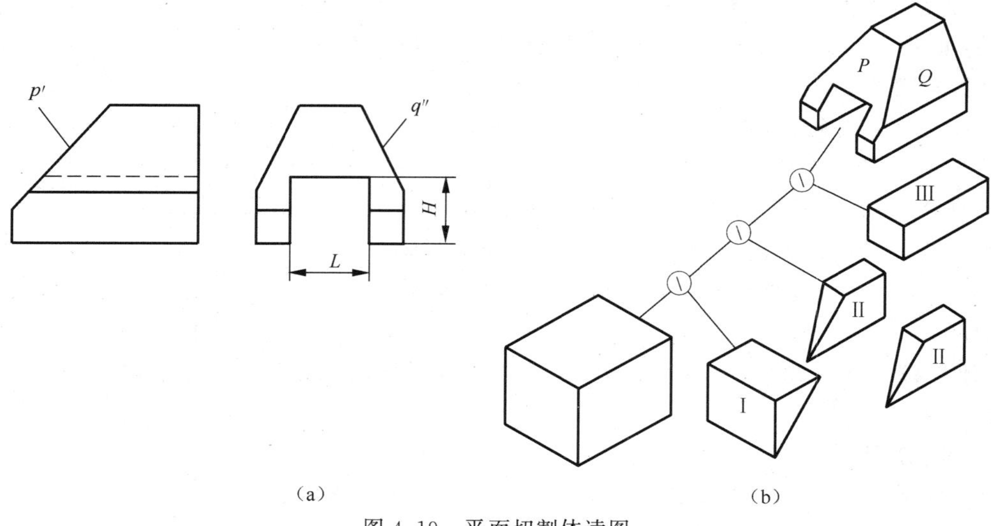

图 4.19　平面切割体读图

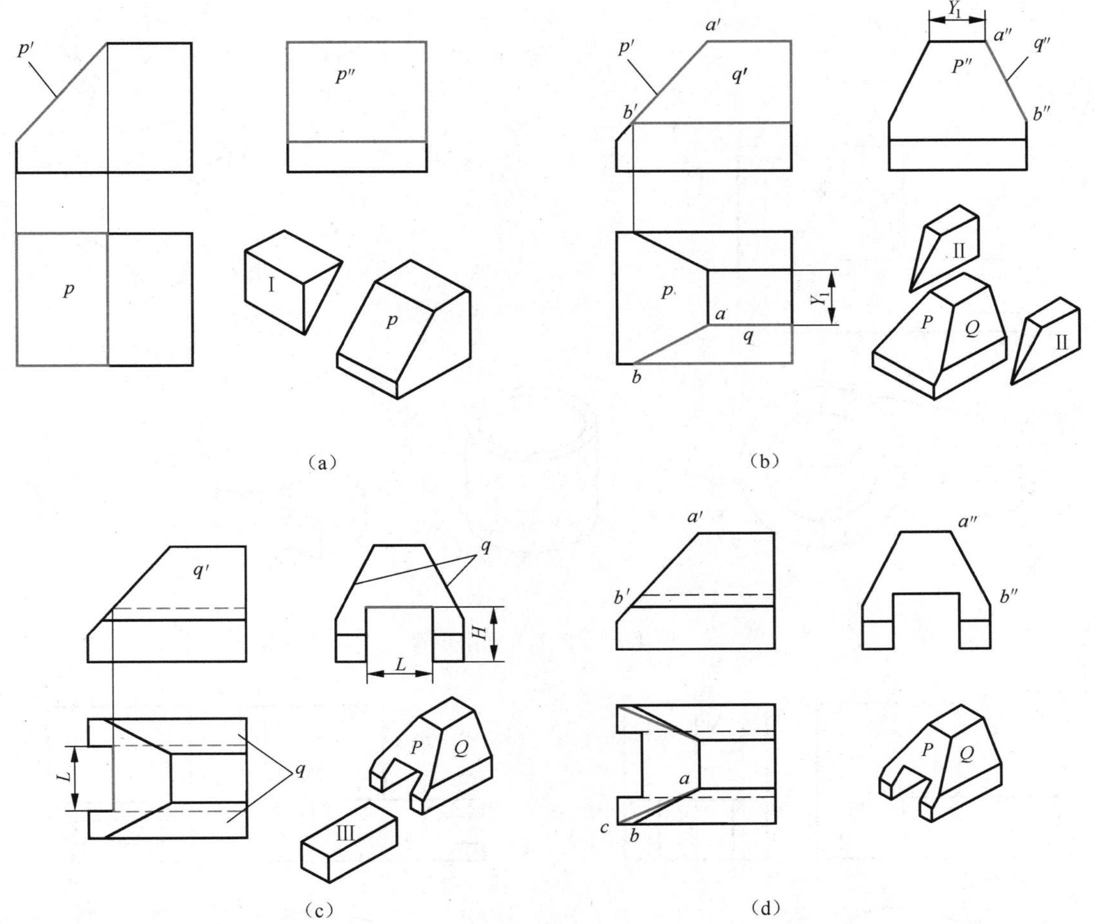

图 4.20　平面切割体画图步骤

作图步骤

(1)画四棱柱被正垂面 P 切割后的水平投影,如图 4.20(a)所示。

(2)画四棱柱被侧垂面 Q 切割后的水平投影。正垂面 P 与侧垂面 Q 相交,其交线为一般位置直线 AB。首先根据 P、Q 两切割平面具有积聚性的投影,确定交线 AB 的正面投影和侧面投影,再根据投影规律求出 AB 的水平投影,如图 4.20(b)所示。

(3)画切槽后的水平投影。槽顶面为水平面,其水平投影反映实形且不可见,但槽顶面与 P 平面交线的水平投影是可见的,且交线的位置由槽深 H 决定,如图 4.20(c)所示。

(4)检查修正。切割型平面立体一般采用特殊位置平面进行切割,因此检查时,应着重检查特殊位置平面的投影对应关系。如图 4.20(d)所示,在检查平面 P、Q 的投影对应关系时,一般位置线 AB 的水平投影 ab 是关键,要避免错误地将其画在 ac 位置。

【例 4.5】　读懂图 4.21(a)所示的两面投影,补画侧面投影。

分析

对给定的组合体进行形体分析,将其分成空心圆柱体Ⅰ、相切底板Ⅱ两个主要部分。在形体Ⅰ上挖切方形槽Ⅲ和倒置的拱形槽Ⅳ,在底板Ⅱ上挖切方形槽Ⅴ,如图 4.21(b)所示。

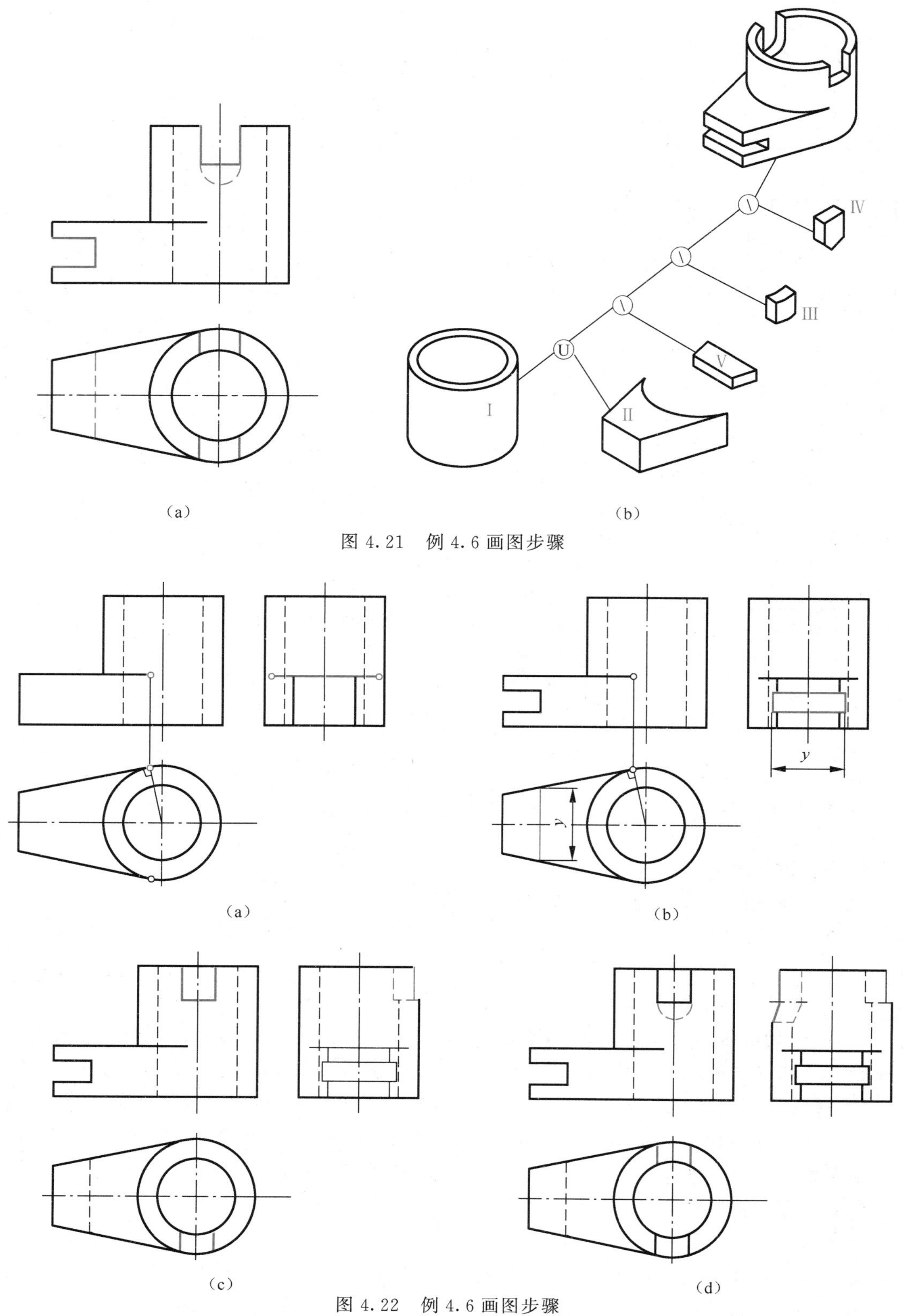

（a）（b）

图 4.21　例 4.6 画图步骤

（a）（b）（c）（d）

图 4.22　例 4.6 画图步骤

作图步骤

(1)补画空心圆柱体Ⅰ和与其相切的底板Ⅱ两部分的投影,并运用线面分析法找准切点的投影位置,如图4.22(a)所示。

(2)画出底板Ⅱ上挖切方形槽Ⅴ后的投影,其侧面投影的宽度应从水平投影上度量虚线长度获得,如图4.22(b)所示。

(3)画出在空心圆柱体Ⅰ的前部挖切方型槽Ⅲ后的投影,截交线投影位置由槽宽决定,在水平投影上量取,如图4.22(c)所示。

(4)画出在空心圆柱体Ⅰ的后部挖切倒置的拱形槽Ⅳ后的投影,其中相贯线的投影采用简化画法,如图4.22(d)所示。

4.5 组合体构形设计

根据已知条件构思组合体的结构、形状并表达成图的过程称为组合体的构形设计。组合体的构形设计能把空间想象、构思形体和表达三者结合起来。这不仅能促进画图、读图能力的提高,还能发展空间想象能力,同时在构形设计中还有利于发挥构思者的创造性。

4.5.1 构形设计的原则

1. 以基本体为主的原则

组合体构形设计应尽可能地体现工程产品或零部件的结构形状和功能,以培养观察、分析和综合能力,但又不强调必须工程化。所设计的组合体应尽可能由基本立体组成,如图4.23所示为设计的卡车模型,它由基本的平面立体、回转体经叠加、挖切而组成。

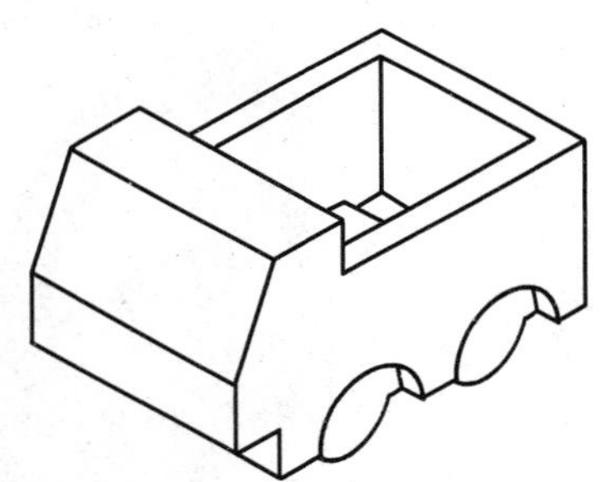

图4.23 构型设计

2. 连续实体的原则

组合体构形设计生成的实体必须是连续的,且便于加工成型。为使构形符合工程实际,应注意形体之间不能以点、线连接,如图4.24所示。

3. 体现造型艺术的原则

组合体构形设计中,除了体现产品本身的功能要求之外,还要考虑美学和工艺的要求,即综合地体现实用、美观的造型设计原则。均衡和对称形体的组合体给人稳定和平衡感,如图4.25所示。

4.5.2 构形设计的方法

组合体的构形设计,主要方式之一是根据组合体的某个投影图,构思出各种不同的组合体。这种由不充分的条件构思出多种组合体的过程,不仅要求熟悉组合体画图、读图的相关知识,还要自觉运用空间想象能力,培养创新的思维方式。

1. 通过表面的凹凸、正斜、平曲的联想构思组合体

根据图4.26所示的正面投影,构思不同形状的组合体。

假定该组合体的原形是一块长方板,板的前面有三个彼此不同位置的可见面。这三个表面的凹凸、正斜、平曲可构成多种不同形状的组合体。先分析中间的面形,通过凸与凹的联想,可构思出图4.27(a)、(b)所示的组合体;通过正与斜的联想,可构思出图4.27(c)、(d)所示的组合体;通过平与曲的联想,可构思出图4.27(e)、(f)所示的组合体。

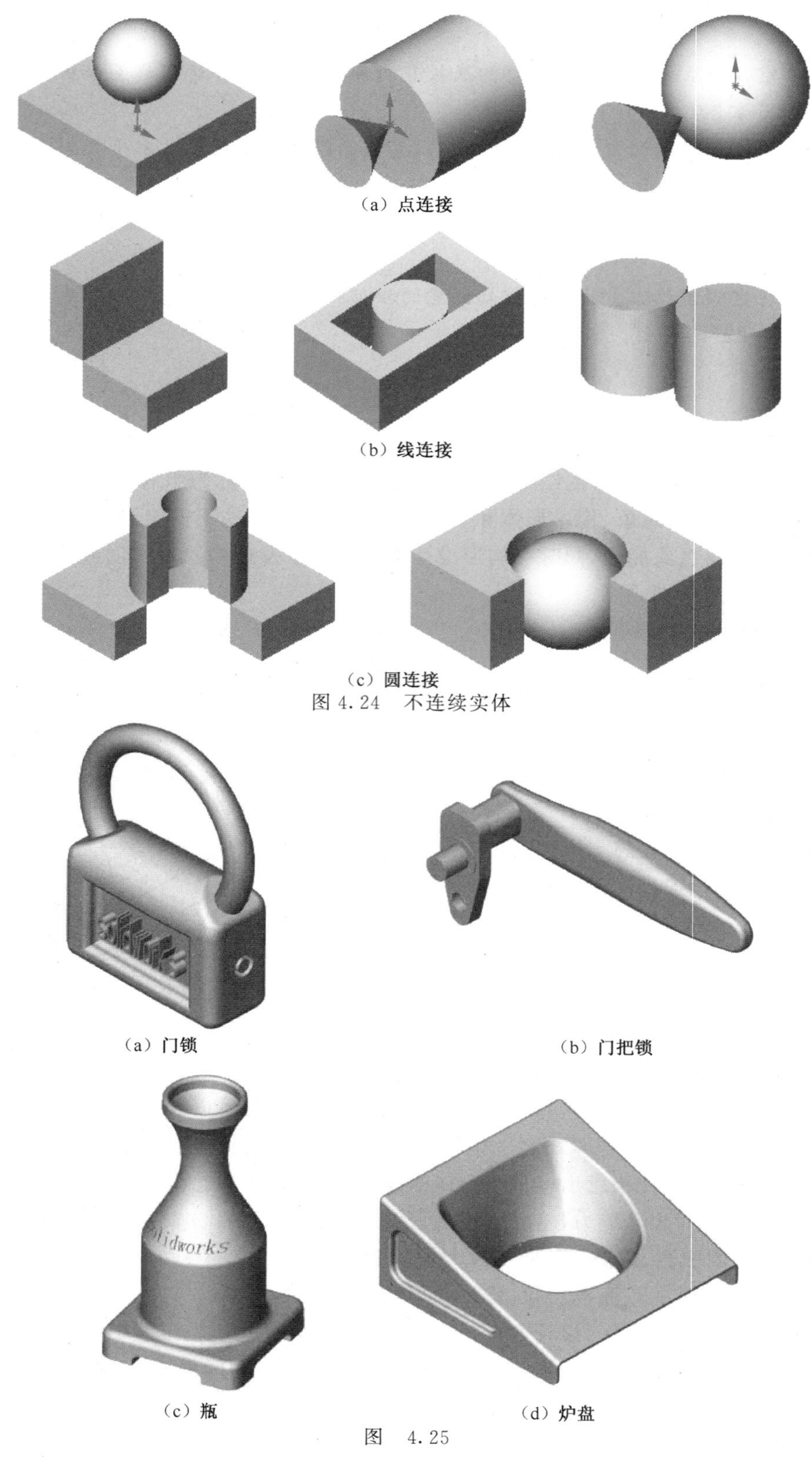

(a) 点连接

(b) 线连接

(c) 圆连接

图 4.24 不连续实体

(a) 门锁

(b) 门把锁

(c) 瓶

(d) 炉盘

图 4.25

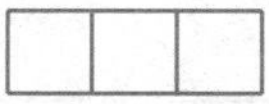

图 4.26　由一个投影构思组合体

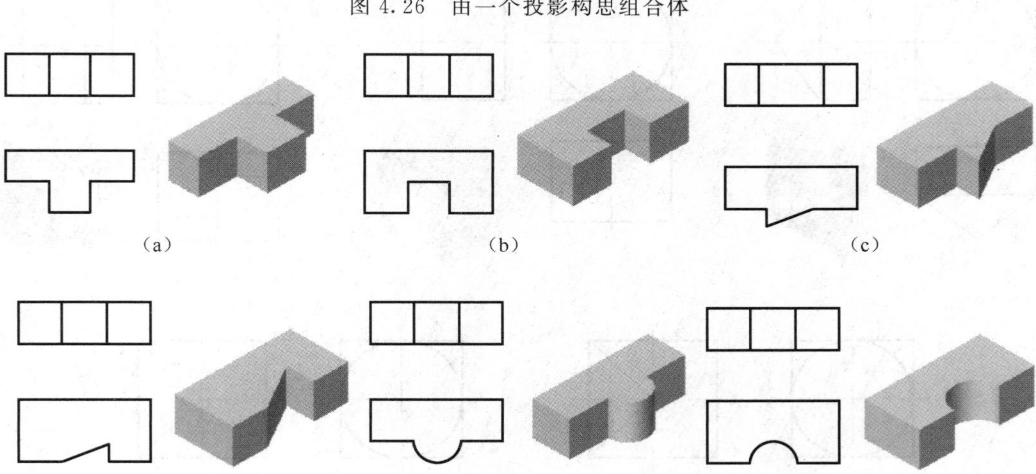

图 4.27　通过凹凸、正斜、平曲联想构思组合体

用同样的方法对其余的各面进行分析、联想、对比，可以构思出更多不同形状的组合体，图 4.28 中只给出了其中一部分组合体的直观图。若对组合体的后面也进行正斜、平曲的联想，构思出的组合体将更多，读者可自行构想。

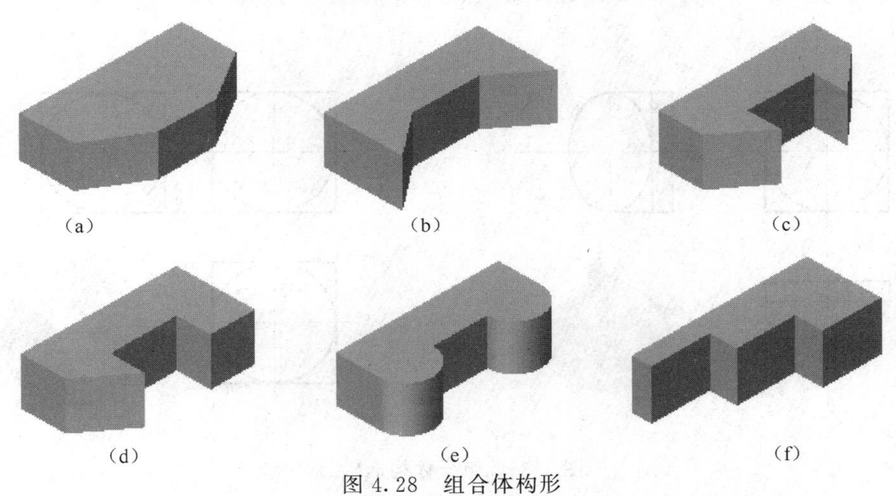

图 4.28　组合体构形

必须指出，上述方法不仅对构思组合体有用，在读图中遇到难点时，进行“先假定、后验证”也是不可少的。这种联想方法可以使人思维灵活、思路畅通。

2. 通过基本体之间组合方式的联想构思组合体

根据图 4.29 所示组合体的一个投影，构思不同结构的组合体。

把所给投影作为两基本体的简单叠加或切挖可构思出如图 4.30 所示的组合体。

把所给投影作为基本体的截切构思出的组合体如图 4.31 所示。

图 4.29　由一个视图构思组合体

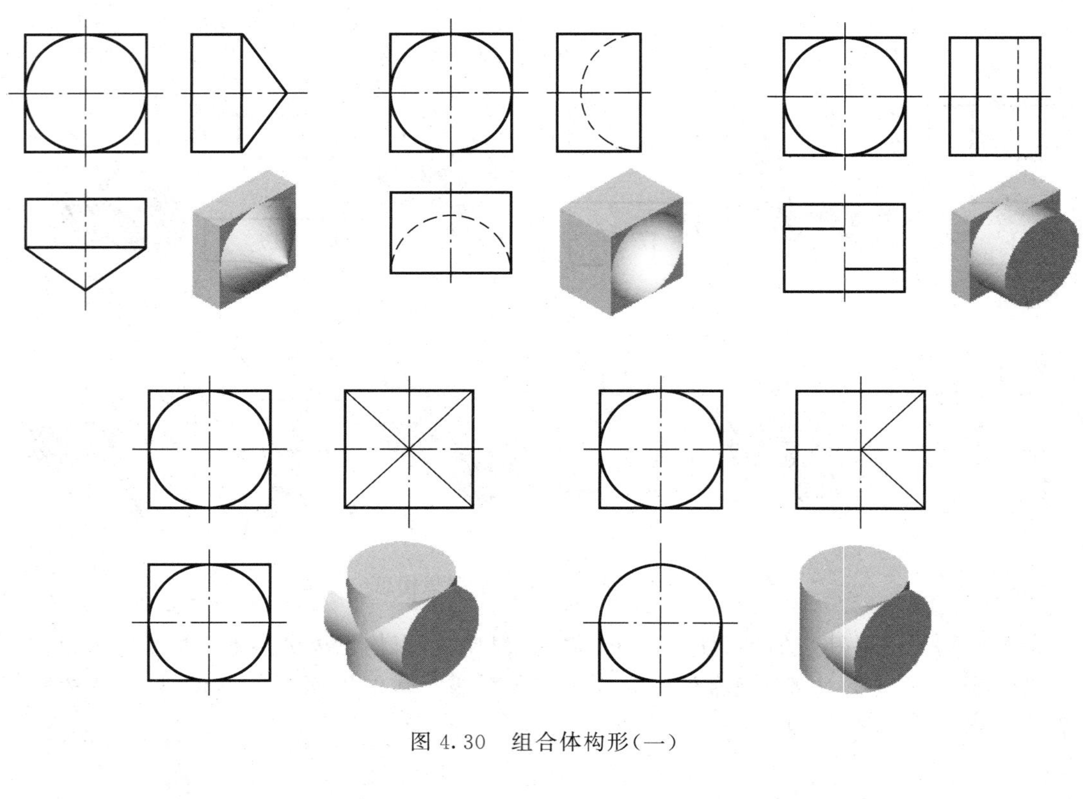

图 4.30　组合体构形(一)

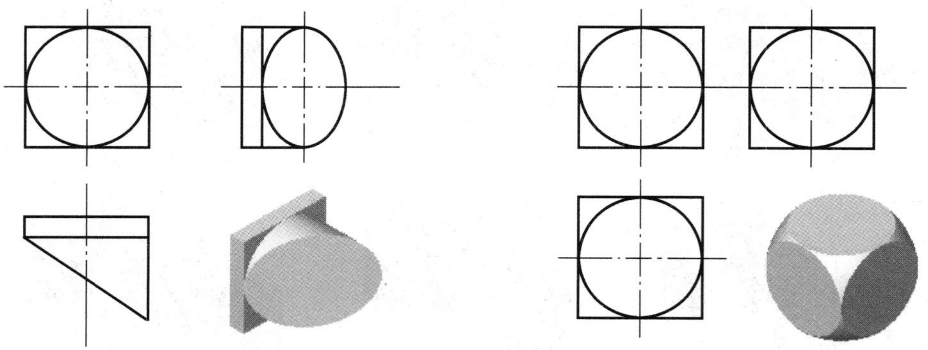

图 4.31　组合体构形(二)

符合所给投影的组合体构形远不止以上几种，读者可自行通过对基本体及其组合方式的联想构思出更多的组合体。

本章小结

本章以组合体的画图、读图和尺寸标注为主要内容，以用形体分析方法分析组合体的形成过程为基本思路。画图是从三维立体到二维投影表达的过程，而读图与其相反，是由二维平面投影想象三维空间立体的过程。画图是读图的基础，通过画图，熟悉典型结构的投影特征，为后续的读图打下基础。在学习本章内容时值得注意的是，无论画图还是读图，都需要把三个投影联系起来。画图或读图的过程是逐个画出或读出每一个结构(用三个投影表示)，而不是每一个投影图。同理，标注组合体尺寸时，也是给每一个形体或结构标注尺寸，而非给投影图标注尺寸。掌握这一点就掌握了学习本章内容的基本方法。本章为本书的重点内容，通过本章内容的学习掌握空间立体与投影图的对应关系，培养空间思维与想象能力。

第 5 章　图样的基本表示方法

工程实际中机件的形状是千变万化的，有些机件的外形和内形都较复杂，仅用三个投影图不可能完整、清晰地表达机件各部分的结构形状。为了使图样能完整，清晰地表达机件各部分的结构形状，便于画图和读图，《机械制图》与《技术制图》国家标准规定了绘制图样的各种基本表达方法：视图、剖视图、断面图、局部放大图和简化画法等。本章主要介绍其中一些常用的表达方法。

5.1　视　　图

视图主要用于表达机件的外部结构和形状。GB/T 17451—1998 中规定，视图可分为基本视图、向视图、局部视图和斜视图四种。

5.1.1　基本视图

在三面投影体系中，增加三个投影面构成一个正六面体。正六面体的六个面为六个基本投影面。将机件分别向六个基本投影面投射所得到的视图称为基本视图。这六个基本视图是由前向后、由上向下、由左向右投射所得的主视图、俯视图和左视图，以及由右向左、由下向上、由后向前投射所得的右视图、仰视图和后视图。六个基本投影面展开在同一平面内的方法如图 5.1 所示，展开后各视图的配置关系如图 5.2 所示。

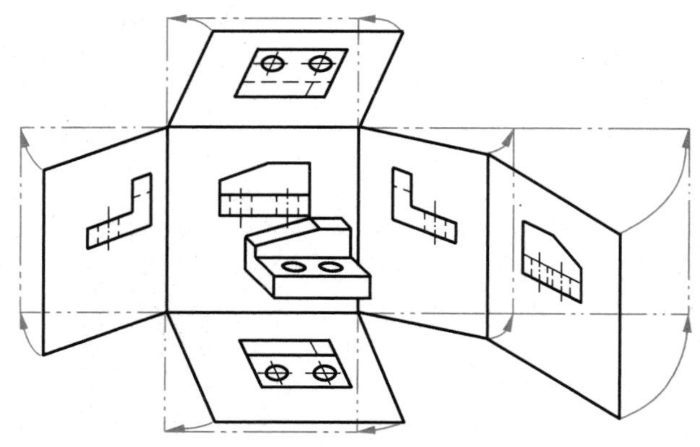

图 5.1　六个基本投影面展开方法

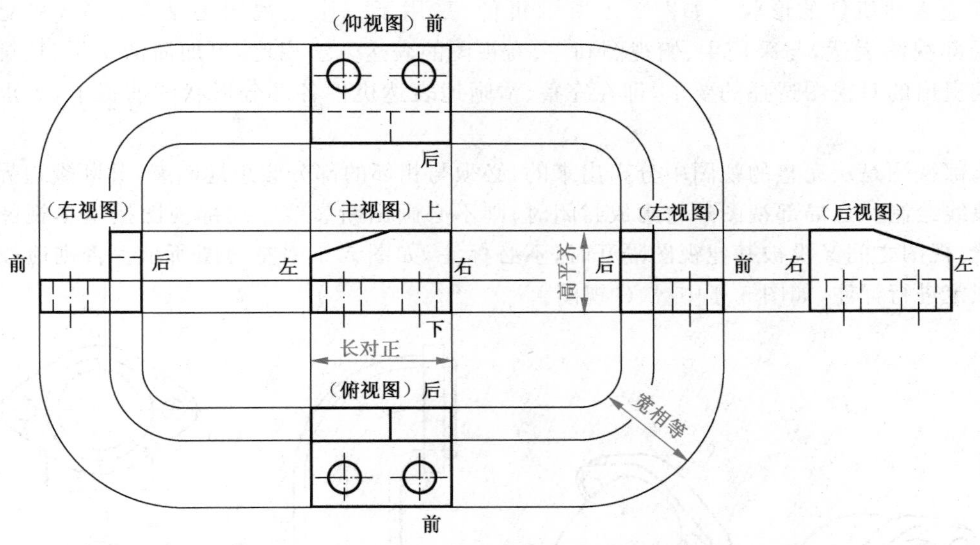

图 5.2　六个基本视图的配置关系

展开后的基本视图仍满足“长对正、高平齐、宽相等”的投影规律，即主视图、俯视图和仰视图长对正，主视图、左视图、右视图和后视图高平齐，左视图、右视图与俯视图、仰视图的宽相等。六个基本视图的配置，反映了机件的上下、左右和前后的位置关系。左、右视图和俯、仰视图靠近主视图的一侧为机件的后面，而远离主视图的一侧为机件的前面。

5.1.2 向视图

向视图是可以自由配置的视图，是基本视图的另一种表达方式，是移位配置的基本视图。

为便于识图和查找向视图，应在向视图的上方用大写的拉丁字母标注其名称，在相应的视图附近用箭头指明投射方向(应尽可能标注在主视图上)，并标注相同的字母，如图 5.3 所示，将图 5.2 中的右视图、仰视图、后视图移动布置成为 A、B、C 三个向视图。

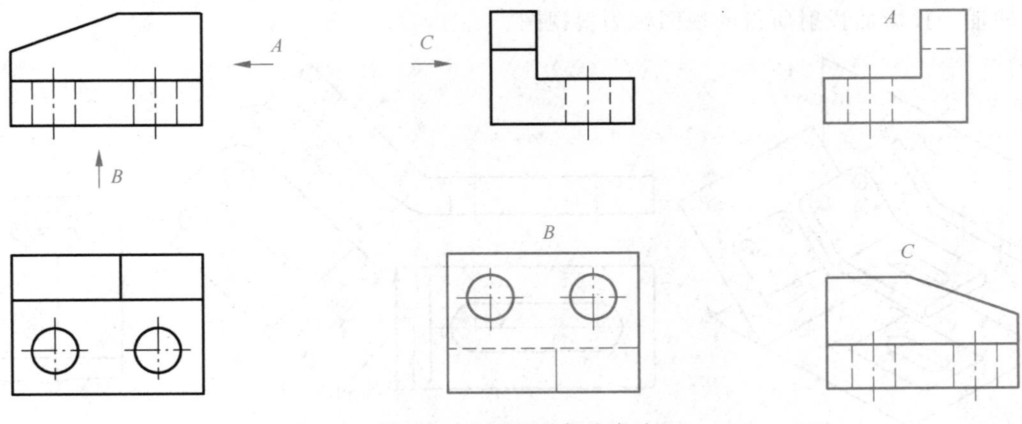

图 5.3　向视图的标注方法

5.1.3 局部视图

将机件的某一部分向基本投影面投射，所得的视图称为局部视图。局部视图通常被用来局部地表达机件的形状。如图 5.4 所示机件，采用了一个主视图为基本视图，并配合 A 向等局部视图表达，与采用主、俯视图和左、右视图的表达方法相比，更加简洁明了，且符合制图标准提出的对视图选择的要求，即在完整、清晰地表达机件各部分形状的前提下，力求制图简便。

局部视图是从完整的视图中分离出来的，必须与相邻的部分假想地断裂，其断裂边界通常用波浪线绘制。当局部视图外轮廓成封闭时，则不必画出断裂线。局部视图按基本视图的位置放置，视图之间又没被其他视图隔开时，不必标注，如图 5.4 中左视图所示。否则应按向视图的规定进行标注，如图 5.4 中 A、C 视图。

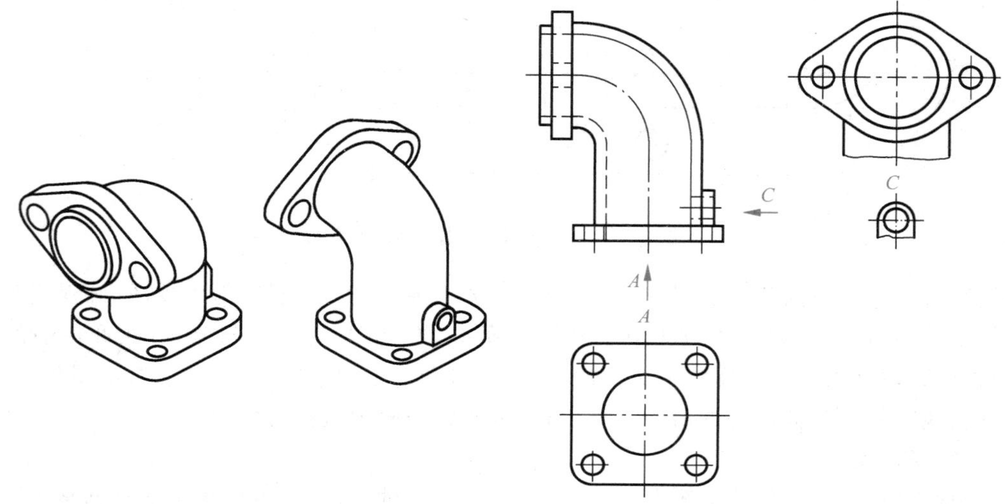

图 5.4　局部视图

5.1.4　斜视图

如图 5.5(a)所示，为了表示机件倾斜表面的真实形状，用变换投影面的原理，建立与倾斜结构平行的辅助投影面，以获得反映倾斜结构实形的辅助投影。机件向不平行于任何基本投影面的辅助投影面投射所得的视图称为斜视图。

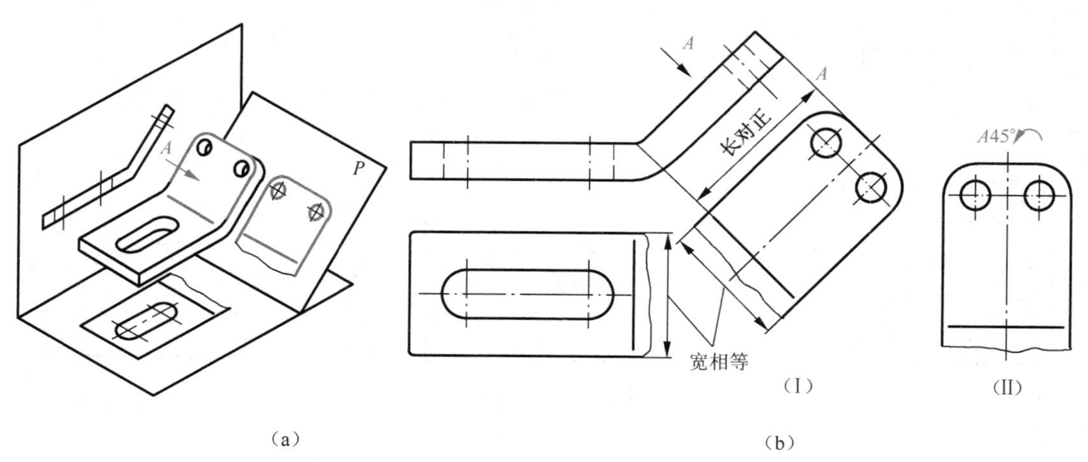

图 5.5　斜视图

如图 5.5(b)所示，斜视图通常按向视图的配置形式配置并标注，如图 5.5(b)中Ⅰ。必要时允许将斜视图旋转配置，这时表示该视图名称的大写拉丁字母应靠近旋转符号的箭头端，也允许将旋转角度标注在字母之后，如图 5.5(b)中Ⅱ。斜视图一般只要求表达出倾斜表面的形状，因此，可将其与机件上其他部分的投影用波浪线断开。当机件上的倾斜表面具有完整轮廓时，直接表达出其倾斜部分的完整轮廓投影，不必加断裂波浪线，如图 5.6Ⅰ、Ⅱ所示。

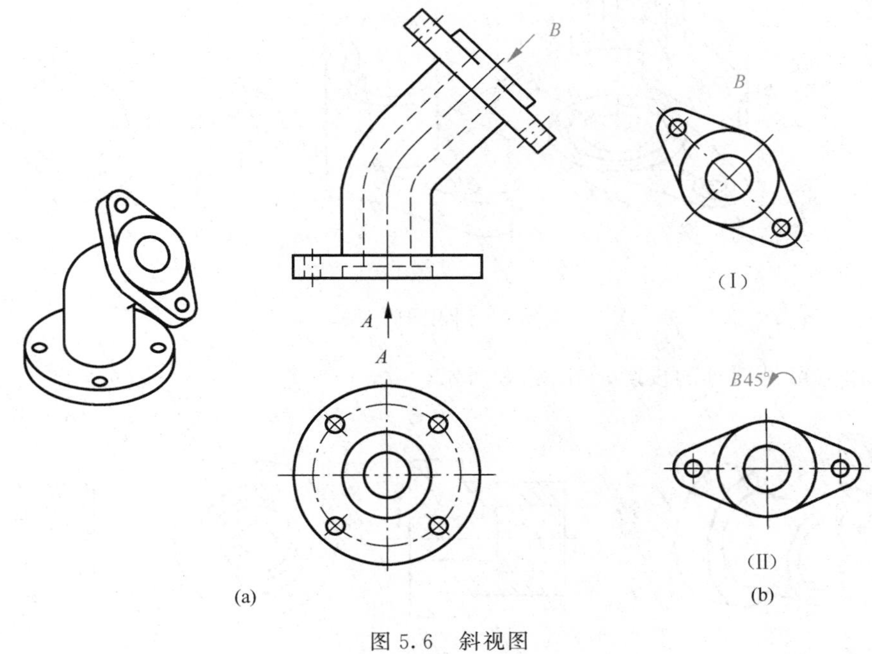

图 5.6 斜视图

5.2 剖 视 图

当机件内部形状较为复杂时，视图上就出现较多虚线，不利于读图和标注尺寸。为了清晰地表达机件的内部结构，国家标准《技术制图 图样画法 剖视图和断面图》(GB/T 4458—2002)中规定，采用剖视的方法来表达机件的内部结构形状。

5.2.1 剖视图的概念

1. 剖视图的生成

如图 5.7(a)所示，假想用剖切面剖开机件，将处在观察者和剖切面之间的部分移去，而将其余部分向投影面投射所得的图形称为剖视图。采用剖视后，机件内部不可见轮廓成为可见，投影图更加清晰，便于看图和画图，如图 5.7(b)所示。

2. 剖视图画法

为了清晰地表示机件内部真实形状，一般剖切平面应平行于相应的投影面，并通过机件内部结构的对称平面或回转体轴线。由于剖视图是假想的，当一个视图取剖视后，其他视图不受影响，仍按完整的机件画出。

用粗实线画出机件被剖切平面剖切后的断面轮廓和剖切平面后的可见轮廓。注意不应漏

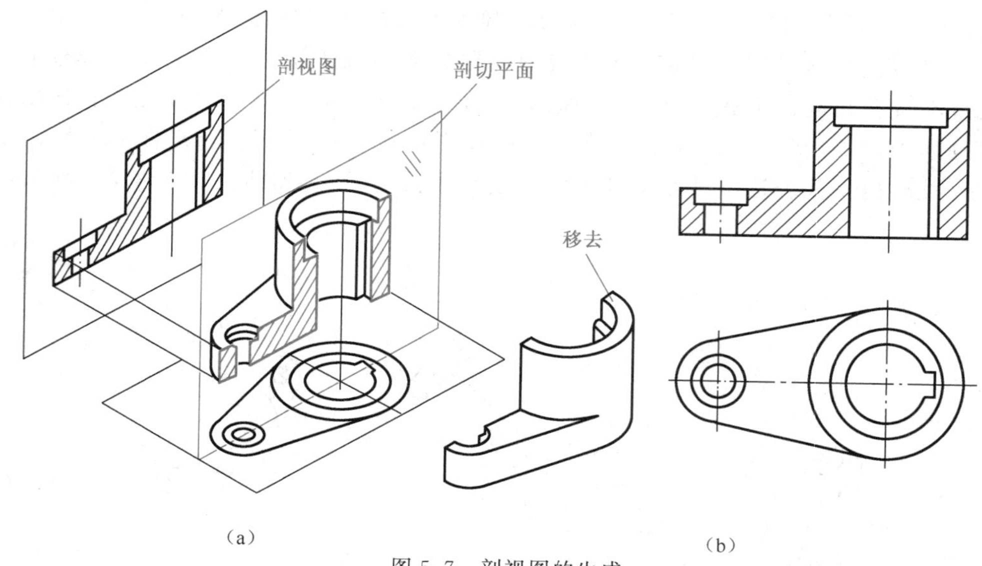

图 5.7 剖视图的生成

画剖切平面后方可见部分的投影,如图 5.8 所示。

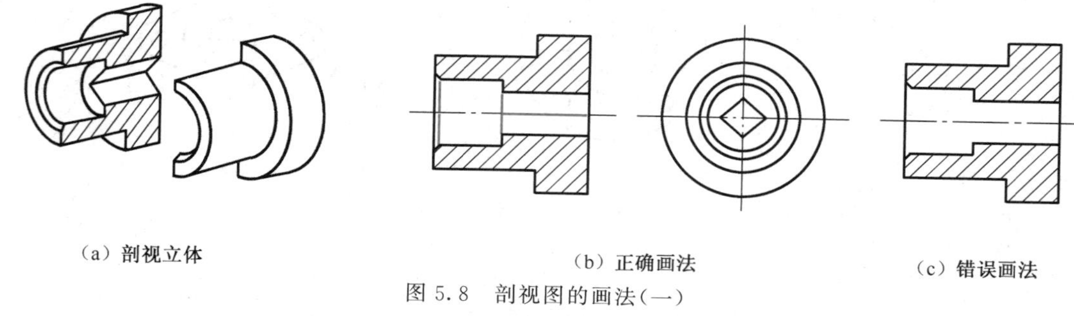

图 5.8 剖视图的画法(一)

剖视图应省略不必要的虚线,只有对尚未表示清楚的机件结构形状才画出虚线,如图 5.9 所示。

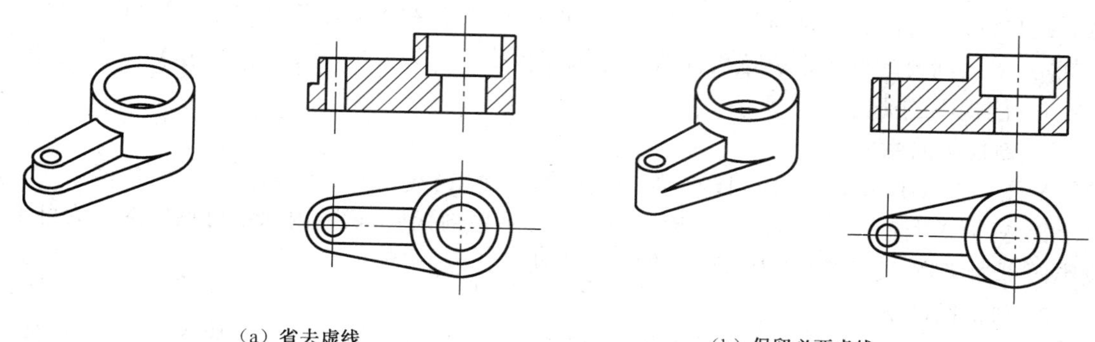

图 5.9 剖视图的画法(二)

剖视图中,剖切平面与机件接触的部分,称为剖面区域。在剖面区域上需按规定画出表示材料类别的剖面符号,GB/T 17453—1998 规定的常用几种剖面符号见表 5.1。

表 5.1　常用的剖面符号

材料名称	剖面符号	材料名称	剖面符号
金属材料（已有规定剖面符号者除外）通用符号		型砂、填砂、砂轮、陶瓷刀片、硬质合金刀片等	
非金属材料（已有规定剖面符号者除外）		线圈绕组元件	
玻璃及供观察用其他透明材料		转子、电枢、变压器和电抗器等的迭钢片	

表示金属材料或无需表示材料类别的剖面符号用通用剖面线表示。通用剖面线是适当角度、间隔均匀的一组平行细实线，最好与主要轮廓线或剖面区域的对称线成 45°，如图 5.10(a)所示。同一机件的各个剖视图中，其剖面线应间隔相等、方向相同，如图 5.10(b)所示。当图形的主要轮廓线与水平线成 45°或接近 45°时，剖面线的倾斜角度以表达对象的轮廓（或对称线）为参照物，画成 30°或 60°的平行线，但其倾斜的方向和间距仍与其他图形的剖面线一致，如图 5.10(c)所示（图中角度尺寸仅供讲解用，实际作图时不必标注）。

3. 剖视图的标注

剖视图一般应进行标注，以指明剖切位置及视图间的投影关系。标注时，在剖视图上方用一对大写的字母标出剖视图名称“-”，在相应的视图上用剖切符号表示剖切面的位置（在剖切平面起、迄、转折位置画粗短线段）和投射方向（与粗短线段外侧相连的箭头），并注写相同字母，如图 5.10(b)、(c)。当剖视图按投影关系配置，中间又没有其他图形隔开时，可省略箭头；当单一剖切平面通过机件对称平面或基本对称的平面，且剖视图按投影关系配置，中间又没有其他图形隔开时，不必标注，如图 5.9 所示。

5.2.2　剖视图的分类

国家标准将剖视图分为全剖视图、半剖视图和局部剖视图三类。

1. 全剖视图

用剖切面完全地剖开机件所得到的剖视图称为全剖视图，如图 5.8，图 5.9，图 5.10 所示。全剖视图主要用于外形简单、内部结构复杂的不对称机件或不需表达外形的对称机件。

2. 半剖视图

当机件具有对称平面，在垂直于对称平面的投影面上的投影，可以以对称中心线为界，一半画成剖视图用来表达机件的内部结构，另一半画成视图用来表达机件的外部形状，这种剖视图称为半剖视图。半剖视图适用于内、外形状都需要表达，且具有对称平面的机件，如图 5.11 所示。

半剖视图的标注方法与全剖视图相同，图 5.11 中配置在主视图位置的半剖视图，因为符合具有对称平面，在垂直于对称平面的投影面上的投影条件，所以省略标注；俯视图位置的半剖视图，因为剖切平面不通过机件的对称平面，所以应加标注，但可省略箭头。

若机件的形状接近于对称，且不对称部分已有其他视图表示清楚时，也可画成半剖视图，如图 5.12 所示。半剖视图中视图和剖视图的分界线规定画成点画线，而不能画成粗实线。且

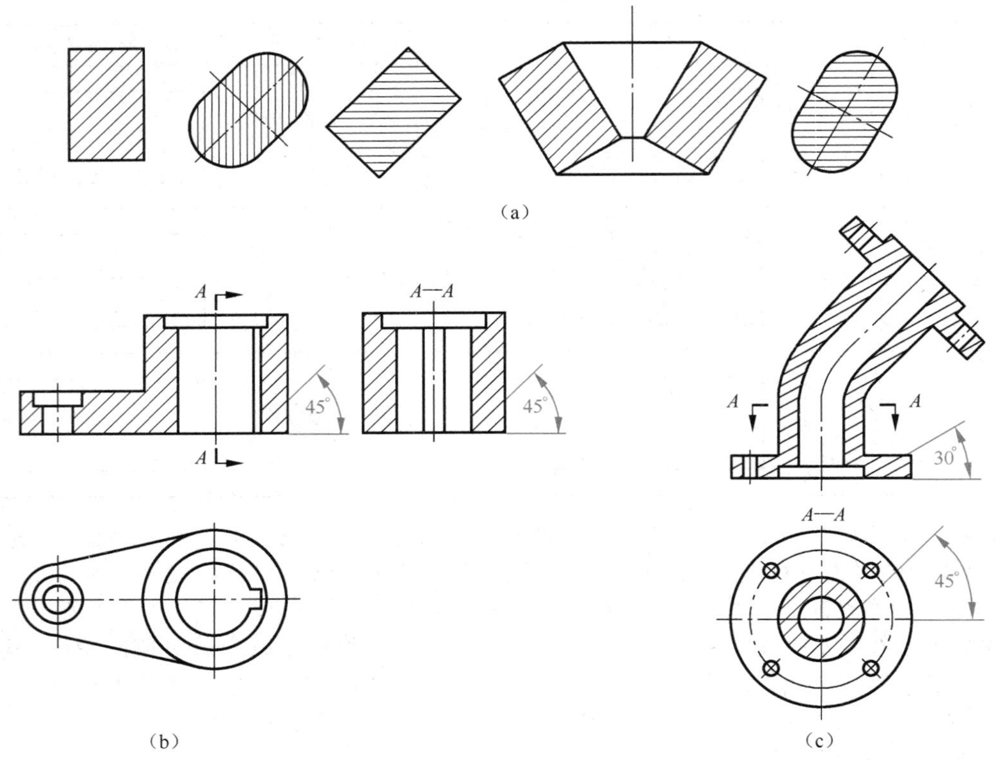

图 5.10　剖面线的画法

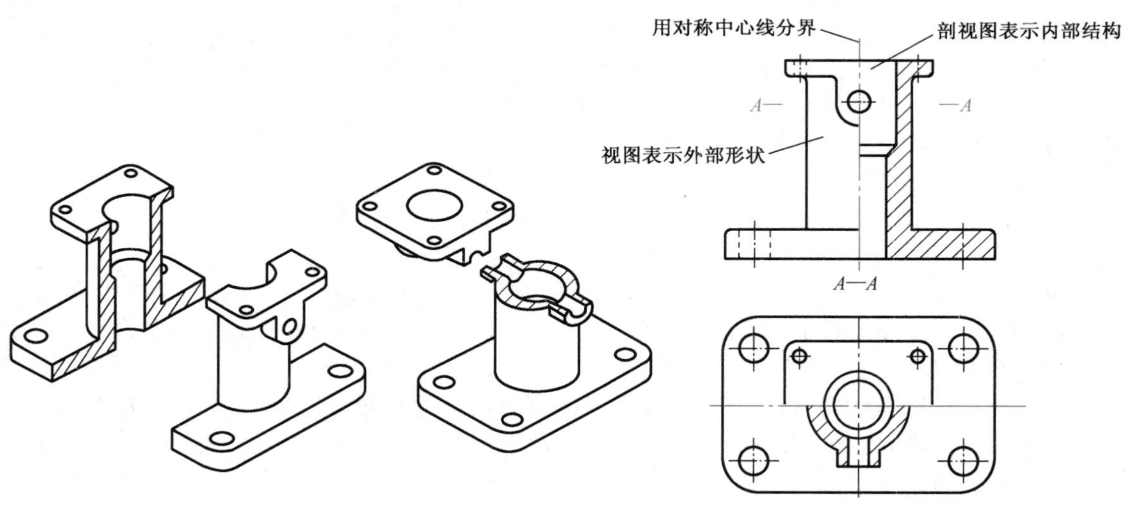

图 5.11　半剖视图

由于机件的内部形状已由剖视图部分表达清楚，所以，视图部分表示内部形状的虚线不必画出。

3. 局部剖视图

用剖切面局部地剖开机件所得的剖视图称为局部剖视图。局部剖视图主要用于表达机件局部的内部结构，或不宜选用全剖、半剖视图表达的结构，是一种灵活的表达方法。

当不对称机件的内、外形状均需表达，而它们的投影基本上不重叠时，采用局部剖视可把机件的内、外形状都表达清晰。如图 5.13 所示，用局部剖视图表达机件底板、凸缘上的小孔等结构。

局部剖视图中，常采用波浪线作为视图部分与剖视图部分的分界线。波浪线不能与图形中的其他图线重合，也不能画在非实体部分和轮廓线的延长线上，如图 5.14 所示。当被剖切的局部结构为回转体时，允许将该结构的中心线作为分界线，如图 5.15(a)；当对称机件在对称中心线位置处有内外轮廓线时，局部剖视的波浪线不能与其重合，如图 5.15(b)所示。

局部剖视图一般不标注。仅当剖切位置不明显或在基本视图外单独画出局部视图时才须加标注。同一视图中，采用局部剖的数量不宜过多，以免显得视图凌乱，影响表达的清晰性。

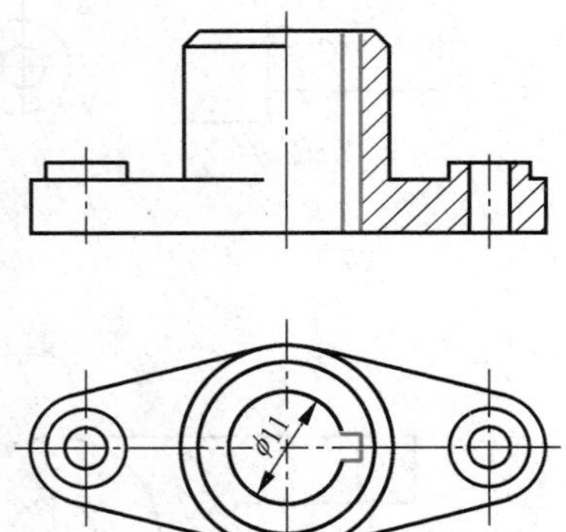

图 5.12　用半剖视图表示形状接近对称的机件

5.2.3　剖切面的分类

根据剖切面相对于投影面的位置及剖切面组合数量的不同，国家标准将剖切面体系分为三类：单一剖切平面、几个平行的剖切平面和几个相交的剖切平面（交线垂直于某一投影面）。无论选用哪一种剖切面，均能生成全剖视图、半剖视图和局部剖视图。

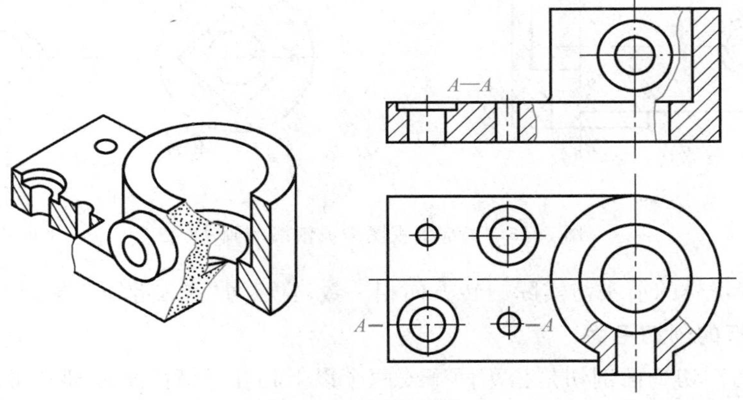

图 5.13　局部剖视

1. 单一剖切面

单一剖切面剖切是指仅用一个剖切面剖开机件的方法。根据剖切平面的位置还可分为以下两种情况：一种情况是用平行于基本投影面的单一剖切平面进行剖切，前述剖视图图例均为此种情况；另一种情况是用不平行于任何基本投影面的单一剖切平面进行剖切，如图 5.16 所示，该方法主要用来表达机件上倾斜部分的内部结构。

当用不平行于任何基本投影面的单一剖切平面剖切时，所获得的剖视图一般应按辅助投影关系配置，并加以标注（如图 5.16 所示）。必要时，允许将剖视图旋转放正，此时应标注旋转

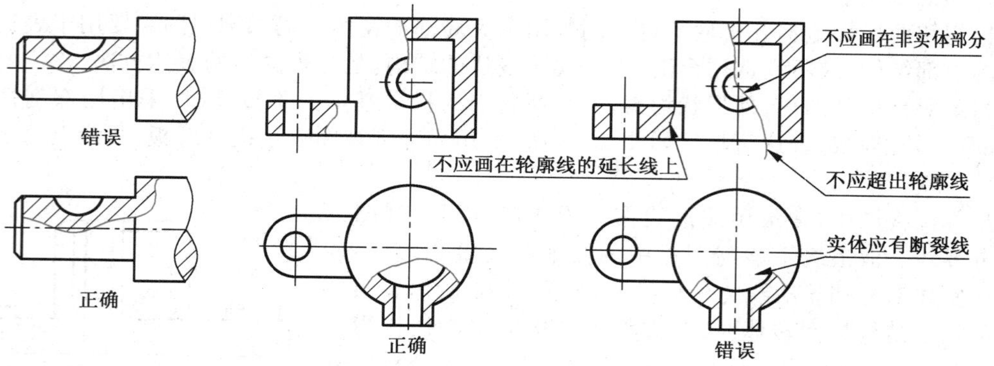

错误

正确

不应画在非实体部分

不应画在轮廓线的延长线上

不应超出轮廓线

实体应有断裂线

正确

错误

(a)　　　(b)

图 5.14　局部剖视图中波浪线的画法(一)

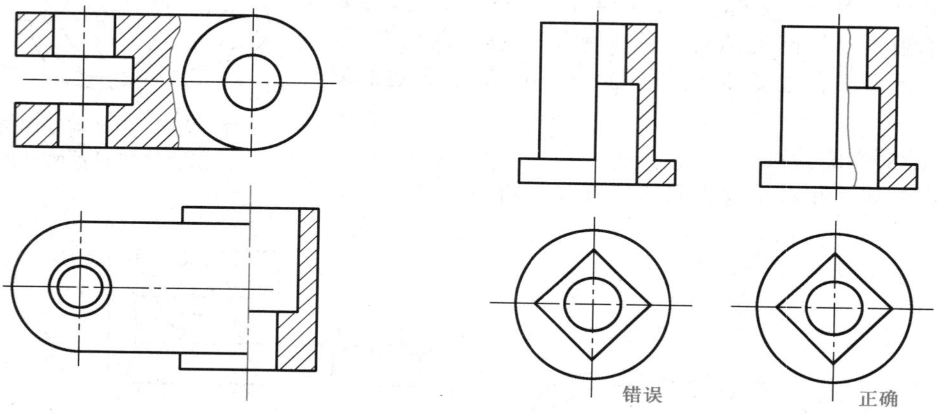

错误

正确

(a)　　　(b)

图 5.15　局部剖视图中波浪线的画法(二)

符号"↶"，旋转符号的箭头与实际旋转方向相一致，且字母"-"靠近箭头端(如图 5.16 所示)。

2. 几个平行的剖切平面

几个平行的剖切平面剖切是指用两个或两个以上相互平行的平面剖开机件的方法。该方法常用来表达机件分布在不同层次的几个平行平面上的内部形状。

图 5.17(a)表示用两个平行的剖切平面剖开机件得到的全剖视图。由于剖视是假想的，因此，剖视图中不应画出剖切平面转折处的分界线。在剖切平面的起、讫和转折处画上剖切符号(转折处为直角)，并标注相同的拉丁字母，在剖视图的上方标注剖视名称"　-　"。

一般情况下，不允许剖切平面的转折处与机件上的轮廓线重合，也不允许在图形内出现不完整的要素(如半个孔、不完整肋板等)。仅当两个要素具有公共对称中心线或轴线时，允许以对称中心线或轴线为界，各画一半，如图 5.17(b)所示。

3. 几个相交的剖切平面

用几个相交的剖切平面剖切时，交线必须垂直于某一基本投影面。该方法常用来表达具

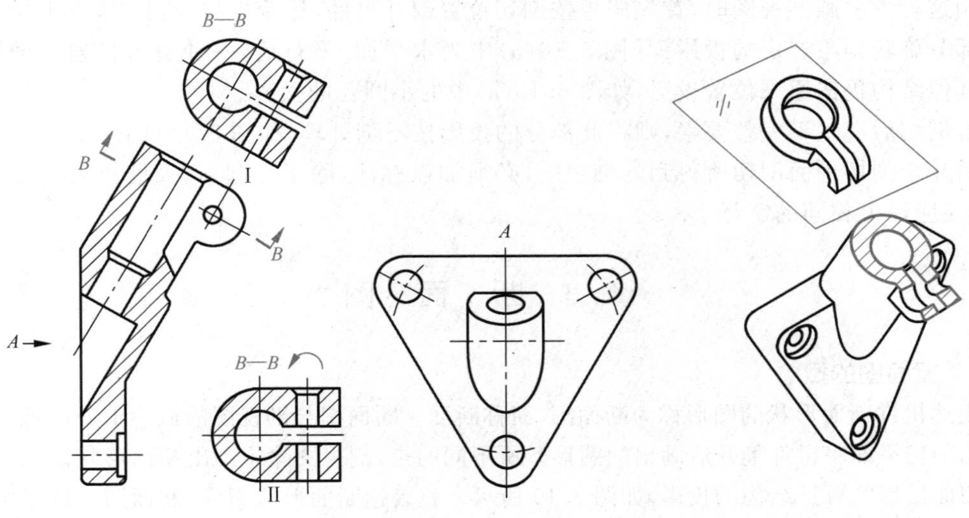

图 5.16　单一剖切平面剖切

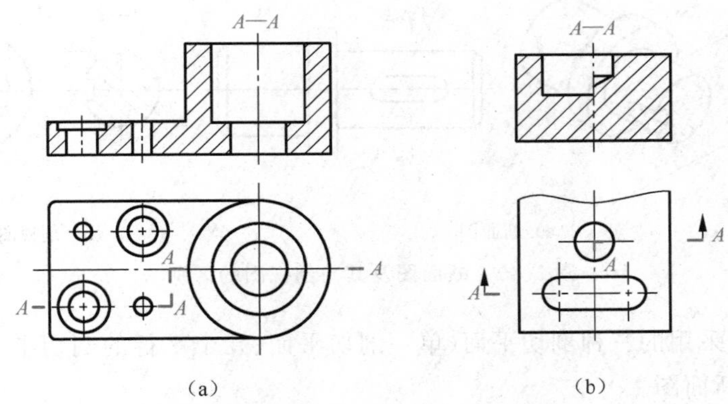

图 5.17　几个平行的剖切平面剖切

有公共回转轴线且分布在相交剖切平面上的结构的内部形状。如图 5.18 所示为用两个相交的剖切平面剖切所得到的全剖视图。

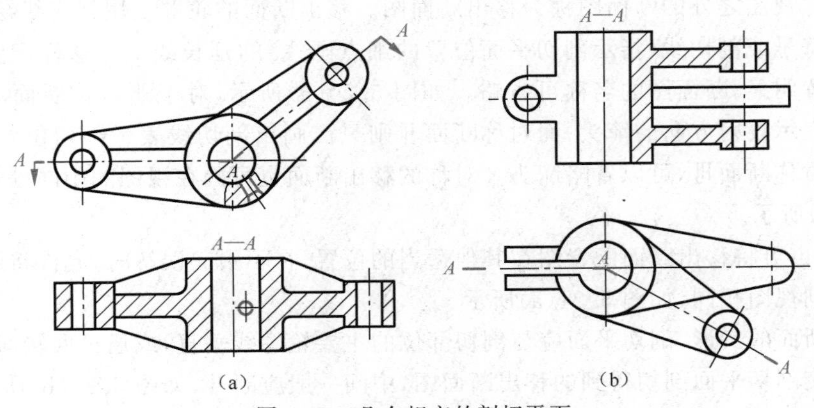

图 5.18　几个相交的剖切平面

用这种方法画剖视图时，首先假想按剖切位置剖开机件，然后将被剖切平面剖开的结构及有关部分旋转到与选定的投影面[图 5.18(a)中为水平面]平行后，一并进行投射。剖切平面后的其他结构仍按原来位置投射，如图 5.18(a)中的小圆孔的投影。

若剖切后产生不完整要素，则将此部分的投影按不剖处理，如图 5.18(b)所示。

用几个剖切平面剖切所得到的剖视图，必须加以标注，除了在起、迄及转折处标上粗短线以外，还应注上相同的字母。

5.3 断　面　图

5.3.1 断面图的概念

表达机件断面形状的图形称为断面图，简称断面。断面图与剖视图的概念十分接近，都是假想地用剖切平面将机件剖开后画出的图形。所不同的是，剖视图除了画出断面形状以外，还需画出剖切面后部的可见结构的投影，如图 5.19 所示。就表达断面形状而言，断面图与剖视图相比，其表达简洁、清晰且更加突出重点，常用于表达机件上的肋板、轮辐、键槽、小孔、型材等的断面形状。

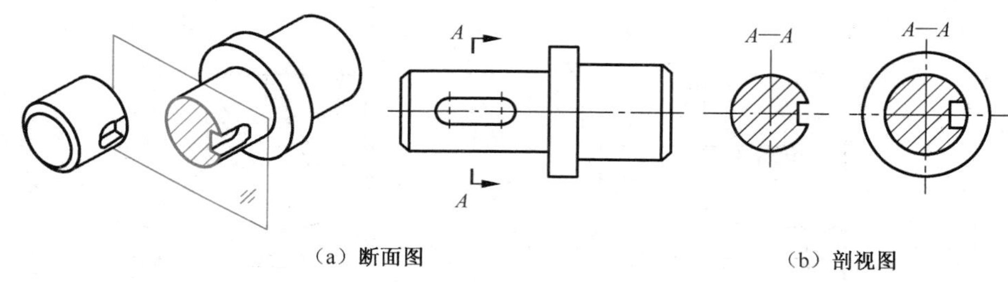

(a) 断面图　　(b) 剖视图

图 5.19　断面图及其与剖视图的区别

前述剖视图所采用的三种剖切平面(单一剖切平面、几个平行的剖切平面、几个相交的剖切平面)均适用于断面图。

5.3.2 断面图的分类与画法

根据断面图配置的位置，断面图分为移出断面图和重合断面图。

1. 移出断面图

画在机件视图之外的断面图称为移出断面图。移出断面的轮廓线用粗实线绘制。应尽量配置在剖切符号或剖切线(指示剖切平面位置的细点画线)的延长线上。这样配置的断面图，剖切平面位置明显，断面图的名称可省略。如图 5.20(a)所示，对于非对称断面Ⅰ，必须画出剖切符号及表示投射方向的箭头；而对称断面Ⅱ则只需画出剖切线表示剖切位置。按投影关系配置的非对称断面Ⅲ，可以省略箭头。对称的移出断面也可画在视图的中断处且不必标注，如图 5.20(b)所示。

必要时，也可将移出断面配置图在其他适当的位置，在不引起误解时，允许将图形旋转，其标注方法与剖视图相同，如图 5.21(a)所示。

为表示断面的实形，剖切平面应与剖切部位的主要轮廓线垂直，或通过回转面轴线。由两个或多个相交剖切平面剖切得到的移出断面图，中间一般应断开，如图 5.21(b)所示。

当剖切平面通过回转而形成的孔或凹坑的轴线时，这些结构应按剖视图绘制，如图 5.22

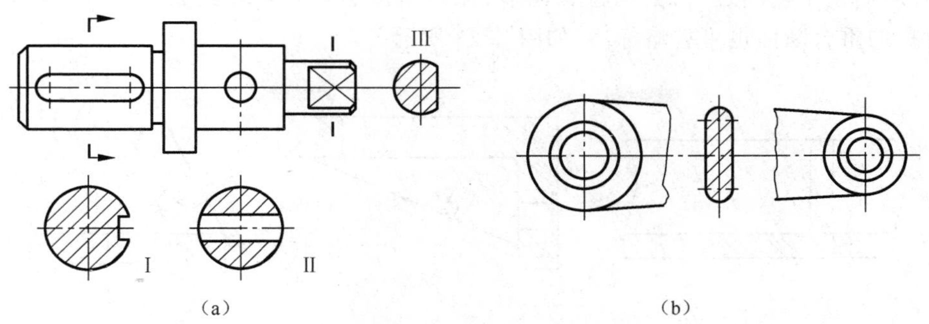

(a)　　(b)

图 5.20　移出断面图(一)

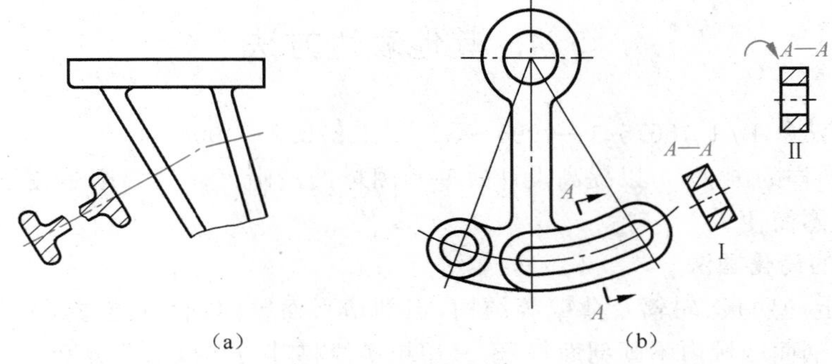

(a)　　(b)

图 5.21　移出断面图(二)

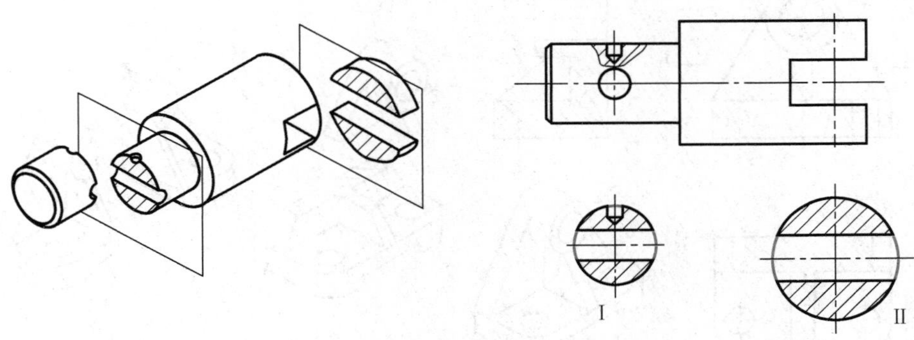

图 5.22　移出断面(三)

所示的Ⅰ断面。当剖切平面通过非圆孔，剖切后会导致完全分离的断面时，此结构也应按剖视图绘制，如图 5.22 中Ⅱ断面。

2. 重合断面图

画在机件视图之内的断面图称为重合断面，其适合表达机件形状简单的断面。

重合断面的轮廓线用细实线绘制。当视图中的轮廓线与重合断面的图形重叠时，视图中的轮廓线仍应连续画出，不可间断，如图 5.23(a)。用局部的重合断面表达肋板厚度和端部形状时，习惯上不画断裂线，如图 5.23(b)、(c)所示。

重合断面位于视图之内，剖切位置明显，无需帮助名称。对称的重合断面只需画出剖切线，不对称的重合断面也可省略标注，如图 5.23 所示。

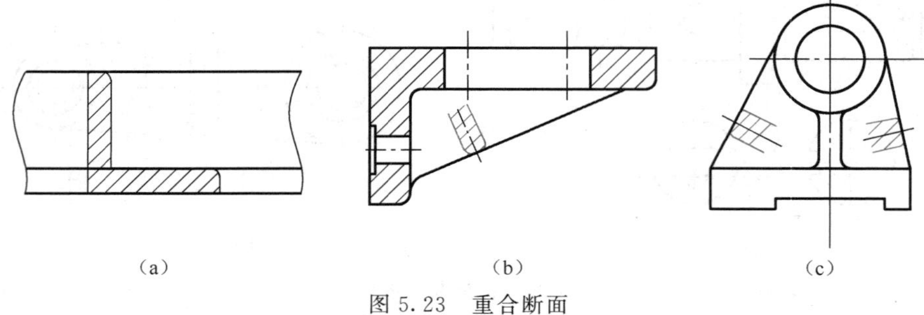

图 5.23 重合断面

5.4 其他表达方法

5.4.1 简化画法(GB/T 16675.1—1996～GB/T 16675.2—1996)

简化技术图样的画法，可以提高设计效率和图样的清晰度。其原则是在不致引起误解的前提下，力求制图简便。

1. 剖视中的简化画法

对于机件上的肋板、轮辐及薄壁等结构，当剖切平面纵向剖切(通过其轴线或对称平面)时，这些结构的剖面区域内不画剖面符号，只用粗实线将其与邻接部分分开。当剖切平面横向剖切时，则必须画出剖面符号，如图 5.24 所示。

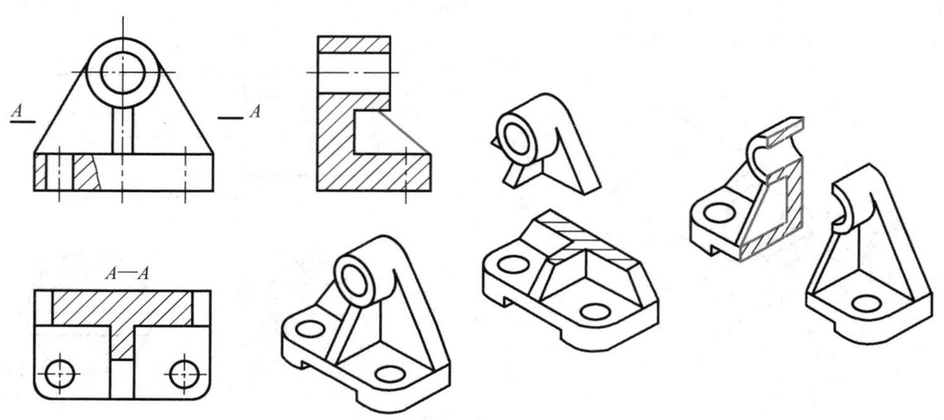

图 5.24 肋板剖切的规定画法

当回转体上均匀分布的肋板、轮辐、孔等结构不处于剖切平面上时，可将这些结构旋转到剖切平面上画出，不需加任何标注，如图 5.25(a)、(b)所示。

在需要表示位于剖切平面前面的结构时，这些结构按假想投影的轮廓线绘制，用双点画线画出，如图 5.26 所示。

2. 相同结构的简化画法

当机件上具有若干相同结构，如齿、槽、孔等，并按一定规律分布时，只需画出几个完整的

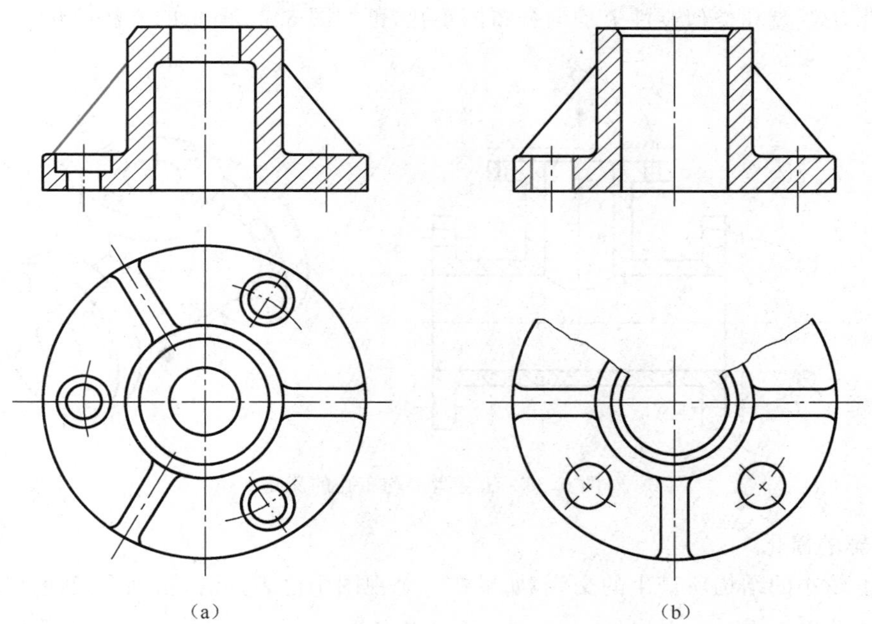

图 5.25　均匀分布结构的简化

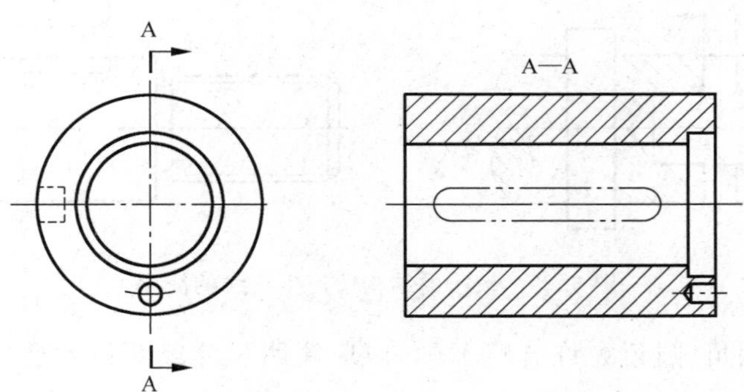

图 5.26　用双点划线表示剖切平面前的结构

结构，其余部分用细实线连接或只画出它们的中心位置。图样中省略相同结构后，必须注明该结构的总数，如图 5.27 所示。

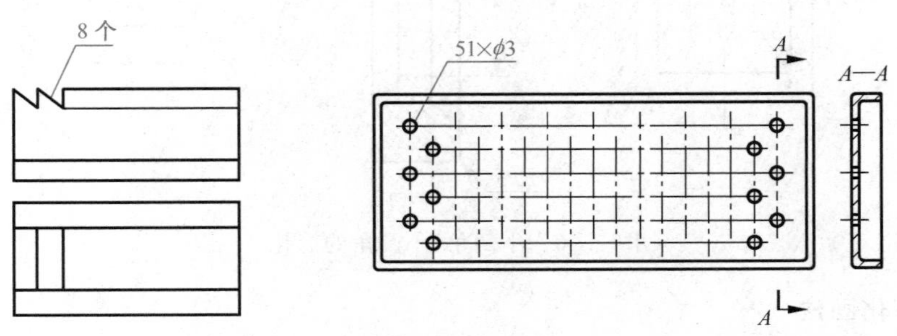

图 5.27　相同结构的简化

圆柱形法兰盘和类似零件上均匀分布的小孔，可按图 5.28 所示的方法简化。

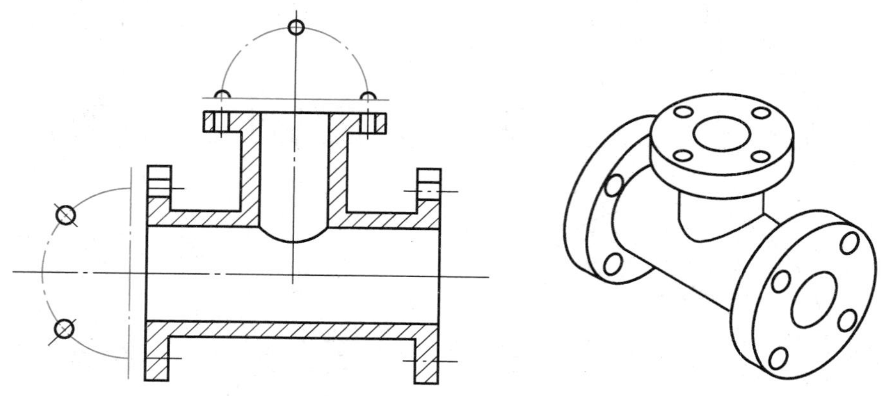

图 5.28　法兰盘上均布孔的简化

3. 投影的简化

机件上较小的结构所产生的交线，如果在一个视图中已表达清楚，则在其他视图中可以简化，如图 5.29 所示。

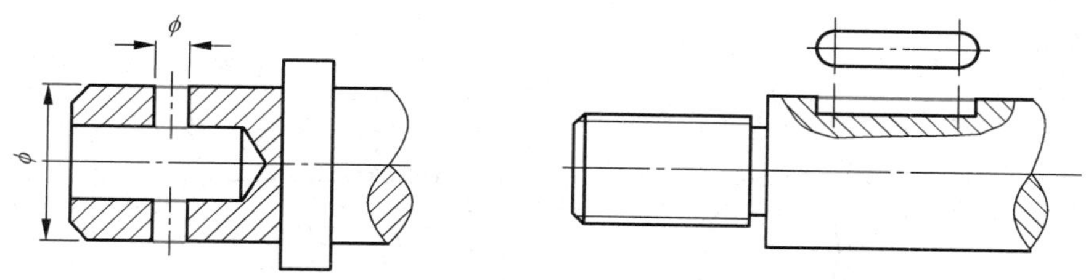

图 5.29　较小的结构所产生交线的简化

零件图中小的倒角、圆角允许省略不画，但应注明尺寸或在技术要求中加以说明，如图 5.30 所示。

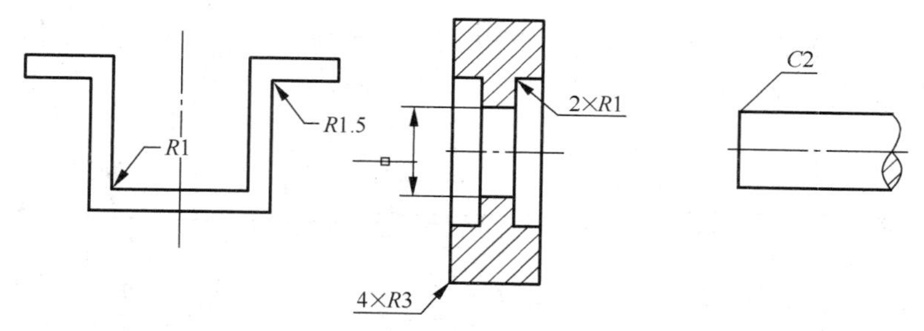

图 5.30　小倒角、小圆角的简化

4. 其他简化画法

在不致引起误解时，对称及基本对称机件的视图可只画一半或四分之一，并在对称中心线的两端画出对称符号(两条垂直于中心线的平行细实线)，如图 5.31(a)、(b)所示。

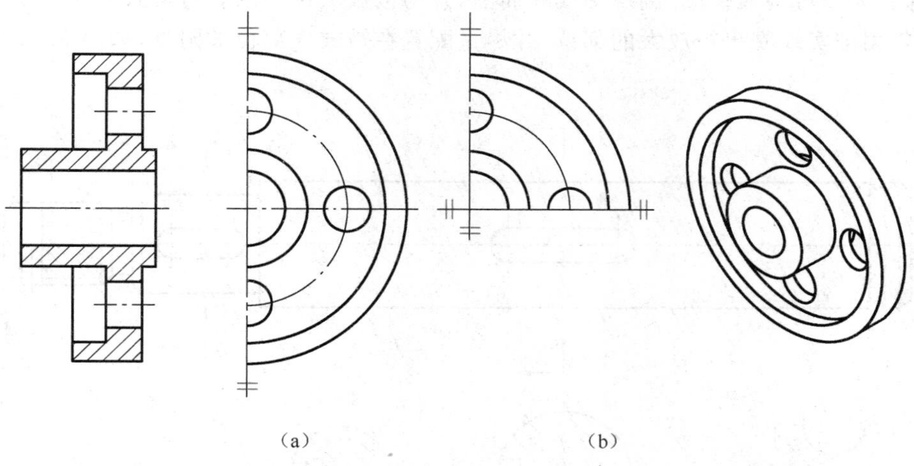

图 5.31　对称机件视图的简化

对于较长的机件，如轴、杆等，当沿长度方向形状一致或按一定规律变化时，可断开后缩短绘制，断开处的边界线用波浪线或双点画线绘制。断开部分的尺寸应按实际长度标注，如图 5.32 所示。

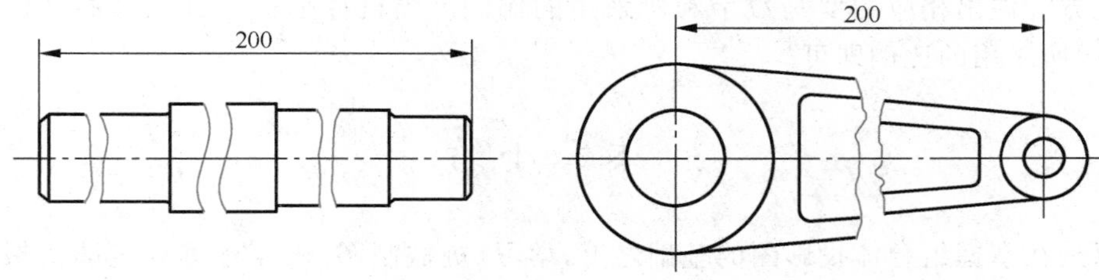

图 5.32　较长机件的缩短画法

当回转体零件上的平面在图形中不能充分表达时，可用平面符号（用细实线画出对角线）表示，如图 5.33 所示。

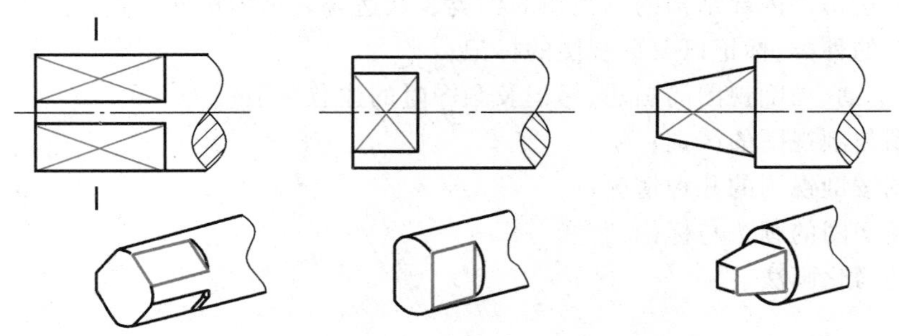

图 5.33　平面符号画法

5.4.2　局部放大图

局部放大图是指将机件的部分结构用大于原图所采用的比例画出的图形。

局部放大图可画成视图、剖视图或断面图，它与被放大部分的表达方式无关。绘制局部放大图时，应用细实线圈出被放大的部位，并尽量配置在被放大部位的附近，如图 5.34 所示。

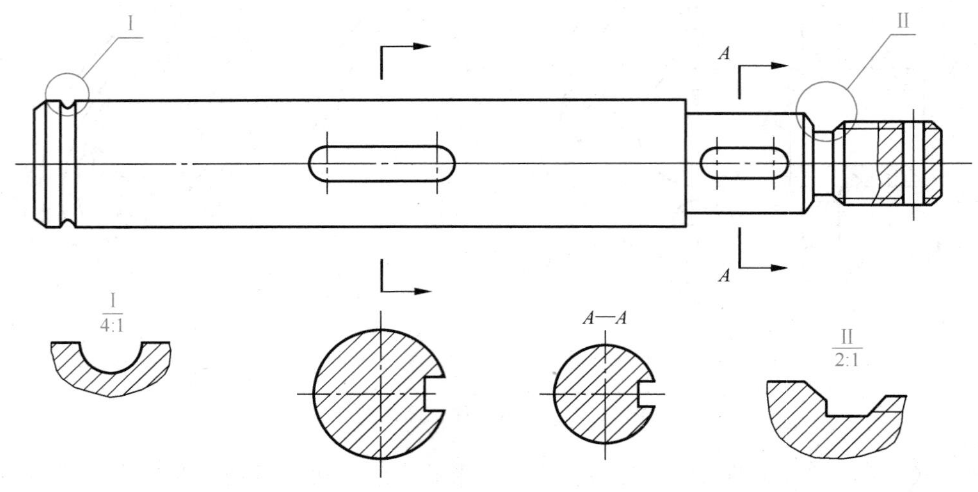

图 5.34　局部放大图

当同一机件上有多个被放大的部位时，必须用罗马数字依次标明被放大的部位，并在局部放大图上方标注出相应的罗马数字和所采用的比例。当机件上被局部放大的部位仅有一处时，仅标明所采用的比例即可。

本章小结

本章是在掌握组合体投影图的基础之上，学习《机械制图》国家标准规定的机械图样的各种表示方法。视图主要用来表达机件的外部形状，而机件的内部结构则采用剖视图来表示，剖视是假想的，各种剖视图的画法是本章的重点内容。此外，断面图、简化画法及局部放大图也是机件表达中常见的表示方法。本章应掌握内容有：

1. 用于表达机件外部形状的视图的种类与标记方法；
2. 用于表达机件内部结构的剖视图的种类及其适合表达的机件特点；
3. 剖切面的种类、标记以及剖视图的标记；
4. 全剖、半剖、局剖视图的画法、标记及画图时的注意事项；
5. 断面图与剖视图的区别；
6. 断面图按剖视画的几种情况；
7. 移出断面图的画法与标记；
8. 常见的简化画法。

第6章　零件与零件图

6.1　零件与零件图概述

任何机器或部件都是由零件装配起来的，零件是组成机器或部件最基本的单元。零件与组合体不同，零件具有功能结构和工艺结构，如图6.1所示。功能结构取决于零件在机器中的功用，它决定了零件的主要结构形状。工艺结构取决于制造、加工、测量及装配的要求，它决定了零件的局部结构形状。零件的功能不同，形状各异，加工方法也各不相同。常用的加工方法有铸造、锻造、冲压、焊接、切削加工（车、铣、刨、磨、钻、钳等）及热处理等。一般零件需要铸造形成毛坯，再对其形状、尺寸及表面质量要求高的部位进行切削加工，并对零件进行热处理以保证其机械性能。因此，零件设计时应考虑加工过程及方法，以使新设计的零件合理，便于加工制造。

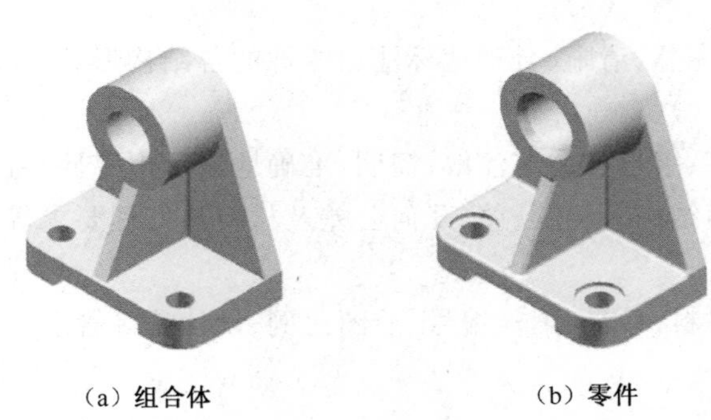

（a）组合体　　（b）零件

图6.1　组合体与零件

用来表达零件的形状、结构、大小及技术要求的图样称为零件图。它是零件生产过程中的重要技术文件，它反映出设计者的设计意图。零件图应该包含制造和检验该零件所需要的全部技术资料，是加工制造及检验零件的依据。

图6.2所示是主轴零件图，可以看出零件图应包括下列四部分内容。

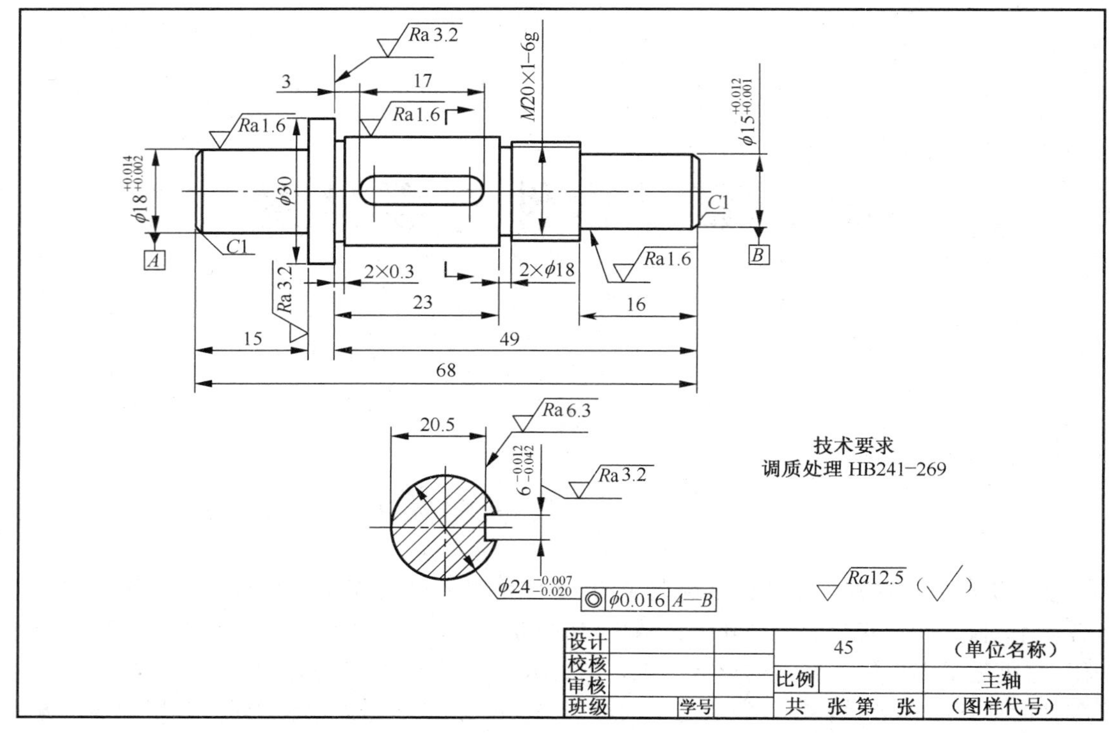

图 6.2　主轴零件图

1. 一组图形

用一组图形，包括各种视图、剖视图、断面图等各种国家标准规定的表达方法，完整、清晰、简洁地表达出零件的结构形状。

2. 完整的尺寸

用一组尺寸，正确、完整、清晰、合理地标注出零件的各结构形状的大小和相对位置关系。

3. 技术要求

用规定的符号、数字、字母和文字注解，简明、准确地表示出零件在加工、制造，检验时所应达到的质量要求，如表面结构、尺寸公差、几何公差及材料热处理要求等。

4. 标题栏

注明零件的名称、材料、数量、图样编号、绘图比例、设计者等管理信息(本章零件图中使用的标题栏为简易标题栏)。

6.2　常见结构的表达

6.2.1　铸造工艺结构的表达

1. 铸造圆角和起模斜度

在铸造零件毛坯时，为了防止铸件浇铸时在转角处的落砂，避免铸件冷却时产生缩孔或裂纹，在铸件各表面相交处都做成圆角，称为铸造圆角。为了便于将木模从砂型中取出，零件的内外壁沿起模方向应有一定的斜度，称为起模斜度，如图 6.3(a)所示。

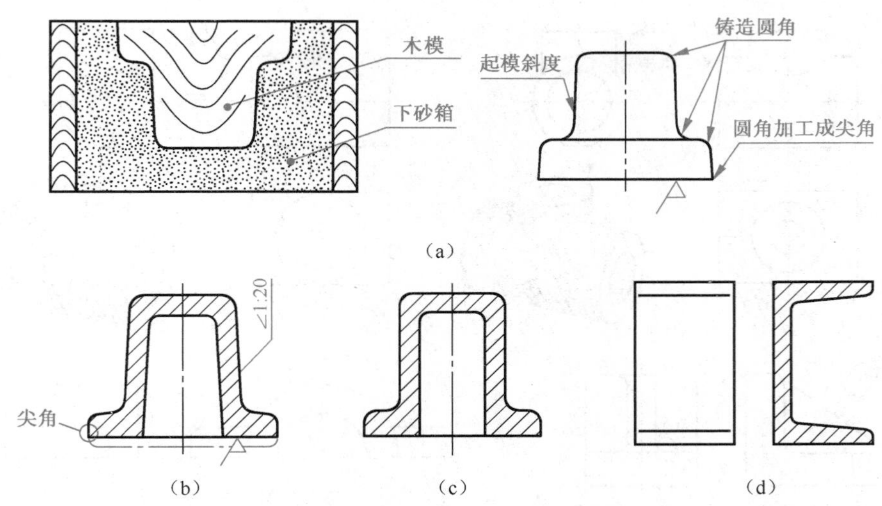

图 6.3　铸造圆角和起模斜度

在零件图中铸件未经切削加工的毛坯表面相交应画出铸造圆角，经过切削加工的表面，则应画成尖角，如图 6.3(b)所示。铸造圆角的半径在视图上一般不注出，而在技术要求中作总体说明，如“全部铸造圆角 $R2\sim R5$”。当某个尺寸占多数时，也可注明“其余铸造圆角 $R2\sim R5$”等。

起模斜度较小时，通常在零件图中不必画出，如图 6.3(c)所示；当起模斜度在一个视图中已表达清楚时，其他视图中允许只按小端画出，如图 6.3(d)所示。

由于铸造圆角的存在，铸件表面的交线就不太明显了。为了便于看图以区别不同表面，在零件图上仍要画出这种交线，此时称该线为过渡线，用细实线表示。过渡线的求法与交线的求法完全相同，只是表达时有所差别，图 6.4 所示为几种常见过渡线的画法。

2. 铸件壁厚

为防止铸件浇注时，由于金属冷却速度不同而产生缩孔和裂纹，在设计铸件时，壁厚应尽量均匀或逐渐过渡，以避免壁厚突变或局部肥大现象，如图 6.5 所示。

6.2.2　常见的切削工艺结构的表达

1. 倒角和倒圆

为了去除机加工后产生的毛刺、锐边，便于装配及操作安全，常在轴或孔的端部做出圆锥台，即倒角；为了避免因应力集中而产生裂纹，在轴肩处往往用圆角过渡，即倒圆。常见的倒角为 45°，代号为“C”，标注如图 6.6(a)所示，也可以简化绘制和标注，如图 6.6(b)所示。

2. 退刀槽、砂轮越程槽

为在切削加工时不损坏刀具、便于退刀，且在装配时保证与相邻零件的端面靠紧，常在轴的根部和孔的底部做出环形沟槽即退刀槽和砂轮越程槽。退刀槽或砂轮越程槽可按“槽宽×直径”，如图 6.7(a)或“槽宽×槽深”，如图 6.7(b)、(c)的形式标注。

3. 钻孔

用钻头加工的盲孔或阶梯孔，因钻头端部的锥顶角约为 118°，钻孔时形成不穿通孔底部

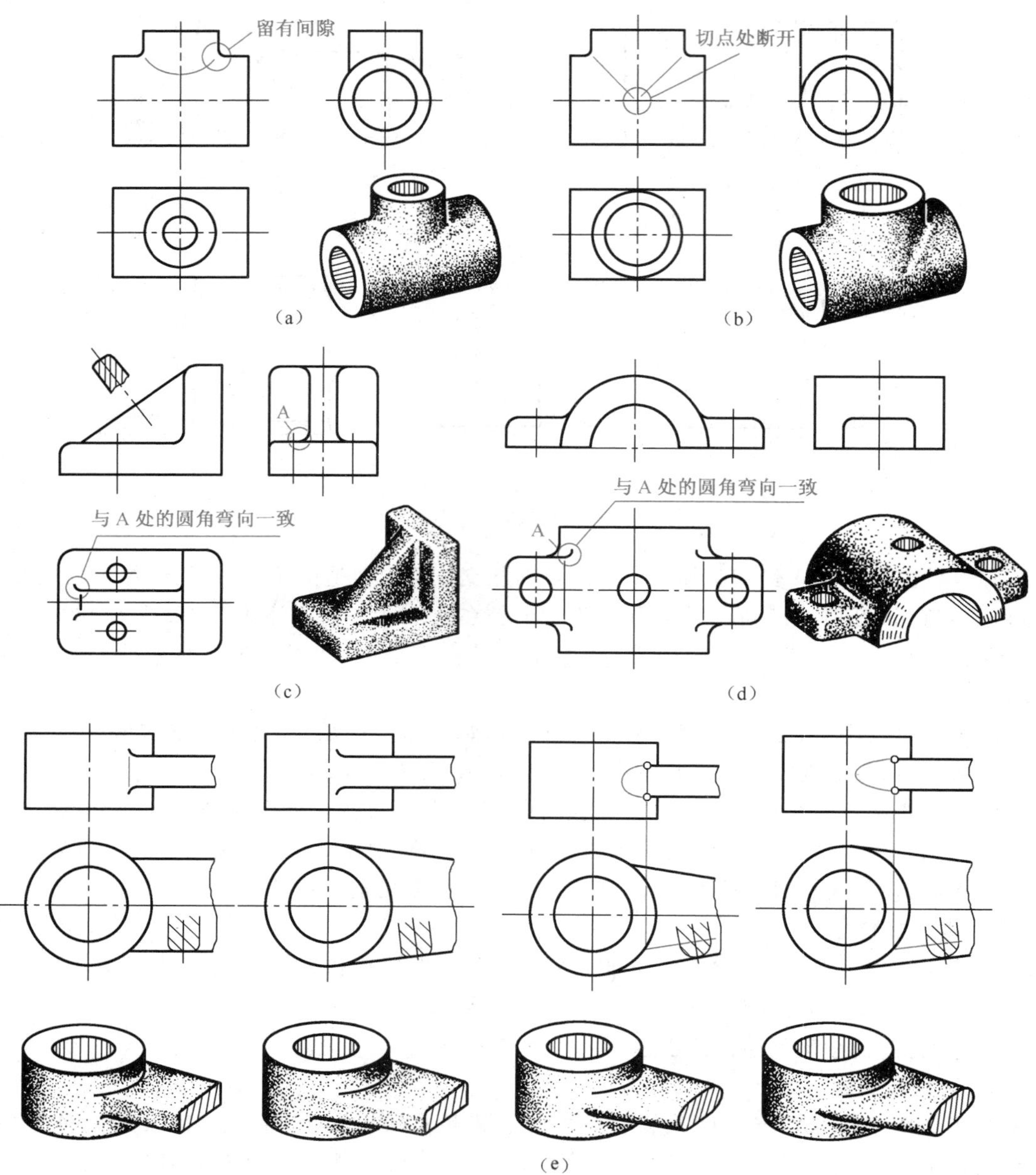

图 6.4 过渡线的画法

的锥面，画图时锥面的顶角(简称钻头角)可简化为 120°，视图中不必注明角度。钻孔深度不包括钻头角，其画法及尺寸标注如图 6.8 所示。

6.2.3 常见功能结构的表达

1. 螺纹

螺纹是零件上一种常见的功能结构，分内螺纹及外螺纹，如图 6.9 所示。其主要用途是零件间的连接或动力传动。

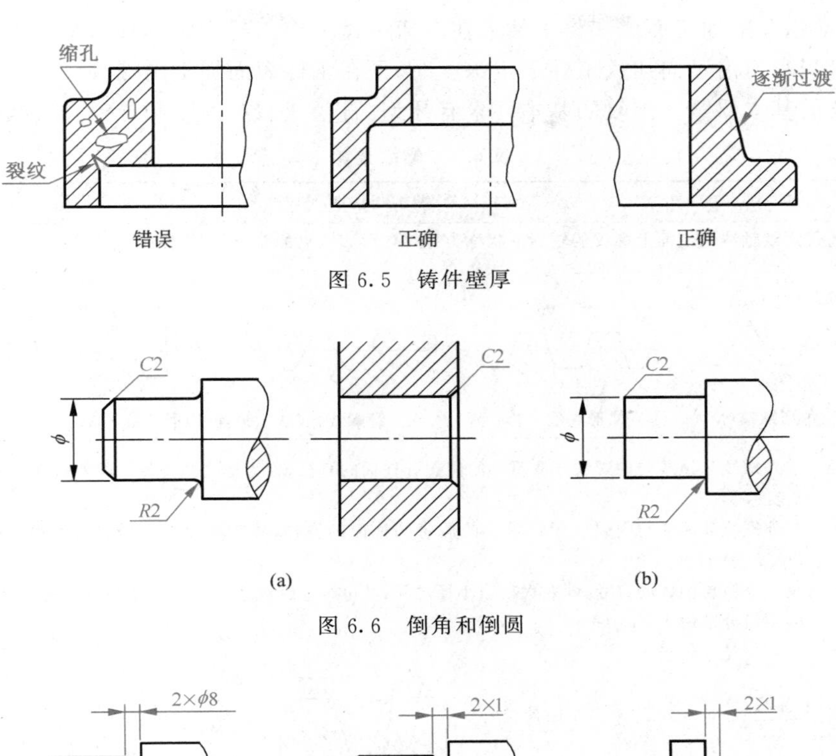

图 6.5　铸件壁厚

图 6.6　倒角和倒圆

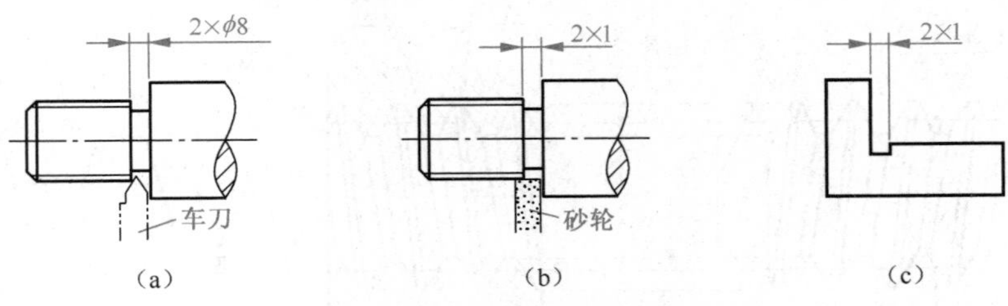

图 6.7　退刀槽及砂轮越程槽

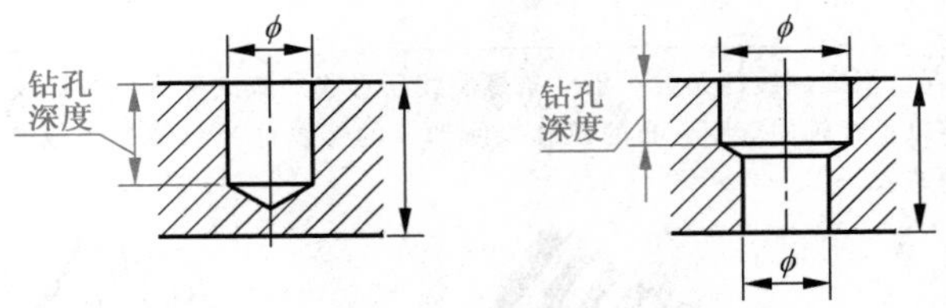

图 6.8　钻孔的画法

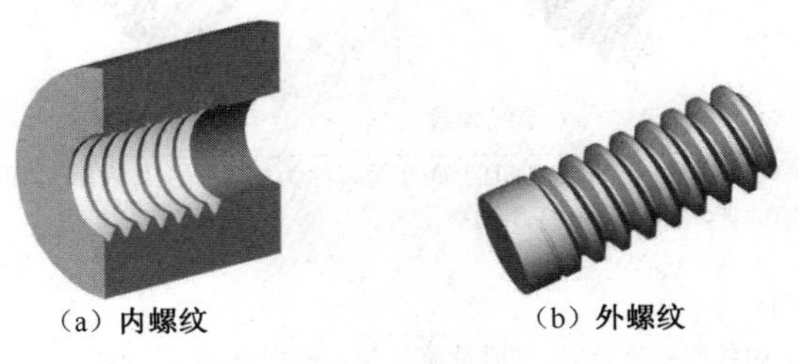

(a) 内螺纹　　(b) 外螺纹

图 6.9　螺纹

螺纹通常是车削加工而成。将工件卡在车床卡盘上作匀速旋转，同时，车刀沿其轴线作匀速直线运动，当车刀沿径向切入工件一定深度时，便在工件表面加工出螺纹。

(1)螺纹的基本要素。螺纹的基本要素有牙型、直径、线数、螺距和导程、旋向，见表6.1。

表6.1　螺纹要素

要素	图示与说明
牙型	在通过螺纹轴线的剖面上螺纹的轮廓形状称为螺纹牙形。常见的有三角形、梯形、矩形等 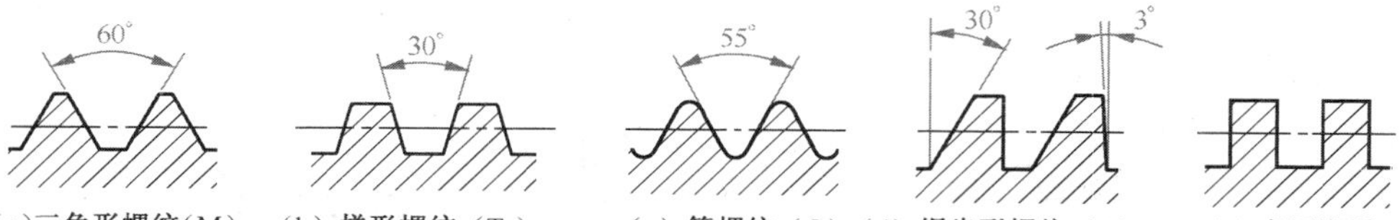 60°　30°　55°　30°　3° (a)三角形螺纹(M)　(b)梯形螺纹(Tr)　(c)管螺纹(G)　(d)锯齿形螺纹(B)　(e)矩形螺纹
直径	大径　与外螺纹牙顶或与内螺纹牙底重合的假想圆柱面的直径，称为螺纹的大径。内外螺纹的大径分别用D、d表示 小径　与外螺纹牙底或与内螺纹牙顶重合的假想圆柱面的直径，称为螺纹的小径。内外螺纹的小径分别用D_1、d_1表示 中径　是一个假想圆柱的直径，即在大径与小径之间，其母线上螺纹牙型上的沟槽和凸起宽度相等。内外螺纹的中径分别用D_2、d_2表示 螺纹的公称直径指大径。 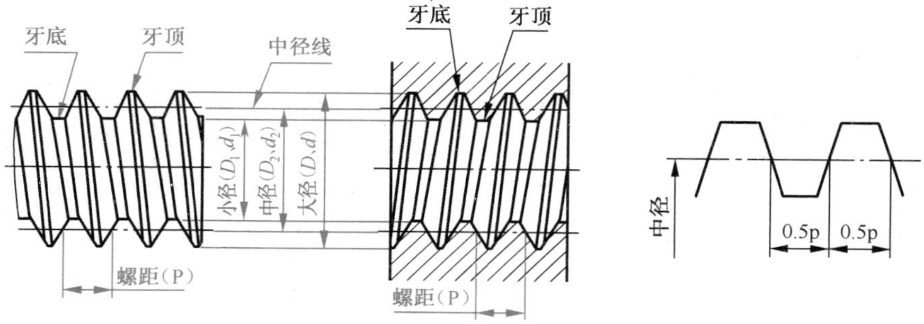 牙底　牙顶　中径线　小径(D_1,d_1)　中径(D_2,d_2)　大径(D,d)　螺距(P)　牙底　牙顶　螺距(P)　中径　0.5p　0.5p 外螺纹　内螺纹　中径
线数	线数(n)又称为头数，指螺旋线的条数。沿一条螺旋线所形成的螺纹称为单线螺纹，普通螺纹、管螺纹多为单线螺纹；沿两条或两条以上在轴向等距分布的螺旋线所形成的螺纹称为双线螺纹或多线螺纹，由于其旋进速度较快，因此多用于传动螺纹 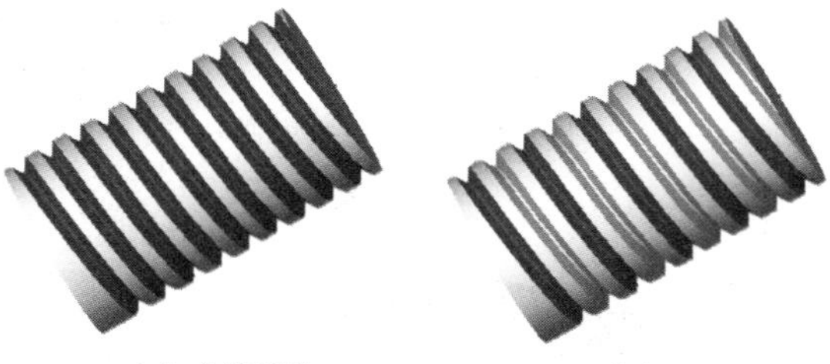 (a) 单线螺纹　(b) 双线螺纹
螺距和导程	螺纹上相邻两牙在中径线上对应两点之间的轴向距离称为螺距，用P表示。同一条螺旋线上相邻两牙在中径线上对应两点之间的轴向距离，称为导程，用Ph表示 单线螺纹　$Ph=P$ 多线螺纹　$Ph=n\cdot P$
旋向	螺纹分右旋和左旋。内外螺纹旋合时，顺时针旋转旋入的螺纹，称右旋螺纹；逆时针旋入的螺纹，称左旋螺纹，工程上常用右旋螺纹

为了便于设计计算和加工制造，国家标准对螺纹的牙型、公称直径和螺距都作了规定。凡是这三项都符合标准的称为标准螺纹；牙型符合标准，而大径、螺距不符合标准的称为特殊螺纹；牙型不符合标准的称为非标准螺纹。内、外螺纹旋合的条件是五个基本要素完全相同。

(2)螺纹的规定画法。由于螺纹的真实投影很复杂，为简化作图，国家标准 GB/T 4459.1—1995《机械制图 螺纹及螺纹紧固件表示法》规定了螺纹的画法，见表 6.2。

表 6.2　螺纹的规定画法

<table>
<tr><th></th><th></th><th>规定画法与说明</th></tr>
<tr><td>外螺纹</td><td></td><td>
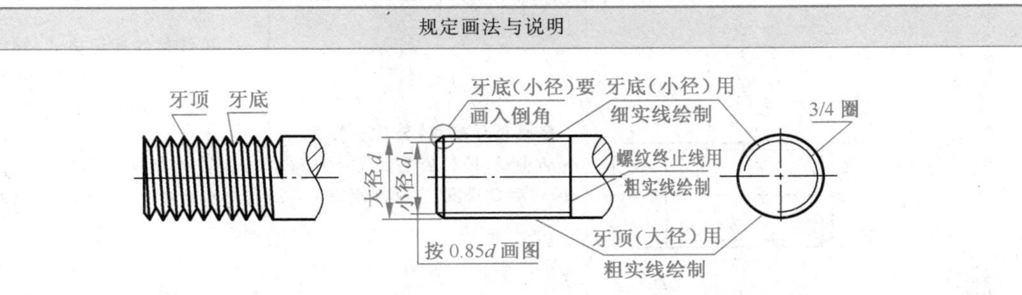

螺纹的大径及螺纹终止线用粗实线表示；小径用细实线表示；在平行于螺杆轴线的投影面的视图中，在螺杆的倒角或倒圆部分也应画出；在垂直螺杆轴线的投影面的视图中，表示小径的细实线圆只画约 3/4 圈，螺纹的倒角圆省略不画</td></tr>
<tr><td>内螺纹</td><td>通螺纹孔</td><td>
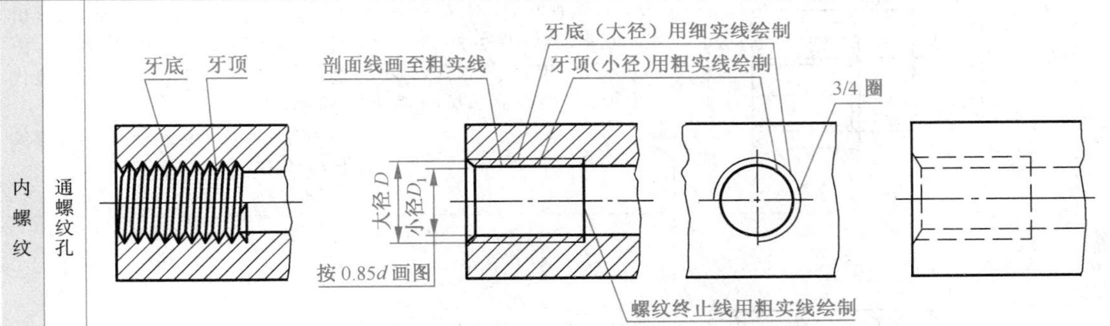

在剖视图中，螺纹小径和螺纹终止线画成粗实线，大径用细实线表示，剖面线画到粗实线为止；在垂直螺纹轴线的投影面的视图中，表示大径的细实线圆只画约 3/4 圈，螺纹的倒角圆省略不画。在不可见的螺纹中，所有图线均按虚线绘制</td></tr>
<tr><td>螺纹旋合</td><td></td><td>
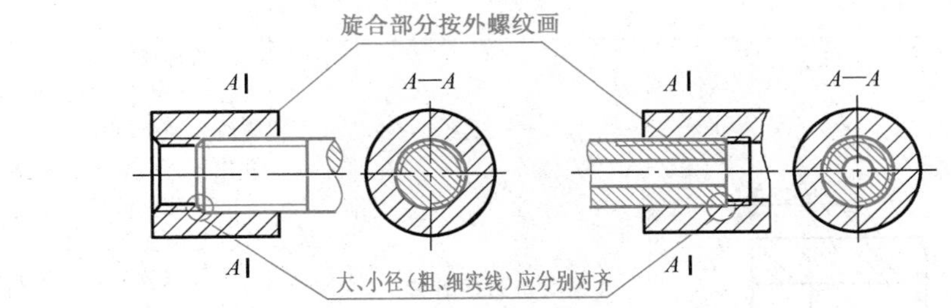

以剖视图表示内、外螺纹的连接时，其旋合部分按外螺纹的画法绘制，其余部分仍按内、外螺纹各自的画法表示。表示内、外螺纹大径的细实线和粗实线必须对齐；表示内、外螺纹小径的粗实线和细实线也必须对齐。螺杆为实心件时，按不剖绘制</td></tr>
</table>

注：为方便绘图，通常将螺纹的小径画成大径的 0.85 倍左右，这是一种近似画法；无论是外螺纹或内螺纹，在剖视或剖面图中的剖面线都应画到粗实线。

(3)螺纹的分类及标注。由于螺纹采用了规定画法后，图上无法反映出螺纹的要素及制造精度等。因此,国家标准规定用某些代号、标记标注在图样上加以说明。

普通螺纹、梯形螺纹和锯齿形螺纹的标记在图样上的注法,与一般线性尺寸的注法相同,必须注在螺纹大径的尺寸线或其引出线上。管螺纹的标记必须注在引出线上,指引线一般指向大径。常用标准螺纹的标注示例见表 6.3。

表 6.3 常用标准螺纹的标注示例

螺纹分类			标注示例	代号含义	说明
连接螺纹	普通螺纹	粗牙	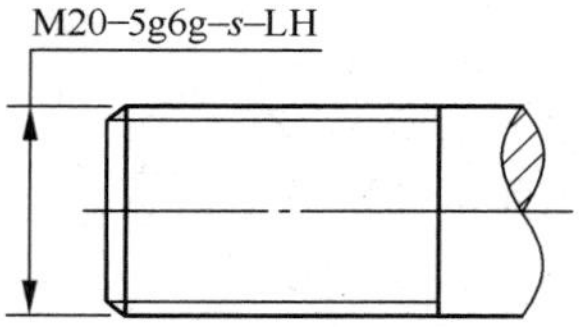 M20-5g6g-*s*-LH	普通粗牙螺纹,公称直径为 20 mm,中径、顶径公差带代号为 5g、6g,短旋合长度,左旋外螺纹	①单线螺纹标记格式:螺纹特征代号 公称直径×螺距—中、顶径公差带代号—旋合长度代号—旋向代号; ②多线螺纹标记格式:螺纹特征代号 公称直径×Ph 导程 *P* 螺距—中、顶径公差带代号—旋合长度代号—旋向代号; ③粗牙螺纹不标注螺距,细牙螺纹必须标注螺距; ④中、顶径公差带相同时,只标注一个公差带代号(内螺纹用大写字母,外螺纹用小写字母); ⑤对短旋合长度组和长旋合长度组的螺纹,分别标注"S"和"L"代号。中等旋合长度组螺纹不标注旋合长度代号(N); ⑥右旋螺纹不标注旋向,左旋螺纹标注"LH"
		细牙	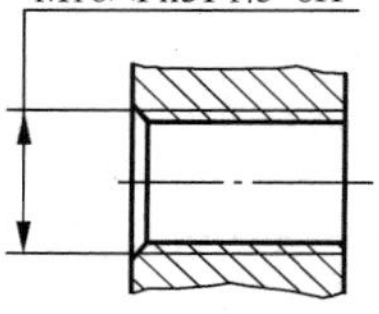 M16×Ph3P1.5-6H	细牙普通螺纹,公称直径是 16mm,螺距为 1.5mm,导程为 3mm,双线,中径、顶径公差带代号为 6H,中等旋合长度,右旋内螺纹	
	管螺纹	非螺纹密封管螺纹	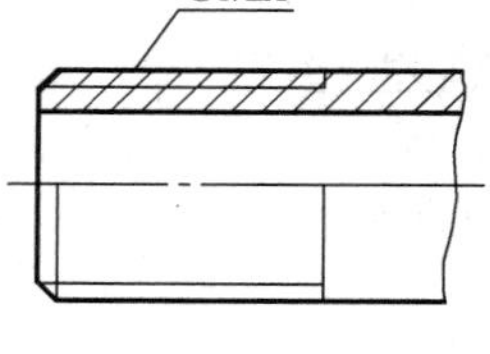 G1/2*A*	非螺纹密封的管螺纹,尺寸代号为 1/2,公差等级为 A 级,右旋	①标记格式:螺纹特征代号 尺寸代号 公差等级代号—旋向代号,右旋不标记; ②管螺纹的尺寸代号并不是螺纹的大径,因而这类螺纹需要用指引线自螺纹大径引出标注。作图时可根据尺寸代号查出螺纹的大径; ③非螺纹密封的管螺纹,其内、外螺纹都是圆柱管螺纹; ④外螺纹的公差等级代号分为 A、B 两级,内螺纹的公差等级只有一种,不标注
			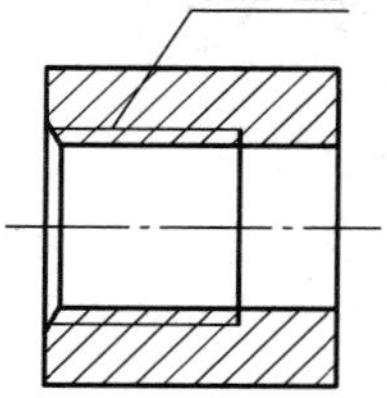 G1/2-*LH*	非螺纹密封的管螺纹,尺寸代号为 1/2,左旋	

续上表

螺纹分类			标注示例	代号含义	说明
连接螺纹	管螺纹	螺纹密封管螺纹	Rp1/2	圆柱内螺纹，尺寸代号为 1/2，右旋	①标记格式：螺纹特征代号 尺寸代号一旋向代号，右旋不标记； ②*Rp*、*Rc*、*R*1、*R*2 分别表示圆柱内螺纹、圆锥内螺纹、与圆柱内螺纹相配合的圆锥外螺纹、与圆锥内螺纹相配合的圆锥外螺纹
			$R_1$1/2-LH	与圆柱内螺纹相配合的圆锥外螺纹，尺寸代号为 1/2，左旋	
			Rc1/2	圆锥内螺纹，尺寸代号为 1/2，右旋	
传动螺纹	梯形螺纹		Tr36×12(P6)-7H	梯形螺纹，公称直径为 36mm，双线，导程为 12mm，螺距为 6mm，右旋，中径公差带为 7H，中等旋合长度	①标记格式：螺纹特征代号 公称直径×导程(*P* 螺距)旋向一中径公差带代号一旋合长度代号； ②只标注中径公差带代号； ③旋合长度只有中等旋合长度和长旋合长度两种，中等旋合长度不标注
	锯齿形螺纹		B40×7LH-8c	锯齿型螺纹，公称直径为 40 mm，单线，螺距为 7 mm，左旋，中径公差带代号为 8c，中等旋合长度	

2. 键槽

工程上常用键将轴和轴上的零件(如齿轮、带轮等)连接起来,使它们和轴一起转动。因此,需要在轴和轮上加工出键槽,装配好后,键的一部分嵌在轴上键槽内,另一部分嵌在轮上键槽内,如图 6.10(a)所示,图 6.10(b)、(c)分别为轴上键槽和轮毂上的键槽。

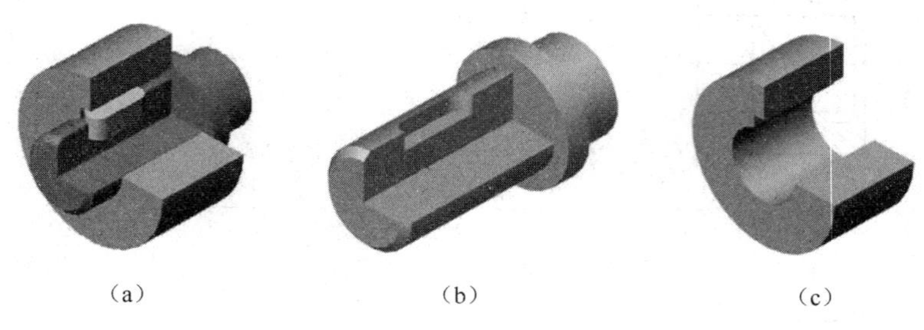

(a)　　(b)　　(c)

图 6.10　键槽

键的形式有多种,因此,键槽的形式也随之发生变化,图 6.11 所示为轴和轮毂上的普通平键键槽的表示方法和尺寸注法。具体代号的含义及数值见附录Ⅱ中附表 2.8。

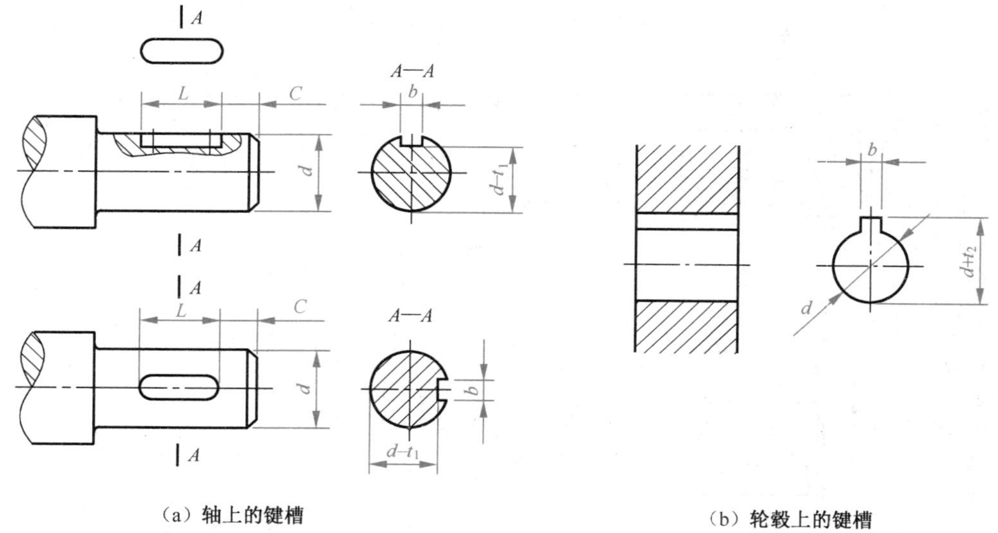

(a) 轴上的键槽　　(b) 轮毂上的键槽

图 6.11　键槽的表示方法及尺寸标注

6.3　零件的表达

表达零件时的视图选择应首先考虑看图方便,根据零件的结构特点,选用适当的表达方法。在完整、清晰地表示零件结构形状的前提下,尽量减少视图的数量,力求制图简便。

6.3.1　视图的选择

视图选择前,首先对零件进行形体分析和功用分析,即分析零件的结构、整体功能和在部件中的安装位置、工作状态、加工方法,以及零件各组成部分的形状及功用等,确定零件的主要形体。

1. 主视图的选择

在拟定表达方案时，应把选择零件的主视图放在首位，因为主视图在表达零件结构形状、画图和看图中起主导作用。选择主视图一般应遵循以下原则。

(1)加工位置原则。为了使制造者看图方便，主视图的选择应尽量符合零件的主要加工位置。如轴、套、轮盘类零件，其主要加工工序是车削，故通常按这些工序的加工位置选取主视图，即轴线水平放置。

(2)工作位置原则。按照零件在机器或部件中安装和工作时所处的位置选取主视图，读图比较直观，便于安装。有些零件加工部位较多，需要在不同的机床上加工，如支架、箱体类零件，这些零件一般需按工作位置选取主视图。

(3)形状特征原则。选取最能反映零件形状特征的投影方向，作为主视图的投影方向。即在主视图上尽可能多地展现零件内外结构形状以及各组成形体之间的相对位置。

2. 其他视图的选择

主视图中没有表达清楚的部分，要合理选择其他视图，达到完整、清晰表达出零件形状的目的。选择其他视图时，要注意每个视图都应有明确的表达重点，各个视图互相配合，互相补充而不重复；视图数量要恰当，在把零件内、外形状、结构表达清楚的前提下，尽量减少视图数量，避免重复表达。

6.3.2 典型零件表达举例

零件根据其结构特点的不同可分为：轴套类、盘盖类、叉架类和箱体类等，每种零件应根据自身特点确定其表达方案。

1. 轴套类零件

轴套类零件的主要功能是安装、支撑传动件(如皮带轮、齿轮等)，传递运动和动力。其结构特点为同轴回转体叠加组成，且轴向尺寸大于径向尺寸。根据设计和工艺要求，轴套类零件上常带有键槽、轴肩、销孔、螺纹及退刀槽等局部结构。

轴套类零件主要在车床上加工，加工时零件水平放置。一般只用一个主视图来表示轴上各轴段长度、直径及各种结构的轴向位置。主视图中轴线呈水平状态，便于加工者读图。用断面图、局部视图、局部剖视或局部放大图等表达轴上的局部结构。实心轴以显示外形为主，空心轴套可用剖视图表示内部结构。典型的轴的零件图如图6.12所示。

2. 盘盖类零件

盘盖类零件主要功能为传动、连接、轴向定位及密封等。其结构特点多为同轴线回转体组成，且轴向尺寸小于径向尺寸，如各种轮、端盖及法兰盘等。其上常带有螺纹孔、光孔、定位销孔、键槽、凸缘和肋板等结构。

盘盖类零件一般经铸、锻形成毛坯，然后在车床上加工。一般以过轴线的全剖视图为主视图，轴线水平放置。对非回转体类盘盖件可按工作位置来确定主视图。盘盖类零件一般需两个基本视图，常采用单一剖切面或相交剖切平面等剖切方法表示各部分结构。表达时应注意均布肋板、轮辐的规定画法。典型的盘盖零件如图6.13所示。

3. 叉架类零件

叉架类零件一般包括拨叉、连杆及拉杆等叉杆类和支架类零件。主要功能为操纵、连接或支承。这类零件外形结构通常比较复杂，包括工作部分、连接部分和安装固定部分。通常含有肋板结构。

一般以最能反映零件结构、形状特征的视图为主视图，按工作位置或自然平衡位置放置。因常有起支撑、连接作用的倾斜结构，所以除采用基本视图表达外，常用斜视图、局部视图、断

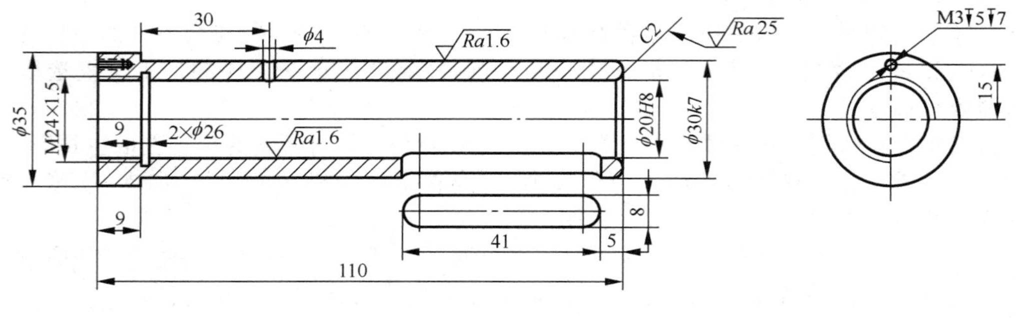

图 6.12 导套零件图

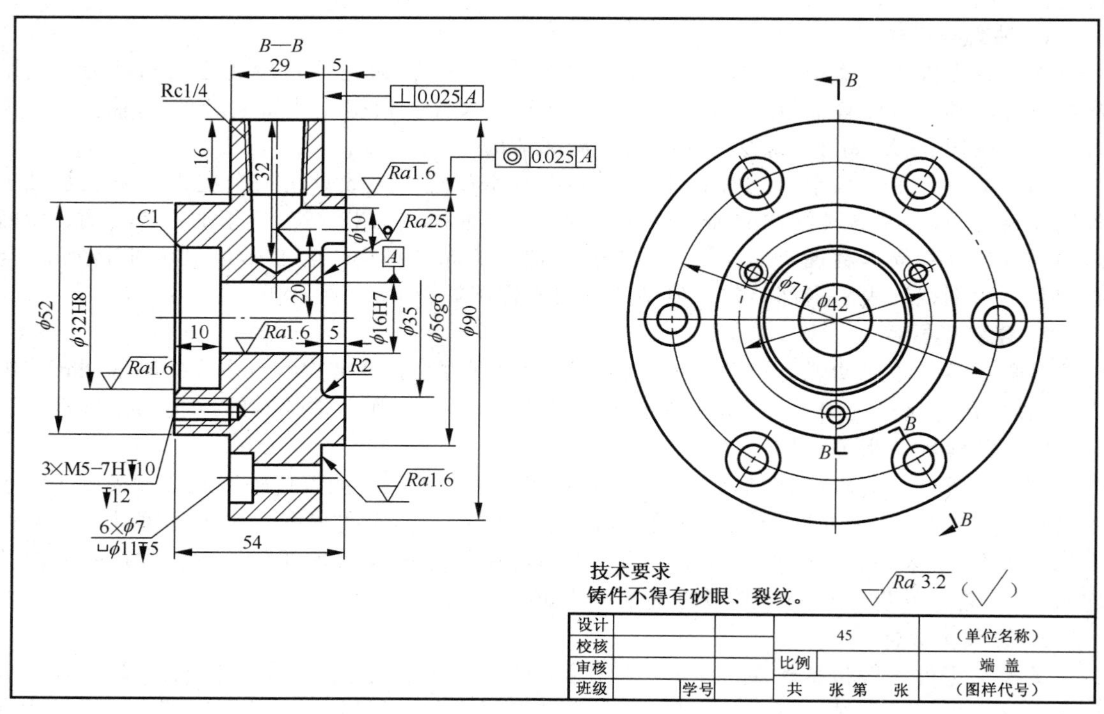

图 6.13 端盖零件图

面图，以及用不平行于任何基本投影面的剖切平面形成的剖视图来表达局部或内部结构。图 6.14 为连杆的零件图。

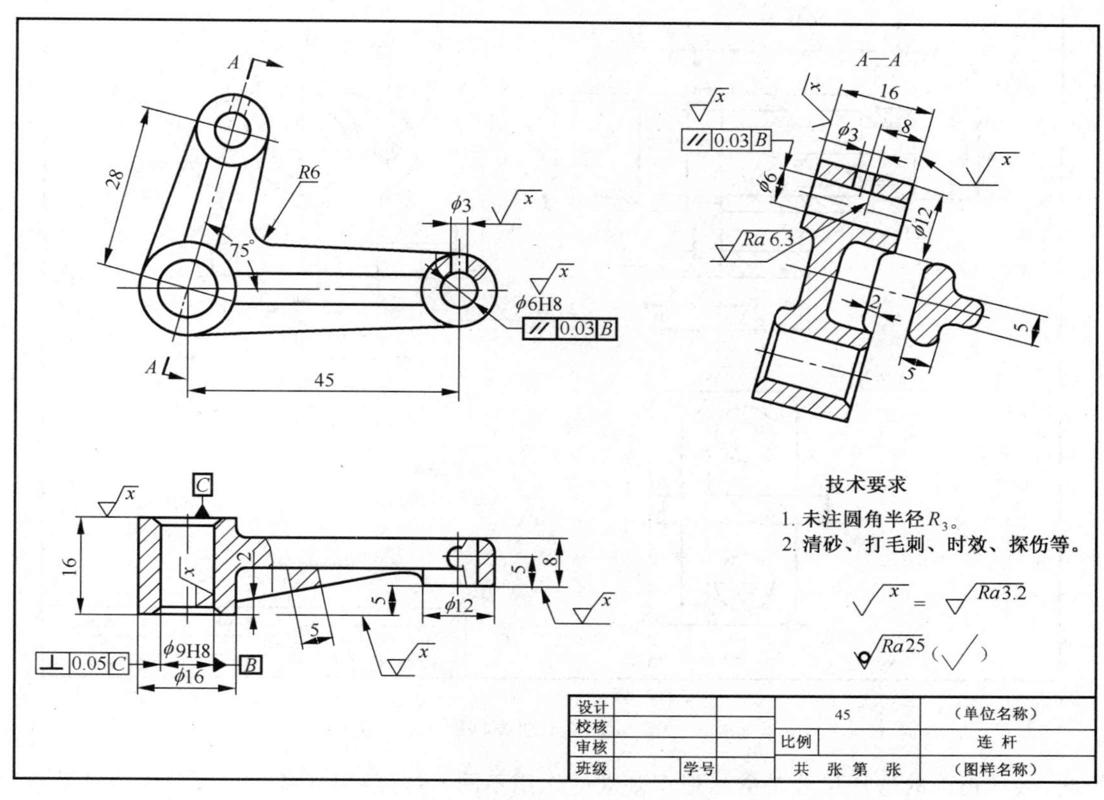

图 6.14　连杆零件图

4. 箱体类零件

箱体类零件是组成机器和部件的主体零件，包括泵体、阀体、箱体、壳体、底座等。主要用来支承、包容和保护运动零件或其他零件，主要工作部分为形状复杂的空腔结构，还有安装部分、连接部分等结构。

箱体类零件，加工工序多，加工位置多变，选择主视图时，主要考虑形状特征或工作位置。由于其主要结构在内腔，故主视图常选用全剖、半剖或较大面积的局部剖等表达方法。且由于内、外部形状复杂，常用多个视图或剖视图。为了在表达完整的同时，尽量减少视图的数量，可以适当地保留必要的虚线。图 6.15 所示为支座零件图。

6.4　零件图的尺寸标注

与组合体尺寸标注相比，零件图中的尺寸标注要从设计要求和工艺要求出发，综合考虑设计、加工、测量等多方面因素，这需要有较多的生产实践经验和有关的专业知识。本节仅介绍合理标注零件图尺寸的初步知识。

1. 正确选择尺寸基准

尺寸标注的合理性，要求是既要保证达到设计要求，又要满足工艺要求，便于加工与测量

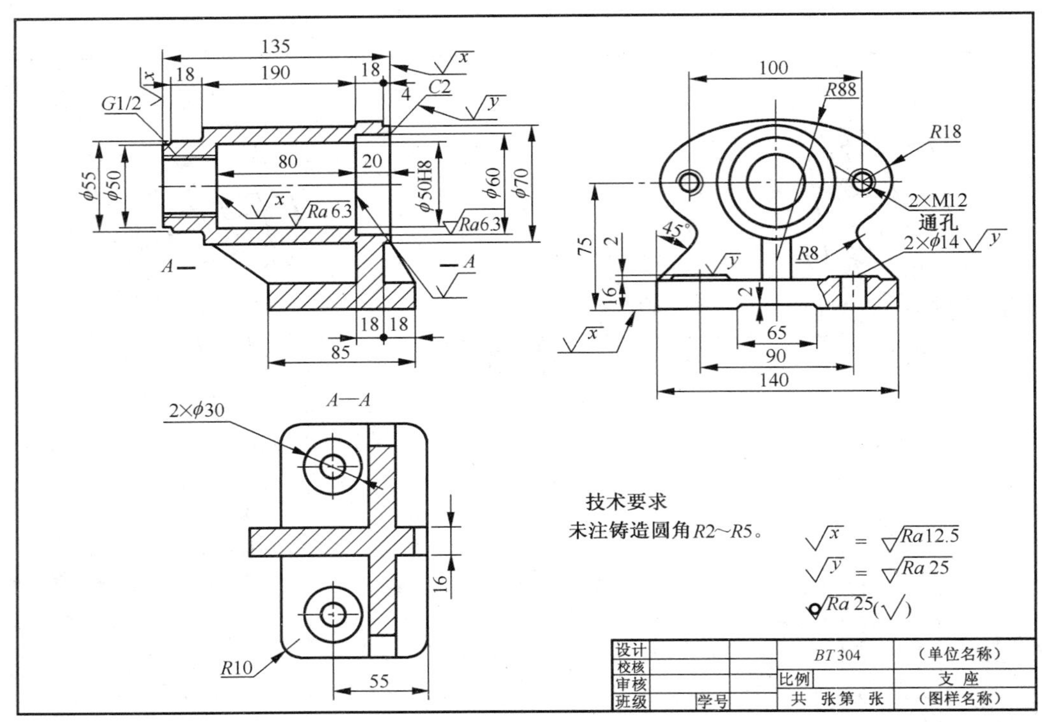

图 6.15　支座零件图

为此，必须正确的选择尺寸基准。根据基准的作用不同，零件的尺寸基准可以分为设计基准和工艺基准两类。

设计基准是在设计零件时，确定零件在机器或部件中的位置的一些面和线。如图 6.16(a)所示的轴承座，分别选用底面 A 和对称面作为高度方向和长度方向的设计基准，以保证轴承安装后轴孔同心，实现其设计功能；对图 6.16(b)中的短轴，由于轴肩端面 B 是装配齿轮时的定位面，因此该端面也是设计基准。

工艺基准是在零件加工时，为保证加工精度和方便加工与测量而选定的面和线。对图 6.16(a)所示的轴承座而言，其工艺基准和设计基准是重合的，这是最佳的情况。而对 6.16(b)所示的短轴来说，若轴向尺寸均以轴肩端面 B 为起点，显然加工和测量都不方便。而以短轴的一侧端面 C 或 D 为起点标注尺寸，则更加符合小轴在车床上加工的情况。

轴承座及小轴零件的尺寸标注如图 6.17、图 6.18 所示。

从设计基准出发标注尺寸，可以直接反映设计要求，能保证所设计的零件在机器或部件中的位置和功能；从工艺基准出发标注尺寸，可便于加工和测量操作，保证加工质量。在零件的尺寸标注中，为保证设计要求，尽量减少误差，应尽可能使设计基准与工艺基准重合。若两者不能统一时，应保证设计要求为主。决定零件主要尺寸的基准称为主要基准，而附加基准称为辅助基准，主要基准与辅助基准之间一定有尺寸联系。

2. 重要的尺寸直接注出

重要尺寸是指直接影响产品性能、装配精度等的尺寸。如配合表面的尺寸、重要的定位尺寸、重要的结构尺寸等。这些尺寸应当从设计基准出发直接注出，如图 6.17 所示的轴承座的轴心到底面的高度 38(主视图)，以及底座安装孔的圆心距 38(俯视图)。

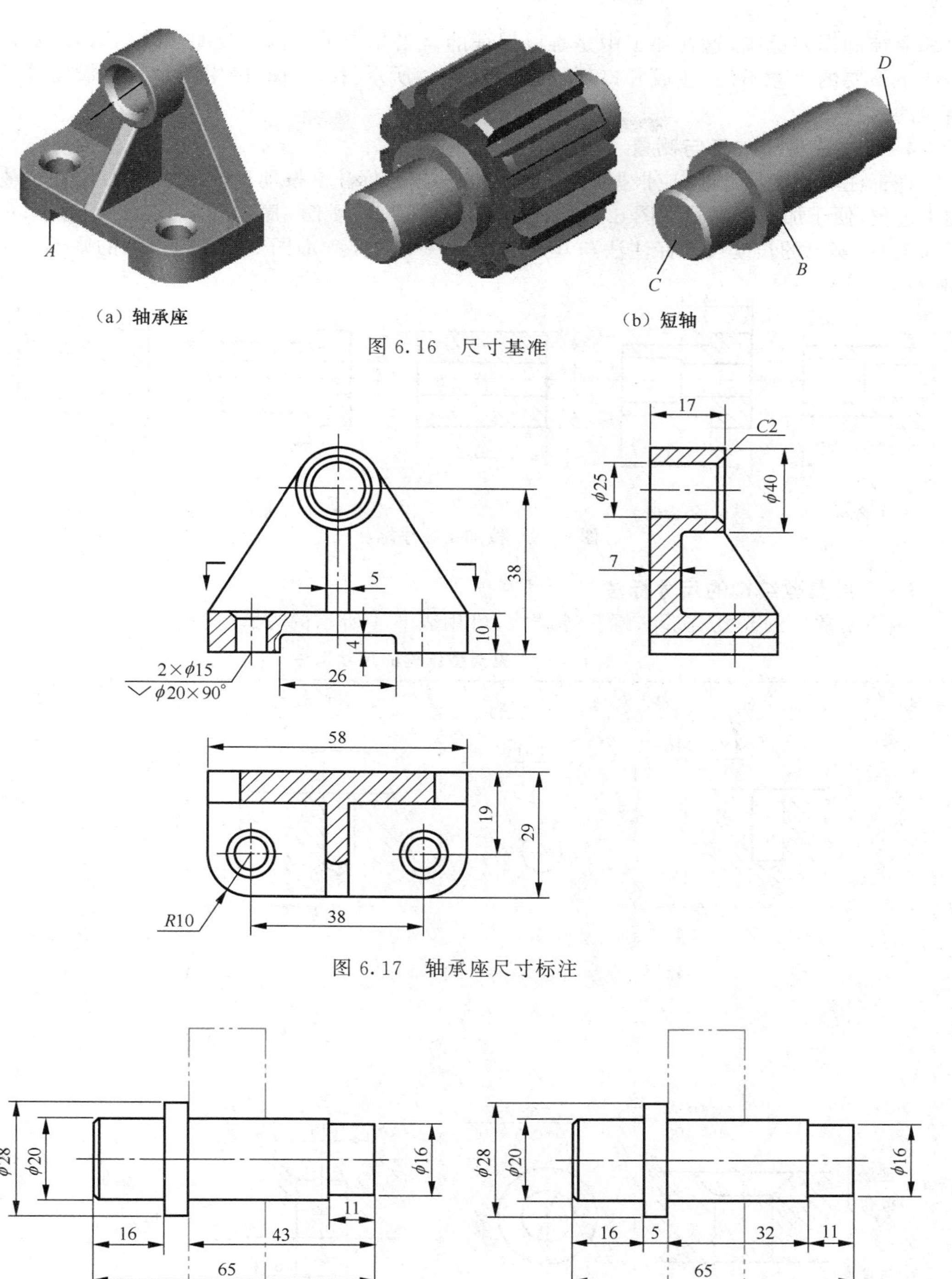

（a）轴承座　　（b）短轴

图 6.16　尺寸基准

图 6.17　轴承座尺寸标注

（a）正确　　（b）错误

图 6.18　小轴尺寸标注

3. 避免出现封闭的尺寸链

封闭尺寸链是首尾相接，绕成一整圈的一组尺寸。封闭尺寸链标注的尺寸意味着每个尺寸都要控制误差范围，这在加工中是难以保证的。当几个尺寸构成封闭尺寸链时，应在该链中挑选不重要的尺寸不注，注成开口环，如图 6.18(a)所示，图 6.18(b)中所示尺寸没有开口环是错误的。

4. 尺寸应便于加工与测量

在标注非功能尺寸时，应根据加工顺序和方法进行标注。按加工顺序标注尺寸，符合零件的加工过程，便于加工和测量。图 6.19(a)、(b)所示轴段，其加工顺序如图 6.19(c)所示，可以看出，图 6.19(a)所示的长度尺寸标注法与其加工顺序一一对应。而图 6.19(b)所示的则不符合。

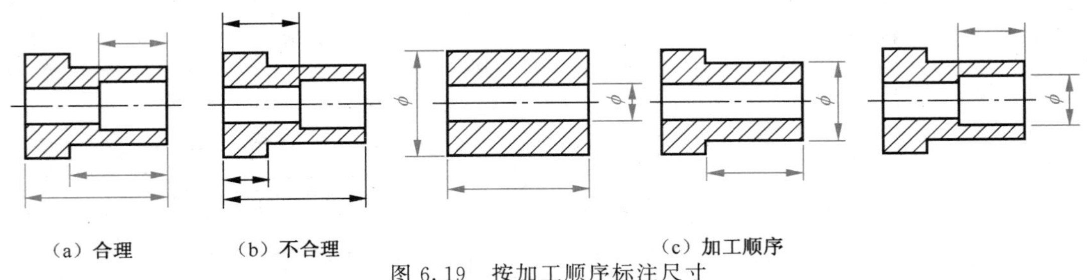

(a) 合理　　(b) 不合理　　(c) 加工顺序

图 6.19　按加工顺序标注尺寸

5. 常见典型结构的尺寸标注

零件上常见的光孔、沉孔、螺孔等结构，可用表 6.4 所示的方式标注。

表 6.4　常见典型结构的尺寸标注

结构类型		旁注法		普通注法	说明
一般光孔		4×ϕ4↧10	4×ϕ4↧10	4×ϕ4 10	4 个均匀分布的直径为 ϕ4 的光孔，孔深为 10
沉孔	锥形沉孔	6×ϕ9 ⌵ϕ13×90°	6×ϕ9 ⌵ϕ13×90°	90° ϕ13 6×ϕ9	6 个直径为 ϕ9 的锥形沉孔，锥台大头直径为 ϕ13，锥台面顶角为 90°

续上表

结构类型		旁注法		普通注法	说 明
沉孔	柱型沉孔	4×φ6 ⌴φ12↧4.5	4×φ6 ⌴φ12↧4.5	φ12 4.5 4×φ6.4	4个直径为φ6.4的柱型沉孔，沉孔直径为φ12，沉孔深4.5
	锪平面沉孔	6×φ9 ⌴φ20	6×φ9 ⌴φ20	φ20 6×φ9	6个直径为φ9光孔，锪平圆直径φ20，锪平深度不需标注，一般锪平到不出现毛面为止
螺孔	通的螺孔	3×M6-7H	3×M6-7H	3×M6-7H	3个公称直径为M6的螺孔
	不通螺孔	3×M6-7H↧10 ↧12	3×M6-7H↧10 12	3×M6-7H 10 12	3个公称直径为M6螺孔，螺纹深10，钻孔深12

6. 常用简化标注

为了简化绘图工作，提高效率，提高图面清晰度，国家标准《技术制图 简化表示法》(GB/T 16675.2—1996)规定了若干简化画法，见表6.5。

表6.5 常用简化注法

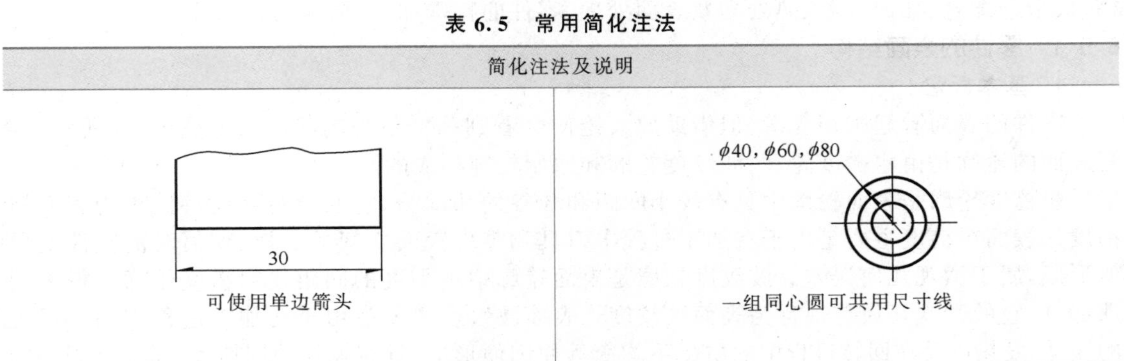

可使用单边箭头

一组同心圆可共用尺寸线

续上表

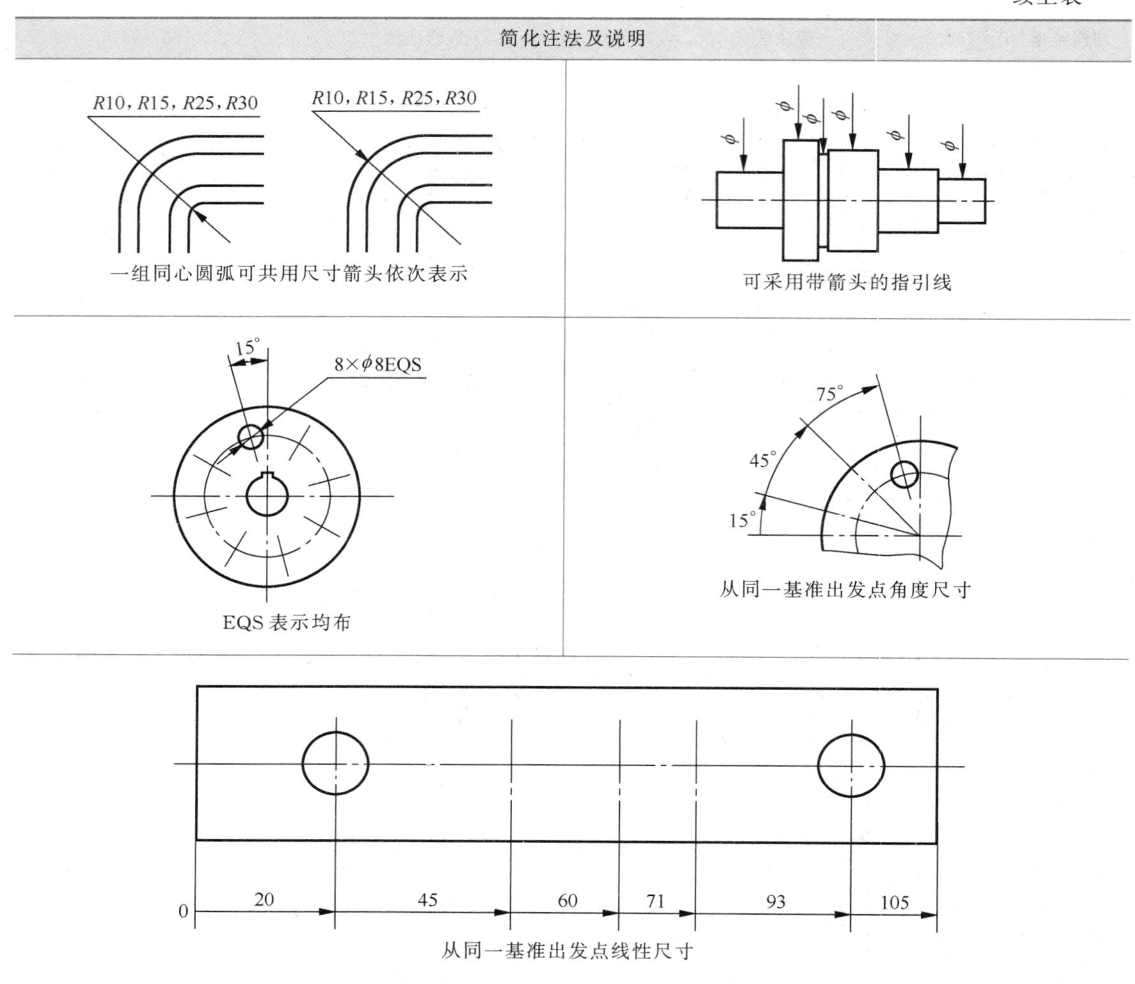

6.5 零件图的技术要求

零件图的技术要求用来说明制造零件时应该达到的质量要求。技术要求主要包括表面结构、极限与配合、几何公差、热处理及表面处理、零件的特殊加工、检验的要求等。

6.5.1 零件的表面结构

1. 基本概念

零件的表面看起来很光滑，但借助放大镜便会看到高低不平的状况。如图 6.20 所示，实际表面的轮廓是由粗糙度轮廓、波纹度轮廓和原始轮廓构成的。

粗糙度轮廓是表面轮廓中具有较小间距和峰谷的那部分，它的微观几何特性称为表面粗糙度。表面粗糙度主要是由于在加工过程中刀具和零件表面之间的摩擦、切屑时的塑性变形所形成，属于微观几何误差。波纹度轮廓是表面轮廓中不平度的间距比粗糙度轮廓大得多的那部分，它的微观几何特性称为表面波纹度。表面波纹度主要是由于在加工过程中加工系统的振动、发热以及在回转过程中的质量不均衡等原因而形成，具有较强的周期性，属于微观和宏观之间的几何误差。原始轮廓是忽略了粗糙度轮廓和波纹度轮廓之后的总的轮廓。它主要是由于机床、夹具本身所具有的形状误差所引起的，是宏观几何形状特性。

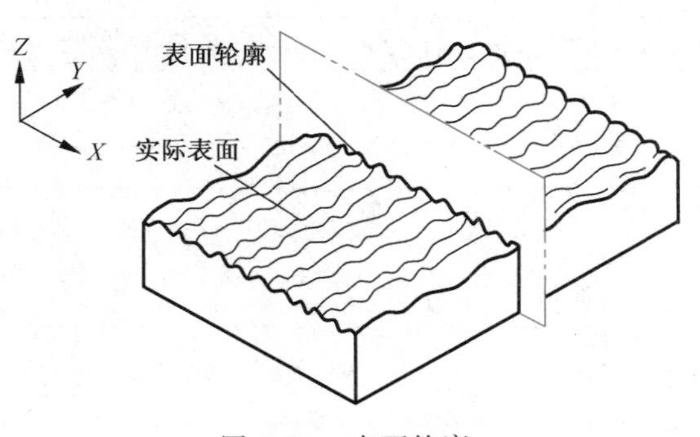

图 6.20　表面轮廓

零件的表面结构特性是粗糙度、波纹度和原始轮廓特性的统称，是评定零件表面质量的重要技术指标。

2. 评定表面结构的参数

国家标准规定评定表面结构有轮廓参数、图形参数和支撑率参数等。此处主要介绍常用的评定粗糙度轮廓的参数。

国家标准 GB/T 3505—2009《产品几何技术规范（GPS）表面结构 轮廓法 术语、定义及表面结构参数》中规定了表面粗糙度的主要评定参数有：轮廓算术平均偏差（Ra）及轮廓的最大高度（Rz），优先采用 Ra。

轮廓算术平均偏差（Ra）是指在一个取样长度内纵坐标值 $Z(x)$ 绝对值的算术平均值。轮廓的最大高度（Rz）是指在一个取样长度内，最大轮廓峰高和最大轮廓谷深之和，如图 6.21 所示。粗糙度轮廓参数 Ra 值越小，零件被加工表面越光滑，但加工成本越高。因此，在满足零件使用要求的前提下，应合理选用参数值。轮廓算术平均偏差（Ra）和轮廓的最大高度（Rz）的数值系列，见表 6.6。

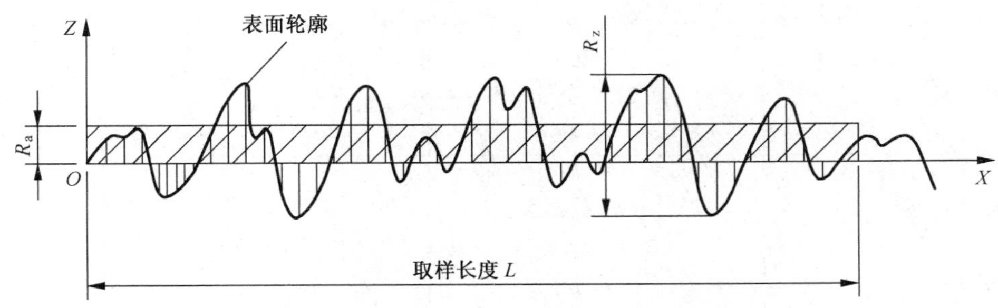

图 6.21　表面粗糙度的主要评定参数

表 6.6　表面粗糙度参数数值（μm）

表面粗糙度参数	数值系列
R_a	0.012　0.025　0.05　0.1　0.2　0.4　0.8　1.6　3.2　6.3　12.5　25　50　100
R_z	0.025　0.05　0.1　0.2　0.4　0.8　1.6　3.2　6.3　12.5　25　50　100　200　400　800　1600

3. 表面结构的图形符号、代号的含义

表面结构图形符号及其含义见表 6.7。

在表面结构图形符号上，标注表面结构参数值及其他有关规定项目后组成表面结构代号。在图样上标注时，常采用简化注法，表 6.8 是常见的表面结构（粗糙度）代号及其含义。

表 6.7 表面结构的图形符号及其含义(GB/T 131—2006)

序号	分类	图形符号	意义及说明
1	基本图形符号		基本图形符号，表示表面可用任何方法获得。当不加粗糙度参数值或有关说明时，仅适用于简化代号标注
2	扩展图形符号		基本图形符号加一短横，表示指定表面是用去除材料的方法获得。如通过机械加工获得的表面
			基本图形符号加一个圆圈，表示指定表面是用不去除材料的方法获得
3	完整图形符号		当要求标注表面结构特征的补充信息时，应在上述三个符号的长边上加一横线
4	工件轮廓各表面的图形符号		当在图样某个视图上构成封闭轮廓的各表面具有相同的表面结构要求时，应在上述完整图形符号上加一圆圈，标注在图样中工件的封闭轮廓线上

表 6.8 常见表面结构(粗糙度)**代号及其含义**

代号示例(旧标准)	代号示例(GB/T 131—2006)	含义/解释
3.2	*Ra* 3.2	用不去除材料的方法获得的表面，单向上限值，*Ra* 的上限值为 3.2μm
3.2	*Ra* 3.2	用去除材料的方法获得的表面，单向上限值，*Ra* 的上限值为 3.2μm
3.2max	*Ra* max 3.2	用去除材料的方法获得的表面，单向上限值，*Ra* 的最大值为 3.2μm
3.2 1.6	*U Ra* 3.2 *L Ra* 1.6	用去除材料的方法获得的表面，双向上限值，*Ra* 的上限值为 3.2μm，*Ra* 的下限值为 1.6μm
Ry 3.2	*Rz* 3.2	用去除材料的方法获得的表面，单向上限值，*Rz* 的上限值为 3.2μm

4. 表面结构要求的注法示例

表面结构要求对每一表面一般只标注一次，并尽可能注在相应的尺寸及其公差的同一视图上。

如图 6.22 所示，可直接标注在图样的可见轮廓线或其延长线上，其符号尖端必须从材料外指向并接触被加工表面。必要时，表面结构符号也可用带箭头的指引线引出标注。

在不致引起误解时，表面结构要求可以标注在给定的尺寸线上，也可标注在形位公差框格

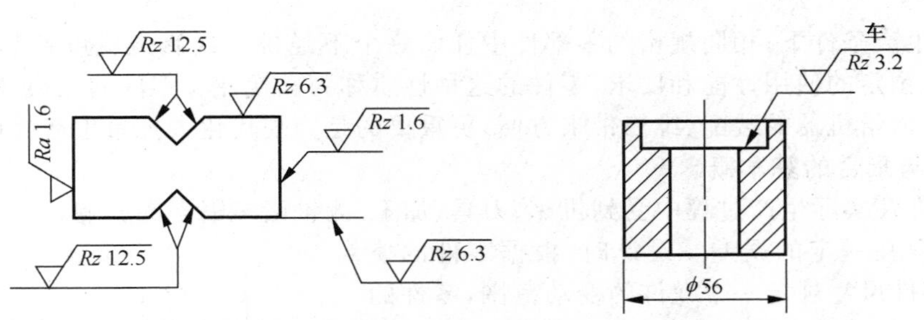

图 6.22　表面结构要求标注在轮廓线、延长线或指引线上

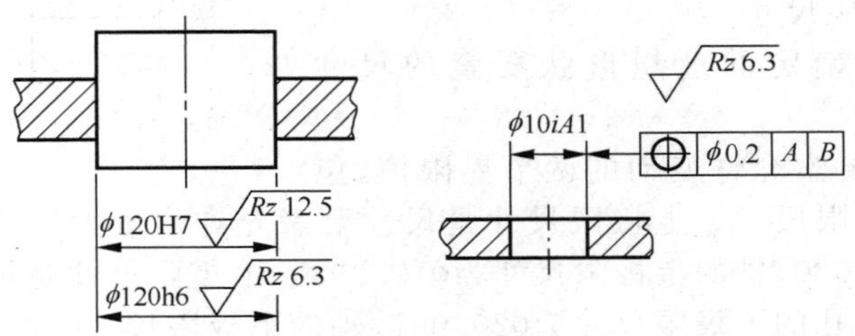

图 6.23　表面结构要求标注在尺寸线上或形位公差框格的上方

的上方，如图 6.23 所示。

圆柱和棱柱表面的表面结构要求只标注一次，如果每个棱柱表面有不同的表面结构要求，则应分别单独标注，如图 6.24 所示的 *Ra*6.3 和 *Ra*3.2。

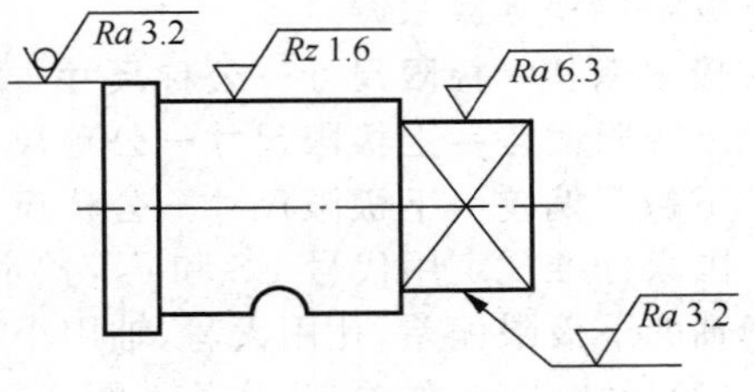

图 6.24　圆柱和棱柱表面结构要求的注法

当某个视图上构成封闭轮廓的各表面有相同的表面结构要求时，应在完整图形符号上加一圆圈，标注在图样中工件的封闭轮廓线上，如图 6.25 所示。

如果工件的多数或全部表面具有相同的表面结构要求，则其表面结构要求可统一标注在图样的标题栏附近。

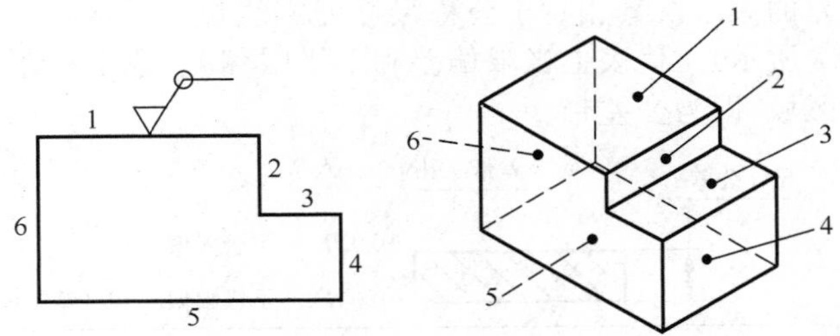

图 6.25　对周边各面有相同的表面结构要求的注法(不包括前后表面)

6.5.2　极限与配合

极限与配合是检验产品质量的重要技术指标，是保证使用性能及互换性的前提，是零件图、装配图中的重要的技术要求。

1. 互换性

在批量生产条件下，相同规格的零部件中任取一个不经挑选或修配就可顺利地装到机器中去，并满足预定的使用性能和要求，零件的这种性质称为互换性。零件的互换性促进了产品标准化，它不但给机器的装配、维修带来方便，更重要的是为现代化大批量生产提供了可能性。

2. 极限与配合的基本概念

由于零件在实际生产过程中受到机床、刀具、加工、测量诸多因素的影响，加工完的零件实际尺寸总是存在一定的误差。设计时，根据零件的使用要求，对零件尺寸规定一个允许的变动范围，零件的实际尺寸的误差在这个变动范围之内才是合格产品。以图 6.26 所示的轴和孔为例，介绍有关术语。

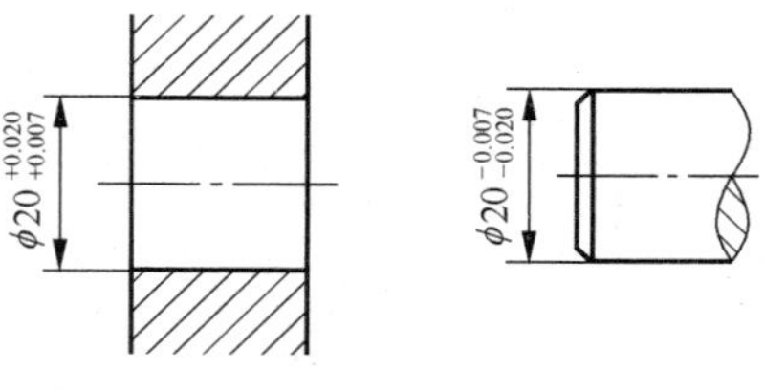

图 6.26　规定尺寸变动量的孔与轴

(1)公称尺寸、极限尺寸。

公称尺寸：设计确定的理想形状要素的尺寸(ϕ20)。

极限尺寸：尺寸要素允许变动的两个界限值，包括上极限尺寸和下极限尺寸。上极限尺寸是尺寸要素允许的最大尺寸，图 6.26 所示的孔的上极限尺寸为ϕ20.020，轴的上极限尺寸为ϕ19.993。下极限尺寸是尺寸要素允许的最小尺寸，图 6.26 所示的孔的下极限尺寸为ϕ20.007，轴的下极限尺寸为ϕ19.980。实际尺寸只要在两个极限尺寸之间均为合格尺寸。

(2)偏差、极限偏差。某一尺寸减去公称尺寸所得的代数差，即为偏差。其中上极限偏差和下极限偏差称极限偏差。

极限偏差＝极限尺寸－公称尺寸

上极限偏差＝上极限尺寸－公称尺寸

下极限偏差＝下极限尺寸－公称尺寸

国家标准规定用代号 ES 和 es 分别表示孔和轴的上极限偏差；用代号 EI 和 ei 分别表示孔和轴的下极限偏差，孔用大写，轴用小写。上、下极限偏差可以为正值、负值或零。

(3)尺寸公差、公差带、公差带图。尺寸公差是允许尺寸的变动量，简称公差。

公差＝上极限尺寸－下极限尺寸＝上极限偏差－下极限偏差

尺寸公差是一个没有符号的绝对值，且不能为零。

公差带是表示公差的大小及其相对于公称尺寸的零线位置的区域。常用简图形式表示，即公差带图(如图 6.27 所示)。代表上极限偏差和下极限偏差(或上极限尺寸和下极限尺寸)的两条直线所限定的区域，即为公差带。

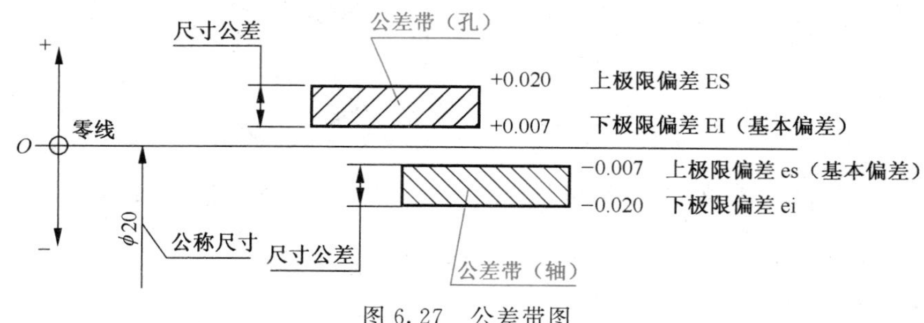

图 6.27　公差带图

(4)标准公差和基本偏差。公差带是由“公差带大小”和“公差带位置”两个要素组成的。国家标准对这两个独立要素分别进行了标准化，即为标准公差系列和基本偏差系列。

用以确定公差带大小的公差为标准公差，用代号 IT 表示。国家标准《产品几何技术规范(GPS) 极限与配合》(GB/T 1800 系列)规定 IT01、IT0、IT1、……、IT18 共 20 个标准公差等级，其尺寸精确程度从 IT01 到 IT18 依次降低，相应的标准公差依次加大，标准公差为公称尺寸的函数。

基本偏差是用来确定公差带相对零线位置的，是指上、下极限偏差中靠近零线的那个极限偏差。即当公差带位于零线上方时，基本偏差为下极限偏差，当公差带位于零线的下方时，基本偏差为上极限偏差。在图 6.27 中，孔的基本偏差为下极限偏差，轴的基本偏差为上极限偏差。国家标准分别对孔和轴各规定了 28 个不同的基本偏差，基本偏差用拉丁字母表示，大写字母代表孔，小写字母代表轴，称为基本偏差代号，如图 6.28 所示。

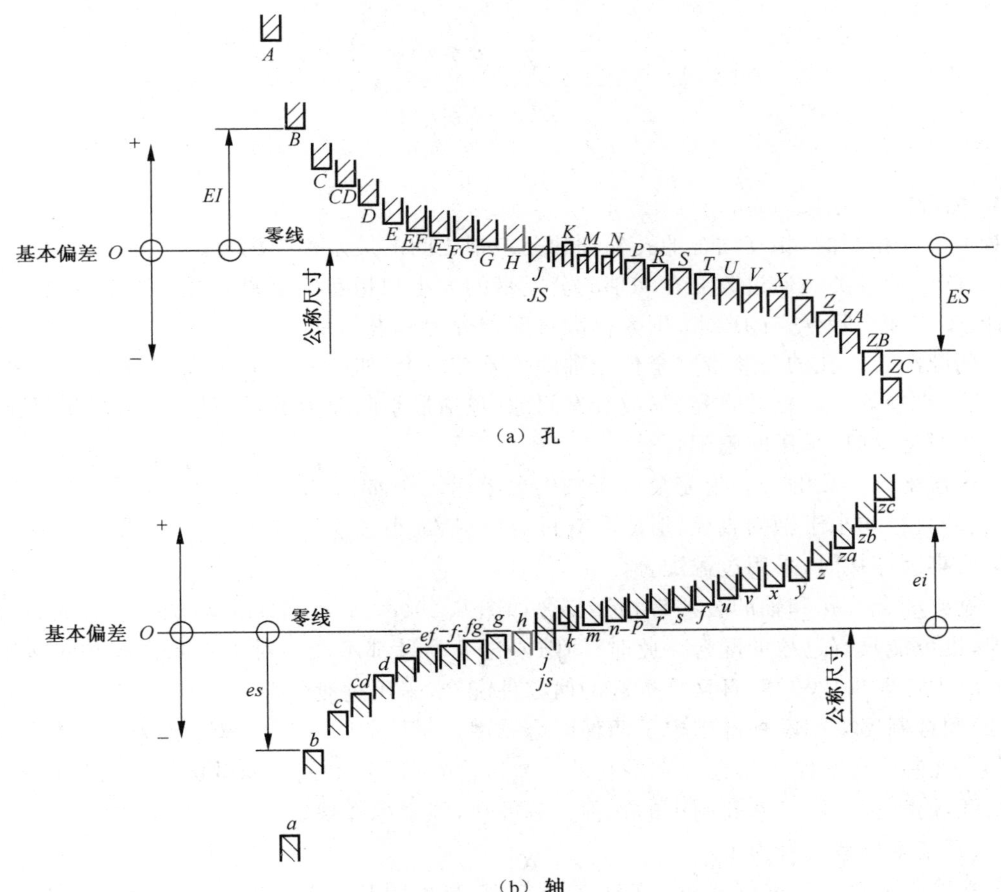

图 6.28　基本偏差系列

图中轴的基本偏差从 $a \sim h$ 为上极限偏差，从 $k \sim zc$ 为下极限偏差。孔的基本偏差从 $A \sim H$ 为下极限偏差，从 $K \sim ZC$ 为上极限偏差。对 j、js 和 J、JS，其上下极限偏差是对称的，它们的基本偏差认为是上极限偏差或下极限偏差都可以。

(5)公差带代号。孔、轴的公差带代号由基本偏差代号和标准公差等级代号组成。图6.28所示的一对孔和轴可用公差带代号表示为ϕ20G6和ϕ20g6。其中ϕ20g6的含义是,公称尺寸为ϕ20、公差等级为6级、基本偏差为g的轴的公差带。

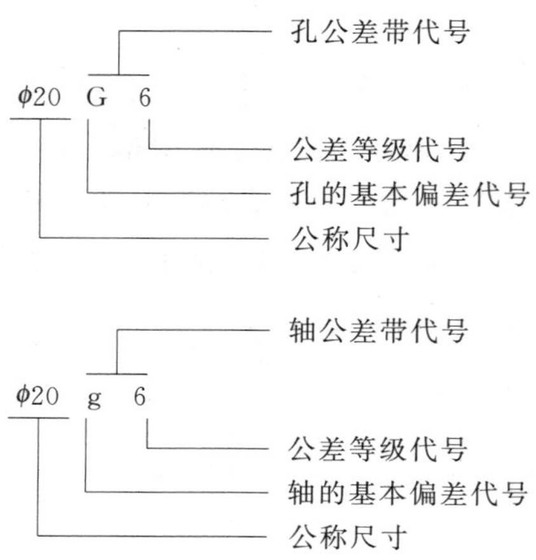

3. 配合

基本尺寸相同的、相互结合的孔和轴的公差带之间的关系称为配合。

(1)配合的种类　通过改变孔和轴的公差带的大小和相互位置调节配合的松紧程度,以满足设计、工艺和实际生产的要求,国家标准将配合分为三类。

①间隙配合。孔的公差带完全位于轴的公差带之上,如图6.29(a)所示,任取一对轴孔配合时,孔的直径均大于轴的直径,形成具有间隙(包括最小间隙为零)的配合。当相互配合的两零件有相对运动时,采用间隙配合。

②过盈配合。孔的公差带完全位于轴的公差带之下如图6.29(b)所示,任取一对轴孔配合时,孔的直径均小于轴的直径,形成具有过盈(包括最小过盈为零)的配合。当相互配合的两零件需要牢固连接时,采用过盈配合。

③过渡配合。孔和轴的公差带相互交叠如图6.29(c)所示,任取一对轴孔配合时,可能具有间隙,也可能具有过盈的配合。此时,间隙或过盈的量都不大。对于不允许有相对运动,轴与孔的对中性要求比较高,且又需拆卸的两零件配合,采用过渡配合。

(2)配合制度。国家标准规定了两种配合制度。

①基孔制配合。基本偏差一定的孔的公差带,与不同基本偏差的轴的公差带形成各种配合的制度,简称基孔制。基孔制中的孔称为基准孔,国家标准规定选择下极限偏差为零的孔作基准孔,其基本偏差代号为H。

②基轴制配合。基本偏差一定的轴的公差带,与不同基本偏差的孔的公差带形成各种配合的制度,简称基轴制。基轴制中的轴称为基准轴,国家标准规定选择上极限偏差为零的轴作基准轴,其基本偏差代号为h。

由于孔比轴更难加工一些,一般情况下优先采用基孔制配合。基孔制(基轴制)配合中,轴(孔)的基本偏差从a～h(A～H)用于间隙配合,从j～zc(J～ZC)用于过渡配合和过盈配合。为了方便使用,本书在附录Ⅲ、附录Ⅳ列出了常用和优先配合的种类以及孔和轴公差带的极限偏差表。

(3)极限与配合的标注。在零件图中极限的标注有三种标注形式,如图6.30所示。

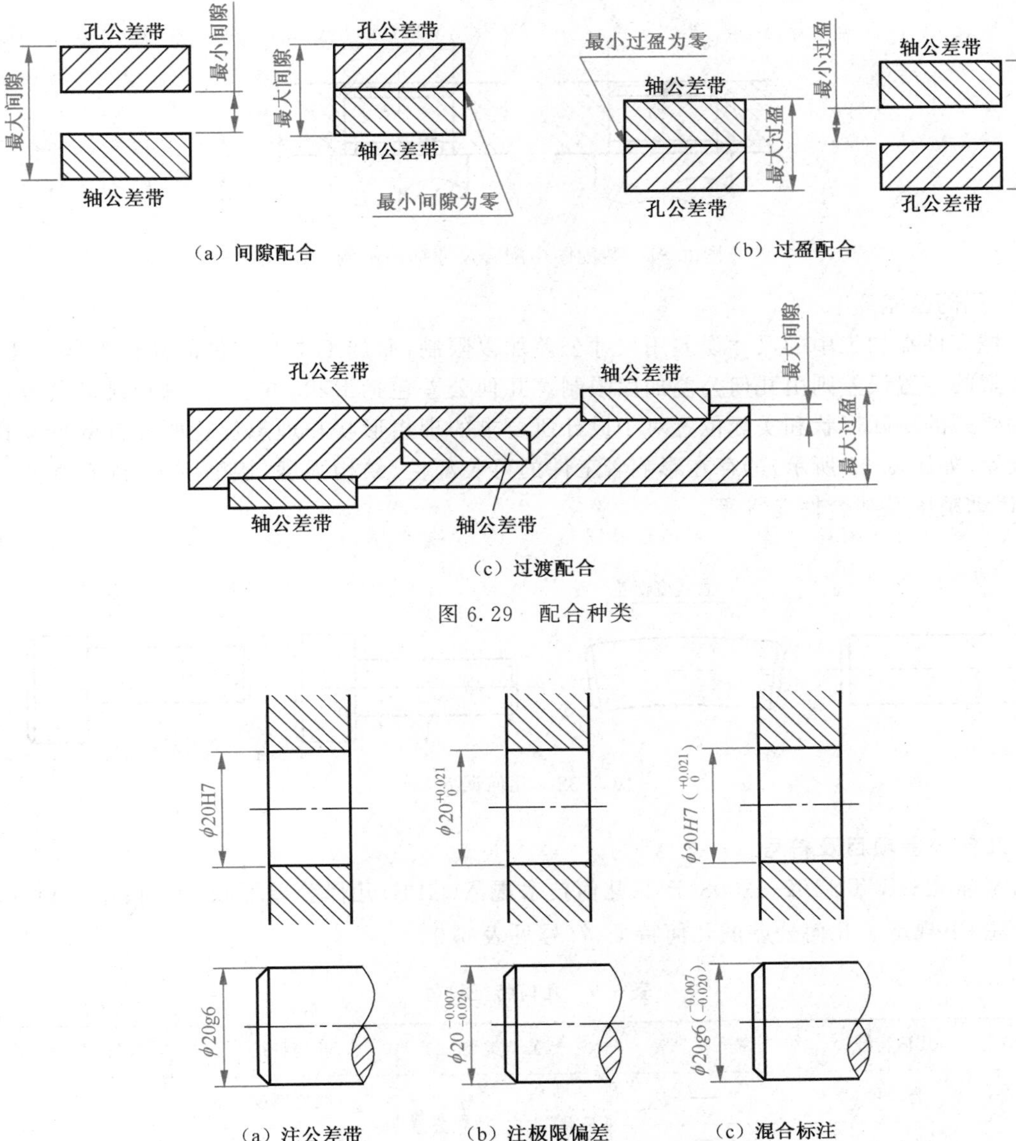

图 6.29　配合种类

图 6.30　零件图中尺寸极限的标注

注写时应注意：上、下极限偏差绝对值不同时，偏差值字高应比公称尺寸数字字高小一号，下极限偏差与公称尺寸注在同一底线上，小数点对齐，且小数点后的位数也必须相同；当某一极限偏差为“零”时，用数字“0”标出，并与另一极限偏差的个位数对齐；当两个极限偏差绝对值相同时，仅写一个数值，字高与公称尺寸相同，数值前注写“±”符号，如φ25±0.030。

装配图中标注配合尺寸，用相同的公称尺寸后跟孔、轴公差带表示，形式如下：

$$\text{公称尺寸}\ \frac{\text{孔的公差带}}{\text{轴的公差带}} \quad \text{或} \quad \text{公称尺寸 孔的公差带/轴的公差带}$$

标注示例如图 6.31 所示。

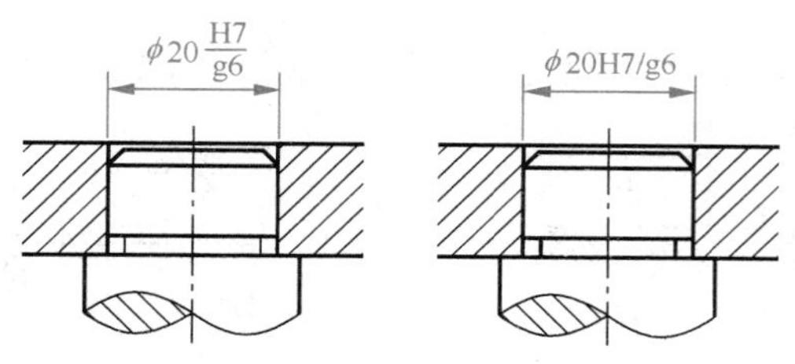

图 6.31　装配图中配合尺寸标注示例

6.5.3　几何公差

机械零件在加工中的尺寸误差用尺寸公差加以限制，而加工中对零件的几何形状和相对几何要素的位置误差则由几何公差加以限制。几何公差包括形状、方向、位置和跳动公差，是指零件要素的实际形状和实际位置对于设计所要求的理想形状和理想位置所允许的变动量。几何误差（如图 6.32 所示）的存在影响着工件的可装配性、结构强度、接触刚度、配合性质、密封性、运动精度及啮合性能等等。

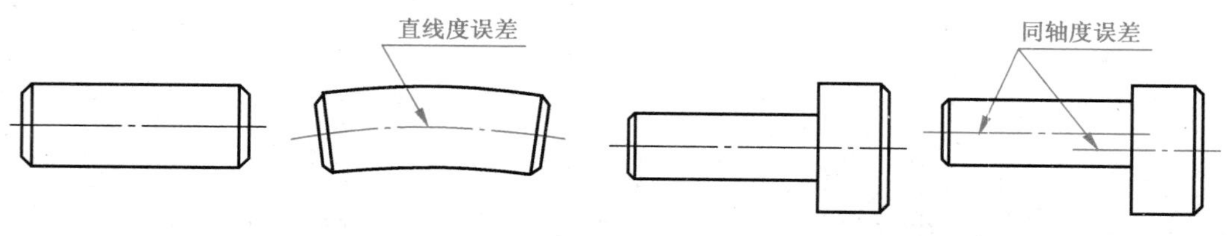

图 6.32　几何误差

1. 几何公差项目及符号

国家标准 GB/T 1182—2008《产品几何技术规范（GPS）几何公差形状、方向、位置和跳动公差标注》中规定了几何公差的几何特征、符号见表 6.9。

表 6.9　几何特征符号

公差类型	几何特征	符　　号	公差类型	几何特征	符　　号
形状公差	直线度	—	形状/方向/位置公差	线轮廓度	⌒
	平面度	⏥		画轮廓度	⌓
	圆度	○	位置公差	位置度	⌖
	圆柱度	⌭		同心度、同轴度	◎
方向公差	平行度	∥		对称度	⌯
	垂直度	⊥	跳动公差	圆跳动	↗
	倾斜度	∠		全跳动	⌰

2. 几何公差标注

几何公差要求注写在划分成两格或多格的矩形框格内，各格自左至右顺序标注几何特征代号、公差值、基准，如图 6.33 所示。

公差框格用细实线绘制，可水平或垂直放置，框格高度是图样中尺寸数字高度的两倍，它的长度视需要而定。框格中的数字、字母一般应与图样中的字体同高，几何公差符号的比例和尺寸请查阅国家标准。

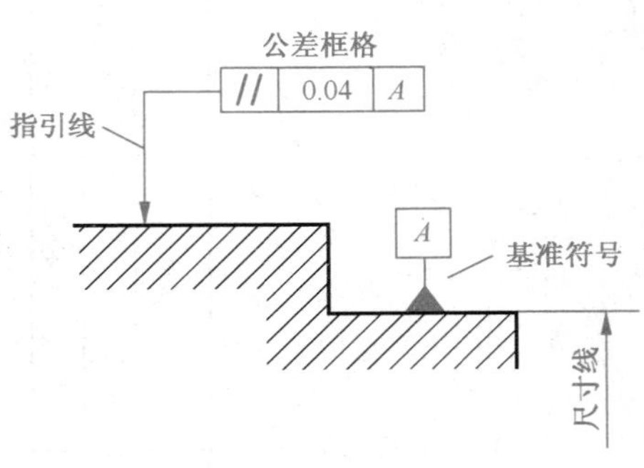

图 6.33　几何公差的标注

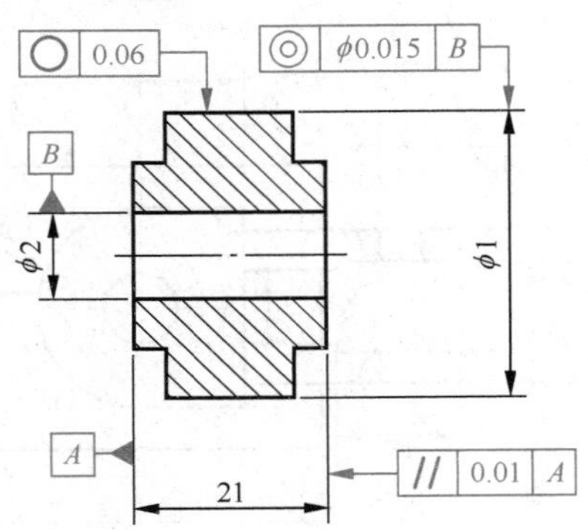

图 6.34　几何公差标注示例

当被测要素为轮廓线或表面时，箭头指向该要素的可见轮廓线或其延长线（与尺寸线明显错开），并与之垂直，箭头的方向就是公差带宽度的方向，如图 6.34 中ϕ_1 圆柱面的圆度公差；当被测要素为中心要素（中心线、对称面或中心点）时，箭头应与该要素的尺寸线对齐，如图 6.34 中ϕ_1 轴线与ϕ_2 轴线的同轴度公差；基准用大写字母标注在与被测要素相关的基准方格内，用涂黑或空白的三角形表示，基准三角形放置在要素的轮廓线或其延长线上，如图 6.34 中ϕ_3 圆柱左端面基准 A。如果基准是尺寸的中心要素时，基准三角形应放置在尺寸线的延长线上，如图 6.34 中ϕ_2 轴线基准 B。

6.6　读零件图

读零件图的目的是了解零件的名称、材料和用途，通过分析视图、分析尺寸，想象出零件的结构形状和大小，了解零件的各项技术要求以及制造方法。以图 6.35 所示的阀体零件图为例，说明读零件图的方法和步骤。

6.6.1　读标题栏

通过阅读标题栏，了解零件的名称、材料、数量、图样比例等，对零件有一个初步认识。从标题栏中可知，该零件为阀体，材料为灰铸铁，属箱体类铸造件，具有一般箱体类零件所具有的安装、容纳其他零件的结构。图样比例为 1∶2，可以想象零件实物的大小。

6.6.2　分析表达方案

该阀体零件图用三个基本视图来表达内、外部结构和形状。

主视图采用全剖视图，表达了主要的内部结构形状；俯视图主要表达阀体外部轮廓形状；左视图主要表达外形，其上用局部剖表达了上方两个支座立板上的通孔结构。

6.6.3　分析构形，想象零件结构形状

这一过程是读零件图的重点和难点，也是读零件图的核心内容。该过程中，既要熟练地运用组合体视图的阅读方法来分析视图，想象零件的主体结构形状，又要依靠对功能、工艺结构的分析想象零件上的局部结构。在形体分析时，要先整体、后局部，先主体、后细节，先易后难地逐步进行。

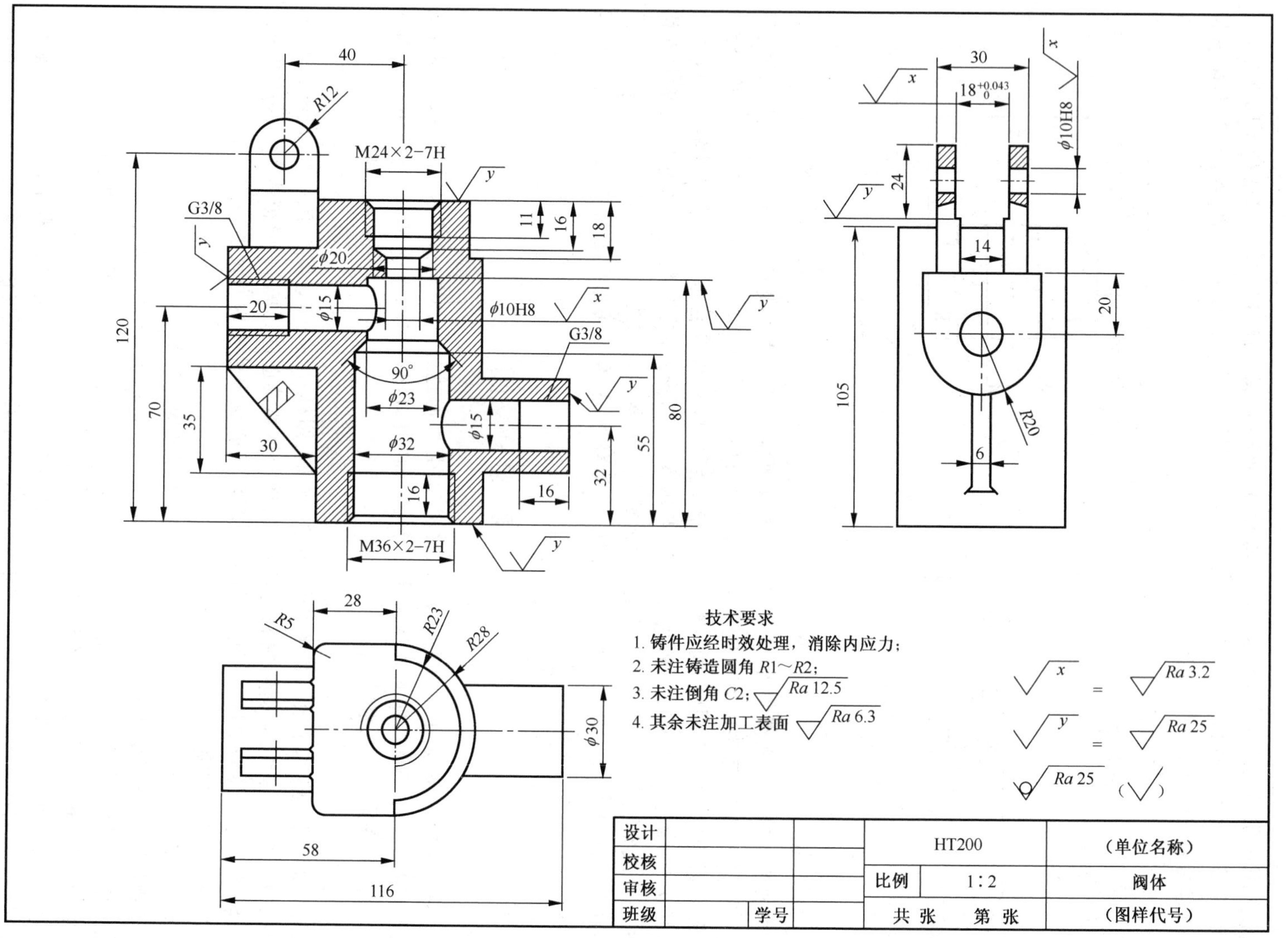

技术要求
1. 铸件应经时效处理，消除内应力；
2. 未注铸造圆角 R1~R2；
3. 未注倒角 C2；Ra 12.5
4. 其余未注加工表面 Ra 6.3
x = Ra 3.2
y = Ra 25
Ra 25 ( )
设计
校核
审核
班级
学号
HT200
比例 1:2
共 张 第 张
(单位名称)
阀体
(图样代号)
M24×2-7H
M36×2-7H
G3/8
G3/8
φ10H8
φ20
φ15
φ15
φ23
φ32
φ30
90°
R12
R20
R23
R28
R5
18 +0.043 0
120
116
105
80
70
58
55
40
35
32
30
30
28
24
20
20
18
16
16
16
14
11
6

图 6.35 阀体零件图

阀体外形主要由以下几个部分组成：$R28$ 的半圆柱和与其相切的长方体组成的中心阀座。如图 6.36(a)、左端 $R20$ 的半圆柱和相切的长方体组成的凸缘、右端 $\phi30$ 圆柱凸缘、左侧凸缘上方两个 $R12$ 半圆柱和相切长方体组成的支座立板、左侧凸缘下方一个厚度为 6 的支撑肋板。由俯视图能看出中心阀座的外形轮廓，左视图能看出左侧凸缘的外形轮廓，主视图能看出支座立板的外形轮廓，主要外形轮廓如图 6.36(b)所示。

阀体内腔主要结构为铅垂方向的阶梯孔及螺纹孔，以及主体阶梯孔左右两侧各一个与其垂直的连通孔，如图 6.36(c)所示。

综合以上分析，可清晰想象出阀体零件的完整外部形状及内部结构，如图 6.36(d)所示。

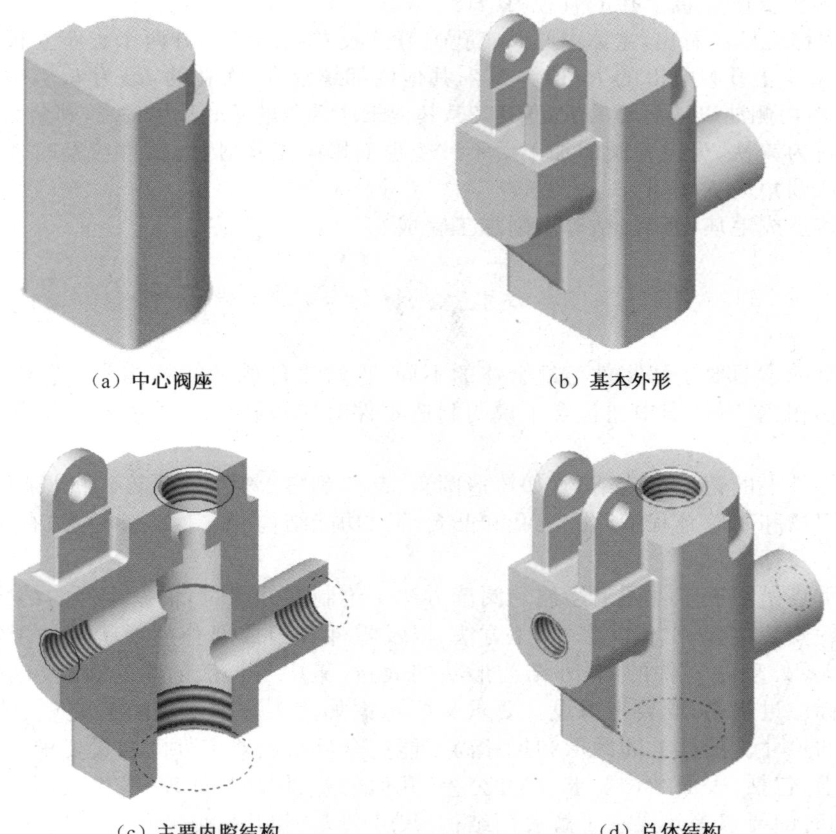

(a) 中心阀座　　(b) 基本外形

(c) 主要内腔结构　　(d) 总体结构

图 6.36　阀体结构

6.6.4　分析尺寸

从零件长、宽、高三个方向的尺寸基准出发，按照形体分析法分析设计中的主要尺寸，找出定形尺寸、定位尺寸及总体尺寸。

长度方向主要尺寸基准是主体中心阀座孔 $\phi10H8$ 的轴线，它既是设计基准，又是工艺基准。主视图中左侧凸缘上方支座立板上孔的定位尺寸 40 及俯视图中的阀座的尺寸 28、左侧凸缘的长度尺寸 60 等尺寸均是以此基准。左侧凸缘端面为辅助的工艺基准，是右侧凸缘长度的尺寸标注起点。

宽度方向尺寸基准也是主体中心阀座孔的轴线，它既是设计基准，又是工艺基准。左视图中的尺寸 30、14、18H9、6 等均是以此基准作为尺寸标注的起点。

高度方向尺寸基准是阀体的底面。主视图中高度方向的各尺寸及左视图中中心阀座的高度尺寸 105 等均是以此为基准。

从上述基准出发,结合零件的功用,可进一步分析各组成部分的定形、定位尺寸,从而完全确定该阀体的各部分大小。

6.6.5 技术要求及加工方法分析

联系零件的结构形状和尺寸,分析图上各项技术要求,了解零件的加工面要求,以便考虑采用相应的加工方法。

有尺寸公差要求的是主体中心阀座孔ϕ10H8 及左侧凸缘上方两个支座立板端面之间的距离 18H9、两个支座立板上孔的直径ϕ10H8。

从表面粗糙度标注看出,主体中心阀座孔ϕ10H8 及左侧凸缘上方两个支座立板靠内侧的端面、两个支座立板上孔ϕ10H8 的 Ra 值为 3.2,其他内部螺纹孔、光孔的 Ra 为 6.3,中心阀座的顶面和底面、左右两侧油口端面等的 Ra 值为 25,其他未注倒角的 Ra 值为 12.5,其余为铸造表面。

阀体材料为铸铁,为保证阀体加工后不致变形而影响工作,因此铸件应经时效处理。零件上的未注铸造圆角为 $R_1 \sim R_2$。

此零件铸造成毛坯,经铣、钻等切削加工完成。

本章小结

通过本章的学习要了解零件与组合体的不同,理解零件的功能结构和工艺结构。与组合体的投影表达相比,零件图中还包含了说明制造零件时应该达到的质量要求的零件技术要求内容。

要求对零件上的铸造工艺结构(如铸造圆角、起模斜度、铸件壁厚等)、机械加工工艺结构(如倒角、退刀槽和砂轮越程槽、孔、沉孔和凸台等)、功能结构(如螺纹、键槽等)有一定的认识,能准确地表达及标注尺寸。

本章的重点是掌握零件图的绘制和阅读方法。绘制零件图时,根据零件的结构、整体功能和在部件中的安装位置、工作状态、加工方法,以及零件各组成部分的形状及功用等确定合理的表达方案,要处理好零件的内、外结构形状的表达、集中与分散的表达,以及虚线的表达问题。在尺寸标注过程中,既要考虑设计要求又要考虑加工工艺要求,正确、完整、清晰、合理的标注零件图的尺寸。图样上的图形和尺寸尚不能完全反映出对零件的质量要求。零件图上还应有技术要求,包括:表面结构要求、尺寸公差、几何公差、材料热处理、零件表面修饰的说明以及加工、检验时的要求等。要求了解表面结构、尺寸公差、和几何公差相关的概念和术语,掌握正确的标注方法。阅读零件图时,应掌握正确的方法和步骤:看标题栏,了解零件的名称、材料、数量、图样比例、图号等,大致了解零件的用途、结构特点等内容;分析表达方法和结构形状,了解视图的名称、相互间的投影关系,弄清采用的表达方案;分析尺寸和技术要求。

第 7 章　标准件与常用件

标准化、系列化和通用化是现代化生产的重要标志，它可以提高劳动生产率，降低生产成本，保证产品质量。因此，对一些广泛使用的零(部)件的结构形式、尺寸大小、表面质量等实行标准化，这些零部件称为标准件，如螺纹紧固件、键、销及滚动轴承等。除了一般零件和标准件外，还有一些零件，如齿轮、弹簧等，其某些参数和尺寸也有统一的标准，这些零件习惯上称为常用件。《机械制图》国家标准规定了标准件、常用件的画法和标记。根据标准件的标记，即可查出它们的结构和尺寸。

本章将着重介绍广泛使用的标准件、常用件的规定画法及其标注。

7.1　螺纹紧固件

7.1.1　常用螺纹紧固件种类与标记

螺纹紧固件是指通过螺纹旋合起到紧固、连接作用的标准。常用的螺纹紧固件有螺栓、螺柱、螺钉、螺母、垫圈等，如图 7.1 所示。其结构和尺寸已全部标准化，使用时可在紧固件的国家标准中选取，见附录Ⅱ中表 2.1～2.6。表 7.1 列举了常用的螺纹紧固件及规定标记示例。

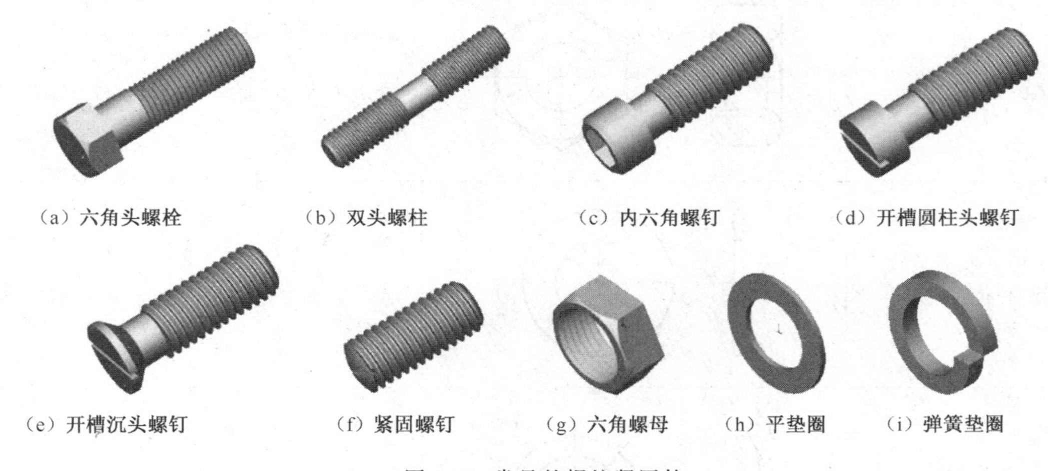

(a) 六角头螺栓　(b) 双头螺柱　(c) 内六角螺钉　(d) 开槽圆柱头螺钉

(e) 开槽沉头螺钉　(f) 紧固螺钉　(g) 六角螺母　(h) 平垫圈　(i) 弹簧垫圈

图 7.1　常见的螺纹紧固件

表 7.1 常用螺纹紧固件的规定标记示例

名称和标准代号	简化画法	标记及其说明
六角头螺栓 GB/T 5782—2000	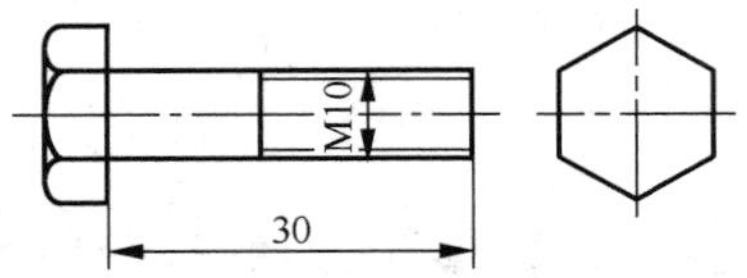	标记:螺栓 GB/T 5782 M10×30 表示:A 级六角头螺栓,螺纹规格 M10,公称长度为 30 mm
双头螺柱 GB/T 898—1988	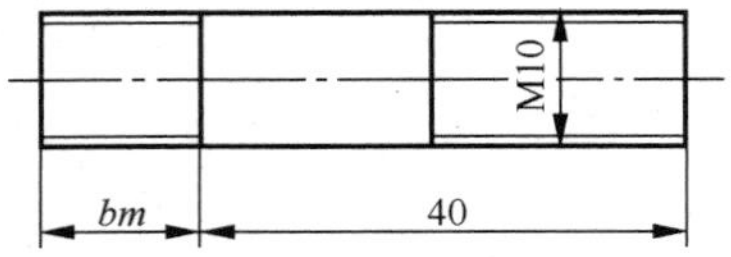	标记:螺柱 GB/T 898 M10×40 表示:B 型双头螺柱($bm=1.25d$),两端均为粗牙普通螺纹,螺纹规格为 M10,公称长度为40 mm
开槽沉头螺钉 GB/T 68—2000	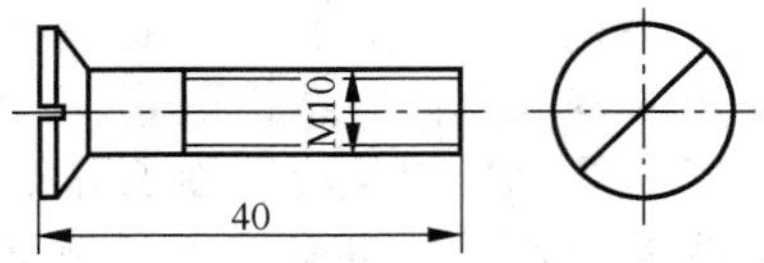	标记:螺钉 GB/T 68 M10×40 表示:开槽沉头螺钉,螺纹规格 M10,公称长度为 40 mm
开槽圆柱头螺钉 GB/T 65—2000	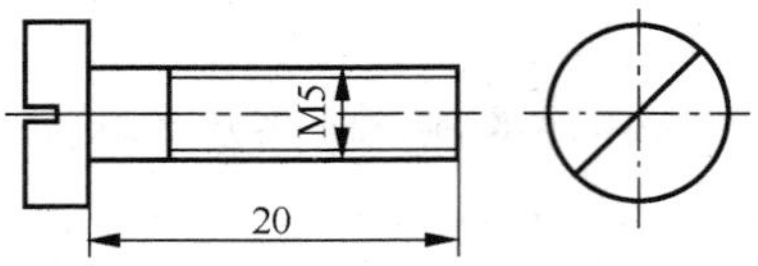	标记:螺钉 GB/T 65 M5×20 表示:开槽圆柱头螺钉,螺纹规格 M5,公称长度为 20 mm,不经表面处理
开槽平端紧定螺钉 GB/ T 73—1985	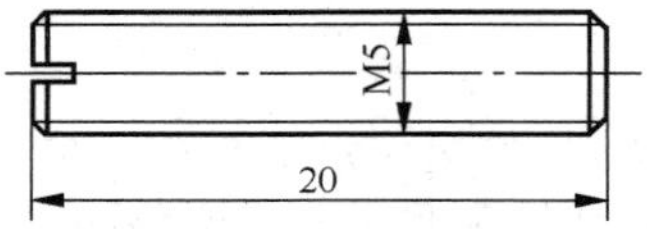	标记:螺钉 GB/T 73 M5×15 表示:开槽平端紧定螺钉,螺纹规格 M5,公称长度为 15 mm
六角螺母 GB/T 41—2000	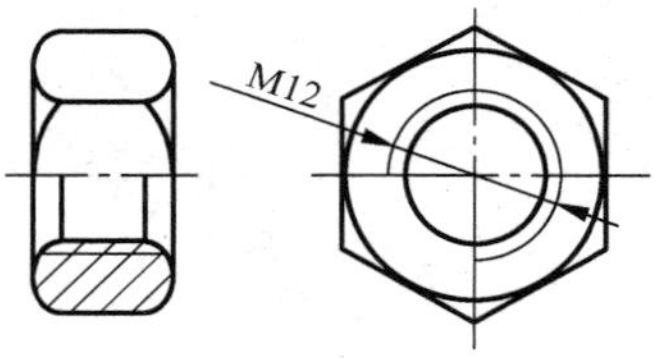	标记:螺母 GB/T 41 M12 表示:C 级的六角螺母,螺纹规格为 M12,不经表面处理
平垫圈 GB/T 97.1—2002	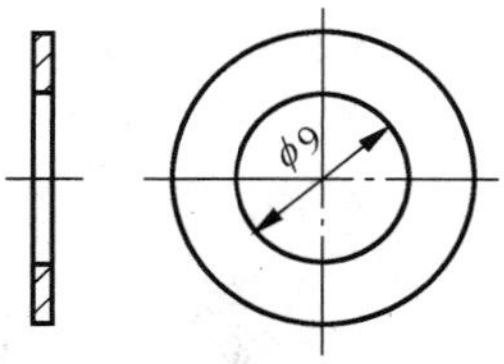	标记:垫圈 GB/ T 97.1 8 表示:A 级平垫圈,公称尺寸 8 mm(螺纹公称直径)
弹簧垫圈 GB/T 93—1987	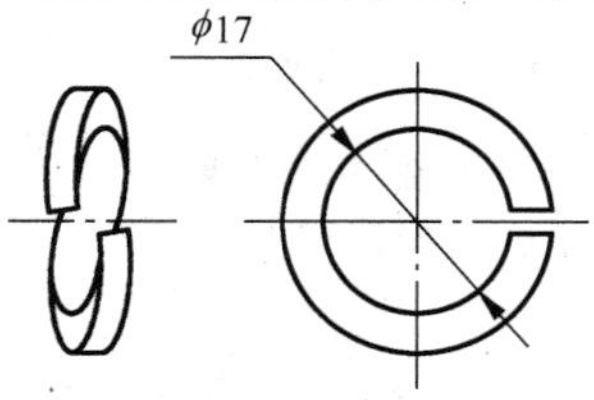	标记:垫圈 GB/T 93 16 表示:规格为 16 mm(螺纹公称直径),材料为 65Mn,表面氧化的标准型弹簧垫圈

7.1.2　螺纹紧固件的连接形式与装配画法

螺纹紧固件的基本连接方式有螺栓连接、双头螺柱连接和螺钉连接。紧固件各部分尺寸可以相应国家标准中查出，为了简便和提高效率，绘图时采用比例画法。

螺纹紧固件连接的装配画法中规定：剖切平面通过螺纹紧固件轴线时，螺纹紧固件按未剖切绘制；螺纹连接件上的工艺结构可省略不画。画装配图时应注意：两零件接触表面应画成一条线，非接触的相邻表面应画两条线以表示其间隙；相邻被连接件的剖面线方向应相反。

1. 螺栓连接

螺栓连接常用于被连接件厚度不大，允许钻成通孔并能从被连接件两侧同时装配的场合，如图 7.2 所示。用螺栓连接时，被连接件上的通孔直径稍大于螺栓直径，螺栓穿过通孔后套上垫圈，再拧紧螺母。常用的六角头螺栓连接的比例画法如图 7.3 所示。

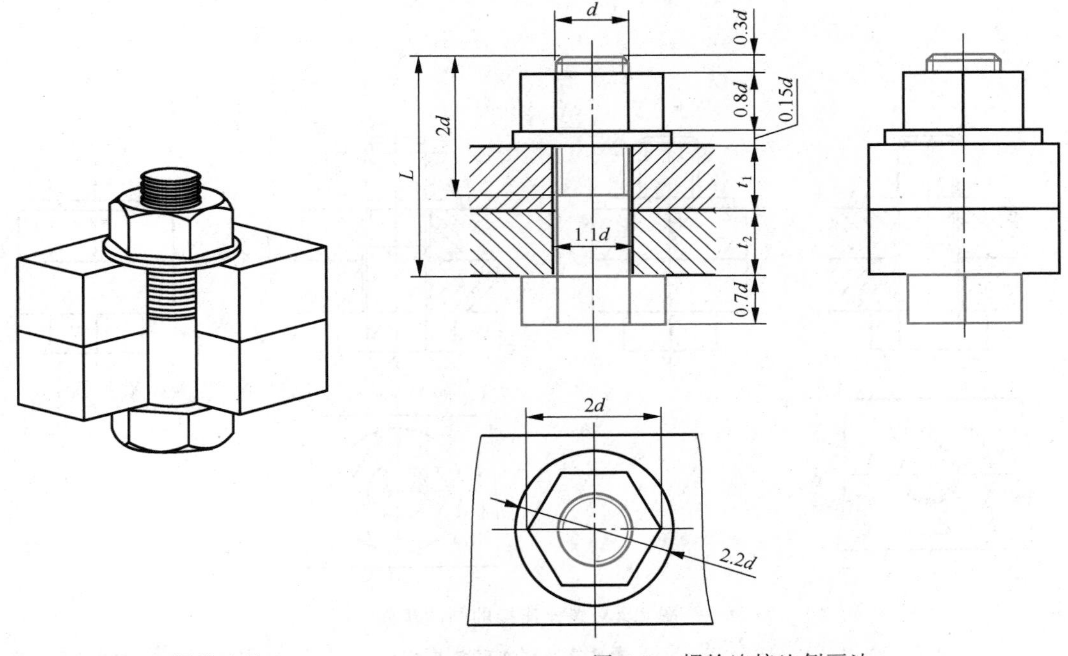

图 7.2　螺栓连接　　图 7.3　螺栓连接比例画法

螺栓的公称长度 $L \approx t_1 + t_2 + 0.15d$（垫圈厚）$+ 0.8d$（螺母厚）$+ 0.3d$（螺栓末端的伸出高度），其中 t_1、t_2 为被连接件厚度，估算出长度 L 后，查阅附录 2 中的螺栓有效长度系列值，选用接近的标准公称长度。图 7.4 为螺栓连接比例画法的画图步骤。

2. 双头螺柱连接

双头螺柱连接多用于被连接件之一太厚，不宜钻成通孔的场合，如图 7.5 所示。双头螺柱连接时，在一个被连接件上制有螺纹孔，将螺柱的一端旋入被连接件的螺孔内，另一端穿过另外一个零件的通孔，再套上垫片，拧紧螺母。拆卸时只需拧下螺母，取下垫片，而不必拧出螺柱，因此不会损坏被连接件上的螺孔。

双头螺柱两端都制有螺纹，一端用以旋入被连接件的螺孔内，称为旋入端，其长度为 *bm*。另一端用来拧紧螺母，称为紧固端。旋入端长度 *bm* 视被旋入件的材料而定，见表 7.2。

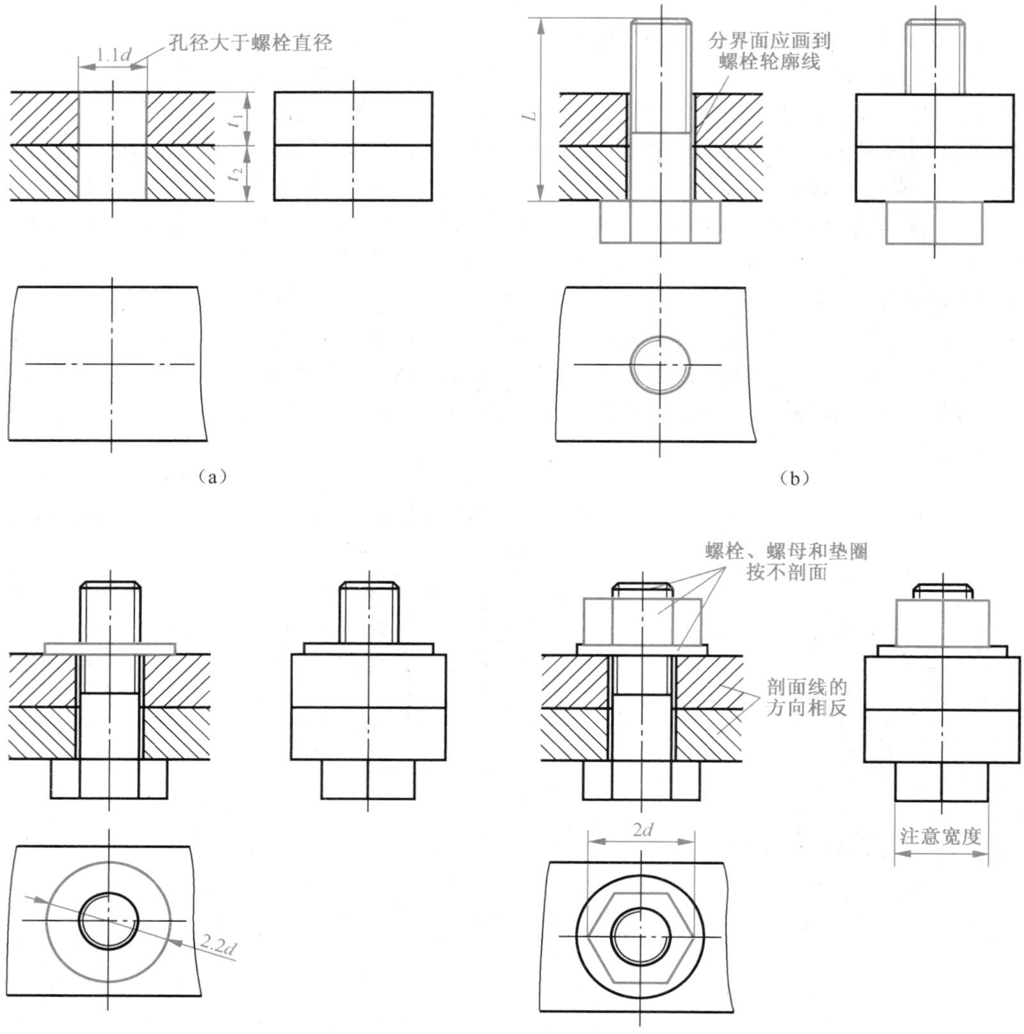

（a）　（b）

（c）　（d）

图 7.4　螺栓连接的画图步骤

表 7.2　旋入端长度

被旋入零件的材料	旋入端长度 bm
钢、青铜	$bm=d$
铸　铁	$bm=1.25d$ 或 $bm=1.5d$
铝	$bm=2d$

双头螺柱的公称长度 $L\approx t+0.15d$(垫圈厚)$+0.8d$(螺母厚)$+0.3d$(螺栓末端的伸出高度)，估算后查表取值与螺栓相同。图 7.6 是双头螺柱连接的比例画法。图 7.7 为双头螺柱连接比例画法的画图步骤。

3. 螺钉连接

螺钉连接多用于被连接件受力较小，又不需经常拆卸的场合，用螺钉连接时，较厚的被连接件上制有螺纹孔，另外一个零件上加工有通孔，将螺钉穿过通孔旋入螺孔内，依靠螺钉头部压紧被连接件，如图 7.8 所示。

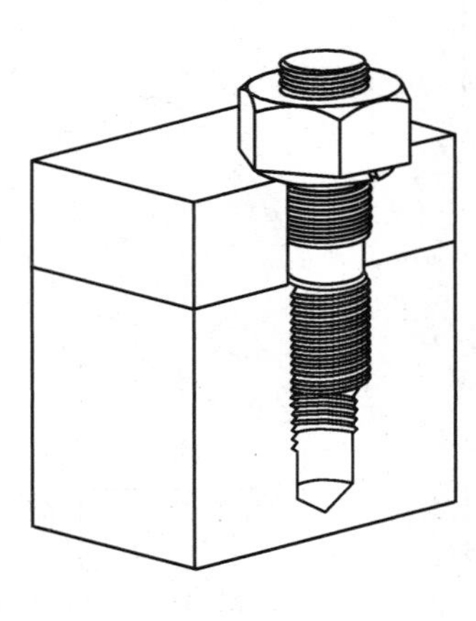

图 7.5 双头螺柱连接

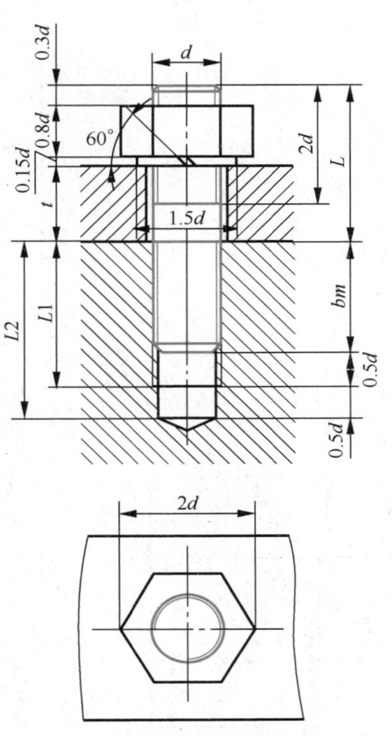

图 7.6 双头螺柱连接比例画法

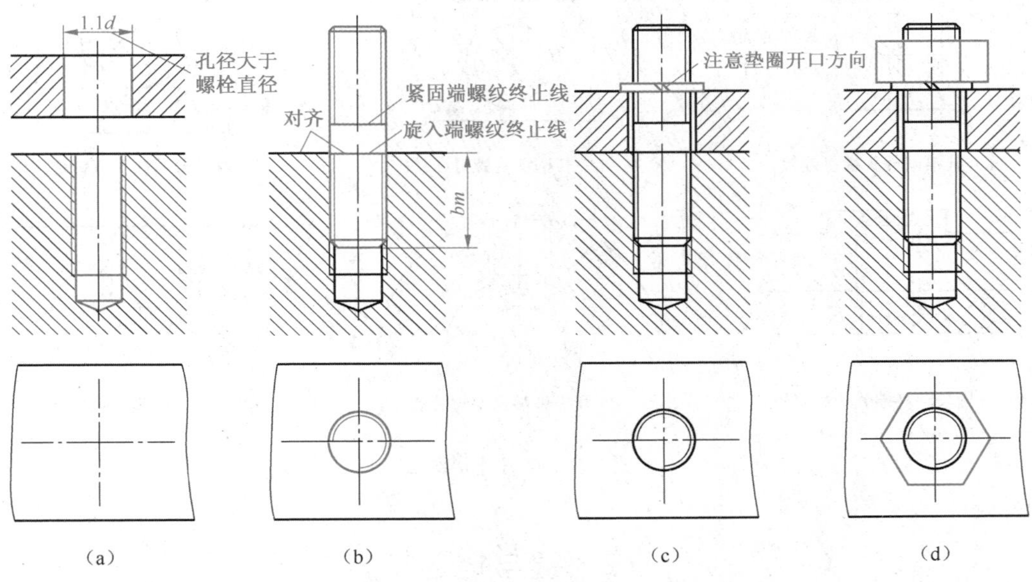

图 7.7 双头螺柱连接的画图步骤

螺钉根据用途不同分为连接螺钉与紧定螺钉。紧定螺钉用来防止配合零件之间的相对运动。各种常用螺钉连接的比例画法如图 7.9 所示。

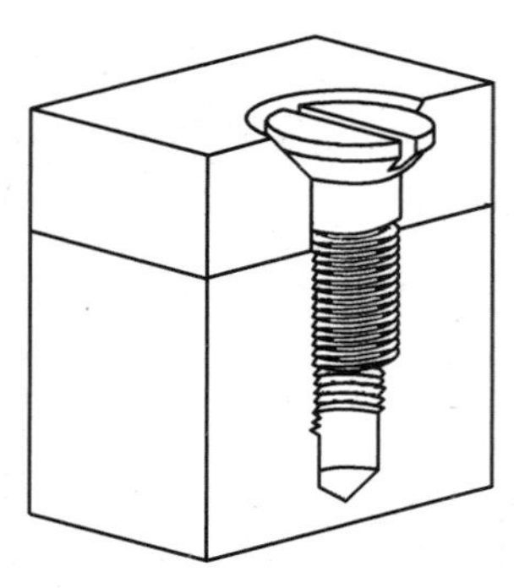

图 7.8　螺钉连接

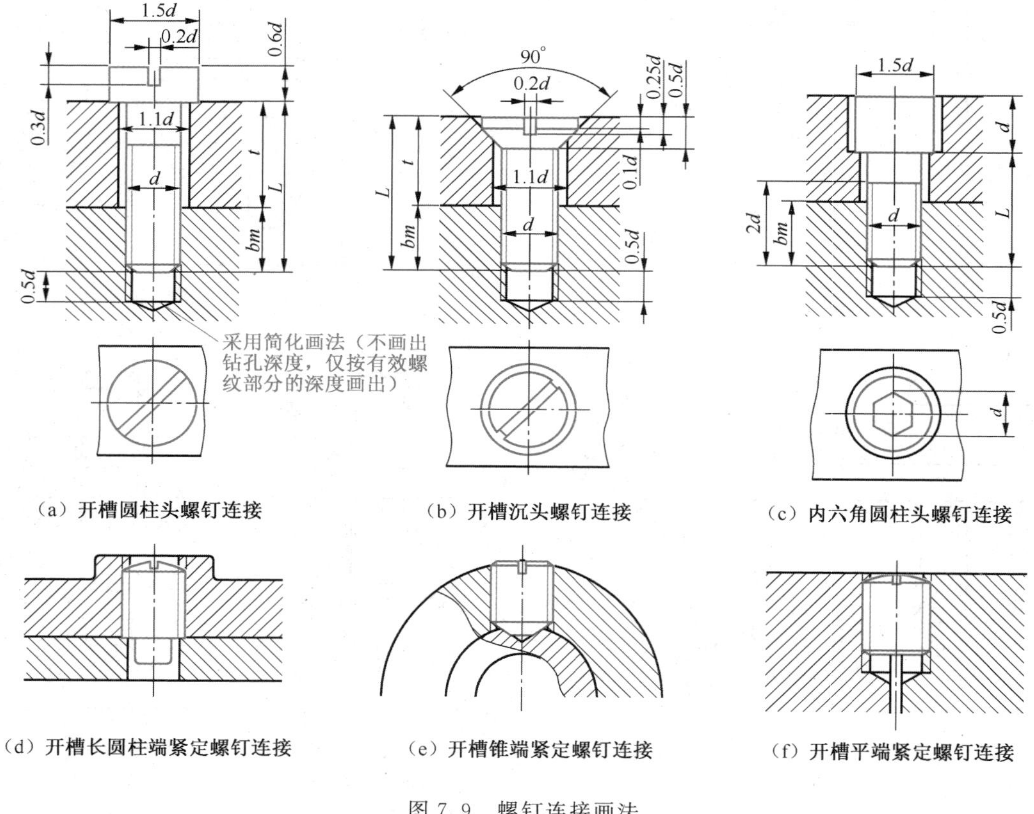

（a）开槽圆柱头螺钉连接　（b）开槽沉头螺钉连接　（c）内六角圆柱头螺钉连接

（d）开槽长圆柱端紧定螺钉连接　（e）开槽锥端紧定螺钉连接　（f）开槽平端紧定螺钉连接

图 7.9　螺钉连接画法

7.2　键与键连接

键是用来连接轴及轴上的传动件，如齿轮、皮带轮等，起切向定位和传递扭矩的作用。

7.2.1　键的种类与标记

常用的键有普通平键、半圆键和钩头楔键三种，如图 7.10 所示。

键是标准件，使用时需要根据传动情况确定键的形式，查国家标准选取见附录Ⅱ中表

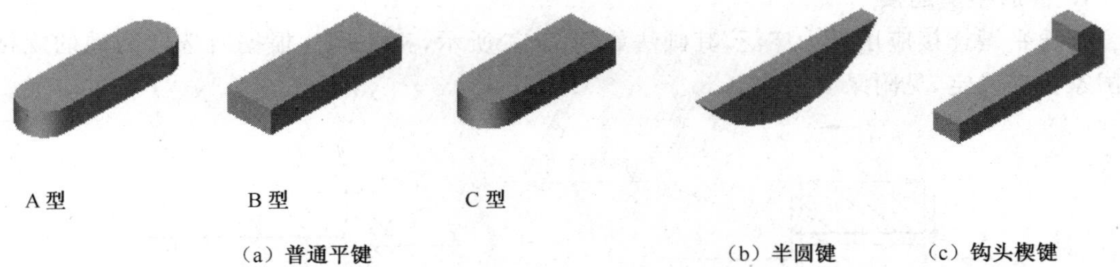

图 7.10　常用键

2.7。常用键的图例和规定标记见表 7.3。

表 7.3　键的形式和标注

名　　称	图　　例	标　注　示　例
普通型 平键 GB/T 1096—2003	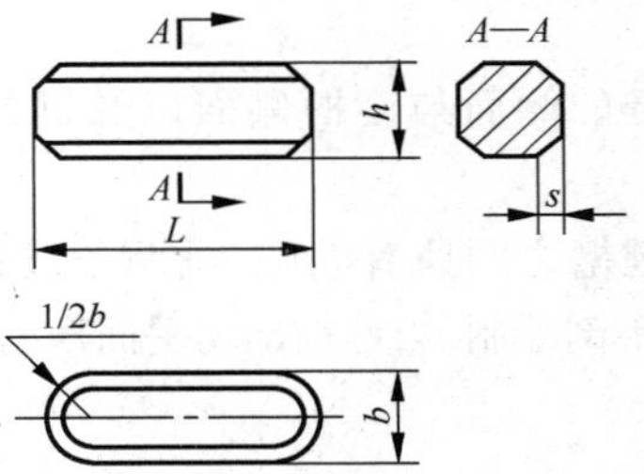	标记:GB/T 1096　键 8×8×20 表示：　键宽 b=8 mm 键高 h=8 mm 键长 l=20 mm 普通 A 型平键
普通型 半圆键 GB/ T 1099.1—2003	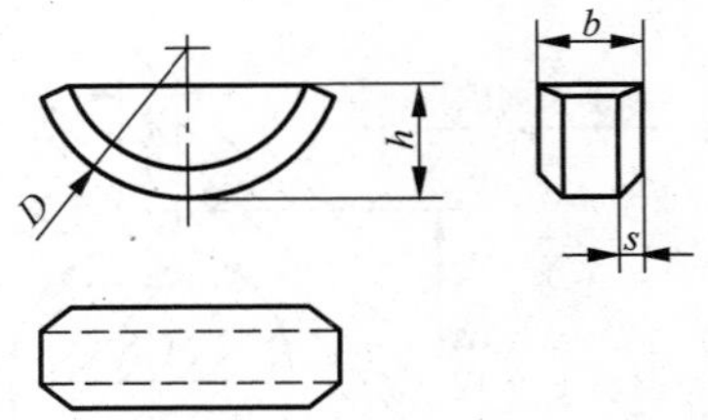	标记:GB/T 1099.1　键 6×10×25 表示：　键宽 b=6 mm 键高 h=10 mm 直径 D=25 mm 普通型半圆键
钩头型 楔键 GB/T 1565—2003	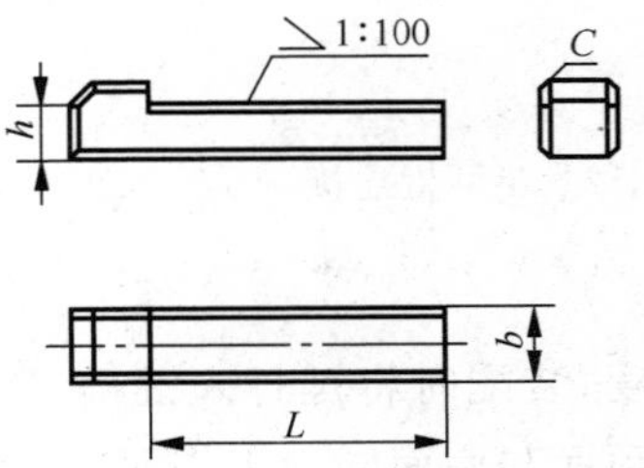	标记:GB/T 1565　键 16×100 表示：　键宽 b=16 mm 键高 h=10 mm 键长 l=100 mm 钩头型楔键

7.2.2 键连接

1. 普通平键连接

普通平键连接应用最为广泛，其画法如图 7.11 所示，相关尺寸根据所选取的键的规格查阅国家标准确定，见附录Ⅱ中表 2.8。

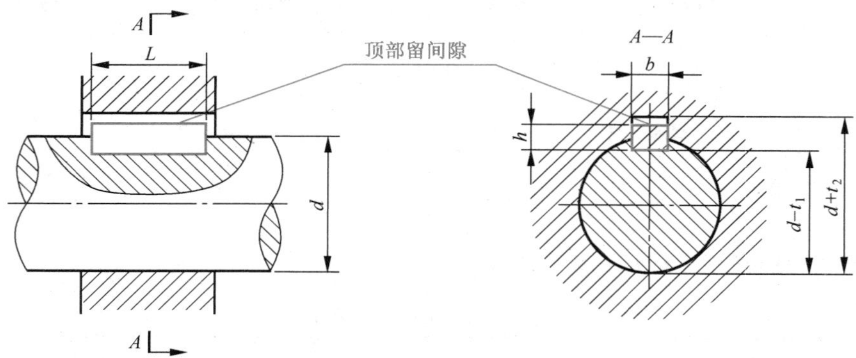

图 7.11 普通平键连接

画图时应注意：

(1)普通平键的两个侧面是工作面，键的侧面与键槽侧面以及键的底面与轴之间接触，应画一条线；

(2)键顶面是非工作面，它与轮毂的键槽之间留有间隙，画两条线；

(3)当键被剖切平面纵向剖切时，键按不剖绘制；当键被剖切平面横向剖切时，则画出剖面线；

(4)倒角、圆角省略不画。

2. 半圆键连接

半圆键连接常用于载荷不大的情况。其连接画法与普通平键相似，如图 7.12 所示。

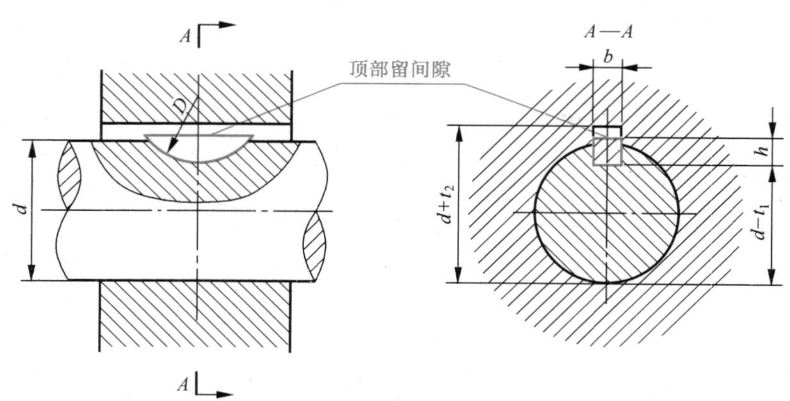

图 7.12 半圆键连接

3. 钩头型楔键连接

钩头型楔键的顶面具有 1∶100 的斜度，装配时将键打入键槽，依靠键的顶面、底面与轮、轴之间挤压的摩擦力连接。因此，楔键的顶面与底面同为工作面，画图时键的上下两接触面应画一条线，如图 7.13 所示。

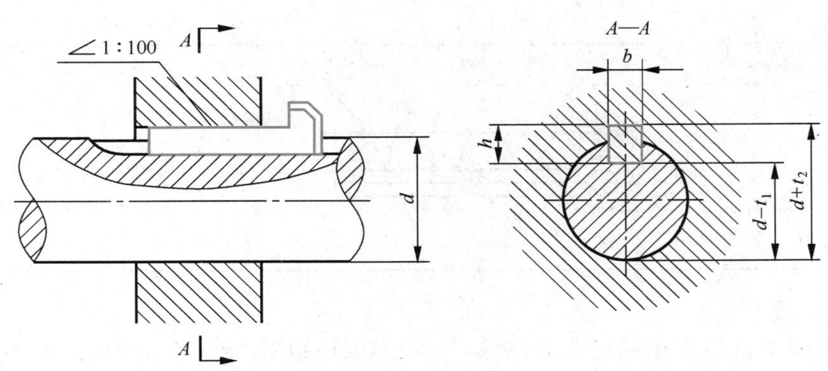

图 7.13　钩头型楔键连接

7.3　销与销连接

在机器设备中，销主要用于零件间的连接、定位和防松。销是标准件，其结构型式、尺寸大小、技术要求及标记在国家标准中都有规定，设计时可根据使用要求按有关标准选用，见附录Ⅱ中 2.8。

7.3.1　销的种类与标记

常用的销有圆柱销、圆锥销、开口销等，如图 7.14 所示。

(a) 圆柱销　　(b) 圆锥销　　(c) 开口销

图 7.14　销

常用的销的图例及标记见表 7.4。

表 7.4　常用销的图例和标注

名　称	图　例	标注示例
圆柱销 GB/T 119.1—2000		标记：销 GB/T 119.1　6m6×30 表示：公称直径 d=6mm、公差为 m6 公称长度 L=30mm、材料为钢、不经淬火、不经表面处理的圆柱销
圆锥销 GB/T 117—2000		标记：销 GB/T 117　10×50 表示：公称直径 d=10mm 公称长度 L=50mm 材料为 35 钢、热处理硬度 28～38HRC、表面氧化处理的 A 型圆锥销

续上表

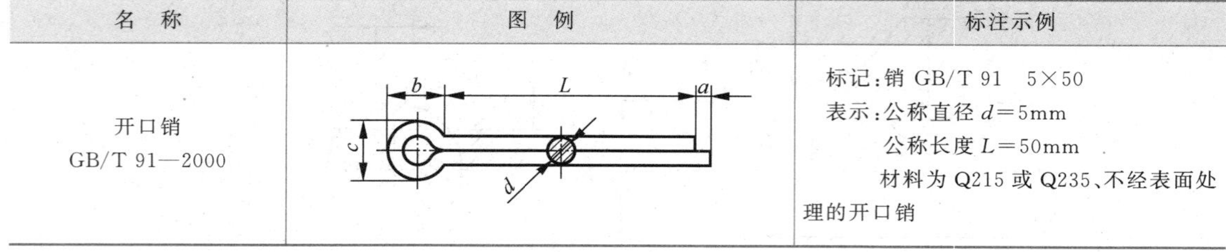

名　称	图　例	标注示例
开口销 GB/T 91—2000	b　L　a　c　d	标记：销 GB/T 91　5×50 表示：公称直径 d=5mm 公称长度 L=50mm 材料为 Q215 或 Q235、不经表面处理的开口销

7.3.2　销 连 接

用圆柱销或圆锥销连接或定位零件时，为保证销连接的配合质量，被连接两零件的销孔必须在装配时一起加工。因此，在零件图上对销孔标注尺寸时，除了标注公称直径外，还需要注明“与××配作”。常用的圆柱销和圆锥销连接如图 7.15 所示。开口销常用于防松结构，其连接的画法如图 7.16 所示。

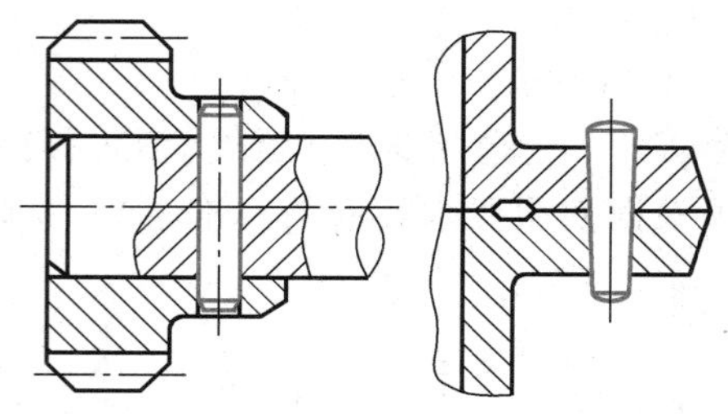

图 7.15　圆柱销和圆锥销连接

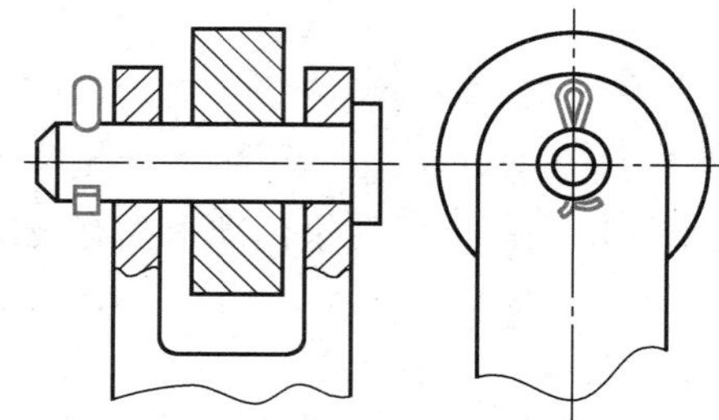

图 7.16　开口销连接

7.4　齿轮与齿轮啮合

齿轮是广泛应用于各种机械传动的中的一种常用件，用来传递动力、改变转动速度和方向等。齿轮的种类很多，按其传动情况，可将其分为三类：

(1)圆柱齿轮传动：常用来传递两平行轴之间的运动，如图 7.17(a)所示；

(2)圆锥齿轮传动：常用来传递两垂直轴之间的运动，如图 7.17(b)所示；

(3)蜗轮蜗杆传动：常用来传递两交叉轴之间的运动，如图 7.17(c)所示。

(a) 圆柱齿轮

(b) 圆锥齿轮

(c) 蜗轮蜗杆

图 7.17　齿轮传动

其中圆柱齿轮应用广泛，根据轮齿的不同形式，圆柱齿轮分为直齿、斜齿、人字齿等。本节只介绍标准直齿圆柱齿轮的基本知识。

7.4.1　标准直齿圆柱齿轮

1. 齿轮的名词术语

图 7.18 所示为圆柱齿轮各部分名称。

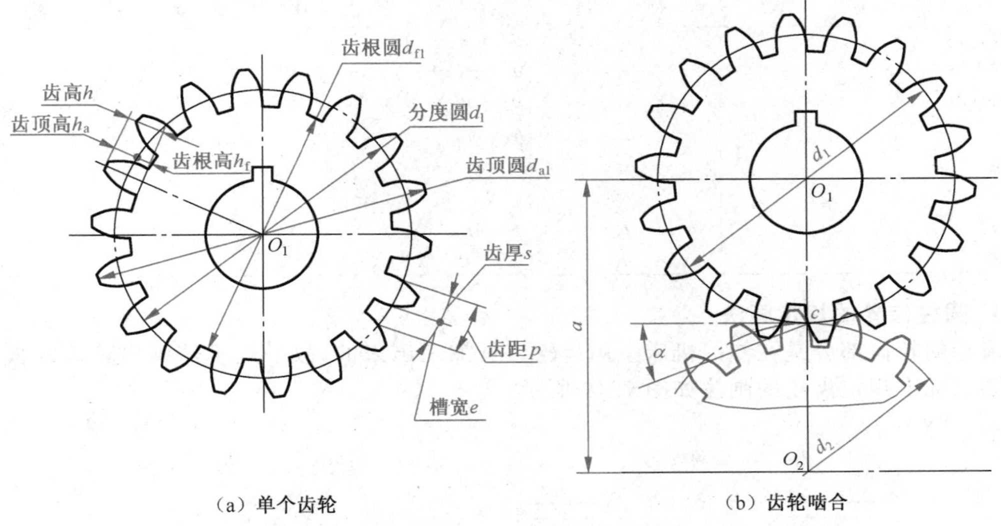

（a）单个齿轮　　（b）齿轮啮合

图 7.18　圆柱齿轮各部分的名称

（1）齿数：齿轮上轮齿的个数，用 z 表示；

（2）齿顶圆：通过轮齿顶部的圆，其直径用 d_a 表示；

（3）齿根圆：通过轮齿根部的圆，其直径用 d_f 表示；

（4）分度圆：加工齿轮时，作为齿轮轮齿分度的圆称为齿轮的分度圆，其直径用 d 表示；

（5）齿高、齿顶高、齿根高：齿顶圆与齿根圆的径向距离称为齿高，用 h 表示；齿顶圆与分度圆的径向距离称为齿顶高，用 h_a 表示；分度圆与齿根圆的径向距离称为齿根高，用 h_f 表示；$h=h_a+h_f$；

（6）齿距、齿厚、槽宽：在分度圆上，两个相邻的齿，同侧齿面间的弧长称为齿距，用 p 表示；一个轮齿齿廓间的弧长称为齿厚，用 s 表示；一个齿槽齿廓间的弧长称为槽宽，用 e 表示。在标准齿轮中，$s=e$，$p=s+e$；

（7）模数：设齿轮的齿数为 z，则齿轮分度圆周长为 $pz=\pi d$，即：$d=(p/\pi)z$，令 $(p/\pi)=m$ 为参数，于是 $d=mz$，m 即为齿轮的模数。

模数 m 是设计和制造齿轮的重要参数。模数大，轮齿大，模数小，轮齿小。为了便于齿轮的设计与制造，国家标准已将模数系列化，标准模数见表 7.5。

表 7.5　渐开线圆柱齿轮标准模数 m（GB/T 1357—2008）

第一系列	1，1.25，1.5，2，2.5，3，4，5，6，8，10，12，16，20，25，32，40，50
第二系列	1.125，1.375，1.75，2.25，2.75，3.5，4.5，5.5，(6.5)，7，9，11，14，18，22，28，35，45

（8）压力角：相互啮合的两圆柱齿轮在接触点处的受力方向与运动方向所夹的锐角，用 α 表示。我国标准齿轮采用的压力角为 20°。

(9)中心距:相互啮合的两圆柱齿轮轴线之间的最短距离称为中心距,用 a 表示。

2. 轮齿的基本尺寸与参数关系

在设计齿轮时,要先确定齿轮的齿数、模数,其他各部分尺寸都可计算出来,其具体的计算公式见表 7.6。

表 7.6 标准直齿圆柱齿轮各基本尺寸的计算公式

名　称	符　号	计　算　公　式
分度圆直径	d	$d=mz$
齿顶圆直径	d_a	$d_a=m(z+2)$
齿根圆直径	d_f	$d_f=m(z-2.5)$
齿顶高	h_a	$h_a=m$
齿根高	h_f	$h_f=1.25m$
齿高	h	$h=h_a+h_f=2.25m$
齿距	p	$p=m\pi$
中心距	a	$(d_1+d_2)/2=m(z_1+z_2)/2$

3. 圆柱齿轮的规定画法

齿轮的轮齿部分是在专门机床上用齿轮刀具加工出来的,故一般不需画出轮齿的真实投影。国家标准规定齿轮的画法如图 7.19 所示。

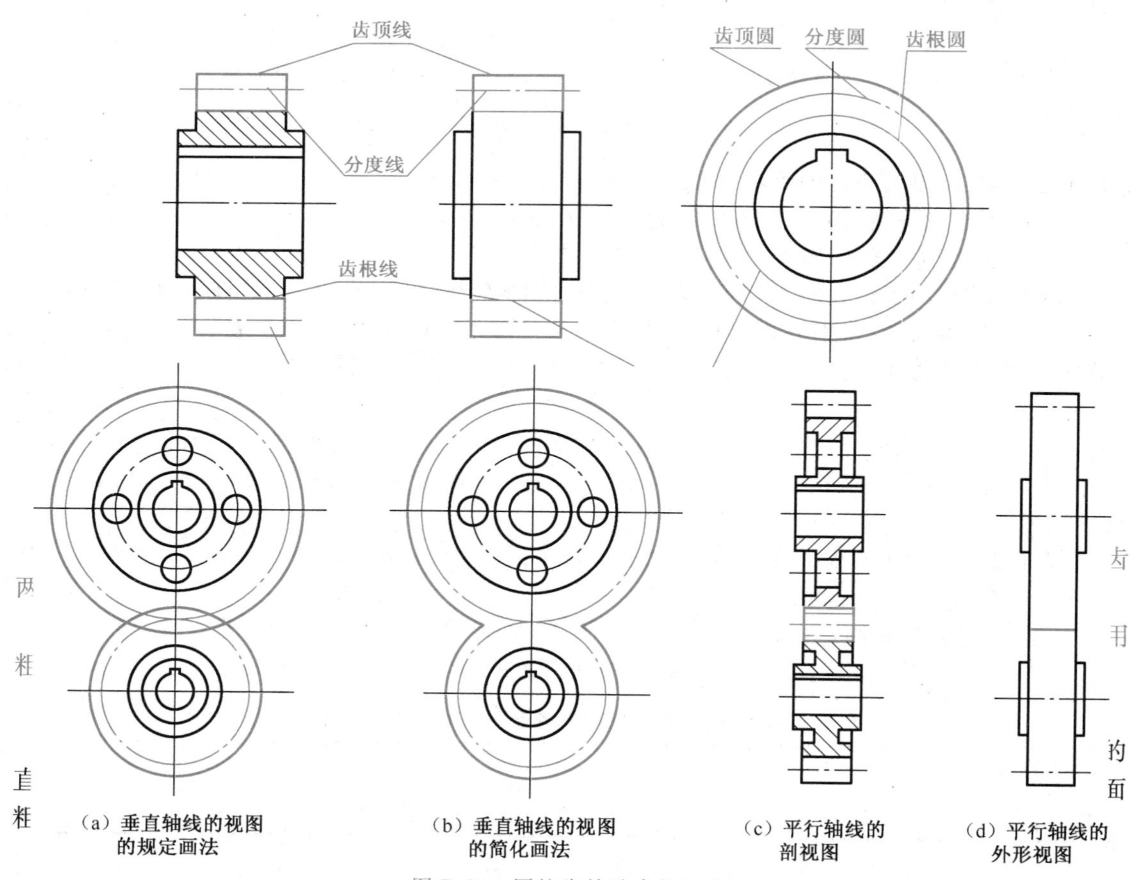

图 7.21 圆柱齿轮啮合的画法

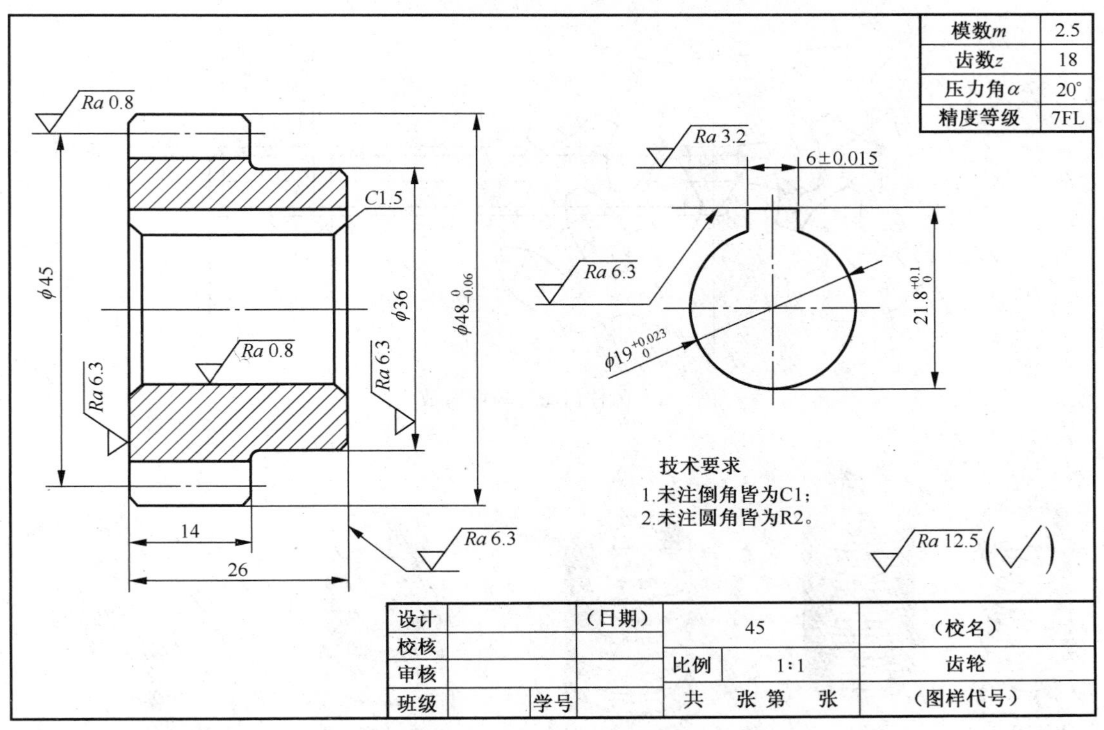

图 7.20　齿轮零件图

7.4.2　齿轮啮合

两齿轮相啮合的条件是两个齿轮的模数和压力角都相同。齿轮啮合时，两轮齿啮合的接触点是连心线上的 C 点，如图 7.18(b)所示，该点称节点。以圆心到节点距离为半径的圆即称节圆。对标准齿轮而言节圆与分度圆相等。

两齿轮啮合时，除啮合区外，其余部分均按单个齿轮绘制，啮合区按规定绘制。

在两个齿轮啮合的端面视图中，啮合区内两节圆应相切，齿根圆全部不画，齿顶圆均画成粗实线，如图 7.21(a)，也可采用图 7.21(b)所示的简化画法。

在径向视图中，啮合区的节线用细点画线表示；在啮合区内，一个齿轮的齿顶线用粗实线绘制，另一个齿轮的齿顶线被遮挡的部分用虚线绘制，如图 7.21(c)，也可省略不画。画外形图时，啮合区的齿顶线和齿根线省略不画，节线画成粗实线，其他处的节线仍用细点画线绘制，如图 7.21(d)所示。厚度不等的两齿轮啮合区的放大图如图 7.22 所示。

7.5　弹　　簧

弹簧是利用材料的弹性和结构特点，通过变形储存能量进行工作，当去除外力后立即恢复原形。弹簧具有减震、夹紧、储存能量和测力等作用。

弹簧的种类很多，常见的有螺旋弹簧、板弹簧、碟形弹簧、平面涡卷弹簧等。根据受力情况的不同，螺旋弹簧又分为压缩弹簧、拉伸弹簧及扭转弹簧等，如图 7.23 所示。本节重点介绍普通圆柱螺旋压缩弹簧的规定画法。

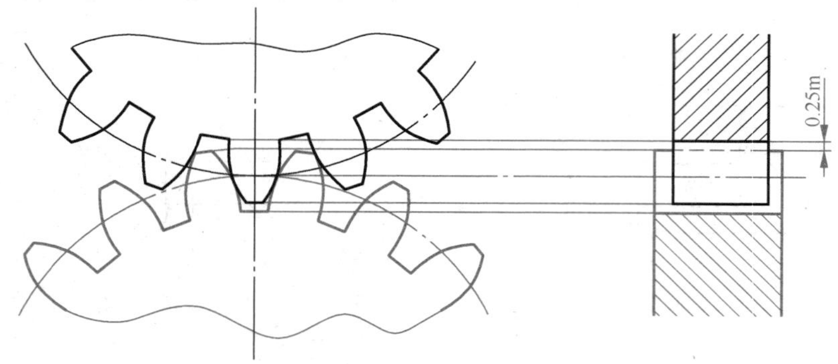

图 7.22　圆柱齿轮轮齿啮合放大图

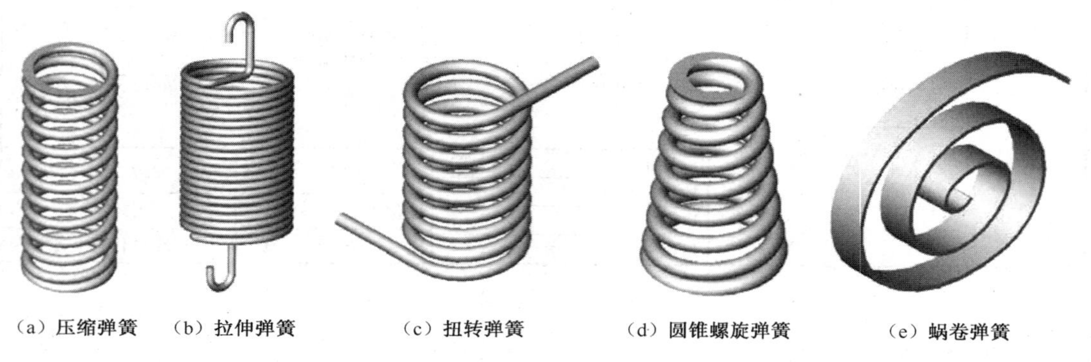

图 7.23　常用的弹簧种类

7.5.1　圆柱螺旋压缩弹簧的相关参数

圆柱螺旋压缩弹簧各部分的名称及尺寸关系如图 7.24 所示。

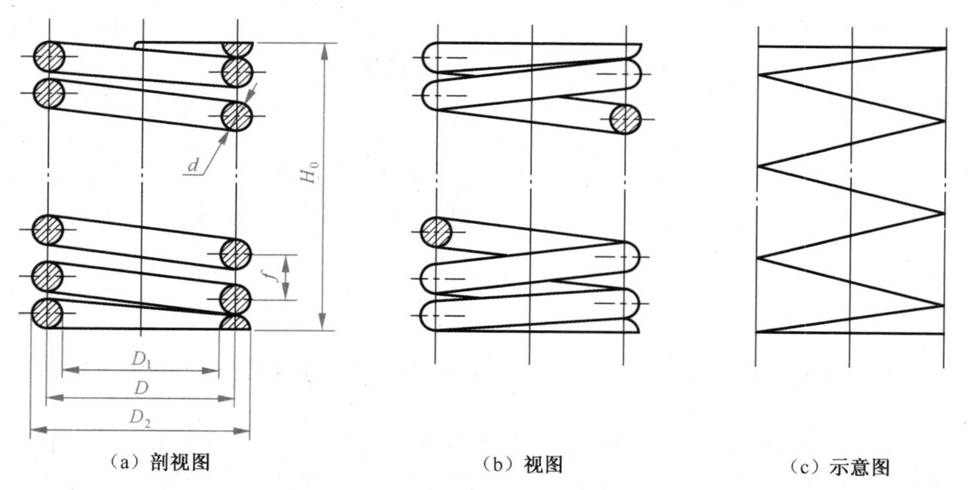

图 7.24　圆柱螺旋压缩弹簧参数及画法

(1)簧丝直径 d:制造弹簧的钢丝直径,按标准选取。

(2)弹簧中径 D:弹簧的内径和外径的平均值,按标准选取。

弹簧内径 D_1:弹簧的最小直径,$D_1=D-d$;

弹簧外径 D_2:弹簧的最大直径,$D_2=D+d$。

(3)有效圈数 n:保持相等节距的圈数,称为有效圈数。

支承圈数 n_2:为了使螺旋压缩弹簧工作时受力均匀,增加弹簧的平稳性,弹簧的两端要并紧、磨平。并紧、磨平的各圈仅起支撑作用,称为支承圈。支承圈数分有1.5圈、2圈、2.5圈三种,一般多用2.5圈。

总圈数 n_1:有效圈数和支承圈数之和,称为总圈数,即 $n_1=n+n_2$。

(4)节距 t:两相邻有效圈截面中心线的轴向距离。

(5)自由高度 H_0:弹簧无负荷时的高度,$H_0=nt+(n_2-0.5)d$。

(6)展开长度 L:制造弹簧时所需的簧丝的长度,$L\approx\pi D(n+2)$。

(7)旋向:弹簧的旋向与螺纹的旋向一样,也有右旋和左旋之分。

7.5.2　圆柱螺旋压缩弹簧的规定画法

国家标准(GB/T 4459.4—2003)规定了弹簧的画法。

1. 单个弹簧的画法

单个弹簧可用视图或剖视图表示,也可用示意图表示,如图7.24所示。在平行于轴线的投影面上的视图中,其各圈的轮廓线应画成直线;当有效圈在4圈以上时,允许两端只画两圈,中间部分可省略不画,长度也可适当缩短,其真实长度可用尺寸注出;螺旋弹簧不论左旋还是右旋,在图样上均可按右旋画出,对左旋弹簧注明“LH”;两端并紧且磨平的压缩弹簧,不论其支承圈的圈数多少及端部并紧情况如何,都可按支承圈数为2.5,磨平圈数为1.5画出,如图7.25给出了圆柱螺旋压缩弹簧的画图步骤。

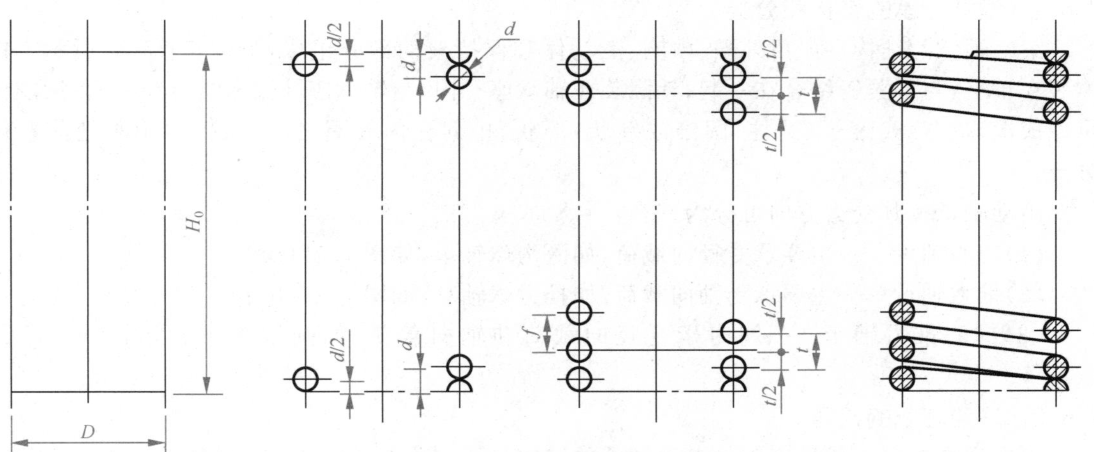

图7.25　圆柱螺旋压缩弹簧的画图步骤

2. 圆柱压缩螺旋弹簧在装配图中的画法

装配图中,弹簧被看成实心物体,被弹簧挡住的结构一般不画出,可见部分应从弹簧外轮廓线或从簧丝断面的中心线画起,如图7.26(a)。螺旋弹簧被剖切时,簧丝直径在图形上等于或小于 2mm 的剖面允许用涂黑表示，如图 7.26(b)，也可采用示意画法，如图 7.26(c)所示。

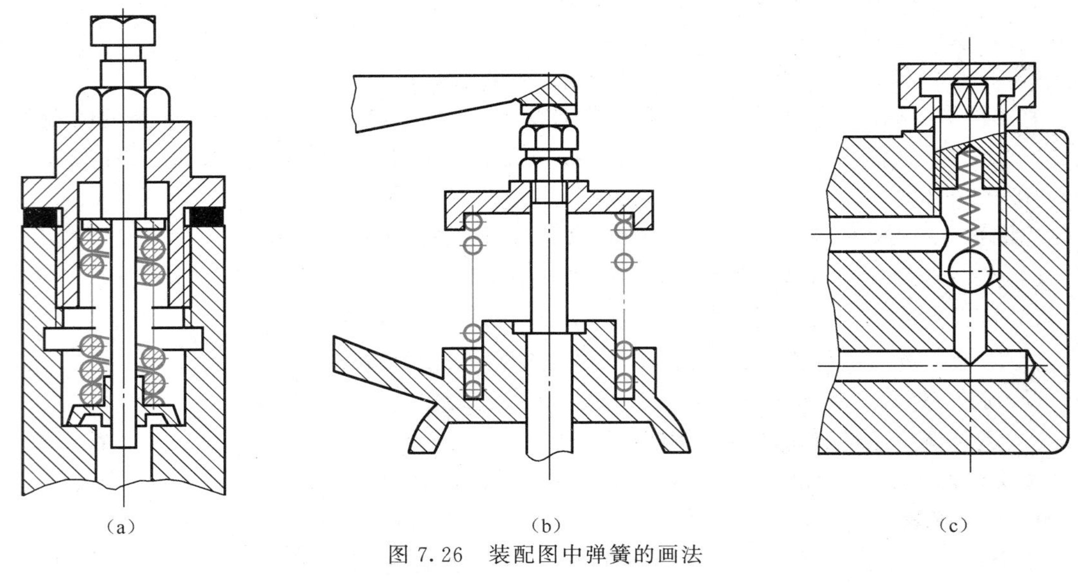

图 7.26　装配图中弹簧的画法

7.6　滚动轴承

滚动轴承是支承旋转轴的组件。由于它具有结构紧凑、效率高、摩擦阻力小、维护简单等优点，因此在各种机器中广泛应用。滚动轴承是标准部件，需要时可根据型号选购。

7.6.1　滚动轴承的结构和分类

滚动轴承的结构一般由外圈、内圈、滚动体和保持架四部分组成，如图 7.27(a)所示。内圈装在轴上，与轴紧密结合在一起；外圈装在轴承座孔内，与轴承座孔紧密结合在一起；滚动体可做成滚珠(球)或滚子(圆柱、圆锥或针状)形状，排列在内外圈之间；保持架用来把滚动体分开。

滚动轴承按其受力方向可分为三类：

(1)向心轴承——主要承受径向载荷，如深沟球轴承，如图 7.27(a)；

(2)推力轴承——主要承受轴向载荷，如推力球轴承，如图 7.27(b)；

(3)向心推力轴承——同时承受径向载荷和轴向载荷，如圆锥滚子轴承，如图 7.27(c)。

7.6.2　滚动轴承的代号

国家标准规定用代号来表示滚动轴承的结构、尺寸、公差等级和技术性能等特性。滚动轴承的基本代号由轴承类型代号、尺寸系列代号、内径代号构成。代号示例如下：

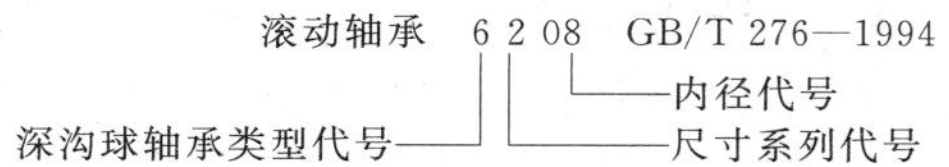

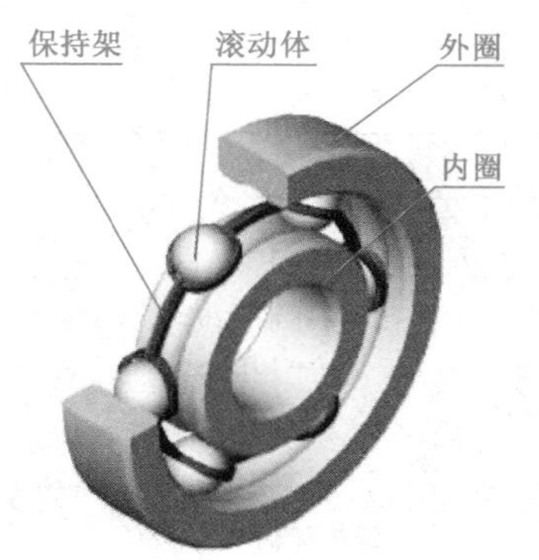

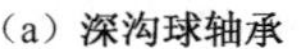
(a) 深沟球轴承

(b) 推力球轴承

(c) 圆锥滚子轴承

图 7.27　滚动轴承的结构及类型

1. 轴承类型代号

轴承类型代号用数字或拉丁字母表示，常用类型及含义见表 7.7。

表 7.7　部分轴承类型代号

代号	轴承类型	代号	轴承类型
3	圆锥滚子轴承	6	深沟球轴承
5	推力球轴承	N	圆柱滚子轴承

2. 尺寸系列代号

尺寸系列代号由轴承的宽(高)度系列代号和直径系列代号组合而成，一般用两位数字表示。它表示同种轴承在内圈孔径相同的情况下，内、外圈的宽度、厚度的不同及滚动体的大小不同。显然，尺寸系列代号不同的轴承，其外轮廓尺寸不同，承载能力也不同。常用系列代号见表 7.8。

表 7.8　滚动轴承部分尺寸系列代号

直径系列代号	向心轴承								推力轴承			
	宽度系列代号								高度系列代号			
	8	0	1	2	3	4	5	6	7	9	1	2
	尺寸系列代号											
0	—	00	10	20	30	40	50	60	70	90	10	—
1	—	01	11	21	31	41	51	61	71	91	11	—
2	82	02	12	22	32	42	52	62	72	92	12	22
3	83	03	13	23	33	—	—	—	73	93	13	23

尺寸系列代号有时可以省略。除圆锥滚子轴承以外，其余各类轴承宽度系列代号“0”均可省略。

3. 内径代号

用来表示轴承公称内径的内径代号，是轴承的内圈孔径，因其与轴产生配合，故为轴承的主要参数。内径代号见表 7.9。

表 7.9　滚动轴承内径代号

公称内径(mm)		内径代号	示例
10～17	10	00	深沟球轴承 6200 d=10mm
	12	01	
	15	02	
	17	03	
20～480 (22、28、32 除外)		公称直径除以 5 的商数,当商数为个位数时,需在左边加"0",如 08	深沟球轴承 6208 d=40mm
22、28、32		用公称内径毫米数直接表示,但与尺寸系列代号之间用"/"分开	深沟球轴承 62/22 d=22mm

7.6.3　滚动轴承的规定画法

滚动轴承是标准部件,不必画零件图。国家标准(GB/T 4459.7—1998)规定了,在装配图中可采用通用画法、规定画法或特征画法画出。常用滚动轴承的画法见表 7.10,其各部分尺寸可根据轴承代号查阅有关轴承标准手册。

规定画法中,轴承的滚动体不画剖面线,其内、外圈可画成方向和间隔相同的剖面线,在不致引起误解的时,也允许省略不画。

图 7.28 为滚动轴承的通用画法,图 7.29 为滚动轴承轴线垂直于投影面的特征画法,图 7.30 为深沟球轴承在装配图中的画法。

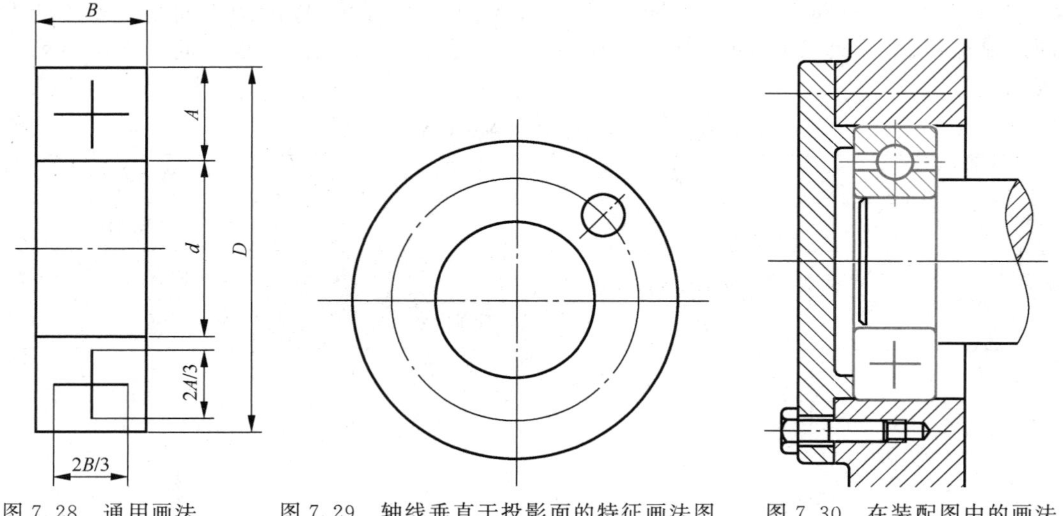

图 7.28　通用画法　　图 7.29　轴线垂直于投影面的特征画法图　　图 7.30　在装配图中的画法

表7.10　常用滚动轴承的规定画法和特征画法

轴承类型	规定画法	特征画法
深沟球轴承 GB/T 276—1994 类型代号 6	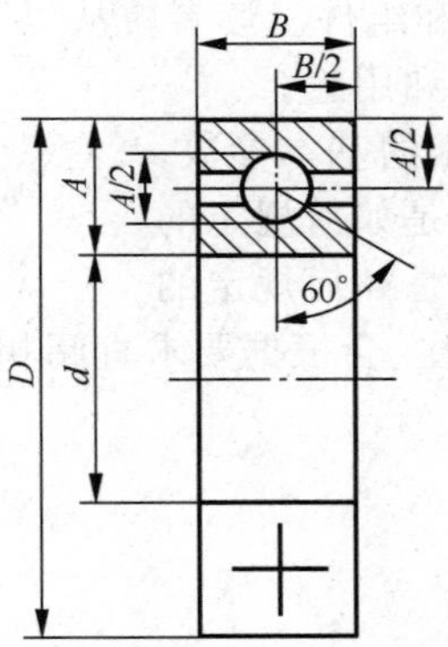 B, B/2, A, A/2, A/2, 60°, D, d	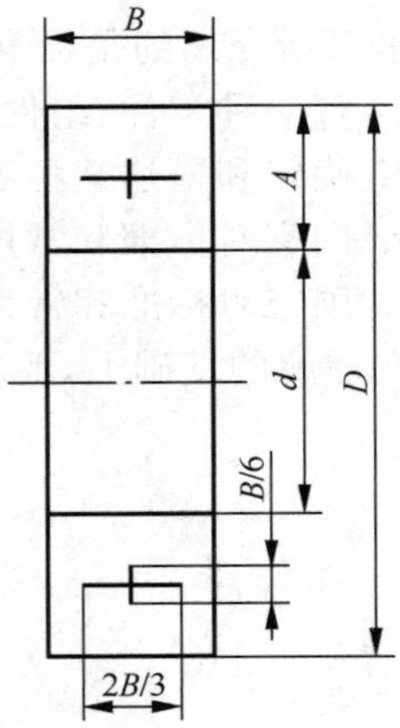 B, A, d, D, B/6, 2B/3
推力球轴承 GB/T 301—1995 类型代号 5	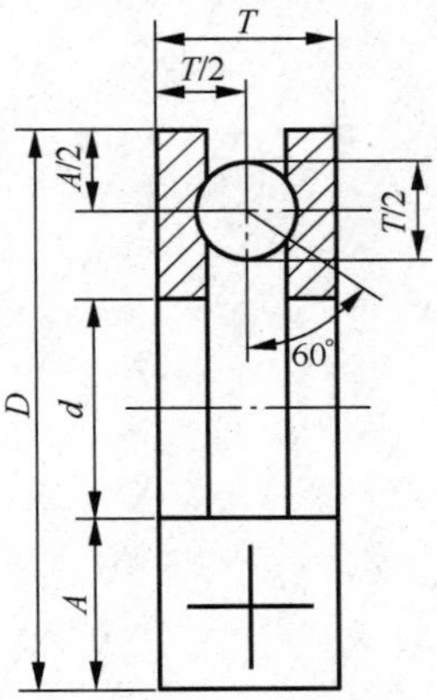 T, T/2, A/2, T/2, 60°, D, d, A	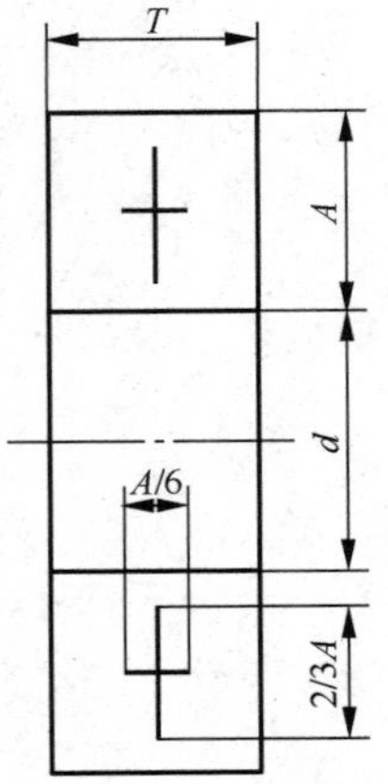 T, A, d, A/6, 2/3A
圆锥滚子轴承 GB/T 297—1994 类型代号 3	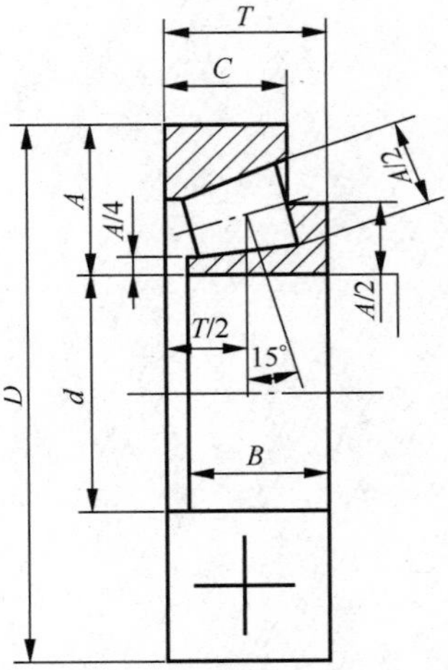 T, C, A/2, A, A/4, A/2, T/2, 15°, D, d, B	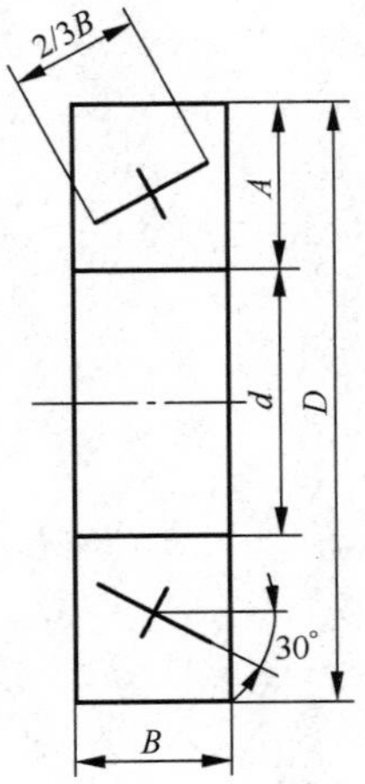 2/3B, A, d, D, 30°, B

本章小结

本章所介绍的是标准和常用零件和组件。读者应从以下四个方面去理解和掌握：

1. 每一种零件、组件的功能、结构和用途；
2. 确定和描述某种零件、组件要素的基本参数；
3. 国家对标准和常用零件的画法是如何规定的；
4. 国家对标准和常用零件的标注是如何规定的。

在理解的基础上，要求会画、会标注、会根据要求查阅相关的手册。

第 8 章　装配体与装配图

在进行机器和部件的设计时，一般从装配体开始，然后再根据装配体设计零件。零件不是孤立存在的，每个零件存在于机器或部件中，并有其独特的作用。它与其他零件有机地装配在一起，实现整个部件的功用。在设计和绘制装配图的过程中，应重视零件与零件的装配关系和装配结构的合理性，以保证机器或部件的性能，方便零件的加工和装拆。对装配体的认知为学习装配图提供了丰富的感性认识。本章主要介绍装配体的相关知识和装配图的内容、画法以及阅读装配图的方法和步骤。

8.1　装　配　体

任何机器或部件，都是由一定数量的零件，根据其性能和工作原理，按照一定的装配关系和技术要求组装在一起的。装配过程中，应掌握机器的工作原理、装配干线、零件之间的配合关系等。本节以螺旋千斤顶为例，说明装配体的装配过程，对该过程的认识和了解，对绘制装配图具有启发和指导作用。

8.1.1　装配示意图

装配示意图是针对产品的设计要求、设计方案，用规定的简单符号或线条绘制而成的。用以表示机器或部件各部分的运动和传动关系，以及各零件的相对位置和装配关系，它能反映机器或部件的工作原理。因此，装配示意图可用于作为机器设计和装配的依据。螺旋千斤顶装配示意图如图 8.1 所示。

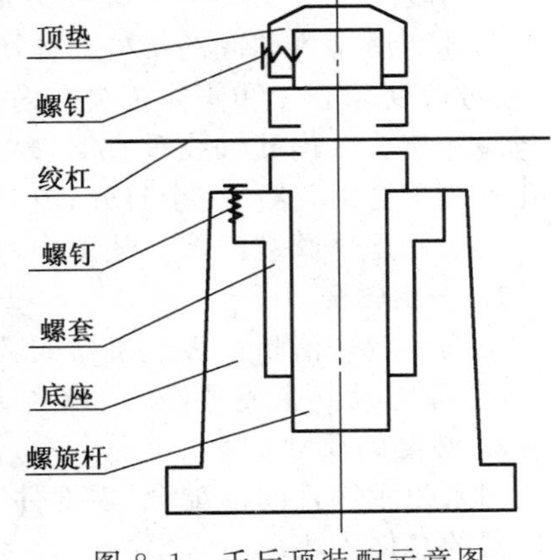

图 8.1　千斤顶装配示意图

螺旋千斤顶是利用螺纹传动来顶举重物的起重工具。当操作者转动绞杠，使螺旋杆在螺套中转动时，螺旋杆的旋转运动转变为上下直线运动，顶起或降下重物。螺旋杆头部的圆球面上套装顶垫，既保证顶起重物时受力向心，也使螺旋杆旋转时，螺旋杆和顶垫的球面之间产生摩擦，保证不损伤重物表面。

8.1.2　装配干线与装配关系

1. 确定装配干线

装配干线是指机器或部件装配时，零件依次围绕一根或几根轴线装配起来的，体现主要的装配关系，该轴线就被称为装配干线。千斤顶的装配干线如图 8.2 所示，零件底座、螺套、螺旋杆、顶垫围绕共同的轴线装配，实现升举功能。

2. 明确装配关系

零件与零件之间的连接和装配关系包括：配合连接、螺纹连接、键连接、销连接、齿轮啮合、弹簧连接和轴承连接等，这些连接关系在装配环境下就变成了面与面之间的重合关系、等距离关系、相切关系、同轴关系等，直线与直线之间的重合关系等。例如：圆轴与圆孔是一种配合关系，那么在装配环境下就变成了同轴关系；键与键槽的底面具有接触的关系，那么在装配的环境下就变成了平面与平面的重合关系。

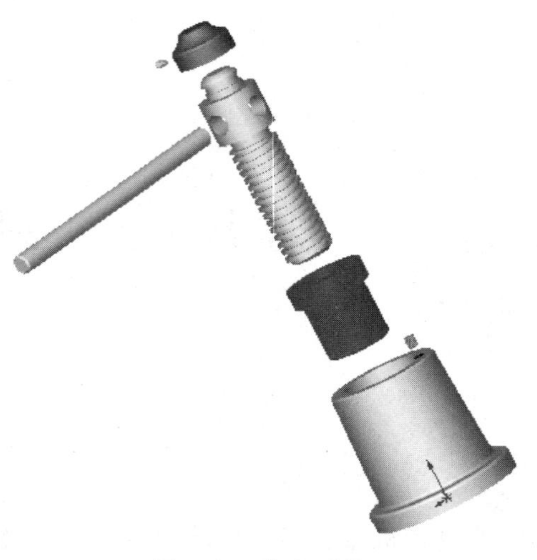

图 8.2　装配干线

对千斤顶而言，螺套与底座之间存在径向同轴关系及轴向共面的关系；螺套与螺旋杆之间存在径向同轴关系及轴向的限位关系；螺旋杆与顶垫之间存在径向的同轴关系及球形端面共面关系。

8.2　装配图的内容

表达机器或部件的组成及装配关系的图样称为装配图。装配图是了解机器或部件的工作原理、功能结构的技术文件，是进行装配、检验、安装、调试和维修的重要依据。在设计过程中，首先要绘制装配图，然后再根据装配图完成零件的设计及绘图。

图 8.3 所示为球阀的结构立体图，其工作原理是：转动扳手 12，带动阀杆 13 和球心 4 转动，通过改变球心 4 和阀体接头 5 内孔轴线相交的角度，来控制球阀的流量。当球心 4 内孔轴线与阀体接头 5 内孔轴线垂直时，球阀完全关闭，流量为 0，当球心 4 内孔轴线与阀体接头 5 内孔轴线重合时，球阀完全打开，流量最大。

图 8.4 是球阀装配图。从图中可以看出，装配图应包含以下内容。

1. 一组图形

正确、完整、清晰地表达机器或部件的组成、零件之间的相对位置关系、连接关系、装配关系、工作原理及其主要零件的主要结构形状的一组视图。

2. 必要的尺寸

用来表示零件间的配合、零部件安装、机器或部件的性能、规格、关键零件间的相对位置以及机器的总体大小。

3. 技术要求

用来说明机器或部件在装配、安装、检验、维修及使用方面的要求。

4. 零件的序号、明细栏和标题栏

序号与明细栏的配合说明了零件的名称、数量、材料、规格等，在标题栏中填写部件名称、数量及生产组织和管理工作需要的内容。

8.2.1　装配图的表达方法

零件的各种表达方法在表达机器或部件时同样适用。但装配图以表达部件或机器的工作

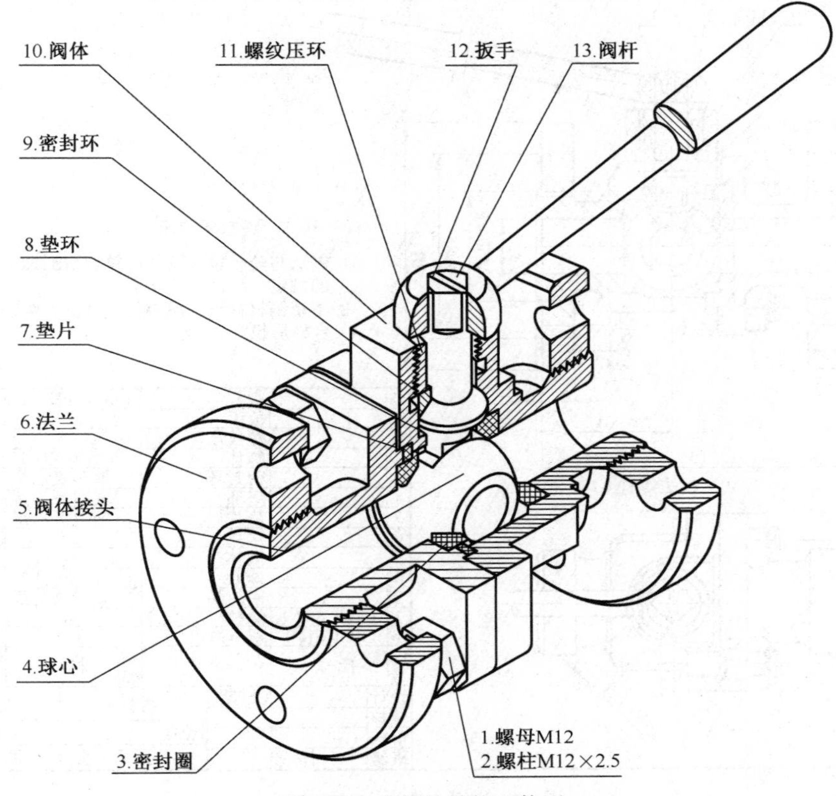

图 8.3　球阀的结构立体图

原理、各零件间的装配关系为主，因此，除了前面章节所介绍的各种表达方法外，还需要一些规定画法和特殊画法。

1. 规定画法

(1)相邻两个零件的接触表面或配合表面只画一条共用的轮廓线，不接触的两零件表面，即使间隙很小，也要用两条轮廓线表示。

(2)画剖视图时，相邻两零件的剖面线方向应相反、或方向一致间隔不同。对薄片零件可涂黑，如图 8.4 球阀装配图中的件 7(垫片)。

(3)对一些实心杆件(如轴、连杆等)和一些标准件(如螺母、螺栓、垫圈、键、销等)，若剖切平面通过其轴线剖切时，这些零件只画外形，不画剖面线，如图 8.4 球阀装配图中的件 13(阀杆)。

2. 特殊画法

(1)拆卸画法。为了表达被遮挡的装配关系，可假想拆去一个或几个零件，只画出所要表达部分的视图，这种画法称之为拆卸画法。如图 8.4 所示球阀装配图中的俯视图，是拆去件 6(法兰)后绘制的。

(2)沿结合面剖切画法。为了表达内部结构，可采用沿结合面剖切画法。零件的结合面不画剖面线，被剖切的零件应画出剖面线。

(3)单独表达某个零件。在装配图中，当某个零件的形状未表达清楚而对理解装配关系有影响时，可单独画出该零件的某一视图。

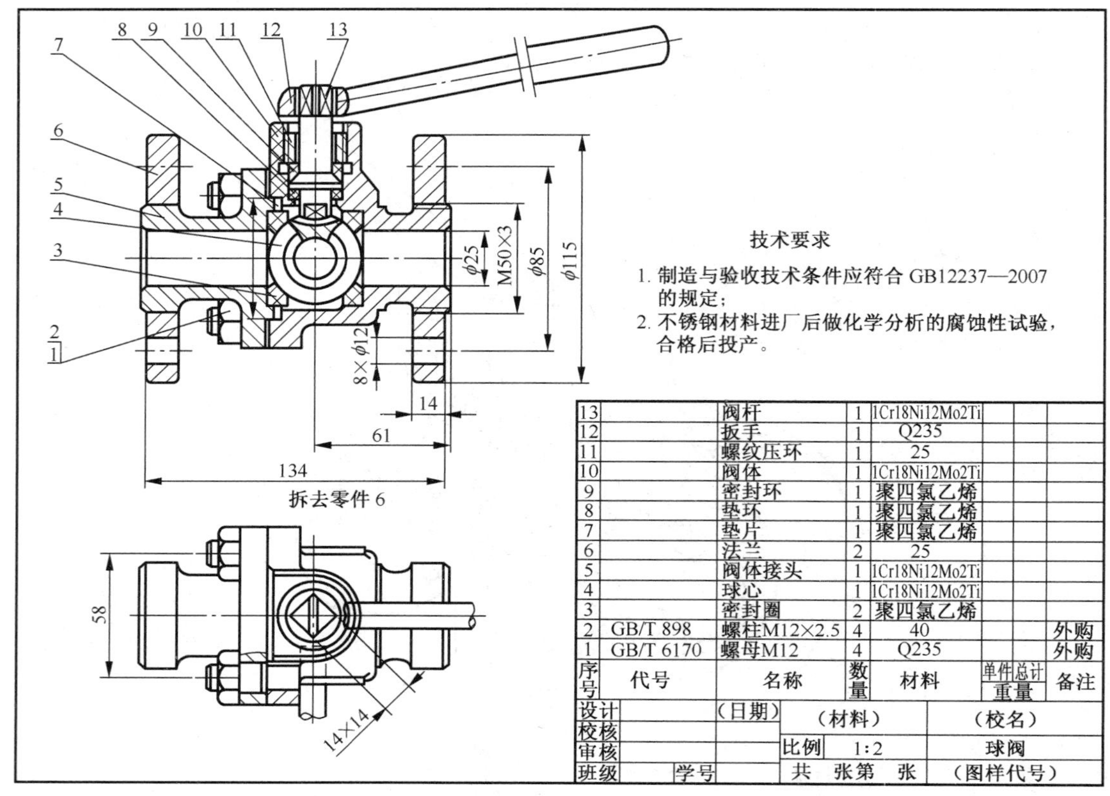

13		阀杆	1	1Cr18Ni12Mo2Ti			
12		扳手	1	Q235			
11		螺纹压环	1	25			
10		阀体	1	1Cr18Ni12Mo2Ti			
9		密封环	1	聚四氯乙烯			
8		垫环	1	聚四氯乙烯			
7		垫片	1	聚四氯乙烯			
6		法兰	2	25			
5		阀体接头	1	1Cr18Ni12Mo2Ti			
4		球心	1	1Cr18Ni12Mo2Ti			
3		密封圈	2	聚四氯乙烯			
2	GB/T 898	螺柱M12×2.5	4	40			外购
1	GB/T 6170	螺母M12	4	Q235			外购
序号	代号	名称	数量	材料	单件 重量	总计 重量	备注

设计		(日期)	(材料)		(校名)
校核					
审核			比例	1:2	球阀
班级	学号		共 张第 张		(图样代号)

图 8.4　球阀装配图

(4)夸大画法。遇到薄片零件、细丝弹簧及微小间隙时，无法按实际尺寸画出，或虽能如实画出，但不能明显表达其结构(如圆锥销、锥销孔的锥度很小时)，均可采用夸大画法。即把垫片厚度、簧丝直径、微小间隙以及锥度等适当夸大画出，如图 8.4 所示的球阀装配图中件 7(垫片)就是夸大绘制的。

(5)假想画法。在装配图中，可用细双点画线画出某些零件的外形轮廓，以表示机器或部件中，某些运动零件的极限位置或中间位置，如图 8.4 所示的俯视图中球阀手柄的运动范围。也可以表示与本部件有装配关系但又不属于本部件的其他相邻零部件的位置。

(6)展开画法。为了表达某些重叠的装配关系，如多级传动变速箱、齿轮的传动顺序和装配关系，可假想将空间轴系按其传动顺序展开在一个平面上，画出剖视图，这种画法称为展开画法。

3. 简化画法

(1)在装配图中，零件的工艺结构，如圆角、倒角以及退刀槽等允许不画。

(2)在装配图中，螺母和螺栓头允许采用简化画法。当遇到螺纹连接件等相同的零件组时，在不影响理解的前提下，允许只画一处，其余可用点画线表示其中心位置。

(3)在剖视图中，表示滚动轴承时，允许只画出对称图形的一半，另一半画出其轮廓，并用细实线画出轮廓的对角线。

4. 视图选择与表达举例

(1)部件分析。分析部件的功能、组成，零件间的装配关系以及装配干线的组成，分析部件的工作状态、安装固定方式及工作原理。

如图 8.5 为安全阀的装配图，其工作原理是当ϕ20 的进油孔腔内压力过大时，阀门 2 被顶开，油被压入出油孔，从而减缓进油腔内的压力，保证油路的安全。通过调节螺母 7 来控制弹簧 4 的压缩状态，从而调节限压值。其动作的传递过程是：旋转螺母 7，调解螺杆 9 上下移动，通过弹簧垫 10、弹簧 4 将压力传递给阀门 2。可见上述各零件与阀体组成装配干线，这是该部件工作的主要部分，包含主要的装配关系，是表达的重点。

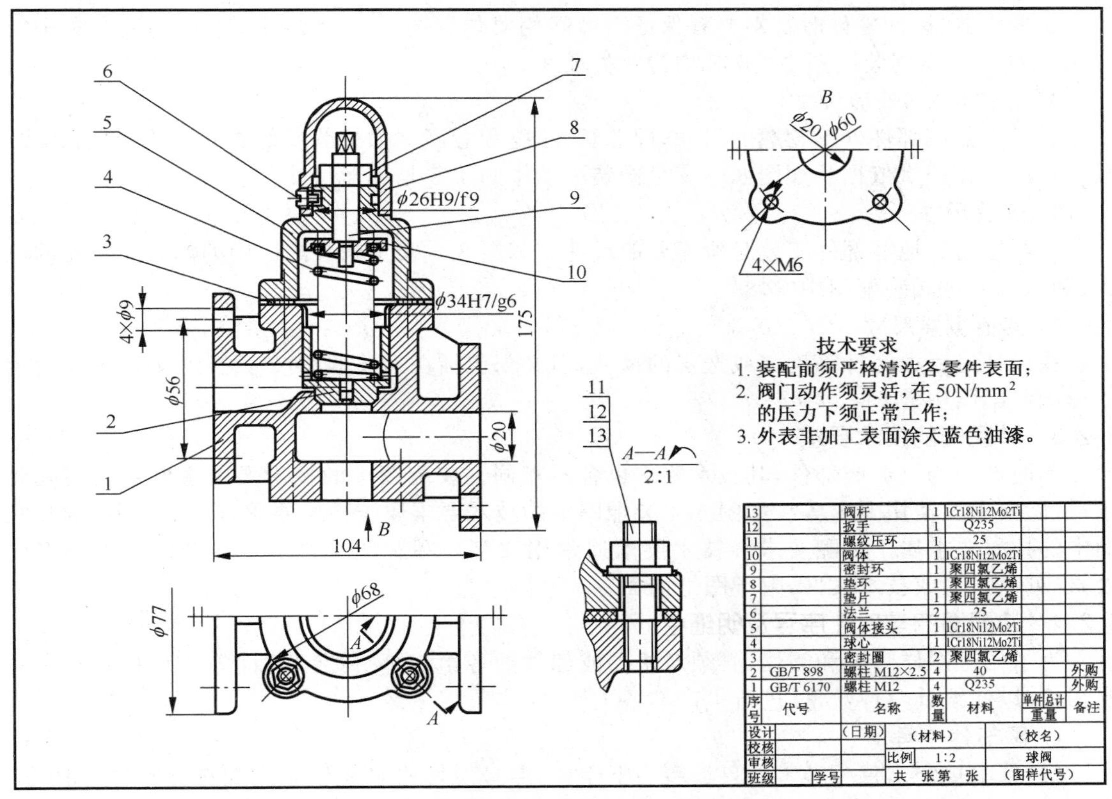

13		阀杆	1	1Cr18Ni12Mo2Ti			
12		扳手	1	Q235			
11		螺纹压环	1	25			
10		阀体	1	1Cr18Ni12Mo2Ti			
9		密封环	1	聚四氯乙烯			
8		垫环	1	聚四氯乙烯			
7		垫片	1	聚四氯乙烯			
6		法兰	2	25			
5		阀体接头	1	1Cr18Ni12Mo2Ti			
4		球心	1	1Cr18Ni12Mo2Ti			
3		密封圈	2	聚四氯乙烯			
2	GB/T 898	螺柱 M12×2.5	4	40			外购
1	GB/T 6170	螺柱 M12	4	Q235			外购
序号	代号	名称	数量	材料	单件重量	总计重量	备注

设计		(日期)	(材料)		(校名)
校核					
审核			比例	1:2	球阀
班级	学号		共 张第 张		(图样代号)

图 8.5 安全阀装配图

(2)选择主视图。主视图应反映部件的整体结构特征，表示主要装配干线的装配关系，表明部件的工作原理，反映部件的工作状态和位置。因此，安全阀的主视图采用过装配干线的剖切平面进行剖切得到的全剖视图。同时，该全剖视图能够清晰反映主要零件阀体的内部结构特征。

(3)其他视图的选择。采用简化画法画出的俯视图表达了阀体 1 和阀盖 5 的主体形状以及连接螺母的位置。采用简化画法画出的向视图 B，反映了阀体下端面的真实形状。放大了的局部剖视图 A-A，表达了阀体 1 和阀盖 5 之间的螺柱连接关系。

由上述分析，最终得到安全阀的表达方案。

8.2.2 装配图的尺寸标注

装配图和零件图的作用不同，因此，对尺寸标注的要求也不同，需标注以下几类尺寸。

1. 性能(规格)尺寸

表示机器或部件性能和规格的尺寸,是设计或选用零部件的主要依据。如图 8.4 球阀装配图中的管口直径ϕ25 以及图 8.5 安全阀装配图中的进油孔直径ϕ20。

2. 装配尺寸

(1)配合尺寸

表示两个零件之间配合性质和相对运动情况的尺寸,是分析部件工作原理、设计零件尺寸偏差的重要依据。如图 8.5 安全阀装配图中的ϕ34H7/g6 为配合尺寸。

(2)相对位置尺寸

装配机器、设计零件时都需要有保证零件间相对位置的尺寸。如图 8.4 球阀装配图中的 58 及图 8.5 安全阀装配图中的ϕ68 均为此类尺寸。

3. 总体尺寸(外形尺寸)

表示机器或部件外形轮廓的尺寸,即总长、总宽和总高。为机器或部件的包装、运输、安装以及厂房设计提供依据。如图 8.5 安全阀装配图中的 175 是外形尺寸。

4. 安装尺寸

装配体与其他零部件安装时所需要的尺寸。如图 8.5 安全阀装配图中的ϕ56(安装孔的位置)和图 8.4 球阀装配图中的ϕ85。

5. 其他重要尺寸

在设计过程中经计算确定或选定的尺寸,但又未包括在上述四种尺寸之中,如图 8.4 所示的球阀装配图中的 61。

8.2.3 装配图的技术要求

不同性能的机器或部件,其技术要求也各不相同。装配图中的技术要求主要包括装配要求、检验要求及使用要求等。如图 8.4 装配图中的技术要求属于检验要求,图 8.5 所示的装配图中的技术要求属于装配要求。技术要求通常用文字注写在明细栏上方或图纸下方的空白处,也可以另写成技术文件,附于图纸前面。

8.2.4 装配图的零部件序号及明细栏

为了便于图样管理和阅读,必须对机器或部件的各组成部分(零、部件等)编注序号,填写明细栏,以便统计零件数量,进行生产准备工作。

1. 零部件序号

(1)基本规定。每一种零件只编写一个序号,序号应按水平或铅垂方向排列整齐,同时按顺时针或逆时针排序,零件序号应与明细栏中的序号一致。

(2)序号编排方法与标注。序号编写方法有两种,一种是将一般件和标准件混合在一起编排(如图 8.4 所示),另一种是将一般件编号填入明细栏中,标准件直接在图样上标注规格、数量及国标号。

序号应标注在图形轮廓线的外边,并填写在指引线的横线上或圆内,横线或圆用细实线画出。指引线应从所指零件的可见轮廓内引出,并在末端画一圆点,若所指部分(很薄的零件或涂黑的剖面)不宜画圆点时,可在指引线末端画出箭头指向该部分轮廓。指引线尽可能分布均匀且不要彼此相交,也不要过长。当指引线通过有剖面线的区域时,应尽量不与剖面线平行,必要时,指引线可以画成折线,但只允许弯折一次,如图 8.6 所示。

2. 明细栏

明细栏是全部零件的详细目录,其内容一般有序号、代号、名称、数量、材料、重量以及备注等,国家标准规定了明细栏的格式。明细栏画在标题栏上方,序号的编写应自下而上,以便增加零件,位置不够时可在标题栏左侧继续向上填写,明细栏的最上方一条线为细实线,如图

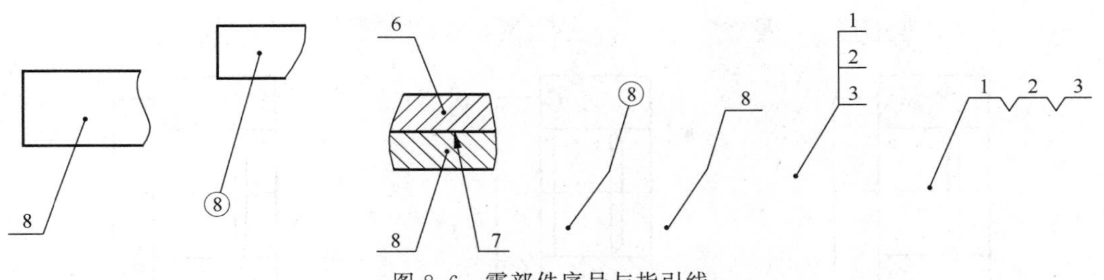

图 8.6　零部件序号与指引线

8.7 所示。对其中的标准件，还应在“备注”栏内填写其“国标”代号。

序号	代号	名称	数量	材料	单件	总计	备注
					重量		

设计		（日期）	（材料）		（校名）
校核			比例		（图样名称）
审核					
班级	学号		共　张第　张		（图样代号）

图 8.7　明细栏

8.3　装配图的画法

绘制装配图时，应首先了解装配工艺结构，保证装配结构的合理性。在具体绘图时除了按规定使用第五章所介绍的各种图样画法外，还可以使用装配图的规定画法和特殊表达方法。

8.3.1　装配工艺结构

为使零件装配成机器（或部件）后，能达到性能要求，并考虑拆装方便，对装配结构要求有一定的合理性，下面介绍几种常见的装配工艺结构。

1. 接触面转折处结构

孔与轴配合且轴肩与孔的端面互相贴合时，为保证两零件接触良好，孔端应制成倒角或轴的根部作出退刀槽，如图 8.8 所示。

2. 单方向接触面结构

当两个零件接触时，在同一方向上最好只有一组接触面，否则就必须大大提高接触面处的尺寸精度，增加加工成本。如图 8.9(a)所示，既保证了零件接触良好，又降低了加工要求，而图 8.9(b)所示为不合理结构。

3. 便于拆装结构

在用螺纹连接件连接时，为保证拆装方便，必须留出扳手活动空间，如图 8.10 所示。

用圆柱销或圆锥销定位两零件时，为便于加工、拆装，应将销孔做成通孔，如图 8.11 所示。

安装滚动轴承时，图 8.12(a)所示的结构，由于轴肩过高，内孔过小，造成拆卸轴承时顶不

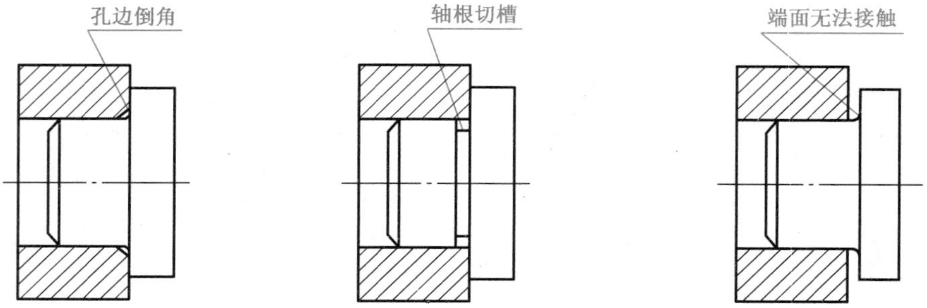

（a）孔端倒角　（b）轴根切槽　（c）不合理结构

图 8.8　倒角与切槽

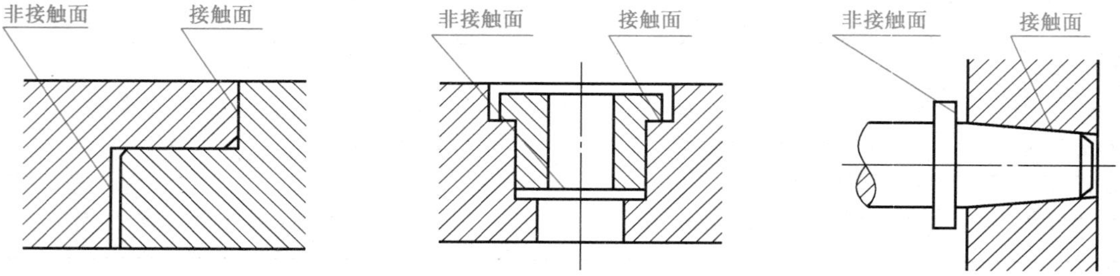

（a）合理结构

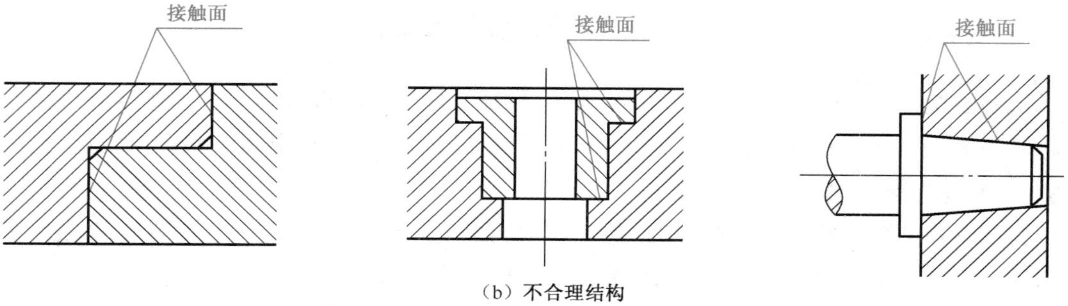

（b）不合理结构

图 8.9　单方向接触一次性

到轴承内、外圈，轴承无法拆卸；而 8.12(b)所示结构，通过减小轴肩，加大内孔直径或设计拆卸孔等方法，方便了轴承的拆卸。

8.3.2　装配图的画图步骤

现以微动机构为例，说明画装配图的方法和步骤。

1. 确定表达方案

分析机器(或部件)的工作原理、各零件间的装配关系，参看图 8.13 微动机构的立体图。微动机构的工作原理是：转动手轮 1，通过紧定螺钉 2 带动螺杆 6 转动，再通过螺纹带动导杆 10 移动，在了解工作原理的基础上确定视图表达方案。

(1)主视图的选择。通常按机器或部件的工作位置选择，并使主要装配干线、主要安装面

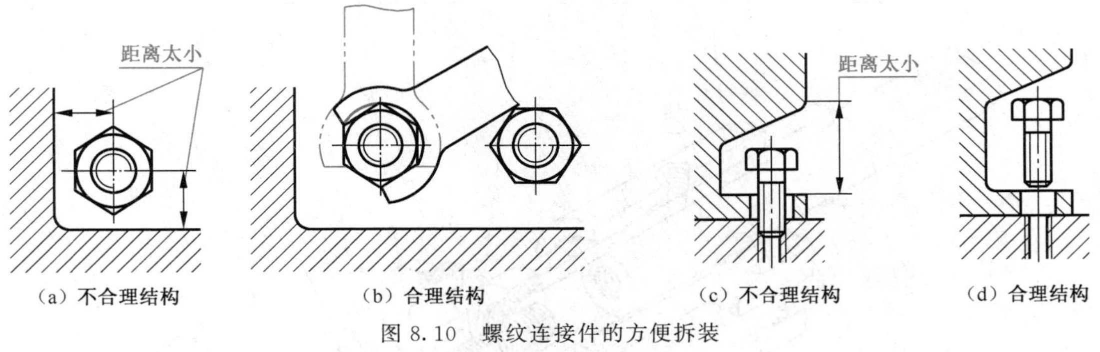

图 8.10　螺纹连接件的方便拆装

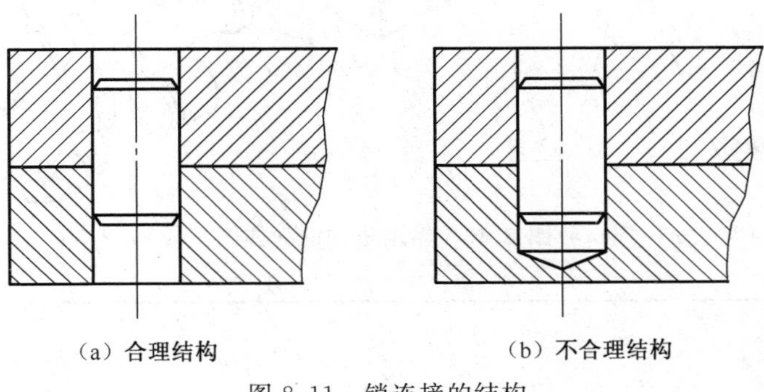

图 8.11　销连接的结构

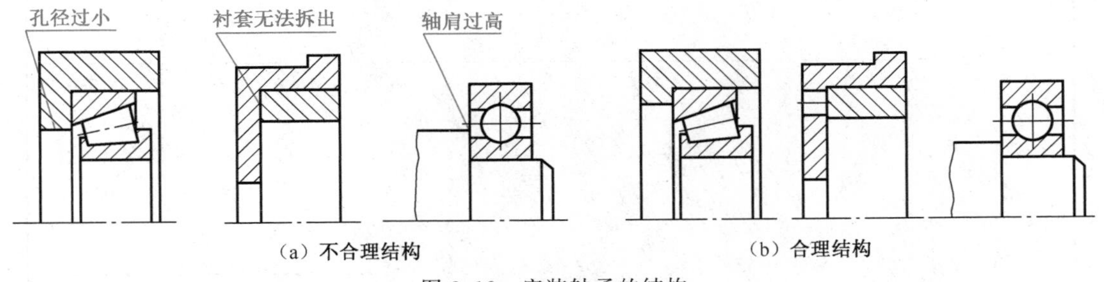

图 8.12　安装轴承的结构

处于水平或铅垂位置。微动机构的主要装配干线处于水平位置，按照机构的工作位置选择，主视图采用全剖视图，可以表达清楚从手轮 1 到键 12 所有零件的相对位置和装配关系。

(2)其他视图的选择。

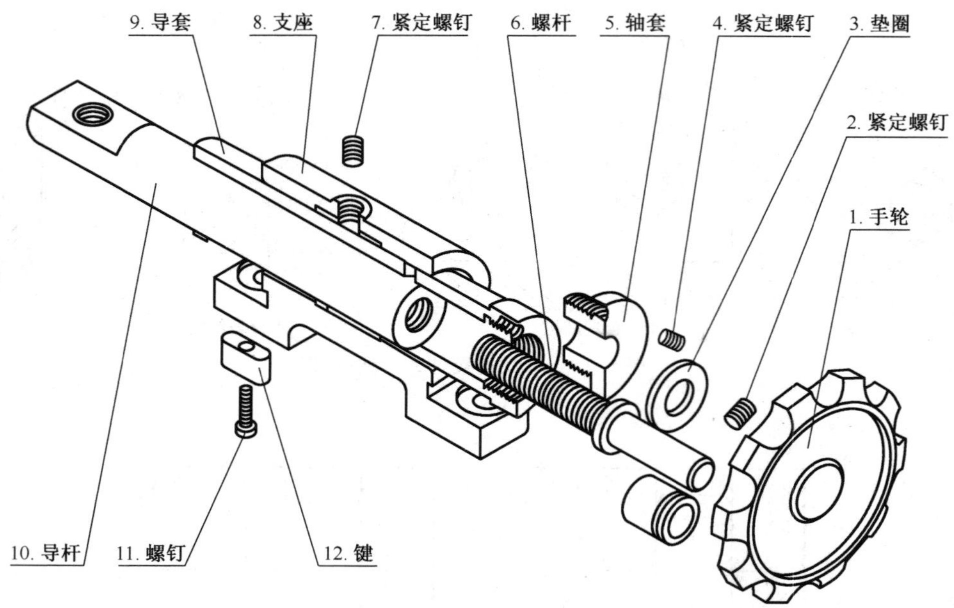

图 8.13　微动机构的立体图

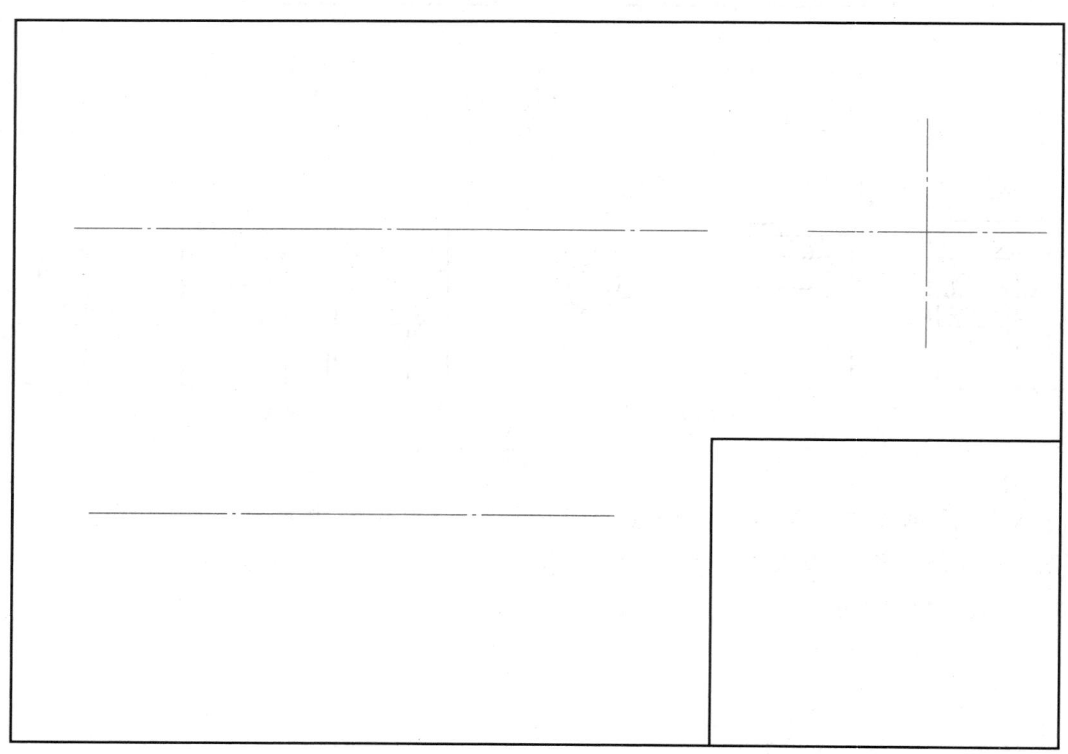

(a)

图 8.14　微动机构装配图画法

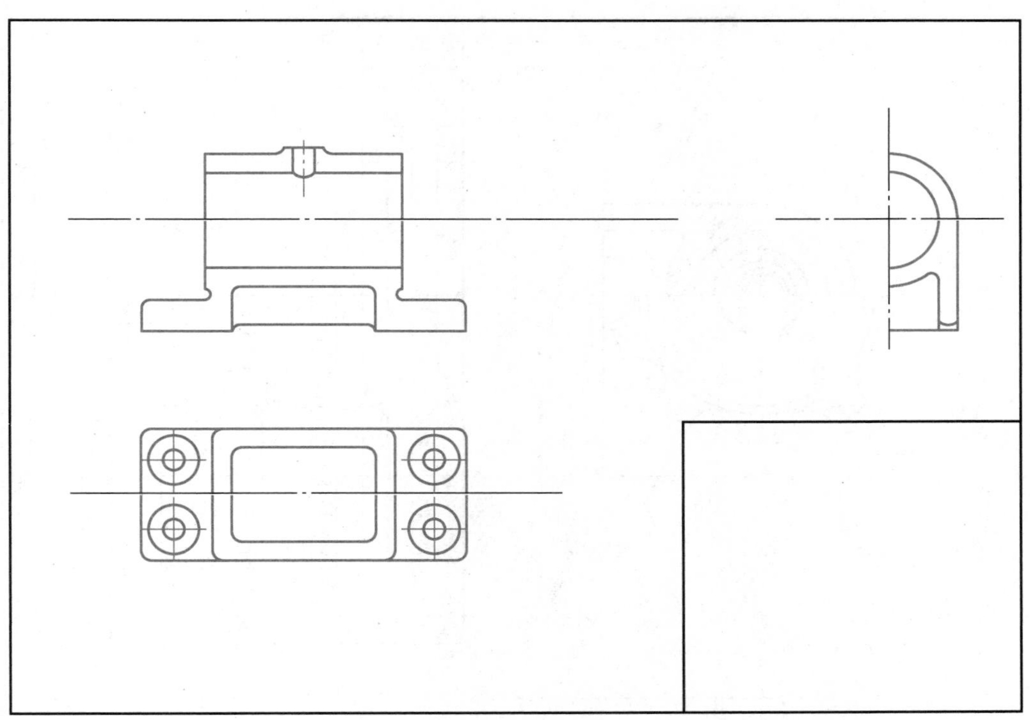

(b)

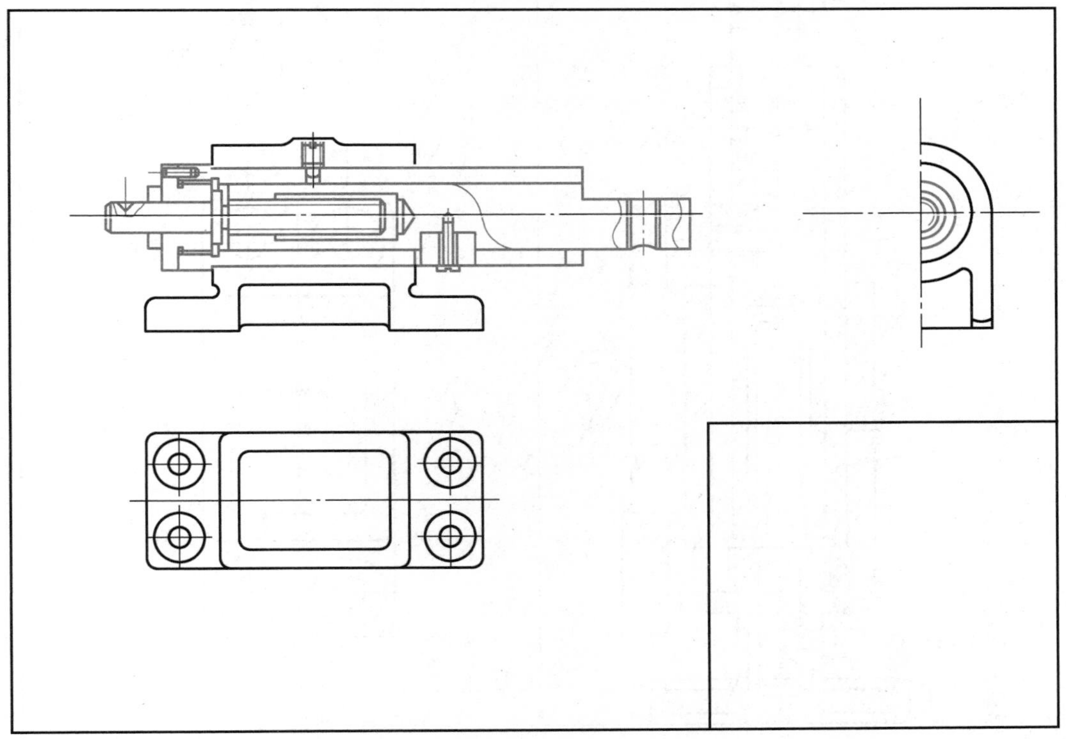

(c)

图 8.14　微动机构装配图画法

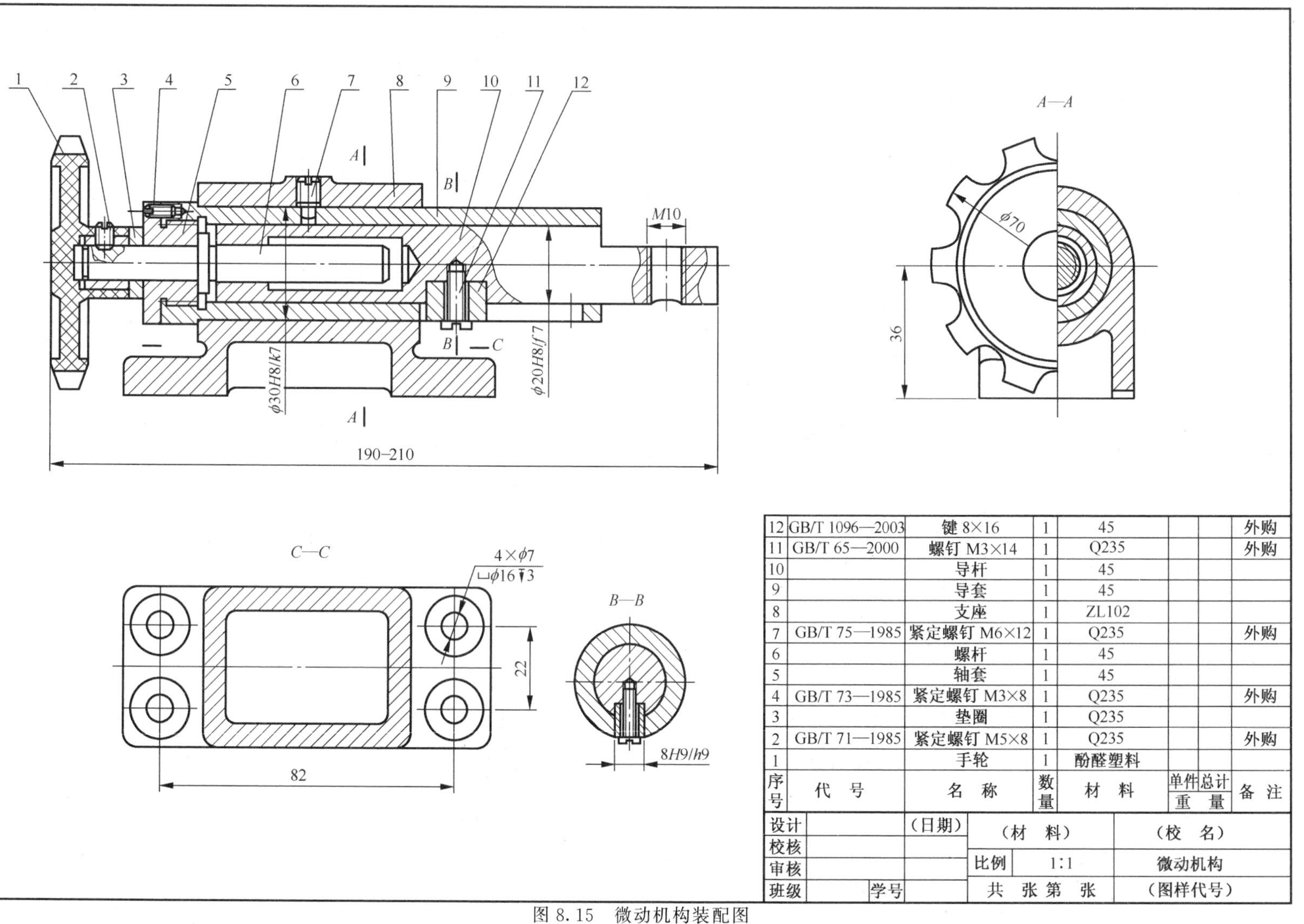

序号	代号	名称	数量	材料	单件重量	总计重量	备注
12	GB/T 1096—2003	键 8×16	1	45			外购
11	GB/T 65—2000	螺钉 M3×14	1	Q235			外购
10		导杆	1	45			
9		导套	1	45			
8		支座	1	ZL102			
7	GB/T 75—1985	紧定螺钉 M6×12	1	Q235			外购
6		螺杆	1	45			
5		轴套	1	45			
4	GB/T 73—1985	紧定螺钉 M3×8	1	Q235			外购
3		垫圈	1	Q235			
2	GB/T 71—1985	紧定螺钉 M5×8	1	Q235			外购
1		手轮	1	酚醛塑料			

设计		(日期)	(材料)	(校名)
校核				
审核		比例	1:1	微动机构
班级	学号	共 张	第 张	(图样代号)

图 8.15 微动机构装配图

为进一步表达支座的结构，采用半剖的左视图，既能看到手轮1的外形，又能从轴断面看清支座8、导套9、导杆10、螺杆6之间的装配关系。*B—B*移出断面表达了螺钉11、键12、导杆10和导套9之间的装配关系，从*B—B*图中可以看清装配尺寸8H9/h9。

2. 选择合适的比例及图幅

根据机器或部件的大小、视图数量，确定画图的比例及图幅，画出图框，留出标题栏和明细栏的位置。

3. 画图步骤

(1)合理布局视图。根据视图的数量及轮廓尺寸，画出确定各视图位置的基准线，同时，各视图之间应留出适当的位置，以便标注尺寸和编写零件序号，如图8.14(a)所示。

(2)画各视图底稿。按照装配顺序，先画主要零件，后画次要零件；先画内部结构，由内向外逐个画；先确定零件的位置，后画零件的形状；先画主要轮廓，后画细节。从主视图开始，按照投影关系，几个视图联系起来一起画。

微动机构的装配图，应从主要零件开始，先画支座8，如图8.14(b)所示，再画支座内部结构，螺杆6，导杆10，轴套5，垫圈3，键12，螺钉等，如图8.14(c)所示，最后画外部手轮1、*B—B*断面图及标注等。

(3)完成装配图。画完底稿后，要检查校核，擦去多余图线，加深图线，标注尺寸，画剖面线，写技术要求，编写零、部件序号，最后填写明细栏及标题栏，完成装配图，如图8.15所示。

8.4　读装配图及拆画零件图

在机器或部件的设计、装配和使用中，都会遇到读装配图的问题。所谓读装配图，就是通过装配图的图形、尺寸、技术要求等，并参阅产品说明书来弄清机器或部件的性能、工作原理和装配关系，明确了解各零件的结构形状和作用以及机器或部件的使用和调整的方法。

8.4.1　读装配图的方法和步骤

1. 读装配图的要求

(1)了解机器或部件的性能、功用和工作原理；

(2)了解各零件作用及其相对位置、装配关系、连接及紧固的形式、拆装顺序；

(3)了解各零件的名称、数量、材料及结构形状；

(4)了解机器或部件的尺寸和技术要求。

2. 读装配图举例

以图8.16所示的齿轮油泵装配图为例，说明读装配图的方法步骤。

(1)概括了解。首先要通过阅读有关说明书，装配图中的技术要求及标题栏等了解部件的名称、性能和用途等。从图8.16中的标题栏可知，该部件的名称为齿轮油泵。从明细栏可知，齿轮油泵由10种零件组成，其中标准件2组(共16个)，非标准件8种，该部件的总体大小为110×85×96。

(2)分析视图。阅读装配图时，应分析采用了哪些表达方法，并找出各视图间的投影关系，明确各视图所表达的内容。齿轮油泵装配图采用了三个基本视图，其中主视图采用相交剖切平面进行剖切得到的全剖视图*A—A*剖视图，双点画线表示假想画法。主视图表达了零件之

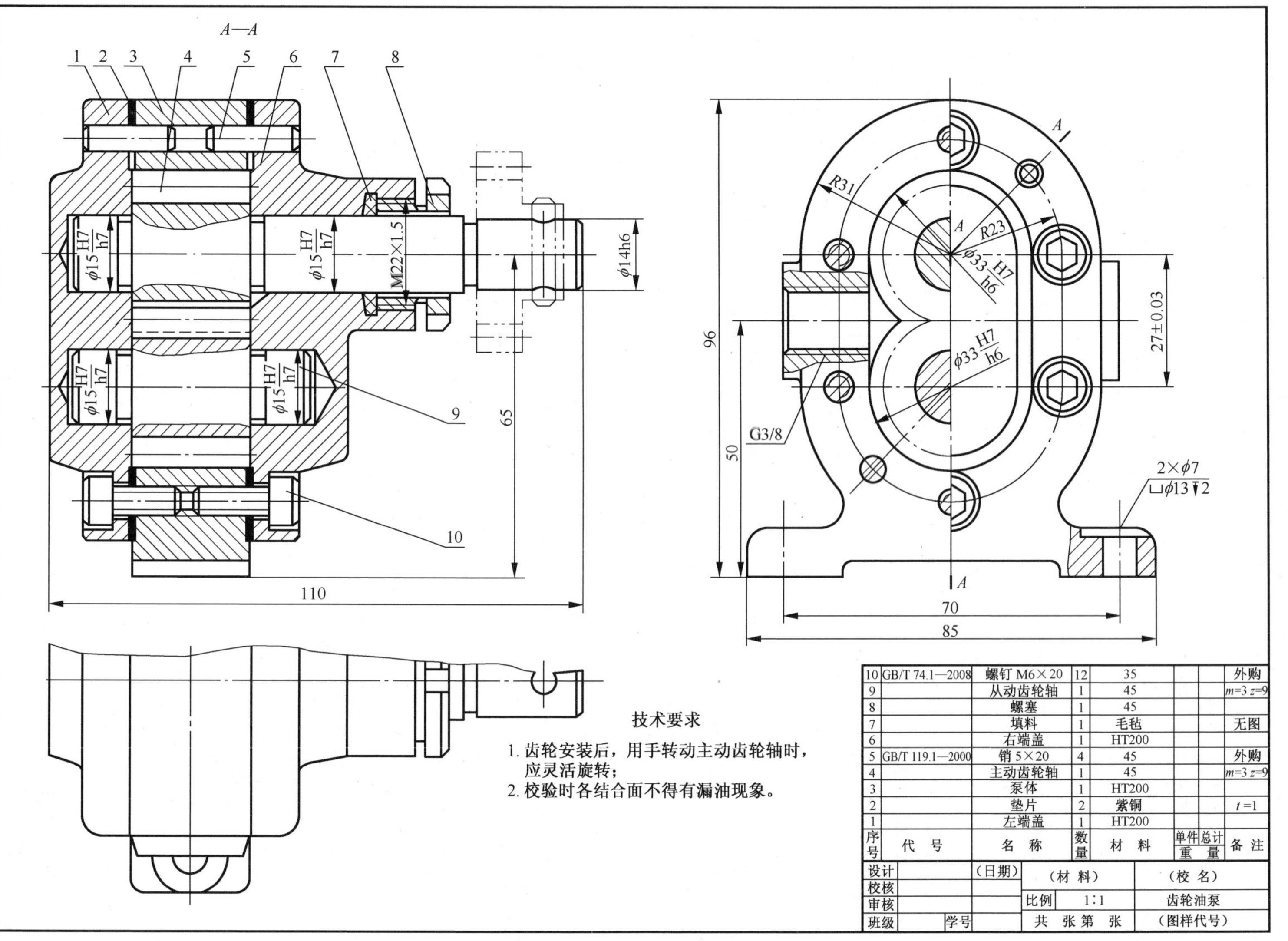

序号	代号	名称	数量	材料	单件重量	总计重量	备注
10	GB/T 74.1—2008	螺钉 M6×20	12	35			外购
9		从动齿轮轴	1	45			$m=3$ $z=9$
8		螺塞	1	45			
7		填料	1	毛毡			无图
6		右端盖	1	HT200			
5	GB/T 119.1—2000	销 5×20	4	45			外购
4		主动齿轮轴	1	45			$m=3$ $z=9$
3		泵体	1	HT200			
2		垫片	2	紫铜			$t=1$
1		左端盖	1	HT200			

设计		（日期）	（材料）	（校名）
校核				
审核			比例 1:1	齿轮油泵
班级		学号	共 张 第 张	（图样代号）

图 8.16 齿轮油泵装配图

间的主要装配关系;俯视图采用了局部视图,表达了零件的外部形状;左视图采用了沿结合面剖切的半剖视图,补充表达零件之间的装配关系、主要零件“泵体”的主要结构,两个局部剖视表达部件安装孔结构和进出油孔的结构。

(3)细致分析工作原理和装配关系。概括了解之后,还应仔细阅读装配图。一般方法是:从表达主装配线的视图入手,根据装配干线,对照零件在各视图中的投影关系;由各零件剖面线的不同方向和间隔,分清零件轮廓的范围;由装配图上所标注的配合代号,了解零件间的配合关系;根据规定画法和常见结构的表达方法,识别零件,如:齿轮、轴承等。根据零件序号对照明细栏,找出零件的数量、材料、规格,帮助了解零件的作用并确定零件在装配图中的位置;利用相互连接两零件的接触面应大致相同和一般零件结构有对称性的特点,想象出零件的结构形状。

齿轮油泵的工作原理从主、左视图的投影可知:运动从齿轮(主视图中双点画线部分)输入,通过销连接传递给主动齿轮轴 4,再通过齿轮啮合传递给从动齿轮轴 9。两齿轮啮合传动带动油从吸油口进入泵体,再由压油口流出。其工作原理可以用图 8.17 表示。

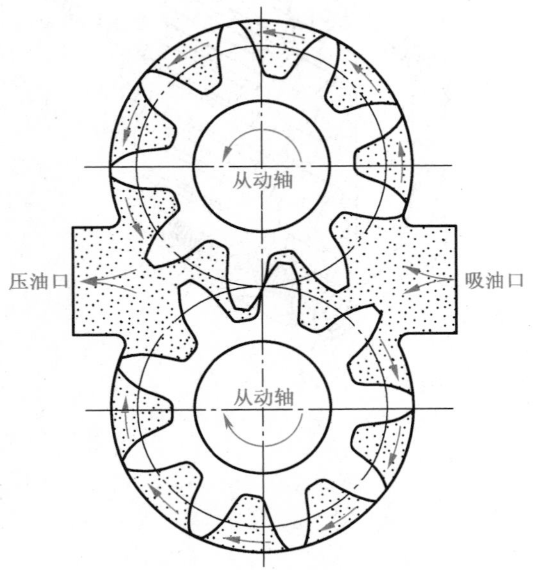

图 8.17 齿轮油泵工作原理图

(4)分析零件。弄清楚每个零件的结构形状和各零件间的装配关系。一般应首先从主要零件开始分析,确定零件的范围、结构、形状和装配关系。首先要根据零件各个视图的投影轮廓确定其投影范围,同时要利用剖面线的方向、间隔把所要分析的零件从其他零件中分离出来。例如齿轮油泵的主要零件泵体 3,从主视图和左视图可知,包容齿轮的内腔结构形状,且其端面上有 6 个贯通的螺纹孔和 2 个定位销孔,用于安装及定位左右泵盖,从俯视图、左视图可知泵体底板形状和安装孔结构尺寸。

(5) 归纳总结。对装配关系和主要零件的结构分析之后,还要对技术要求、尺寸进行研究,进一步了解机器(或部件)的设计思想和装配工艺性,总体想象出整个部件的结构形状。齿轮油泵的总体结构如图 8.18、图 8.19 所示。

8.4.2 拆画零件图的方法和步骤

由装配图拆画零件图是设计工作中的一个重要环节。装配图着重表达的是机器的工作原理和零件之间的装配关系,对每个零件的具体形状和结构不一定完全表达清楚。因此,由装配图拆画零件图是设计工作的进一步,需要由装配图读懂零件的功能及主要结构,对装配图中没有表达清楚的零件的某些结构形状,在拆画零件图时,要结合零件的功能与工艺要求,完成零件的设计。下面结合实例说明拆画零件图的方法及步骤,从图 8.17 齿轮油泵装配图中拆画出零件 3“泵体”的零件图,如图 8.20 所示。

1. 零件分类

对标准件不需要画出零件图,只要按照标准件的规定标记列出汇总表即可。对借用零件

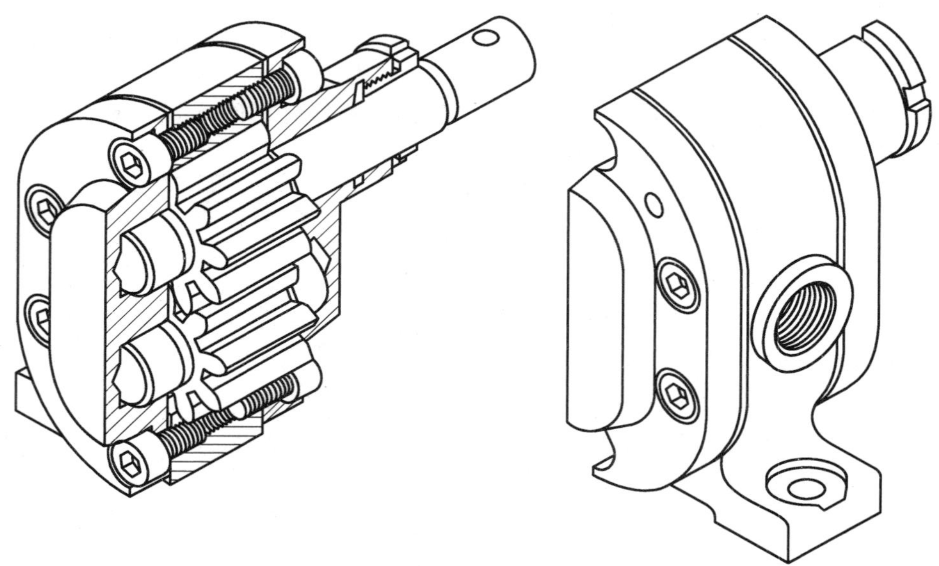

图 8.18　齿轮油泵轴测装配图

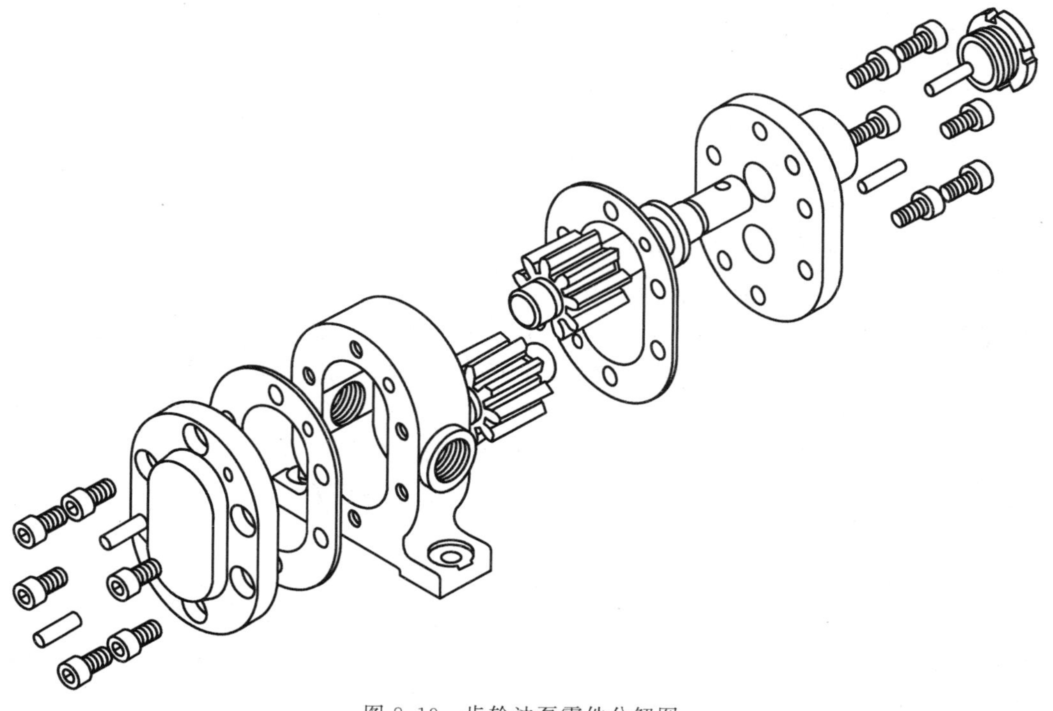

图 8.19　齿轮油泵零件分解图

(即借用定型产品上的零件)可利用已有的图样,不必另行画图。对设计时确定的重要零件,应按给出的图样和数据绘制零件图。对一般零件,基本上是按照装配图表示的形状、大小和技术要求来画图,是拆画零件图的主要对象。

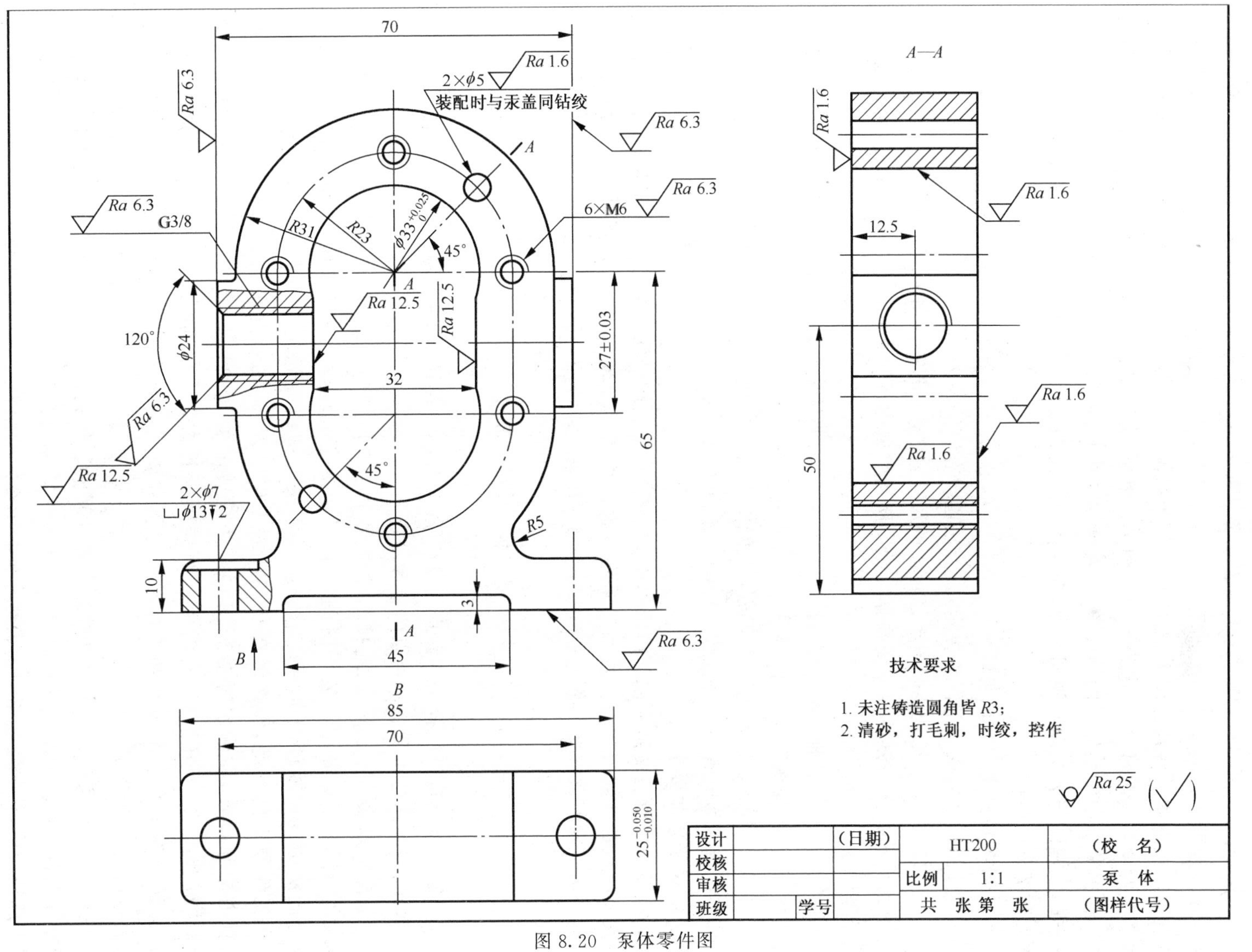
A—A
2×φ5
装配时与汞盖同钻绞
6×M6
G3/8
2×φ7
⌴φ13↧2
技术要求
1. 未注铸造圆角皆 R3;
2. 清砂，打毛刺，时绞，控作
设计
校核
审核
班级
学号
(日期)
HT200
比例
1:1
共 张 第 张
(校 名)
泵 体
(图样代号)

图 8.20 泵体零件图

2. 对表达方案的处理

由装配图拆画零件图时，零件的表达方案根据零件的结构形状特点确定，不要求与装配图一致。在多数情况下，箱体类零件的主视图与装配图所选的位置一致，对于轴套类零件应按加工位置选取主视图。在装配图中，对零件上某些标准结构，如：倒角、倒圆、退刀槽等未完全表达清楚。拆画零件图时，应考虑设计要求和工艺要求，补画出这些结构。

根据装配图中泵体 3 的剖面符号，在各视图中找到泵体的投影，确定泵体的轮廓。泵体零件图的主视图与装配图左视图一致，左视图与装配图主视图一致，增加了仰视图，用来表达泵体安装部分的结构。

3. 对零件图上尺寸的处理

零件的尺寸应由装配图来决定，其方法通常有以下几种。

(1)直接抄注。凡是装配图上已标注的尺寸，在相关的零件图上应直接抄注。

(2)计算得出。某些尺寸要根据装配图所给数据进行计算而来，如：齿轮的分度圆、齿顶圆直径等尺寸。

(3)查找。与标准件相连接或配合的有关尺寸，要从明细栏中查找。标准结构倒角、沉孔、退刀槽、砂轮越程槽等的尺寸，要从有关手册中查取。

(4)从图中量取。其他尺寸可以从装配图中按比例直接量取并注意数字的圆整。应注意相邻零件接触面的有关尺寸及连接件的尺寸应协调一致。

4. 关于技术要求

零件表面粗糙度是根据其作用和要求确定的，一般接触面与配合面的粗糙度数值较小，自由表面的粗糙度数值较大。技术要求在零件图中占重要地位，它直接影响零件的加工质量。正确制定技术要求涉及很多专业知识，本书不作进一步介绍。

本章小结

绘制和阅读机械图样是本课程的最终学习目标，在机械行业中，零件图和装配图是核心图样，因此，装配图是本课程的重点内容和难点。

装配图以表达零、部件的连接、装配关系和工作原理为目的，各个零件结构形状不要求完全表达清楚。本章介绍了装配图画法的三种规定画法、六种特殊画法和三种简化画法。规定画法中的两零件间画一条轮廓线或两条轮廓线问题是关系到保证正确反映装配关系和工作原理的问题，绘图时要从部件的工作原理、运动状况等方面去分析，在绘图时要认真考虑和检查，在读图时要利用它去分析装配关系和运动情况。在特殊画法中，初学者对“拆卸画法”不好把握，有时为了简便随意拆去零件不画，致使所画的图样不像装配图，无法表达清楚装配关系和工作原理。拆卸画法的原则是只有影响装配关系和工作原理表达时才采用拆卸表达方式。

读装配图的关键是区分零件并读懂零件间的装配关系，了解机器或部件的工作原理。拆画零件图首先要从装配图各视图中分离出所拆零件的相关线框，在绘制零件图时应补上装配图中遮挡的线，补全装配图中未表达完全和未确定的结构形状。零件要充分考虑表达方案零件结构数量、按首选加工位置、然后是工作集团的原则放置，选择最能反映形状特征的视图为主视，尤其注意轴套、盘盖类零件轴线水平数量。

第 9 章　计算机绘图基础

AutoCAD 是美国 Autodesk 公司于 1982 年推出的交互式图形绘制软件，具有使用方便、易于掌握等特点，最早在我国得到普及应用。随着计算机技术的飞速发展，三维实体造型技术日臻成熟，Pro/E、UG、SolidWorks 等三维设计软件相继推出，在机械、电子、建筑等各个领域得到广泛应用。而 AutoCAD 也经过多次版本升级，功能不断强大和完善，加之与各个三维设计软件有着良好的数据接口，仍然是使用最为广泛的计算机辅助设计软件之一。本章简要介绍 AutoCAD 2008 中文版的基本内容，并以实例说明绘制工程图样的方法，引导初学者快速入门。因篇幅所限，无法对所有命令作详尽介绍，详情请查阅相关书籍。

9.1　AutoCAD 2008 用户界面

启动 AutoCAD 2008，进入 AutoCAD 绘图环境，其用户操作界面如图 9.1 所示。

1. 标题栏和菜单栏

标题栏位于应用程序窗口的顶部，左侧显示 AutoCAD 2008 系统名称及当前载入的图形文件名；右侧是 AutoCAD 的窗口控制按钮：最小化（或还原）、最大化（或还原）和关闭按钮。

菜单栏用来提供操作 AutoCAD 2008 的命令，用户可以选择下拉菜单、光标菜单和屏幕菜单。下拉菜单包括文件、编辑、视图、插入、格式、工具、绘图、标注、修改、窗口及帮助等项目。光标菜单即鼠标右键快捷菜单，光标菜单提供的命令选项与光标的位置及 AutoCAD 的当前状态有关。屏幕菜单通常不显示，点击【工具/选项】选项，便可弹出对话框，点击“显示”选项卡，即可选择是否显示屏幕菜单。

2. 工具栏

工具栏是执行各种操作命令的简洁命令方式。工具栏中，命令以形象化图标按钮的形式出现，每个按钮对应一条命令，光标指向按钮时会出现命令提示。

工具栏是浮动的，单击工具栏的边界并按住鼠标左键，就可以把工具栏拖到窗口中任意位置，用户也可以关闭或加载工具栏。在 AutoCAD 2008 提供的 37 种标准化的工具栏中，只有常用的工具栏排列在屏幕上，当需要调用其他工具栏时，只需把鼠标停在任何一个工具栏处，单击鼠标右键，就可以在光标菜单中选取所需要的工具栏，如图 9.2 所示。

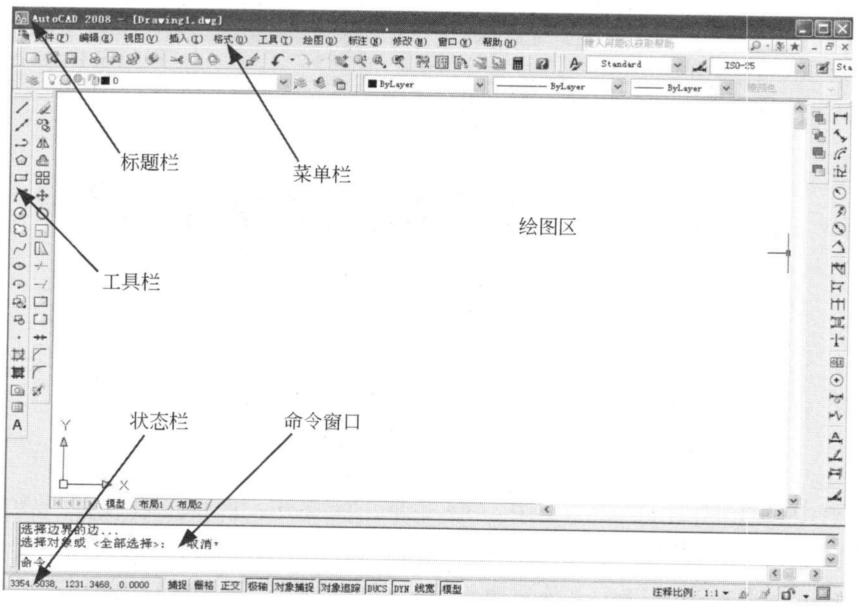

图 9.1　AutoCAD 2008 用户界面

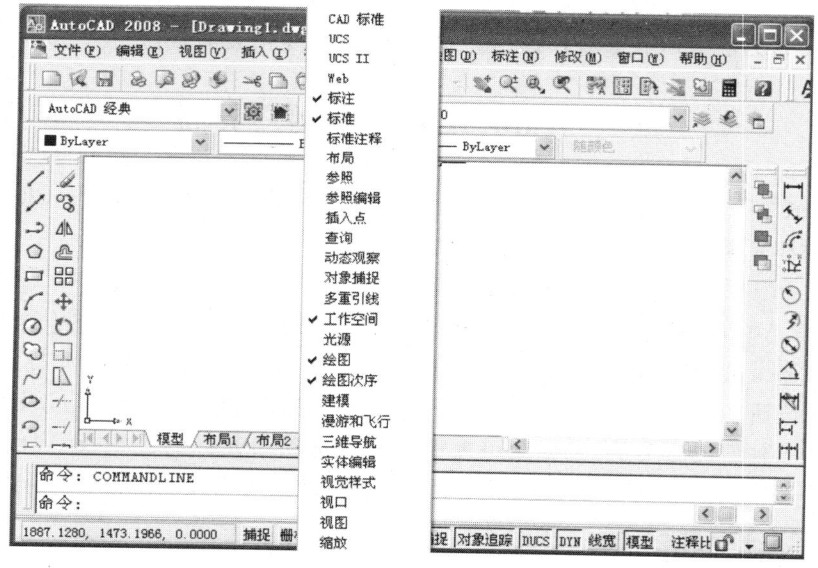

图 9.2　工具栏

3. 绘图窗口和命令窗口

绘图窗口是用户的绘图区域，如同手工绘图所需的图纸，用户可在该区域内绘制、编辑图形文件。绘图区没有边界，利用视窗缩放功能，可使绘图区无限增大或缩小。

在绘图窗口下面的是命令窗口。命令窗口是供用户输入命令和显示命令提示的区域，是显示人机对话内容的地方。用户就是通过该窗口了解命令执行。尤其是初学者，不必死记硬

背命令操作过程，只需在操作时及时查看命令窗口，按命令提示进行操作，不会人机对话。

4. 状态栏

状态栏位于用户界面的最底部，其左侧显示当前光标所处位置的坐标值，右侧为控制辅助绘图工具状态的控制按钮。

9.2 图形绘制与编辑

9.2.1 命令的输入方式

AutoCAD 是通过执行各种命令来实现图形的绘制、编辑、标注、保存等功能的。命令的输入方式有三种。

(1)通过在下拉菜单中选取相应的菜单项，实现命令的输入。如：点击下拉菜单【绘图/直线】，启动绘制直线的命令；

(2)通过在工具栏中选取相应的命令按钮，实现命令的输入。如：点击绘图工具栏中的图标╱，启动绘制直线的命令；

(3)在命令窗口的命令行输入命令英文名称，实现命令的输入。如在"命令"提示后输入"line"，启动绘制直线的命令。

无论通过何种方式输入命令，在命令窗口的命令提示区都会显示下一步操作的提示，用户就是通过命令提示区进行人机对话。对于用户来说，特别是初学者，在不熟悉命令操作程序的情况下，认真查看命令提示是十分必要的。

9.2.2 坐标的输入格式

AutoCAD 提供了世界坐标系(WCS)和用户坐标系(UCS)。由于用户坐标系可以移动原点的位置和旋转坐标系的方向，在三维绘图时很有用。在二维绘图时，则广泛使用世界坐标系。世界坐标系中，X 轴表示屏幕的水平方向，向右为正；Y 轴表示屏幕的垂直方向，向上为正。通过键盘输入点坐标的格式有以下四种。

(1)绝对直角坐标的输入格式：x,y。x 、y 为输入点相对于原点的坐标值，坐标数值之间用英文状态下的逗号","分隔，如：50,50。

(2)绝对极坐标的输入格式：$r<\alpha$。r 为极半径，α 为与 x 轴正向夹角的角度值，逆时针为正，两值之间用"<"符号分隔，如：100<30。

(3)相对直角坐标的输入格式：@dx,dy。dx 、dy 为输入点相对于前一输入点的坐标差值，即在水平和竖直方向的位移，如：@50,50。

(4)相对极坐标的输入格式：@$r<\alpha$。r、α 为输入点相对于前一点的极半径和与 x 轴正向的夹角，逆时针为正，两值之间用"<"符号分隔，如：@100<30。

9.3 绘图环境的设置

9.3.1 绘图环境的设置

1. 绘图单位设置

单击下拉菜单【格式/单位】菜单项，或在命令行中输入：UNITS，弹出图 9.3 所示对话框。在对话框中选项通常采用系统缺省值即可。

2. 图幅设置

单击下拉菜单【格式/图形界限】菜单项，或在命令行中输入：LIMITS ↙，按命令提示区显示的提示，分别输入图幅左下角和右上角的点坐标。图幅设置的系统缺省值为A3幅面，即左下角坐标(0,0)，右上角坐标(420,297)。

图幅设置后，需全屏显示，其操作步骤是单击下拉菜单【视图/缩放/全部】菜单项。

3. 图层设置

AutoCAD将图线放在图层中管理，图层相当于零厚度的透明纸，把图形中的不同图线分别画在不同的层中，再将这些层重叠在一起就是一张完整的图形。图层中可以设定颜色、线型及线宽等属性，也可以设定图层开/关、冻结/解冻、锁定/解锁等状态。

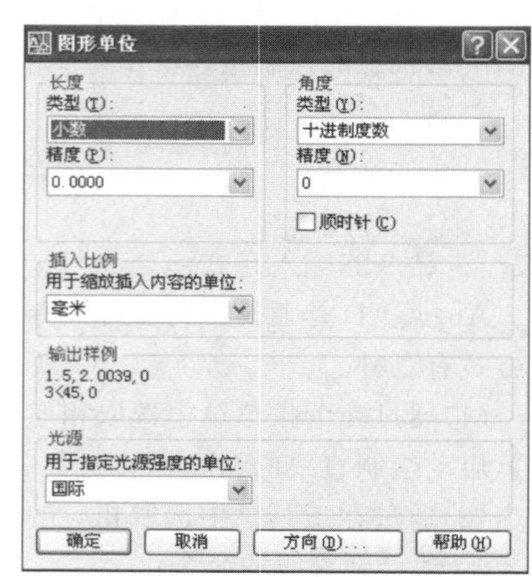

图9.3　图形单位

图层的设置方式为单击下拉菜单选择【格式/图层】菜单项，或单击【图层特性管理器】按钮，弹出图9.4所示对话框，即可新建图层、设置当前图层、删除指定层、修改图层的状态、颜色、线型、线宽等。常见属性含义如下：

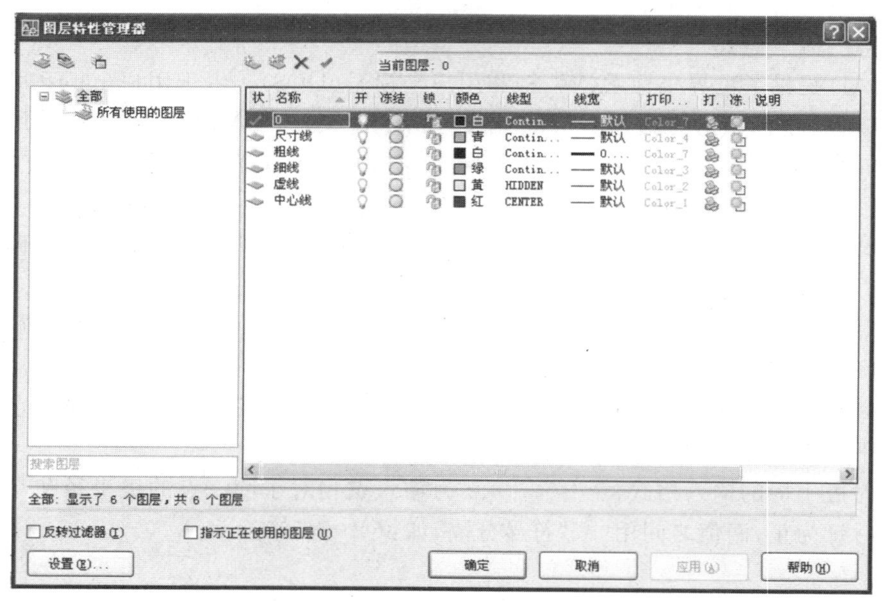

图9.4　图层特性管理器

(1)关闭——图层被关闭后，层内图形不显示；

(2)冻结——图层被冻结后，层内图形不显示，也不会被扫描；

(3)锁定——图层被锁定后，层内图形可见，但不能编辑。

国家标准《CAD 工程制图规定》(GB/T 18229—2000)规定了图层的各项属性,常用线型的颜色及图层见表 9.1。

表 9.1　常用图线的颜色及其对应图层

图线	粗实线	细实线	波浪线	双折线	细虚线	细点画线	双点画线
颜色	白	绿			黄	红	粉红
图层	01	02			04	05	07
线型	Continuous	Continuous			Hidden	Center	Divide

4. 线型比例设置

线型比例需根据图幅的大小设置,设置线型比例可调整虚线、点画线等线型的疏密程度,比例太大或太小都会使虚线、点画线看上去是实线。其比例的默认值为 1,当图幅较小时可设置为 0.5 左右,图幅较大时比例值可设在 10～25 之间。

设置线型比例可在命令行输入“Ltscale(或 Lts)”,根据提示输入适当的比例数值。

5. 绘图辅助功能设置

在屏幕下方的状态行中提供了各种辅助绘图工具,通过标签开关来控制,开关凹下激活该功能,凸起则关闭该功能,如图 9.5 所示,也可以通过功能键开启。

捕捉 栅格 正交 极轴 对象捕捉 对象追踪 DUCS DYN 线宽 模型

图 9.5　绘图辅助功能

(1)捕捉模式(F9):为鼠标移动设定一个固定步长,从而使绘图区光标移动距离总是步长的整数倍,以提高速度和精度。

(2)栅格模式(F7):控制绘图区是否显示指定间距的栅格点,类似于方格纸。栅格点是一种辅助定位图形,不能被打印输出。当采取栅格和捕捉模式配合使用时,对于提高绘图精度有重要作用。

(3)正交模式(F8):控制绘制图线方向为水平或垂直,常用于使用鼠标画水平或垂直线。

(4)极轴追踪模式(F10):控制绘制图线的角度按用户设定的角度增量增加。

(5)对象捕捉(F3):控制绘图过程中是否自动捕捉事先设置的目标,如端点、中点、交点、圆心、垂足、切点等特定点。

各个模式的设置方法均为在状态栏对应按钮上单击鼠标右键,选择【设置(Settings)】项。AutoCAD 提供的对象捕捉能够迅速、准确地捕捉到特定点,从而提高了绘图的速度和精度。

为保证方便、快捷地绘图,推荐绘图前启动极轴、对象捕捉、对象追踪模式。

6. 文本设置

根据国家标准中有关字体的规定,通常可创建“汉字”、“字母和数字”两种文字样式,分别用于文字书写和尺寸标注。

单击下拉菜单选择【格式/文字样式】菜单项,或在命令行输入:STYLE,弹出“文字样式”对话框,如图 9.6 所示。点击【新建】可设置新的文字样式名称,字体、高度等设置依国家标准按需要进行设置。

7. 标注样式设置

选择下拉菜单【标注/标注样式】菜单项,或单击标注工具条 按钮,弹出“标注样式管理器”对话框,如图 9.7 所示。

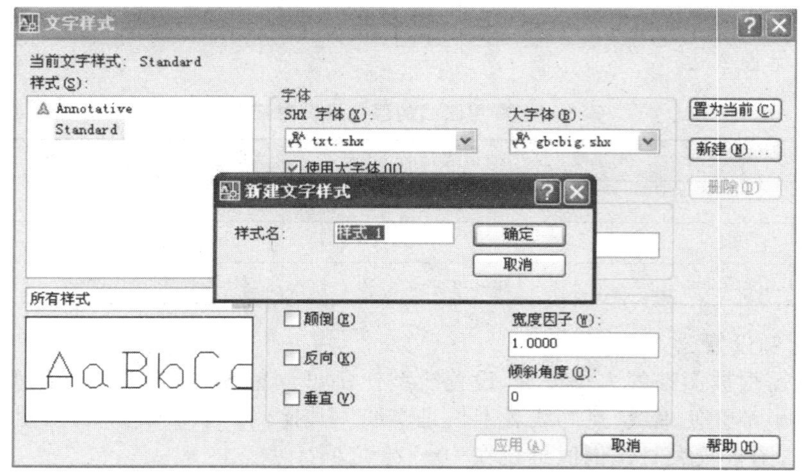

图 9.6　文字样式

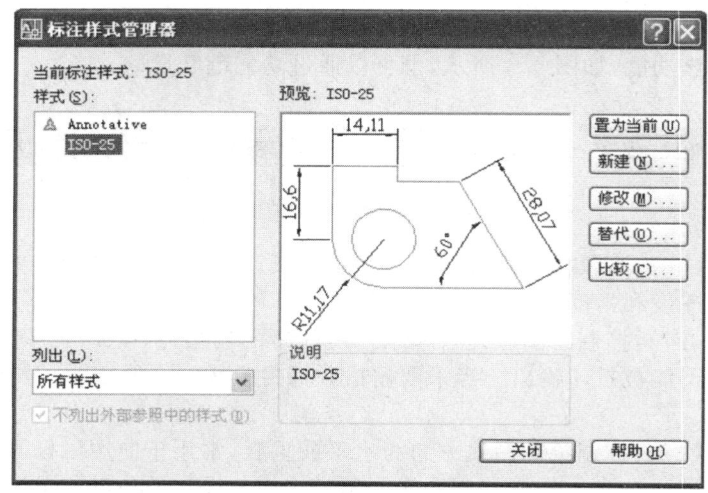

图 9.7　标注样式管理器

通常在 ISO-25(国际标准)基础上新建样式,分别用于标注线性尺寸、角度尺寸及有特殊标注的尺寸。点击【新建】,弹出“新建标注样式”对话框,如图 9.8 所示。

尺寸标注样式设置中,通常对其中的【直线和箭头】、【文字 】及【主单位】选项进行设置,设置值与所绘图幅大小有关。以 A4 图幅为例,【直线和箭头】选项中,尺寸界线超出尺寸线值 3 mm,箭头大小为 3.5;【文字】选项中,文字高度设为 3.5,字体与尺寸线对齐(如图 9.9 所示);【主单位】选项中,设置主单位精度为 0(如图 9.9 所示)。对有特殊标记的尺寸标注样式,可在【主单位/前缀】选项中,添加特殊符号,如:“%%C”在所标注的尺寸数字前强制添加符号ϕ;对“角度尺寸”标注样式,修改【文字】选项,字体对齐方式选择“水平”即可。

【例 9.1】 创建 A4.dwt 样板文件,如图 9.10 所示。

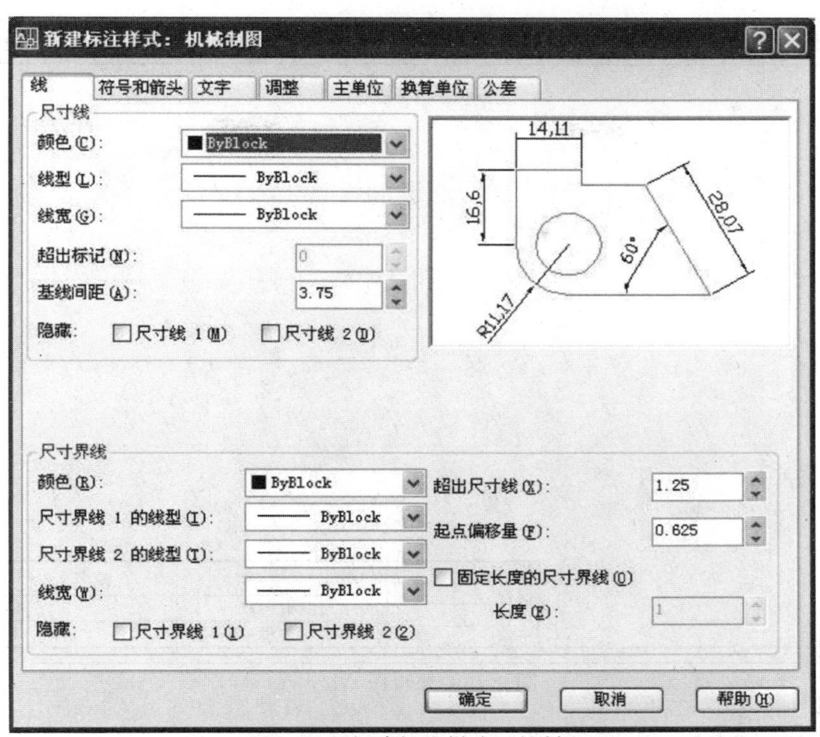

图 9.8 "新建标注样式"对话框

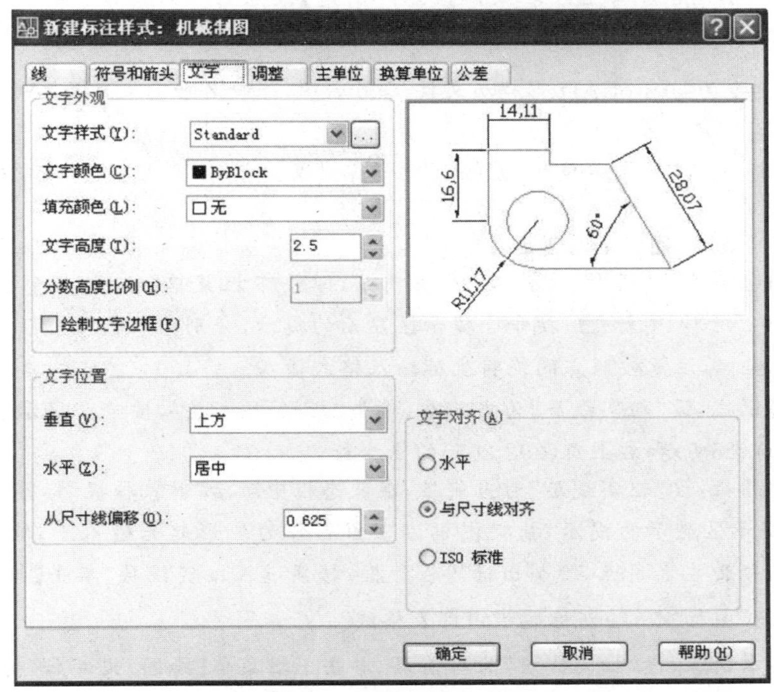

图 9.9 文字选项设置

为了提高绘图效率，预先创建标准图幅样板图供用户绘图时调用。

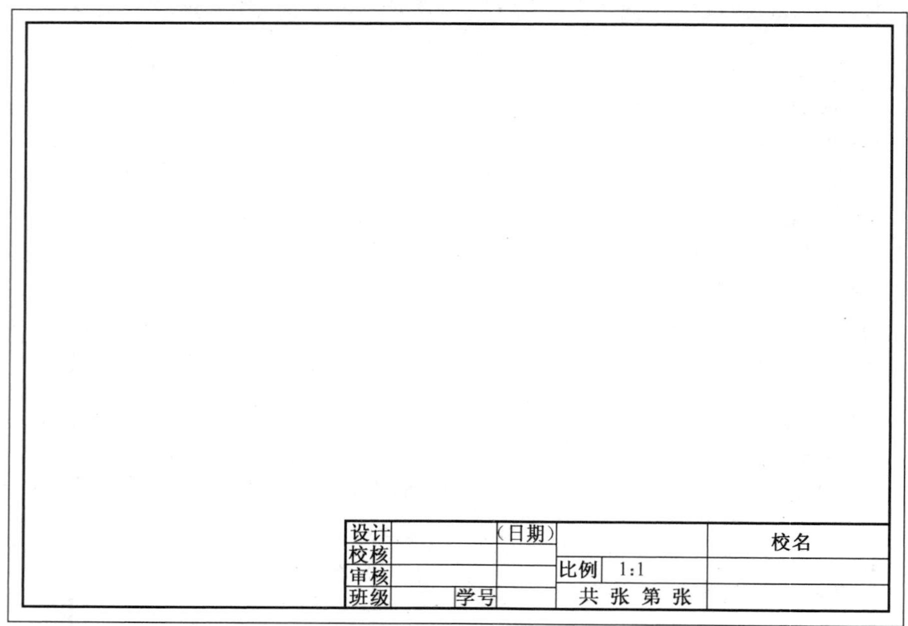

图 9.10　样板图 A4.dwt

1. 创建 A4.dwt 文件

启动 AutoCAD 2008，单击下拉菜单【文件/新建】或点击“标准工具栏”中的“新建”图标，在“选择样板”对话框中选择“acadiso.dwt”默认样板，绘制一张新图，单击“保存”图标，选择保存类型为“AutoCAD 形样板文件（*.dwt）”，并命名当前文件为“A4”。

2. 设置绘图环境

按前述方法，完成“绘图单位”、“图幅”、“图层”、“线型比例”、“文本”、“尺寸标注样式”等绘图环境的设置。

3. 绘制图幅边界、图框和标题栏

(1)绘制图幅边界线：设“细实线层”为当前层，单击下拉菜单【绘图/矩形】菜单项或单击“绘图工具栏”中“矩形”图标，按命令提示区显示的提示，分别输入图幅左下角(0 0)和右上角(297 210)的坐标，注意按照点的绝对坐标输入格式输入。

(2)绘制图框线：设“粗实线层”为当前层，单击“矩形”图标，按命令提示区显示的提示，分别输入左下角(25 5)和右上角(292 205)的点坐标。

(3)绘制标题栏：设“粗实线层”为当前层，在状态栏中激活“对象捕捉”标签，单击“矩形”图标，按命令提示区显示的提示，捕捉图框右下角点作为矩形起始输入点，输入相对坐标点@-180,30 作为矩形左上角点，绘制出标题栏外框；转换进入细实线层，单击【绘图/直线】菜单项，或单击“直线”图标，绘制标题栏内部表格线。

(4)输入文本内容，设“细实线层”为当前层，单击下拉菜单【绘图/文字/单行文本】菜单项，或单击下拉菜单【绘图/文字/多行文本】菜单项，或单击“多行文字”图标 A，输入标题栏中的文字内容。

4. 存盘退出

单击“保存”图标 ，将绘制好的图形保存，生成 A4.dwt 样板文件，如图 9.10 所示。

9.3.2　基本绘图命令

Auto CAD 2008 提供了耦的绘图命令，无论多么复杂的图形，却是由直线段、圆及圆弧等基本图形元素组成。图 9.3 所示的绘图工具栏，掌握绘图工具栏中的基本绘图命令是绘图样的基础。表 9.2 中介绍了常用绘图命令的操作。

表 9.2　基本绘图命令简介

图标/命令/功能	操作实例
Line 绘制直线段	绘制指定边长的正三角形： 命令：_line 指定第一点：100,100 ↙ 指定下一点或[放弃(U)]：@50,0 ↙ 指定下一点或[放弃(U)]：@50<120 ↙ 指定下一点或[闭合(C)/放弃(U)]：c ↙
Pline 绘制多段线	绘制指定圆心距及半径的长圆形： 指定起点：100,100 ↙ 指定下一个点或[圆弧(A)/……]：@50,0 ↙ 指定下一点或[圆弧(A)/闭合(C)……]：A ↙ 指定圆弧的端点或[角度(A)/圆心(CE)……]：@0,−30 ↙ 指定圆弧的端点或[角度(A)/……直线(L)]：L ↙ 指定下一点或[圆弧(A)/闭合(C)……]：@-50,0 ↙ 指定下一点或[圆弧(A)/闭合(C)……]：A ↙ 指定圆弧的端点或[角度(A)/圆心(CE)/闭合(CL)……]：CL ↙
Rectang 画矩形	绘制指定长宽的矩形： 命令：_rectang ↙ 指定第一个角点或[倒角(C)/标高(E)/圆角(F)/厚度(T)/宽度(W)]：100,100 ↙ 指定另一个角点或[面积(A)/尺寸(D)/旋转(R)]：@50,25 ↙
Circle 绘制圆	绘制指定半径的圆： 命令：_circle 指定圆的圆心或[三点(3P)/两点(2P)/切点、切点、半径(T)]：100,100 ↙ 指定圆的半径或[直径(D)]<25.0000>：25 ↙
Polygon 绘制正多边形	绘制指定半径的圆的内接正五边形： 命令：_polygon 输入边的数目<4>：5 ↙ 指定正多边形的中心点或[边(E)]：100,100 ↙ 输入选项[内接于圆(I)/外切于圆(C)]<I>：↙ 指定圆的半径：25 ↙

9.3.3　基本编辑命令

AutoCAD 2008 提供了许多是用编辑功能，利用编辑命令，可以对图形对象进行编辑与修改。

在运用编辑命令对图形对象进行编辑和修改时，首先要选择编辑对象，此时坐标变成小方框，等待拾取图形对象。AutoCAD 提供了以下几种对象选择方式：

(1)点选(P)，用小方框鼠标指针套在单个图形对象上进行选择；

(2)窗口(W)，用鼠标从左向右拉出矩形窗口，完全落在窗口内实体被选中；

(3)交叉窗口(C)，用鼠标从右向左拉出矩形窗口，完全及部分落在窗口内的实体均被选中；

(4)全部(A)，在命令窗口中，“选择对象”指示下，输入 All 选中所有的图形对象。

表 9.3 为常见基本编辑命令的操作

表 9.3　基本编辑命令简介

图标/命令/功能	操作实例
Erase 删除	命令：_erase ↙ 选择对象：(选取虚线) 选择对象：↙
Copy 复制	命令：_copy ↙ 选择对象：(选取圆) 选择对象：↙ 指定基点或[位移(D)/模式(O)]〈位移〉：(捕捉圆心) ↙ 指定第二个点或〈使用第一个点作为位移〉(捕捉十字中心点)：↙
Mirror 镜像	命令：_mirror ↙ 选择对象：(选取圆) 选择对象：↙ 指定镜像线的第一点：(捕捉直线上端点) 指定镜像线的第二点：(捕捉直线下端点) 要删除源对象吗？[是(Y)/否(N)]<N>：↙
Offset 偏移	命令：_offset ↙ 指定偏移距离或[通过(T)/删除(E)/图层(L)]<2.0000>5：↙ 选择要偏移的对象，或[退出(E)/放弃(U)]<退出>：(选取圆) 指定要偏移的那一侧上的点，或[退出(E)/多个(M)/放弃(U)] <退出>：(点击圆外的一点)

续上表

图标/命令/功能	操作实例
Move 移动	命令：_move↙ 选择对象：(选取圆) 选择对象：↙ 指定基点或[位移(D)]＜位移＞：(捕捉圆心) 指定第二个点或＜使用第一个点作为位移＞：(捕捉十字中心点)
Trim 修剪	命令：_trim↙ 选择剪切边…选择对象或＜全部选择＞：(选取点画线) 选择对象：↙ 选择要修剪的对象，或按住 Shift 键选择要延伸的对象，或[栏选(F)/窗交(C)/投影(P)/边(E)/删除(R)/放弃(U)]：(选取直线删除部分)↙
Extend 延伸	命令：_extend↙ 选择对象或＜全部选择＞：(选取点画线) 选择对象：↙ 选择要延伸的对象，或按住 Shift 键选择要修剪的对象，或 [栏选(F)/窗交(C)/投影(P)/边(E)/放弃(U)]：(选取直线)↙

9.4　绘图实例

9.4.1　平面图形绘制

【例 9.2】　完成图 9.11 所示平面图形绘制，并标注尺寸，保存为 LX1.dwg 文件。

作图步骤提示

1. 调用 A4.dwt 样板图，创建 LX1.dwg 为当前图形文件

单击“新建”图标命令，在“选择样板”列表框中选择 A4.dwt 文件。单击“保存”图标，命名文件为 LX1，单击“保存”按钮，绘图状态。

2. 平面图形的绘制步骤

(1)设“点画线”层为当前层，状态栏中“正交”标签为激活模式，用“直线”命令绘制 ϕ24 圆孔的中心线。中心线位置不必输入具体坐标值，只需在图幅中的适当位置用鼠标点选位置即可。图形最下方水平基准线的绘制，可使用“偏移”命令，给定偏移距离 80。并将“偏移”来的点画线，转换为粗实线层的线段，如图 9.12(a)所示。

(2)设“粗实线”层为当前层，激活“对象捕捉”模式，使用“圆”命令，用捕捉方式确定圆心，按命令提示区的提示输入半径值，分别绘制 R50、R30、R23、R12 四个圆，如图 9.12(b)；使用“修剪”命令，以线段 12 和与其相交的小圆为剪切边，修剪多余线段和圆弧，如图 9.12(c)所示。

(3)使用“偏移”命令，绘制与水平直径平行且相距为 20 的直线及与竖直中心线平行且相

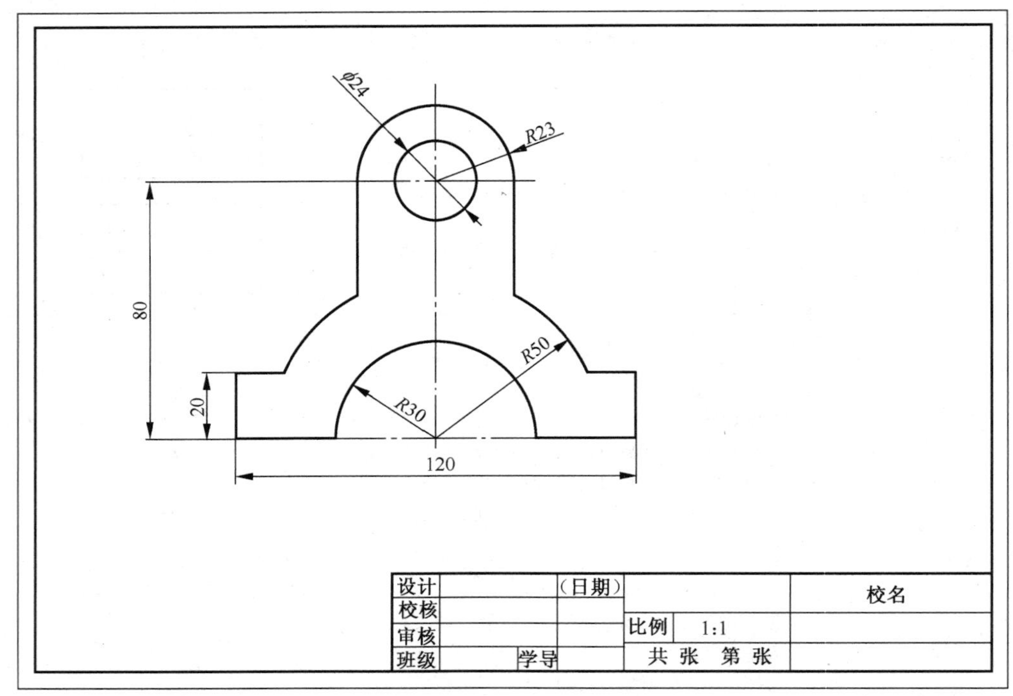

图 9.11 平面图形

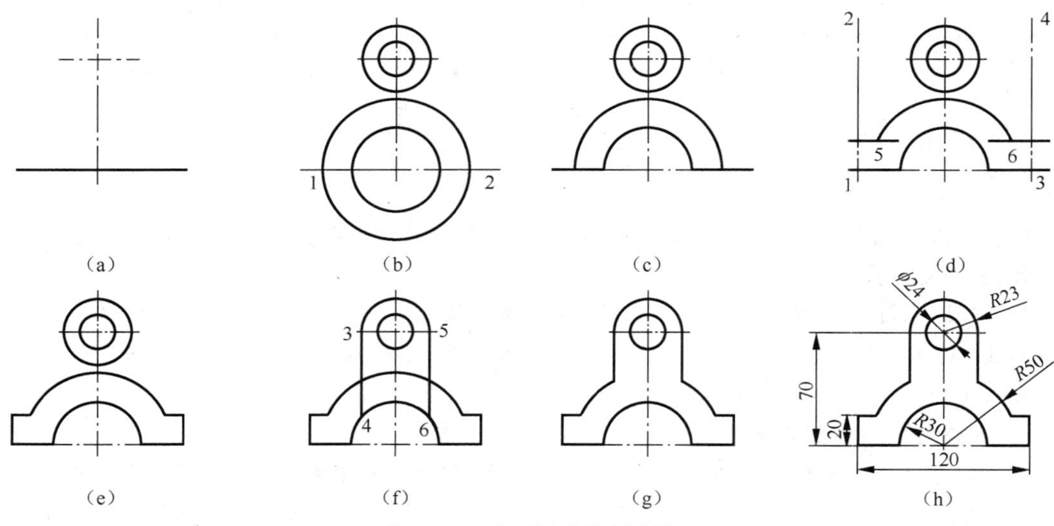

图 9.12 平面图形绘制步骤

距为 60 的两条平行线(平行线相距 120),如图 9.12(d)所示。使用“修剪”命令,选择线段 12、34 和圆弧 56 为剪切边,修剪掉多余线段,并将左右线段转到粗实线层,如图 9.12(e)所示。

(4)激活“正交”、“对象捕捉”模式,使用“直线”命令,捕捉 3 点为直线的起点,垂直向下画直线并与半径为 $R50$ 的圆相交,同样方法绘制对称的直线,如图 9.12(f)所示。使用“修剪”命令,选择线段 34、56 及大圆弧为剪切边,修剪掉多余线段和圆弧,完成平面图形,如图 9.12(g)所示。

(5)设“尺寸层”为当前层，标注图形尺寸。标注线性尺寸时，须激活“对象捕捉”模式，捕捉尺寸标注的起始、终止点。标注并调整好尺寸位置，如图 9.12(h)所示。

绘制图形时，要避免使用“绝对坐标”绘制图线。充分利用图形元素间的相对位置关系，灵活运用绘图命令和辅助绘图工具，将简化绘图步骤，提高绘图效率。绘制任一图形的方法步骤是多种多样的，需要在实践中不断地积累经验，掌握绘制平面图形的方法和技巧。

9.4.2　三视图绘制

【例 9.3】　绘制图 9.13 所示的组合体三视图，并标注尺寸，保存为 LX2.dwg 文件。

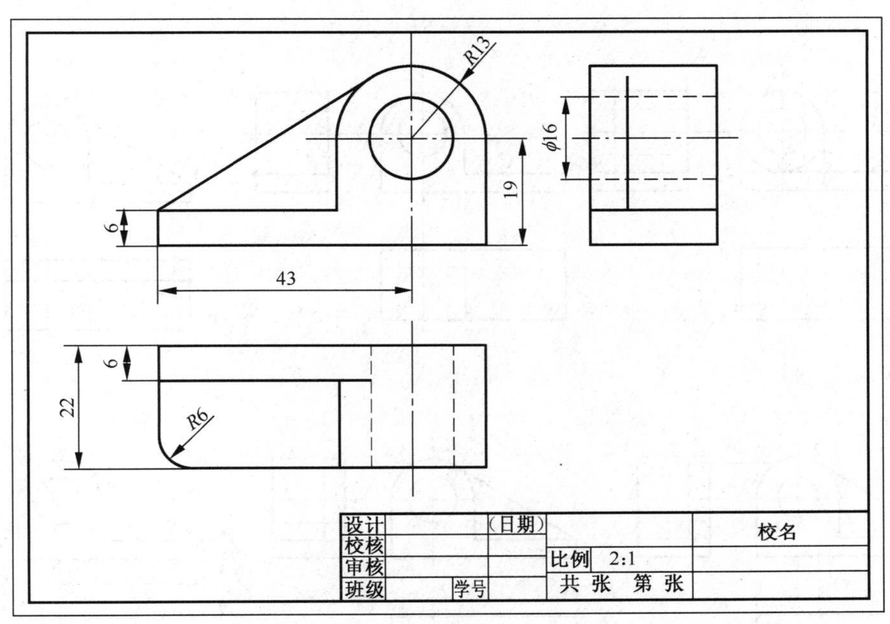

图 9.13　三视图

1. 调用样板图

调用 A4 样板图，创建 LX2.dwg 为当前图形文件。

2. 绘制三视图的步骤

在绘图过程中注意图层的转换，不同线型的绘制，要在相对应的图层中绘制，下面不再具体介绍绘制图形时图层的转换问题。

(1)绘制视图基准线。激活“正交”模式，在图中适当位置，绘制主视图中的对称中心线及俯、左视图中圆柱轴线的投影，如图 9.14(a)所示。

(2)如图 9.14(b)所示，使用“圆”命令，捕捉中心线的交点确定圆心位置，绘制出 $\phi16$、$\phi26$ 两个同心圆；使用“偏移”命令，给定偏移距离 19，画出水平基准线 12 和 56；选择适当位置，绘制宽度方向基准线 34、57。

(2)如图 9-14(c)所示，使用“直线”命令绘制 12、34、56、78 等线段，俯、左视图中小圆孔的投影以及左视图中大圆柱最上轮廓线，激活“正交”、“对象捕捉”、“对象追踪”模式，确保“长对正、高平齐”的投影对应关系；使用“偏移”命令，给定偏移距离 43，绘出底板左侧定位线。

(3)如图 9.14(d)所示，使用“偏移”命令，分别给定偏移距离 22、6，绘制底板三面投影线

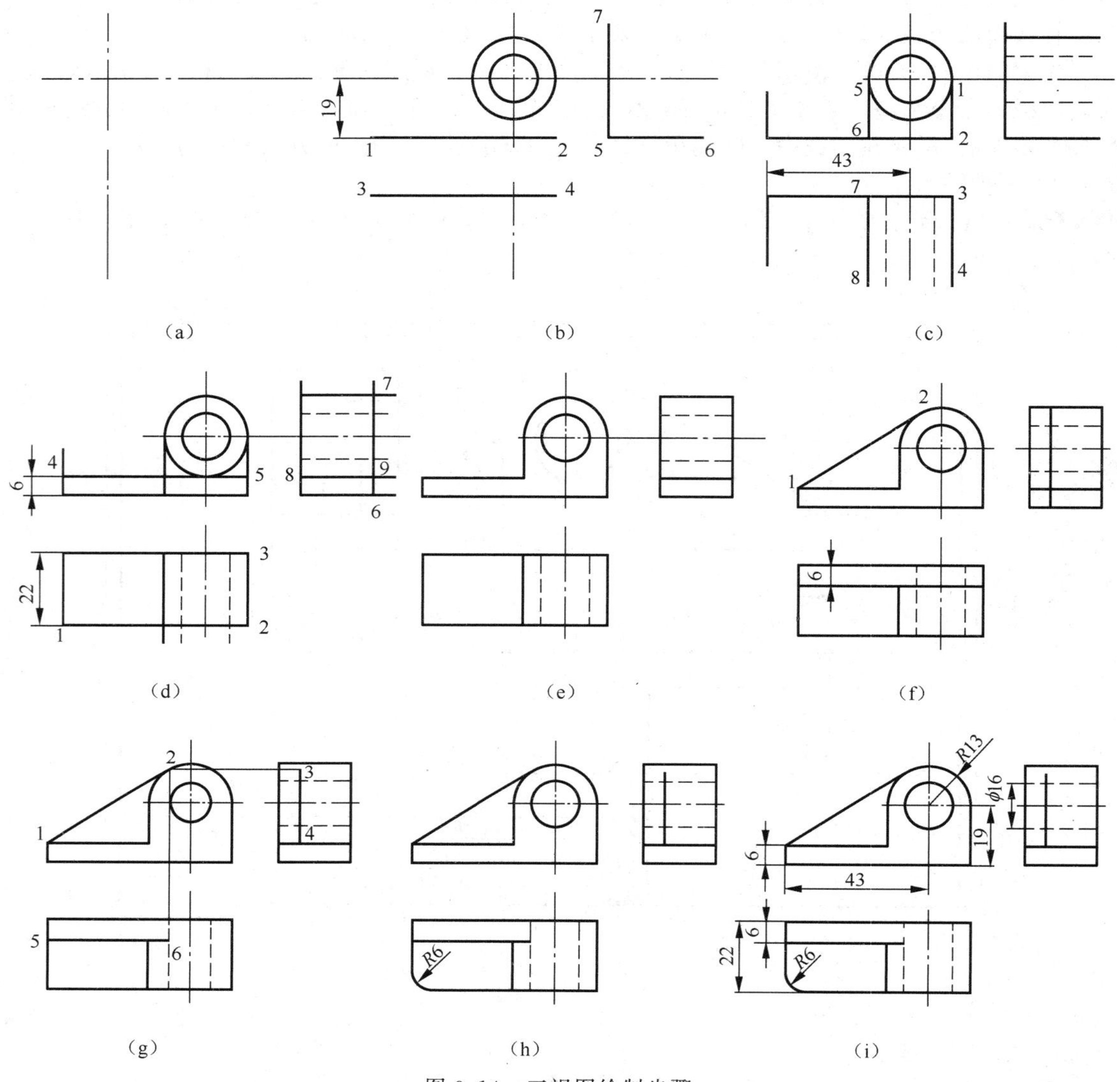

图 9.14　三视图绘制步骤

12、45、89、67;也可以通过捕捉 2、3 两点测量偏移距离值,来确定侧面投影线 67 的位置;使用"修剪"命令,修剪掉多余的图线,如图 9.14(e)所示。

(4)如图 9.14(f)所示,取消"正交"模式,在"对象捕捉"模式设置中选中"相切"选项,用"直线"命令绘制筋板的正面投影 12。捕捉点 1 作为直线的起点,将鼠标靠近大圆弧捕捉切点完成直线;用"偏移"命令,给定偏移距离 6,绘制筋板的水平和侧面投影。

(5)如图 9.14(g)所示,激活"正交"模式,通过捕捉切点 2 绘制正交直线,确定筋板水平和侧面投影位置 56、34,并利用"修剪"命令,修剪掉多余的作图线。

(6)如图 9.14(h)所示,使用"倒圆角"命令,按命令提示区的提示,设定半径值 6 完成底板圆角绘制。

(7)如图 9.14(i)所示,按要求标注尺寸,完成组合体三视图的绘制。

绘制组合体三视图的关键是在平面图形绘制的基础上,保证各视图间的投影对应关系:长对正、高平齐、宽相等。为此作图时要反复用到 AutoCAD 提供的如下辅助工具：

正交模式：通过水平线、竖直线的绘制，辅助控制图形满足"长对正、高平齐"的投影对应关系。

对象捕捉：通过捕捉端点、中点、圆心、切点等，保证用鼠标定点的准确性。

对象追踪：利用推理线，配合"对象捕捉"可确保三视图间"长对正、高平齐"的投影对应关系。

此外，也常常应用"偏移"命令中的测量偏移距离值的方法，来保证俯、左视图间"宽相等"的投影对应关系。

9.4.3 零件图绘制

绘制零件图时，要做好绘图前的准备工作。调用已设置好的模板文件，建立一个适合绘制零件机械图样的绘图环境，根据零件的结构特点，确定表达方案，确定绘图比例。

计算机绘制零件表达图与绘制组合体三视图的主要区别是增加了零件的各种表达方法和技术要求等内容，因此在掌握常用的基本绘图和编辑命令基础上，还要熟练掌握图案填充及尺寸公差、形位公差、表面粗糙度等标注方法。

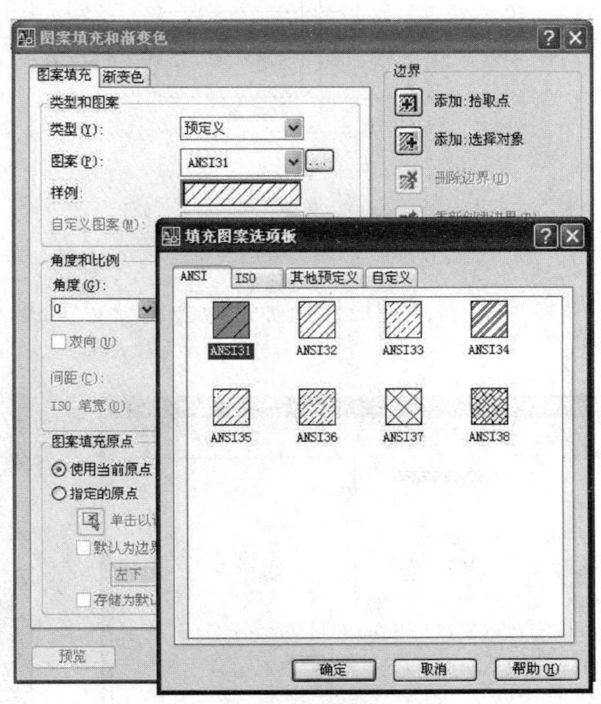

图 9.15 图案填充窗口

1. 剖面图案填充

单击下拉菜单【绘图/图案填充】菜单项，或单击"图案填充"图标，调出"图案填充和渐变色"窗口，选择"ANSI31"图案，设置选项中"角度"为 0 表示剖面线倾斜 45°，比例值可依图形大小自选，通常为 1，如图 9.15 所示。单击"拾取点"按钮，或"选择对象"按钮，此时对话框暂时消失，屏幕切换到图形状态，等待选择填充区域。

填充图案的区域必须是封闭的，选择封闭区域有两种方法：指定对象封闭的区域中的点（拾取点）和直接选择封闭线框（选择对象）。

拾取视图中剖面填充区域内的点，或选择剖面填充区域的封闭线框后，点击"回车"键，屏幕切换回窗口状态，单击"确定"按钮，即可完成剖面图案的填充。

2. 尺寸公差标注

常见的尺寸公差标注形式如图 9.16 所示，其中 $\phi24^{-0.007}_{-0.020}$ 的上极限偏差 −0.007 和下极限偏差 −0.020可在"标注样式管理器"对话框中进行设置。单击下拉菜单【格式/标注样式】菜单项，或单击"标注样式"图标，新建标注样式，在"公差"选项窗口中按要求设置"公差格式"中的各参数值，如图 9.17 所示。此种尺寸公差设置方式，适用于零件图中多处使用同一种公差情况。

也可以双击尺寸数字或单击"特性"图标，在【特性/公差】中设置尺寸公差形式，如图 9.18 所示。如图 9.16b 中 $\phi24$ H7 的尺寸公差，可直接在【特性/文字】中的"文字替代"行

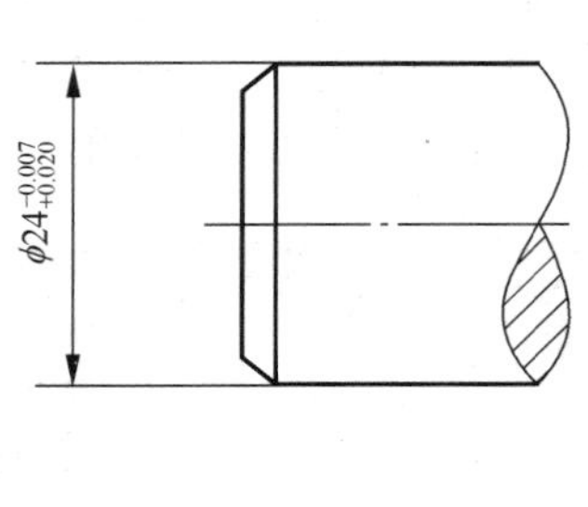

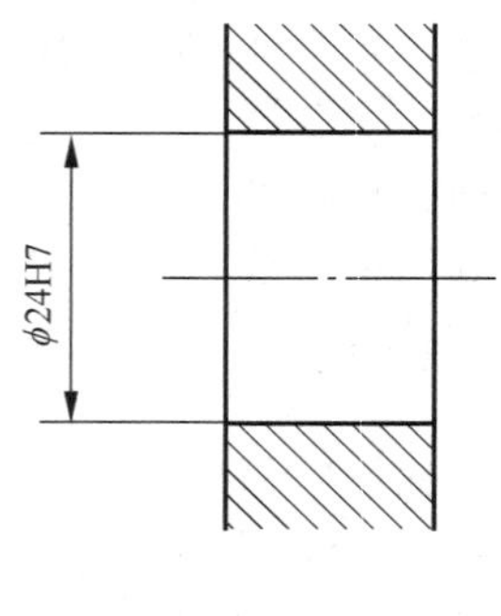

（a）　　　　（b）

图 9.16　尺寸公差标注

输入“%%c〈〉H7”完成。此种尺寸公差设置方式，通常适用于个别带有公差的尺寸标注情况。

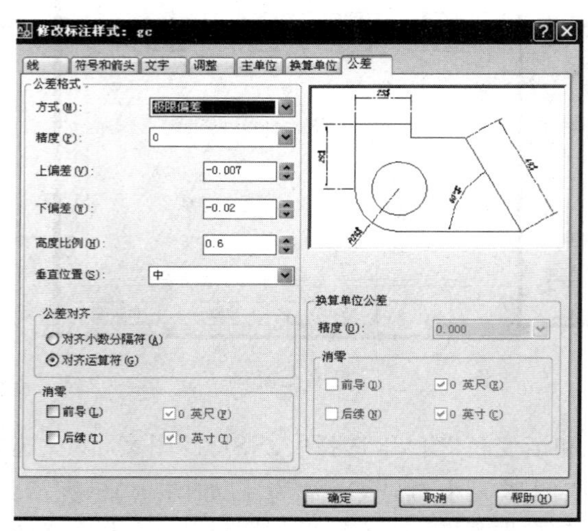

图 9.17　“尺寸公差”选项窗口

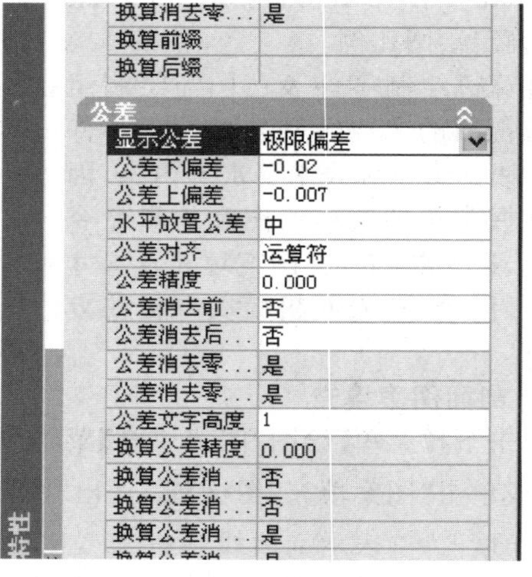

图 9.18　“尺寸特性”窗口

3. 形位公差标注

常见的形位公差标注形式如图 9.19(a)所示，标注形位公差代号一般可以采用两个命令实现：其一是采用“引线”型尺寸标注命令，注写引线的形位公差代号。单击“引线”图标，在命令提示区显示的提示中输入“S”，调出“引线设置”对话框，如图 9.20 所示，其中“注释”选项设置为“公差”，“引线和箭头”选项中“引线”项点选“直线”，“箭头”项点选“实心闭合”，单击“确定”按钮切换到屏幕绘图区，两次单击左键画出引线箭头后，弹出“形位公差”窗口，如图 9.21 所示，按要求设置各参数值，可绘制出如图 9.19(b)中Ⅱ所示的形位公差样式；其二是采用“公差”命令，注写不带引线的形位公差代号(需用“多段线”命令绘制带箭头的指引线)，单击下拉菜单【标注/形位公差】菜单项，或单击“形位公差”图标，在“形位公差”窗口中设置如图 9.21 所示，可绘制出如图 9.19(b)中Ⅰ所示的形位公差样式。

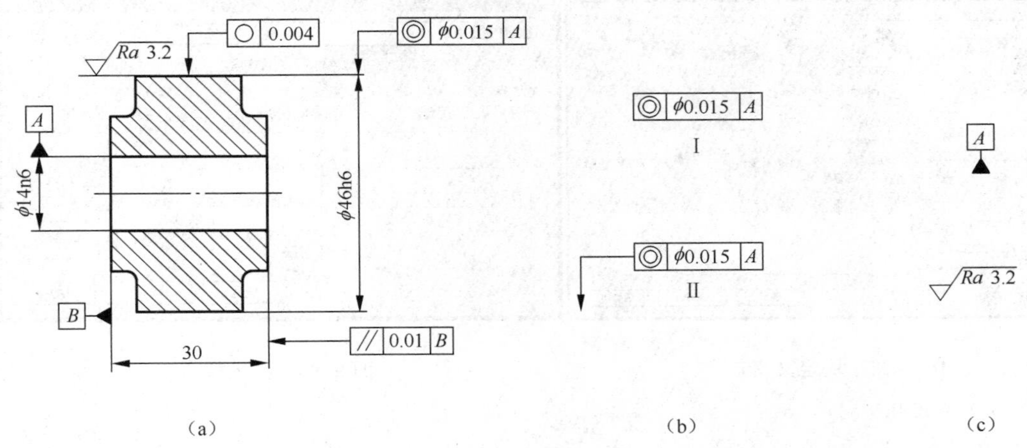

(a) (b) (c)

图 9.19 形位公差和表面粗糙度

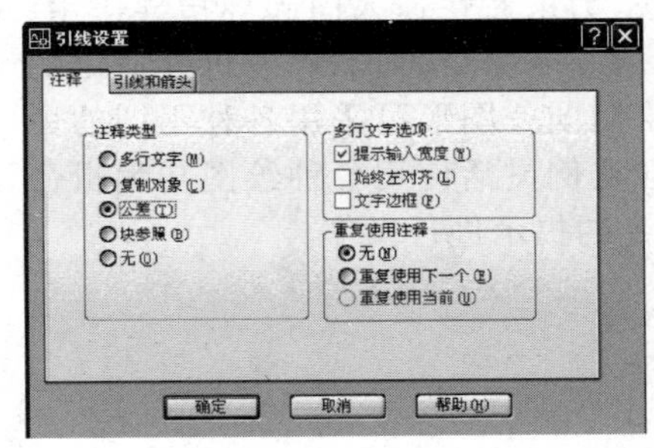

图 9.20 "引线"设置窗口

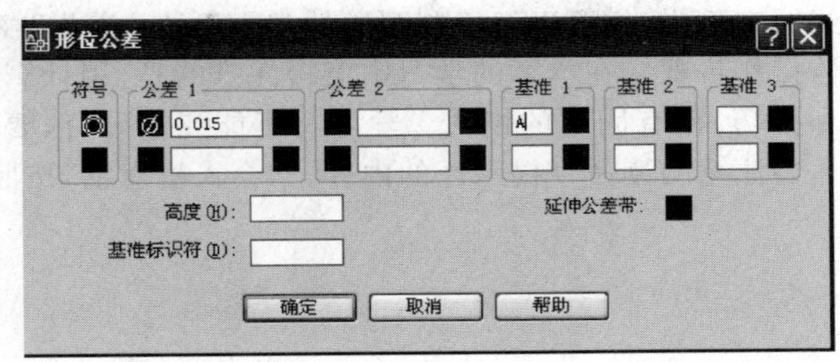

图 9.21 "形位公差"窗口

对于基准代号的标注,可采用图块制作方法(详见表面粗糙度的标注),将其制作为块,如图 9.19(c)所示,再将"基准代号"图形以块的形式载入图形中按要求标注,如图 9.19(a)所示。

4. 粗糙度标注

表面粗糙度代号一般采用"图块"的形式进行操作,图块是将图中需反复使用的图形及其信息组合起来,并赋予名称的一个整体。

首先绘制粗糙度符号图形,如图 9.19(c)所示,利用"建块"命令,将其定义为"粗糙度"块,设置基点(拾取粗糙度符号的尖端)如图 9.22 所示,单击"确定"完成"粗糙度"块属性的定义。通常在命令行输入"Wblock"存块命令,将块保存,每次标注粗糙度符号时,单击"插块"图标 ,弹出"块插入"对话框,如图 9.23 的所示,设置"插入点"选项,单击"确定"屏幕切换到绘图区窗口,将"粗糙度"图形以块的形式载入图形中按要求标注,如图 9.19(a)所示。

AutoCAD 中复制和粘贴功能也同样可以实现"粗糙度"符号的重复使用,可代替块的操作。通常块的操作,不只为了"粗糙度"符号的创建方面,它常用在将一些特殊图形或常用图形以块的形式保存,建成图形库,方便于每次绘图时调用,保证绘图效率、质量和统一性。

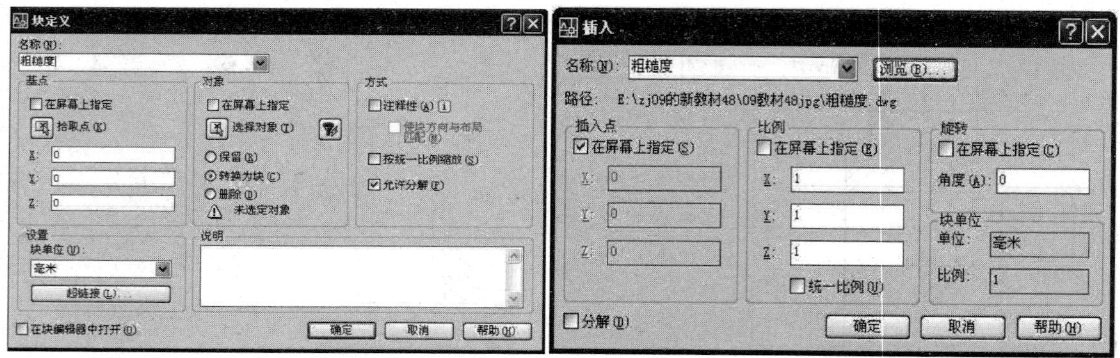

图 9.22　块定义窗口

图 9.23　插入块窗口

本章小结

本章从实用的角度讲述AutoCAD 2008的基本内容，介绍了命令的输入方式、坐标的输入方式、绘图环境的设置以及基本绘图与编辑命令的使用方法，力求对快速入门起到指导作用。在绘图实例中，主要讲解绘制图样的基本思路、方法和采用的基本命令，而非逐一讲述命令的具体操作步骤。在本章的学习中值得注意的是，用计算机绘制同一图形可采用各种不同的命令和技巧，没有固定的模式。学习时不能死记硬背，要结合实例灵活使用各种绘图与编辑命令。要注意阅读命令提示区的内容，学会人机对话，按照命令的提示进行操作。

第 10 章　展开图及焊接图

10.1　展　开　图

在化工、冶金、建筑等行业中，常用金属板材制成管道、接头、容器、防护罩等钣金制件，如图 10.1 所示为粉碎机上的集粉桶。制造这类产品时，必须先在金属板上画出制件的表面展开图，然后下料，经弯、卷成形，再用焊接或铆接等方法制成所需产品。

将立体表面的实际形状和大小，依次摊平在同一平面上的过程，称为立体表面的展开。展开后所得的图形称为展开图，如图 10.2 所示。

立体的表面有平面和曲面之分。平面立体的表面由若干个平面多边形构成，均为可展表面；圆柱、圆锥等相邻素线是平行或相交的曲面立体的表面，也为可展曲面；圆球、圆环、双曲抛物面等相邻素线是交叉的两直线或以曲线为母线的曲面，均为不可展曲面。对于不可展曲面常采用近似展开法画其展开图。

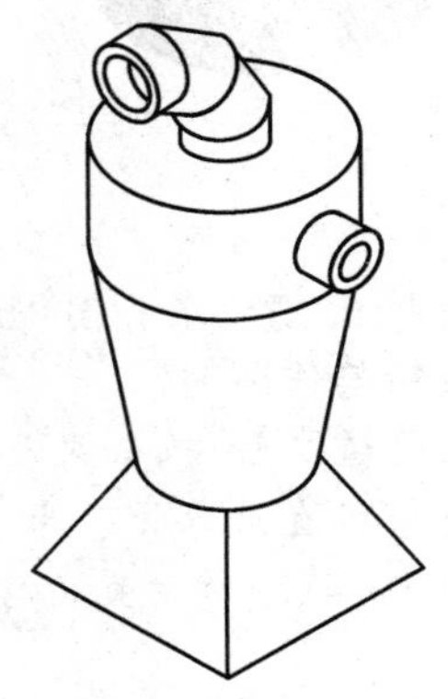

图 10.1　集粉桶

10.1.1　平行线展开法

如果立体的表面是柱面（圆柱、棱柱等），其表面的展开可采用平行线展开法。由于柱面的棱线或素线互相平行，当柱体的底面垂直其棱线或素线时，展开后底面的周边必成一条直线段，各棱线或素线与这直线段相互垂直。

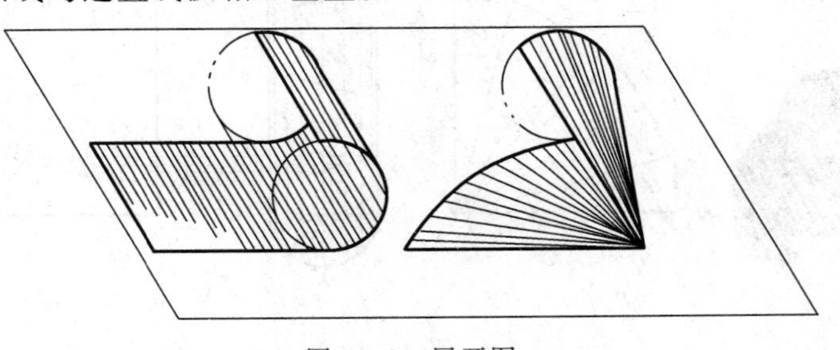

图 10.2　展开图

【例 10.1】 求作图 10.3(a)所示斜截圆柱管的柱面展开图 。

分析与作图

圆柱面可看成由相互平行的素线组成，这些素线在与圆柱轴线平行的投影面上反映实长，圆柱面的展开长度应该是圆柱底圆的周长，作图步骤如下：

(1)将圆柱面底圆圆周分为若干等分(本例为 8 等分)；

(2)过等分点引圆柱面的素线，其正面投影分别为 $1'a'$、$2'b'$、……；

(3)将底圆沿与轴线垂直方向展成一直线，长度为 $L=\pi D$；

(4)将展开线分成与底圆圆周相同的等分(8 等分)，得 I、II、……等分点，过等分点作展开线的垂线，使垂线的长度分别等于圆柱面相应素线长度，即 $IA=1'a'$、Ⅱ$B=2'b'$。用平滑曲线依次连接端点 A、B、……，完成斜截圆柱管的柱面展开图，如图 10.3(b)所示。

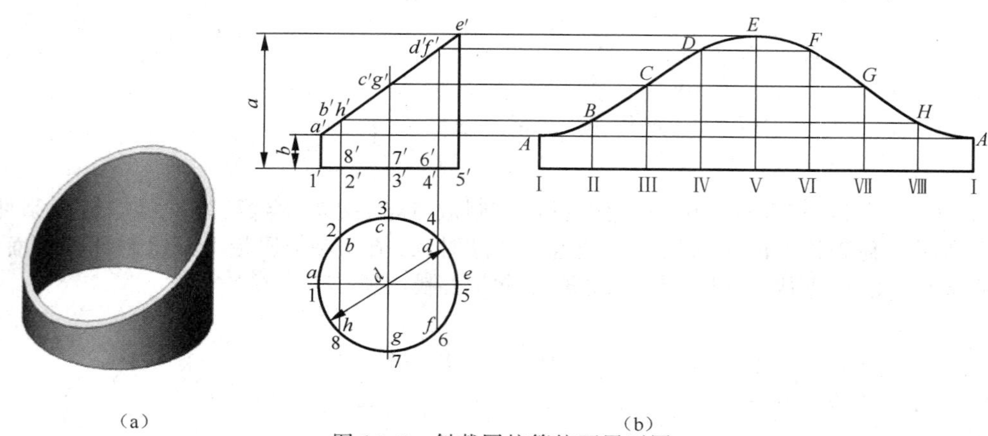

(a) (b)

图 10.3 斜截圆柱管柱面展开图

【例 10.2】 求作图 10.4(a)所示等径直角弯管的展开图。

分析与作图

在管道工程中，如果要垂直地改变风道的方向，需采用直角弯管。工程上一般用多节斜口圆管拼接成直角弯管。为了合理利用材料和提高工效，把斜口圆管拼合成一圆柱管来展开。

图 10.4(a)所示直角弯管由 B、C 两个带有双斜口的管节和 A、D 两个带有单斜口的管节

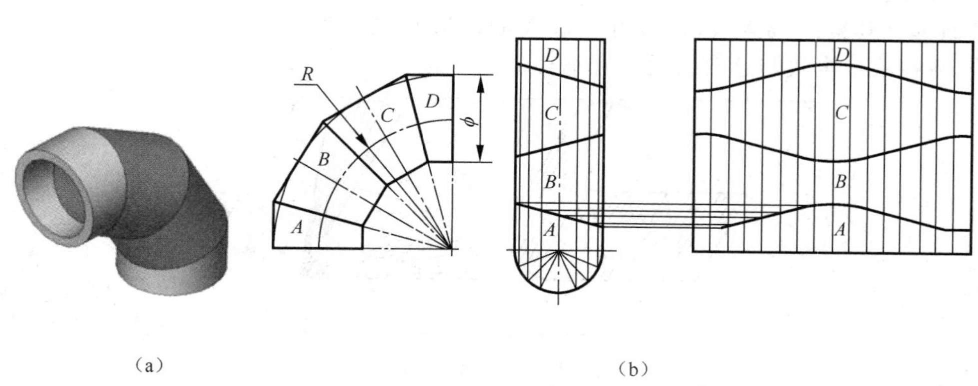

(a) (b)

图 10.4 直角弯管展开图

组对而成，ϕ 表示弯管的直径，R 表示弯管的曲率半径。带有双斜口的管节叫“中节”，设在弯管两端带有单斜口的管节叫“端节”，端节为中节的一半。将 B、D 两个管节分别绕其轴线旋转 180°，就能拼合成一个完整的圆柱管，在圆柱管展开图上绘出各节斜口展开曲线即可。

A、B、C、D 四个管节就是四个斜截圆柱管，因此，直角弯管的展开图的作法与作斜截圆柱管的展开图相同，作图步骤详见【例 10.1】，展开图如图 10.4(b)所示。

【例 10.3】 求作图 10.5(a)所示异径正交三通管的展开图。

分析与作图

由于相贯线是两圆柱表面的分界线，也是两圆管的连接部分，因此，画相贯两圆柱的展开图，必须先在投影图上准确地作出相贯线的投影，然后再采用平行线展开法分别作出大、小圆管的表面展开图。作图步骤如图 10.5(b)所示。

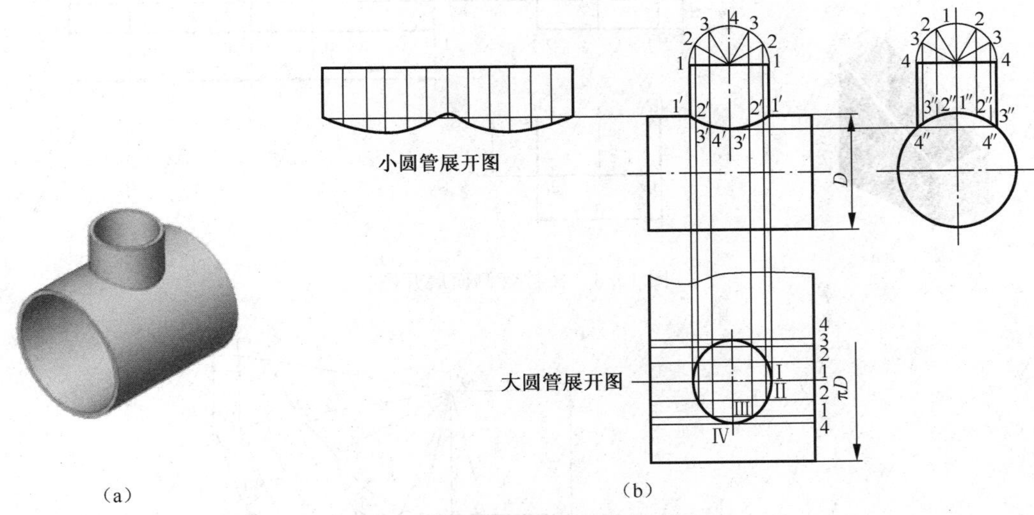

图 10.5 异径正交三通管展开图

(1) 用回转体表面取点的方法，精确画出相贯线的投影。

(2)按照作斜截圆柱管展开图的方法作小圆柱管的展开图。

(3)大圆管的展开图。作大圆管展开图的关键是求出相贯线在展开图中的位置。首先将完整大圆管展开成一矩形(图中仅画出局部)，并画出对称中心线；其次，根据左视图中 1、2、3、4 点所对应的大圆弧的弧长，在展开图中截取 1、2、3、4 各点，过各点作中心线的平行线，即为大圆柱面上素线的展开位置；过主视图中 1′、2′、3′、4′各点作垂线，与所作素线对应相交，得 Ⅰ、Ⅱ、Ⅲ、Ⅳ点。同理，作出对称部分的其他对应点。用平面曲线顺次光滑连接各点，即得相贯线的展开图。

【例 10.4】 求作图 10.6(a)所示棱柱管侧面的展开图。

分析与作图

棱柱管侧表面是由平面围成的立体表面，其棱线都是互相平行的。其表面形状可以看作是多个梯形或矩形平面组成，其展开图可按平面连接的顺序进行摊平。该例中的四棱柱管前后两侧棱面在主视图上反映实形，左右两侧棱面分别在俯视图上反映实际宽度、在主视图上反映实际高度，所以四个侧棱面皆可画出其实形。以一棱边为始边，依次画出各个表面实形，即得棱柱管侧表面展开图，如图 10.6(b)所示。

10.1.2 放射线展开法

如果立体是锥体或锥体的一部分(圆锥、棱锥等),则其表面的展开可用放射线法。放射线法的绘制原理与平行线法类似,由于锥面展开后各棱线或素线都相交于一点,因而称为放射线法。作锥面展开图时,要求先求出锥面各棱线或一系列素线和底面周边的实长。然后依次画出各棱面(三角形)或锥面(用若干三角形取代)的实形而求得。如图 10.7 所示的斜截正四棱锥管,将其棱线延长至交点 O'得到正四棱锥,其棱线和底面周边的实长可在图中直接得到,因此可以 O'点为中心,依次画出各棱面的实形得到展开图。

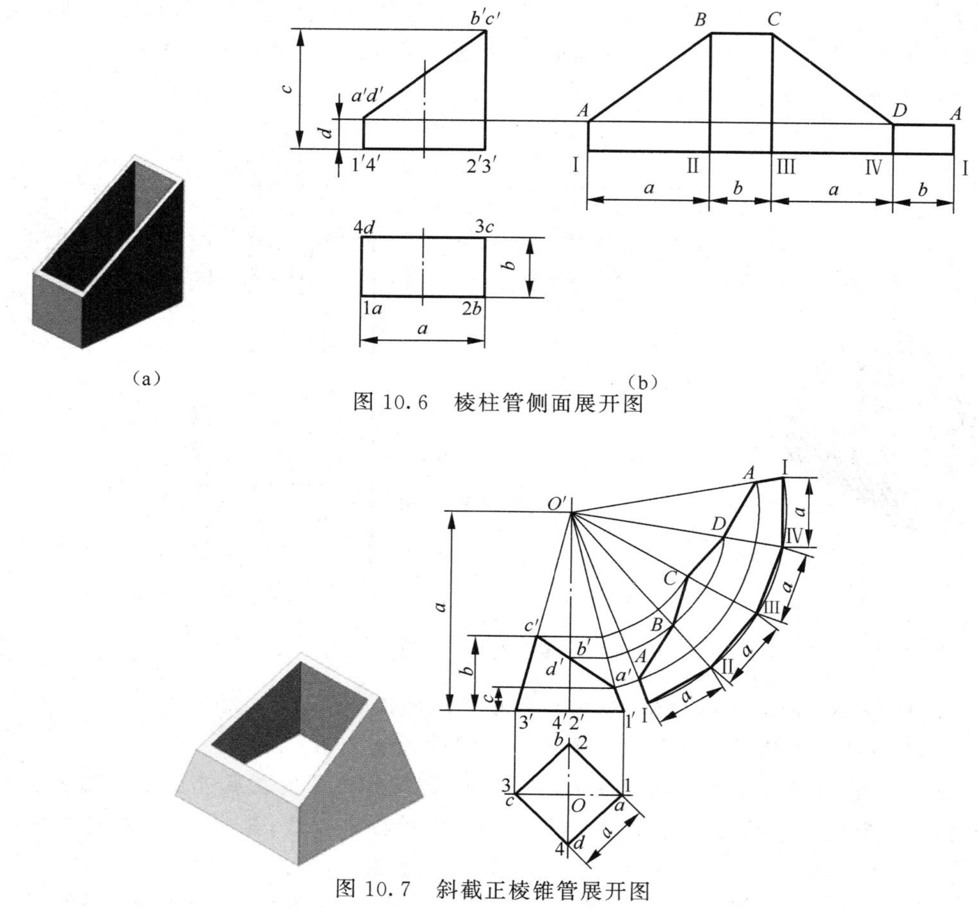

(a)

(b)

图 10.6 棱柱管侧面展开图

图 10.7 斜截正棱锥管展开图

【例 10.5】 求作图 10.8(a)所示斜截正圆锥管的表面展开图。

分析与作图

斜截正圆锥管可以看作是由完整正圆锥面截切而成,因此,应首先作出完整正圆锥面的展开图,再确定截交线在展开图上的位置。作图步骤如图 10.8(b)所示。

(1) 将圆锥底圆 n 等分(本例 8 等分),过等分点作出各素线的投影,标出素线与截平面交点的正面投影 a'、b'、……。

(2)以 O'为圆心,以圆锥素线 $O'1'$为半径画弧,在弧上截取 πd(d 为圆锥底圆直径),作出完整正圆锥面展开图。在展开图上,将扇形圆弧也分成 n 等分,等分点为 Ⅰ、Ⅱ、……,与顶点 O'连接形成放射形的各个素线。

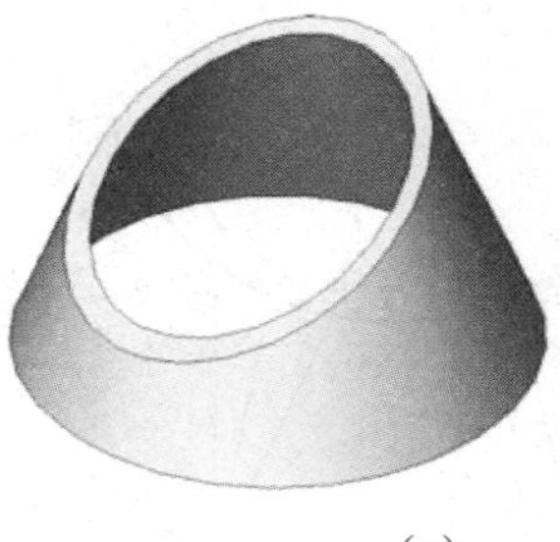

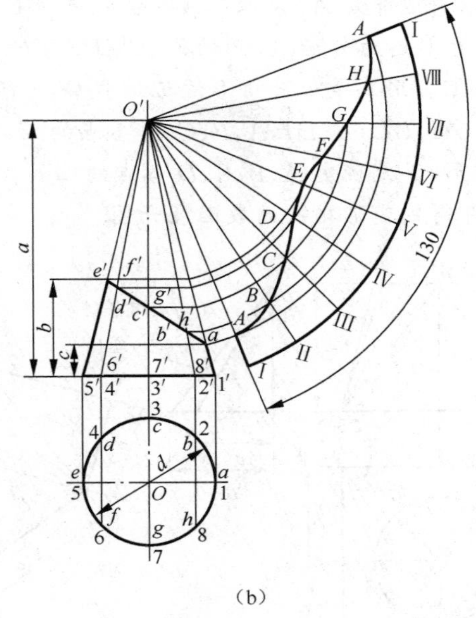

(a)　　(b)

图 10.8　斜截正圆锥管展开图

(3) 确定截切后素线的实长。过截交线上各点的正面投影 a'、b'、……分别作水平线与正圆锥最右素线投影相交，以各交点到顶点 O' 的长为半径，以 O' 为圆心分别画弧，与放射形素线同名对应相交于 A、B、……各点。顺次光滑连接 A、B、……即作出斜截正圆锥管的表面展开图。

10.1.3　三角线展开法

凡不宜用前述两种方法展开的立体都可采用三角线展开法。三角线展开法是将形体的表面近似地看作为由许多边与边相邻接的三角形构成，求出各个三角形的真实形状，然后将它们拼接在一起。

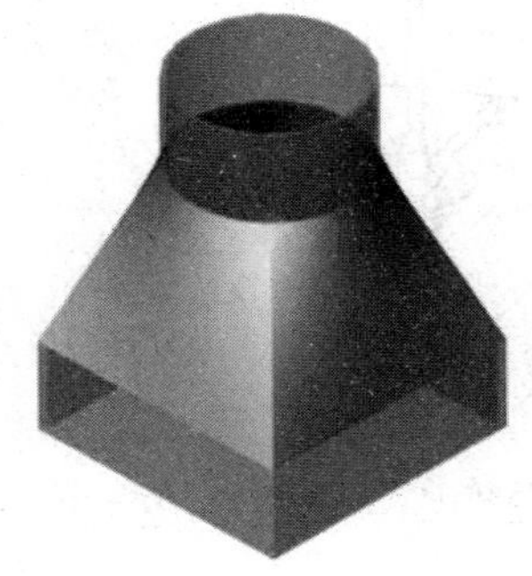

图 10.9　变形接头

如图 10.9 所示是一个天圆地方的变形接头，用于连接圆管和方管。这类构件的表面一般为柱状面、锥状面或由平面和曲面组成的复合曲面。无论这表面是否可展，都可以将这些表面划分为若干个三角形或近似三角形，各个三角形的表面实形即为其表面展开图。

【例 10.6】　求作图 10.9 所示中间部分的变形接头表面展开图。

分析与作图

如图 10.9 所示，变形接头的上方主要由曲面围成，下方主要由平面围成，其表面可以看作由相同的四个等腰三角形平面和四个部分斜椭圆锥面组成。作图步骤如图 10.10 所示。

(1) 在投影图中将上圆 12 等分，相邻四点为一组，如 A、B、C、D。过分点引椭圆锥面的素线，即分斜椭圆锥表面为四组 12 个三角形，加上四个平面三角形共计 17 个三角形，接缝选在 A V处。

(2)求素线实长。变形接头上、下底均平行于水平投影面，水平投影反映实形，利用直角三角形法求出各素线的实长(以 AI 的 V 面投影坐标差为直角边，水平投影 $a1$ 为另一直角边，作直角三角形，斜边即为 AI 实长)，AI=DI、BI=CI，其中 AI、DI 是等腰三角形的腰。

(3)以 A V边为起始边，开始画 AVI 三角形，把平面图中所分成的各三角形逐一按顺序铺平在平面上。用三个小三角形近似地代替一个部分斜椭圆锥面 I—ABCD 作其展开图，可由素线实长 AI、BI、CI、DI，A、B、C、D 各点的距离等于 a、b、c、d 点间所夹圆弧的弧长，依次画出各个三角形，于是确定 A、B、C、D 各点的位置。如此类推，最后用曲线把所得到的各点光滑连接起来，即得到变形接头的表面展开图。

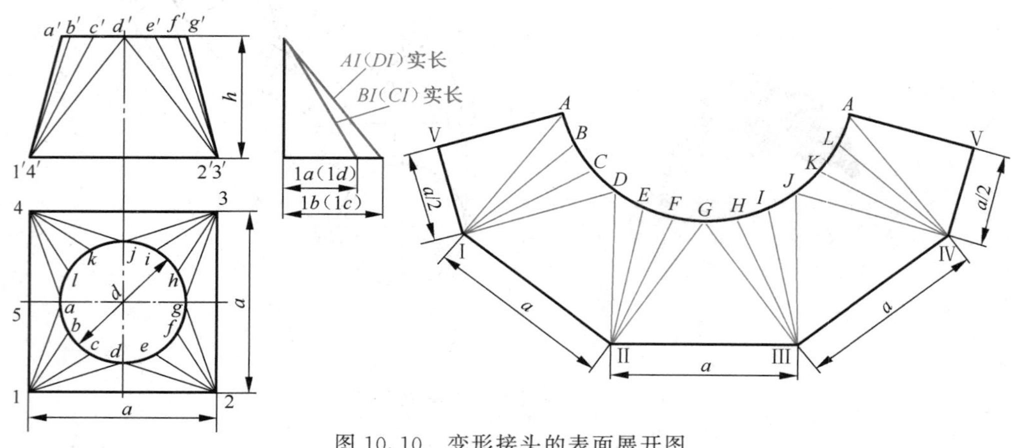

图 10.10　变形接头的表面展开图

10.2　焊　接　图

焊接是一种连接金属或热塑性塑料的制造或雕塑过程。焊接过程中，工件和焊料熔化形成熔融区域，熔池冷却凝固后便形成材料之间的连接，如图 10.11 所示。焊接是常用的金属件间的一种固定连接方式，具有工艺简单、连接可靠、劳动强度低等优点，广泛应用于造船、机械、电子、化工、建筑等行业。

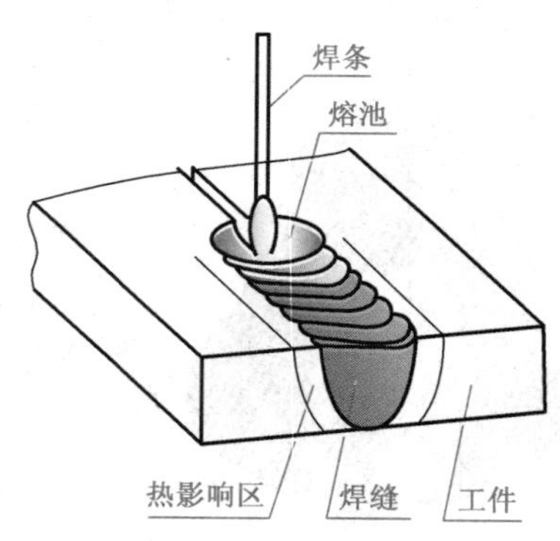

图 10.11　焊接示意图

焊接时形成的连接两个被连接体的接缝称为焊缝，被焊接体在空间的相互位置称为焊接接头。常见的焊接接头有对接接头、搭接接头、T 形接头(正交接头)和角接接头等，如图 10.12 所示。

本节主要介绍常用的焊缝画法、符号及标记方法。

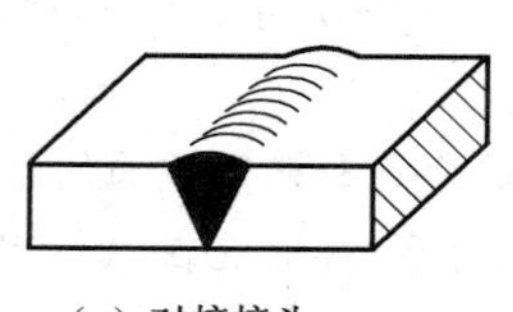

(a) 对接接头

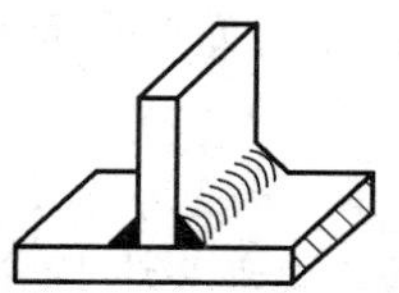

(b) T 形接头

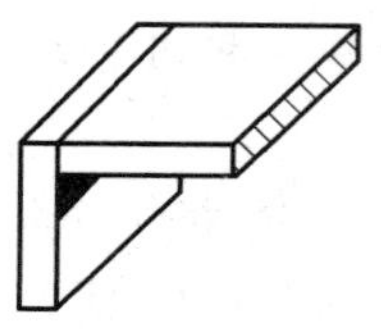

(c) 角接接头

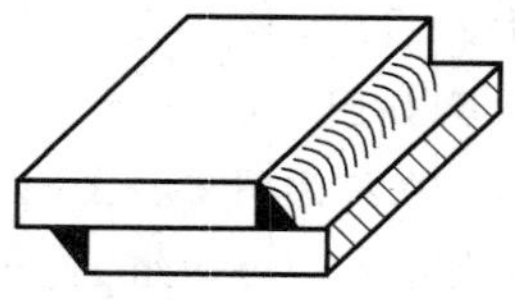

(d) 搭接接头

图 10.12　常见的焊接接头形式

10.2.1 焊缝的画法

在技术图样中，一般按 GB/T 324—2008 规定的焊缝符号表示焊缝，也可按 GB/T 4458.1 和 GB/T 4458.3 规定的制图方法表示焊缝。

在垂直于焊缝的剖视图或断面图中，焊缝的金属熔焊区通常应涂黑表示，如图 10.13(a)所示。在平行于焊缝方向的视图中，焊缝可用栅线(一组细实线圆弧或直线段)表示可见焊缝，如图 10.13(a)、(b)、(c)所示，也可采用粗实线(线宽为 $2b \sim 3b$)表示，如图 10.13(d)所示，但在同一张图样中，只能采用一种方法；在表示焊缝端面的视图中，通常用粗实线绘出焊缝的轮廓。

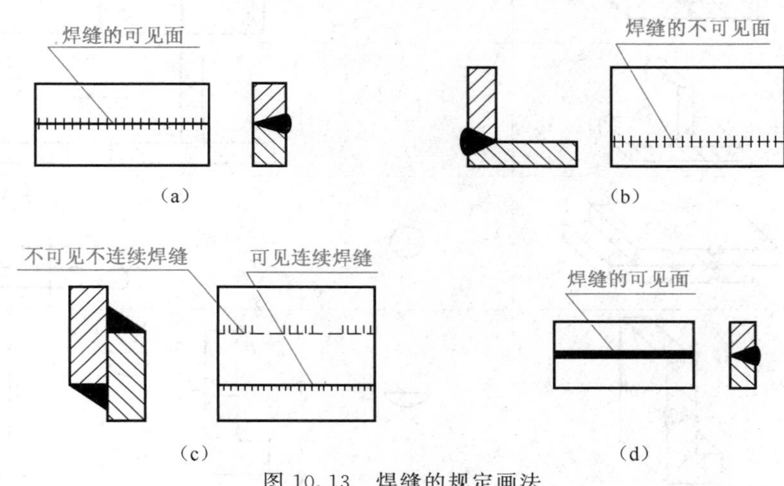

图 10.13 焊缝的规定画法

10.2.2 焊缝的代号及其标注

国家标准(GB/T 324—2008)规定，完整的焊缝符号包括基本符号、指引线、补充符号、尺寸符号及数据等。在图样上标注焊缝时通常只标注基本符号和指引线。

1. 基本符号

基本符号表示焊缝横截面的基本形式或特征，用粗实线绘制。常用的焊缝基本符号及标注示例见表 10.1。

表 10.1 常用的焊缝基本符号(GB/T 324—2008)及标注示例

名称	示意图	基本符号	标注示例
I形焊缝	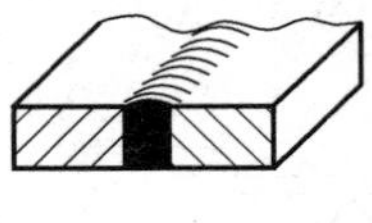		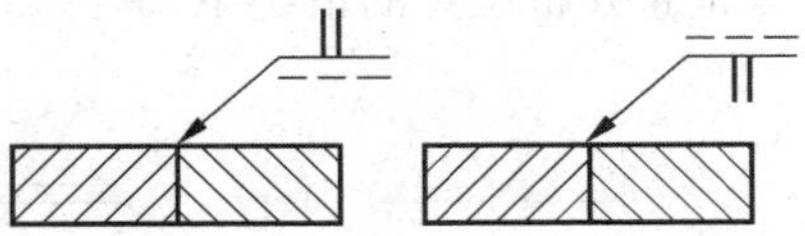
V形焊缝	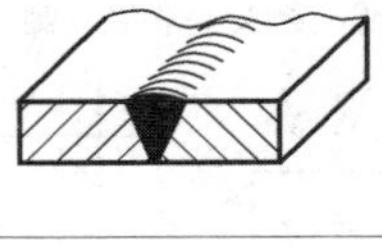		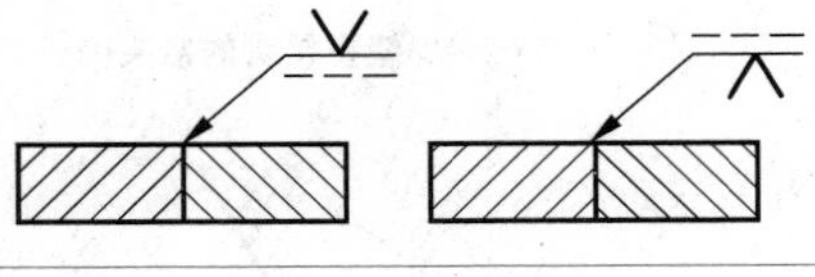
单边V形焊缝	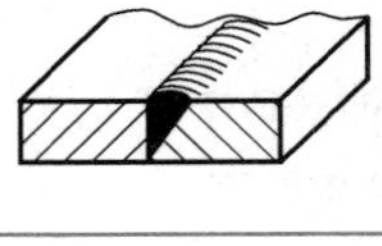		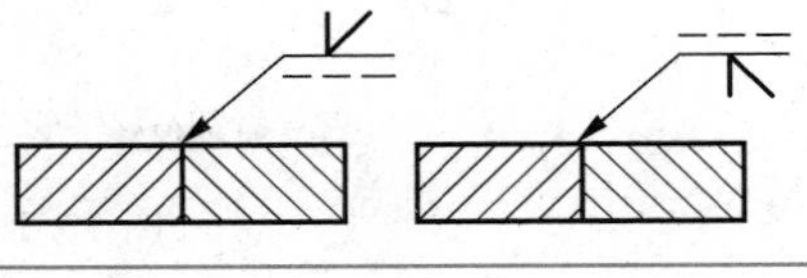

续上表

名称	示 意 图	基本符号	标 注 示 例
带钝边 V 形焊缝			
带钝边 U 形焊缝			
角焊缝			
点焊缝			
封底焊缝			

2. 指引线

指引线由箭头线和两条基准线组成，如图 10.14 所示。箭头线用细实线绘制，基准线由两条相互平行的细实线和虚线组成，一般应与图样标题栏的长边相平行，必要时也可与图样标题栏的长边相垂直。基准线的虚线可画在基准线实线的上侧或下侧。

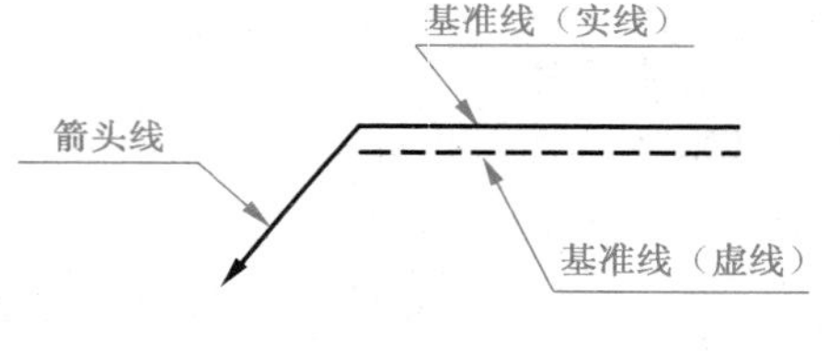

图 10.14　指引线

基本符号与基准线的相对位置不同表示不同的焊缝位置。基本符号在实线侧时，表示焊缝在箭头侧；基本符号在虚线侧时，表示焊缝在非箭头侧，如图10.15(a)、(b)所示。对称焊缝允许省略虚线，在明确焊缝分布位置的情况下，有些双面焊缝也可省略虚线，如图 10.15(c)、(d)所示。

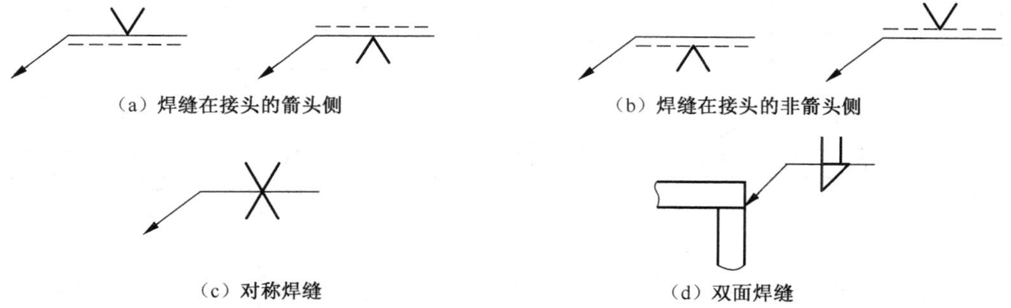

(a) 焊缝在接头的箭头侧　(b) 焊缝在接头的非箭头侧

(c) 对称焊缝　(d) 双面焊缝

图 10.15　基本符号与基准线的相对位置

3. 补充符号

补充符号用来补充说明有关焊缝或接头的某些特征，诸如表面形状、衬垫、焊缝分布、施焊地点等。常用的焊缝补充符号见表 10.2。

表 10.2　常用的焊缝补充符号(GB/T 324—2008)

名称	符号	说明	形式及标注示例
平面	—	焊缝表面通常经过加工后平整	
凹面	◡	焊缝表面凹陷	
凸面	⌒	焊缝表面凸起	
永久衬垫	M	衬垫永久保留	M
临时衬垫	MR	衬垫在焊接完成后拆除	
三面焊缝	⊏	三面带有焊缝	
周围焊缝	○	沿着工件周边施焊的焊缝；标注位置为基准线与箭头线的交点处	
现场焊缝	▶	在现场焊接的焊缝	
尾部	<	可以表示所需的信息	5　200　3

4. 尺寸及标注

必要时，可以在焊缝符号中标注尺寸，尺寸符号参见表 10.3。

表 10.3　尺寸符号(GB/T 324—2008)

名称、符号	示意图	名称、符号	示意图
工件厚度(δ) 坡口角度(α) 坡口面角度(β) 根部间隙(b) 钝边(p) 坡口深度(H)		相同焊缝数量(N) 焊脚尺寸(K)	
焊缝宽度(c) 焊缝有效厚度(S) 余高(h)		焊缝长度(l) 焊缝段数(n) 焊缝间距(e)	
根部半径 R		点焊：熔核直径(d) 塞焊：孔径(d)	

焊缝尺寸的标注方法如图 10.16 所示。

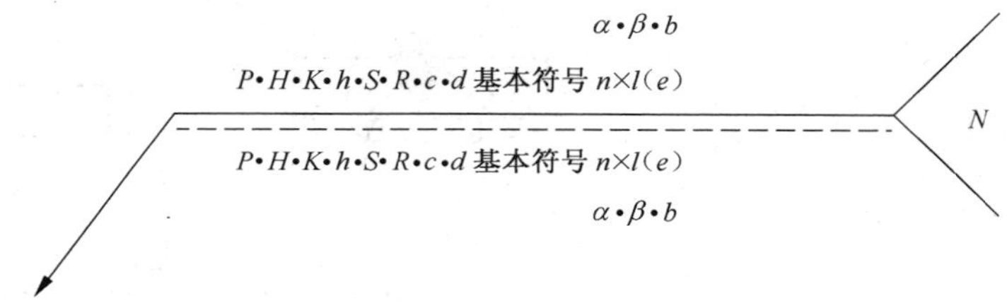

图 10.16　尺寸标注方法

5. 焊接及相关工艺方法代号

常用的焊接方法有电弧焊、接触焊、电渣焊、点焊和钎焊等，其中以电弧焊应用最为广泛。焊接工艺方法可通过代号加以识别，一般采用数字代号表示，直接注写在尾部符号中。国家标准 GB/T 5185—2005 规定了常用的焊接及相关工艺方法代号见表 10.4。

表 10.4　常用的焊接及相关工艺方法代号

焊接方法	数字代号	焊接方法	数字代号	焊接方法	数字代号	焊接方法	数字代号
焊条电弧焊	111	埋弧焊	12	点焊	21	氧乙炔焊	311
摩擦焊	42	电子束焊	51	电渣焊	72	硬钎焊	91

6. 焊缝标注示例

常用的焊缝标注示例见表 10.5。

表 10.5　焊缝的标注示例

接头形式	焊缝形式	标注示例	说明
对接接头	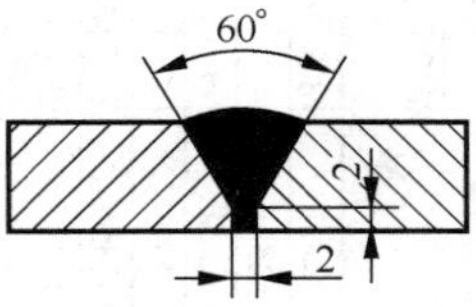	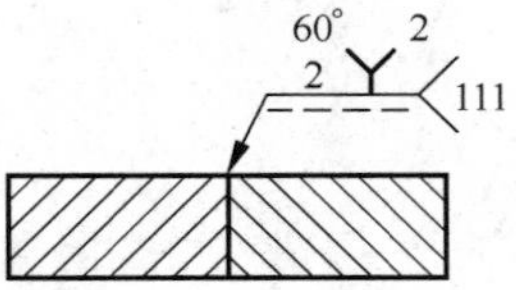	表示对接 Y 形焊缝，焊缝间隙 2 mm，坡口角度 60°，钝边 2 mm，采用焊条电弧焊
角接接头	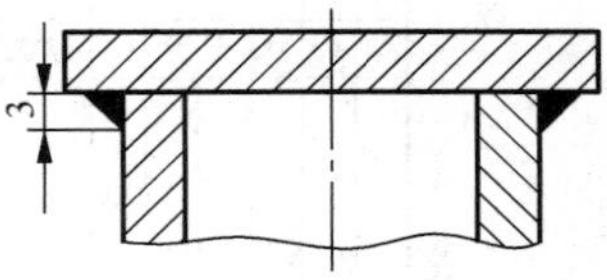	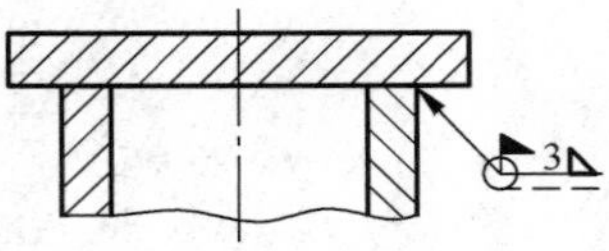	表示在现场装配时进行焊接，环绕周边角焊，焊角尺寸为 3 mm
T 形接头	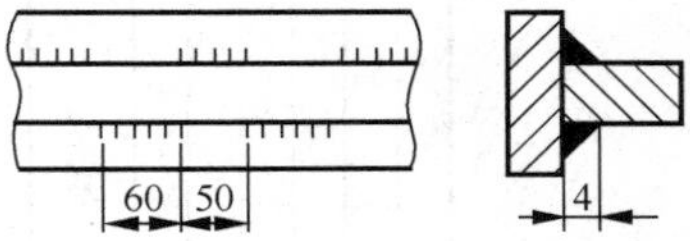	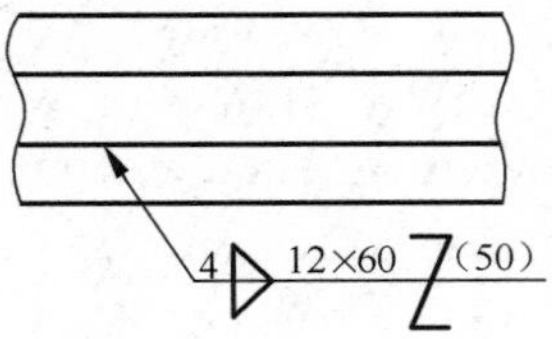	表示焊角尺寸为 4 mm 的双面角焊缝，有 12 条断续焊缝，每段焊缝长度为 60 mm，焊缝间隙为 50 mm，"Z"表示两面断续焊缝交错
搭接接头	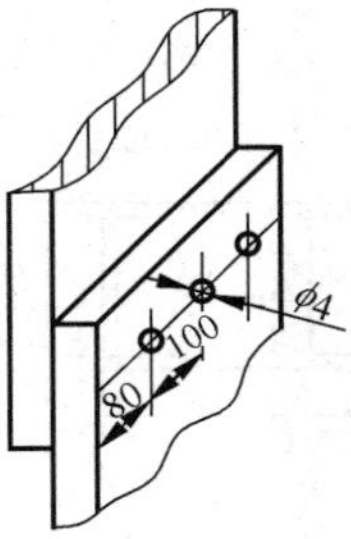	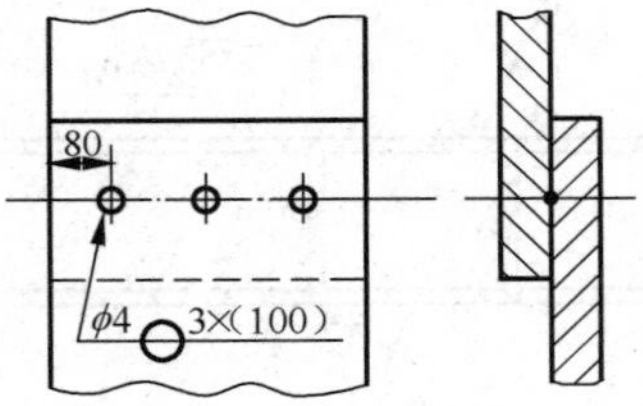	表示点焊缝，熔核直径为 Φ4，3 个焊点，焊点间距 100 mm，焊点与板边的距离 80 mm

10.2.3　焊接图实例

焊接图是金属焊接加工时所用的图样。除需要把金属连接件本身的形状、尺寸、材料和要求表达清楚外，还必须表达清楚有关焊接内容和技术要求，尤其焊缝的作法及要求。焊缝可用符号表示，复杂时也可用图样表达。

焊接图实际上是装配图，但由于简单的焊接构件，一般不单画各构件的零件图，而在焊接图上标出各组成构件的全部尺寸，或注写在明细栏内，如图 10.17 所示。若结构复杂，还需另外绘制各件的零件图。

如图 10.17 所示是给排水工程中格栅、格网安装时使用的专用起吊架中的支架部件的制作图，该支架是由 6 个构件通过焊接而成的。

主视图上，焊缝符号 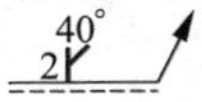 40° 2 表示钢板 1 和支腿 4、钢板 2 和支腿 4、钢板 2 和槽钢 5 之间均为带钝边单边 V 形焊缝，钝边 2 mm，坡口角度 40°。

左视图上，焊缝符号 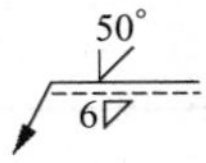 50° 6 表示槽钢 5 和支腿 4 外侧表面、槽钢 5 和吊耳 6 外侧表面之间均为单边 V 形焊缝，坡口角度 50°。槽钢 5 和支腿 4 内侧表面、槽钢 5 和吊耳 6 内侧表面均

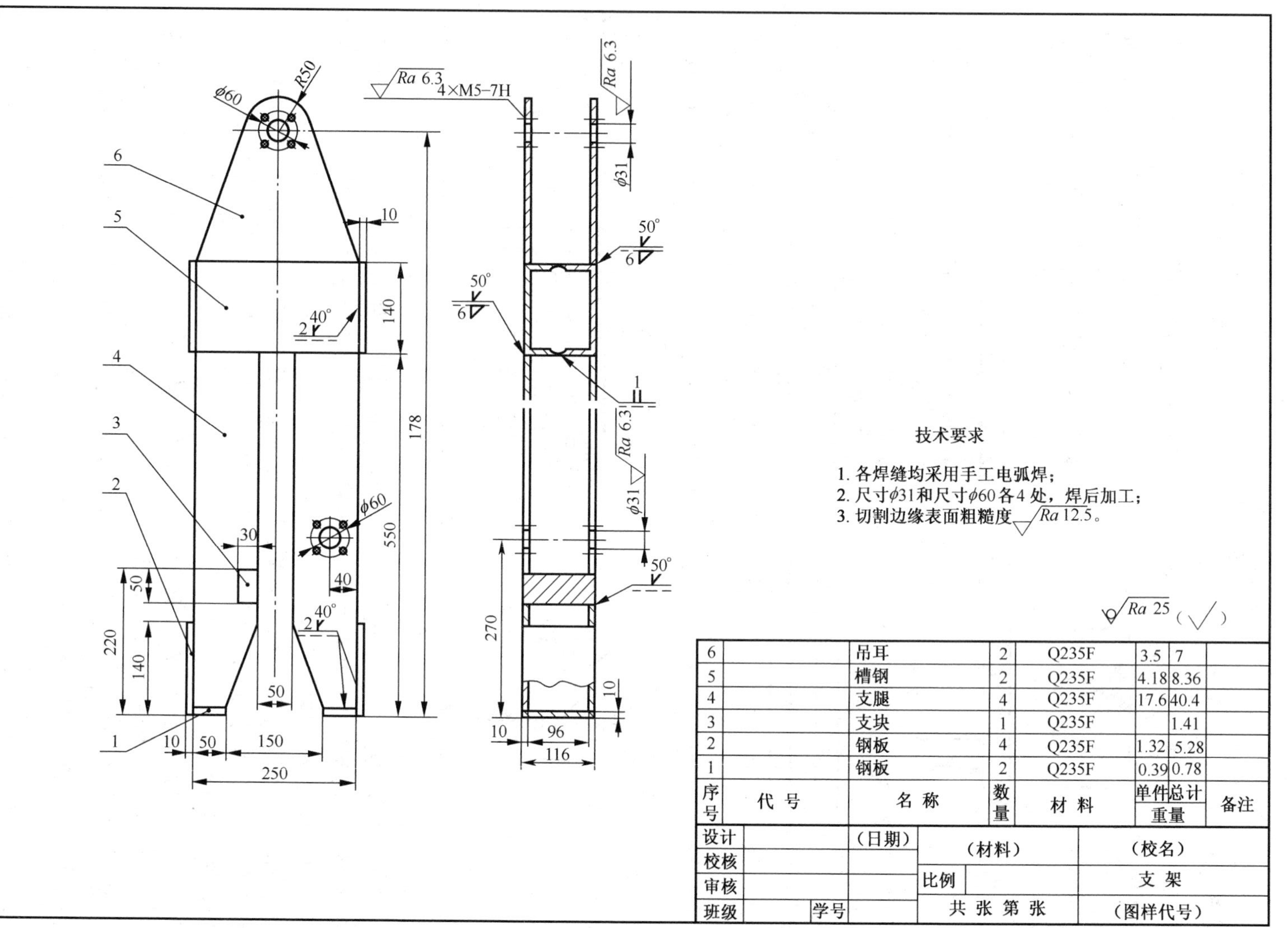

序号	代号	名称	数量	材料	单件重量	总计重量	备注
6		吊耳	2	Q235F	3.5	7	
5		槽钢	2	Q235F	4.18	8.36	
4		支腿	4	Q235F	17.6	40.4	
3		支块	1	Q235F		1.41	
2		钢板	4	Q235F	1.32	5.28	
1		钢板	2	Q235F	0.39	0.78	

设计		（日期）	（材料）	（校名）
校核				
审核			比例	支 架
班级	学号		共 张 第 张	（图样代号）

图 10.17 焊接图的应用实例

为焊角高度 6 mm 的角焊缝。焊缝符号 $\overset{1}{\text{II}}$ 表示两个槽钢 5 的顶面和底面之间均为间隙 1 mm 的 I 形焊缝。

本章小结

本章主要介绍了展开图和焊接图两种工程图样的画法，要求了解和掌握以下内容：

1. 了解立体的展开方法；
2. 掌握平行线展开法、放射线展开法和三角形展开法的作图方法；
3. 了解焊接符号及其标注方法；
4. 能够读懂简单的焊接图。

附　　录

附录Ⅰ　标 准 结 构

1.1　普通螺纹(摘自 GB/T 193—2003,GB/T 196—2003)

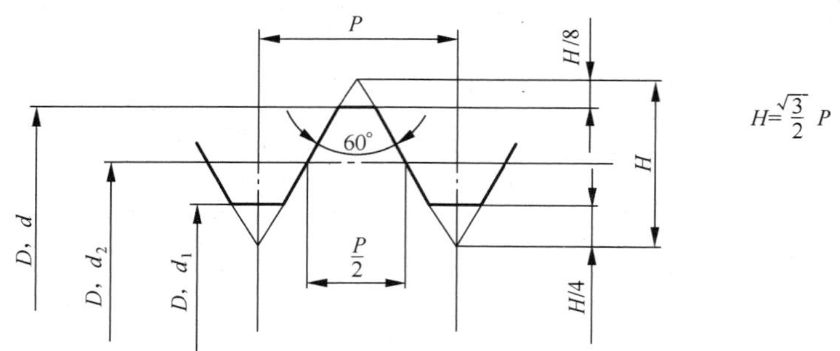

标记示例

普通粗牙外螺纹,公称直径为 24 mm,右旋,中径、顶径公差带代号 5g、6g,短的旋合长度,其标记为:M24-5g6g-S。

普通细牙内螺纹,公称直径为 24 mm,螺距为 1.5,左旋,中径、顶径公差带代号公差带代号 6H,中等旋合长度,其标记为:M24×1.5-6H-LH。

表 1.1　普通螺纹直径与螺距系列、基本尺寸　　　单位:mm

公称直径 D、d		螺 距 P		粗牙小径 D_1、d_1	公称直径 D、d		螺 距 P		粗牙小径 D_1、d_1
第一系列	第二系列	粗 牙	细 牙		第一系列	第二系列	粗 牙	细 牙	
3		0.5	0.35	2.459	12		1.75	1.25,1,	10.106
	3.5	0.6		2.850		14	2	1.5,1.25[a],1,	11.835
4		0.7	0.5	3.242	16		2	1.5,1	13.835
	4.5	0.75		3.688		18	2.5	2,1.5,1	15.294
5		0.8		4.134	20		2.5	2,1.5,1	17.294
6		1	0.75	4.917		22	2.5	2,1.5,1	19.294
	7	1	0.75	5.917	24		3	2,1.5,1	20.752
8		1.25	1,0.75	6.647		27	3	2,1.5,1	23.752
10		1.5	1.25,1,0.75	8.376	30		3.5	(3),2,1.5,1	26.211

续上表

公称直径 D、d		螺距 P		粗牙小径 D_1、d_1	公称直径 D、d		螺距 P		粗牙小径 D_1、d_1
第一系列	第二系列	粗 牙	细 牙		第一系列	第二系列	粗 牙	细 牙	
	33	3.5	(3),2,1.5	29.211		45	4.5	4,3,2,1.5	40.129
36		4	3,2,1.5	31.670	48		5		42.587
	39	4		34.670		52	5		46.587
42		4.5	4,3,2,1.5	37.129	56		5.5	4,3,2,1.5	50.046

注：1. 优先选用第一系列；
2. 括号内螺距尽可能不用；
3. 中径 D_2、d_2 尺寸数值未列入；
4. a 仅用于发动机的火花塞。

1.2 梯形螺纹(摘自 GB/T 5796.2—2005，GB/T 5796.3—2005)

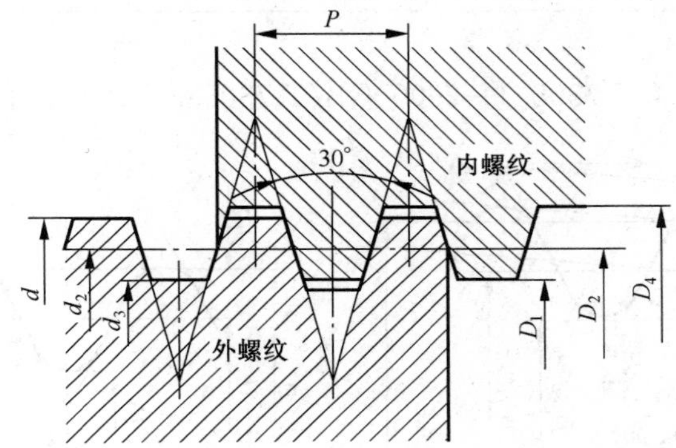

标记示例

双线左旋梯形外螺纹，公称直径为 40 mm，导程为 14 mm，中径公差带代号为 7e，其标记为：Tr 40×14 (P7) LH-7e。

表 1.2 梯形螺纹直径与螺距系列 单位：mm

公称直径 d		螺距 P	中径 $d_2=D_2$	大径 D_4	小径		公称直径 d		螺距 P	中径 $d_2=D_2$	大径 D_4	小径	
第一系列	第二系列				d_3	D_1	第一系列	第二系列				d_3	D_1
8		1.5	7.25	8.30	6.20	6.50		18	2	17.00	18.50	15.50	16.00
									4	16.00	18.50	13.50	14.00
	9	1.5	8.25	9.30	7.20	7.50	20		2	19.00	20.50	17.50	18.00
		2	8.00	9.50	6.50	7.00			4	18.00	20.50	15.50	16.00
10		1.5	9.25	10.30	8.20	8.50		22	3	20.50	22.50	18.50	19.00
		2	9.00	10.50	7.5	8.00			5	19.50	22.50	16.50	17.00
	11	2	10.00	11.50	8.50	9.00			8	18.00	23.00	13.00	14.00
		3	9.50	11.50	7.50	8.00							
12		2	11.00	12.50	9.50	10.00	24		3	22.50	24.50	20.50	21.00
		3	10.50	12.50	8.50	9.00			5	21.50	24.50	18.50	19.00
	14	2	13.00	14.50	11.50	12.00			8	20.00	25.00	15.00	16.00
		3	12.50	14.50	10.50	11.00		26	3	24.50	26.50	22.50	23.00
16		2	15.00	16.50	13.50	14.00			5	23.50	26.50	20.50	21.00
		4	14.00	16.50	11.50	12.00			8	22.00	27.00	17.00	18.00

续上表

公称直径 d 第一系列	公称直径 d 第二系列	螺距 P	中径 $d_2=D_2$	大径 D_4	小径 d_3	小径 D_1	公称直径 d 第一系列	公称直径 d 第二系列	螺距 P	中径 $d_2=D_2$	大径 D_4	小径 d_3	小径 D_1
28		3	26.50	28.50	24.50	25.00		34	10	29.00	35.00	23.00	24.00
		5	25.50	28.50	22.50	23.00	36		3	34.50	36.50	32.50	33.00
		8	24.00	29.00	19.00	20.00			6	33.00	37.00	29.00	30.00
	30	3	28.50	30.50	26.50	29.00			10	31.00	37.00	25.00	26.00
		6	27.00	31.00	23.00	24.00		38	3	36.50	38.50	34.50	35.00
		10	25.00	31.00	19.00	20.00			7	34.50	39.00	30.00	31.00
32		3	30.50	32.50	28.50	29.00			10	33.00	39.00	27.00	28.00
		6	29.00	33.00	25.00	26.00	40		3	38.50	40.50	36.50	37.00
		10	27.00	33.00	21.00	22.00			7	36.50	41.00	32.00	33.00
	34	3	32.50	34.50	30.50	31.00			10	35.00	41.00	29.00	30.00
		6	31.00	35.00	27.00	28.00							

注:1. 优先选用第一系列。

1.3 55°管螺纹(摘自 GB/T 7306.1—2000,GB/T 7306.2—2000,GB/T 7307—2001)

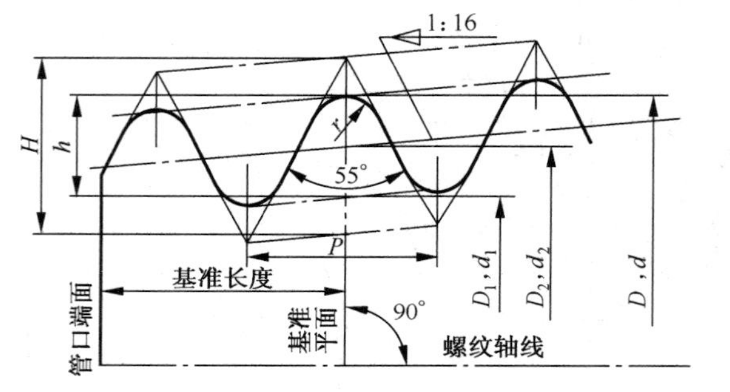

用螺纹密封圆锥管螺纹
(摘自 GB/T 7306.1-2000)

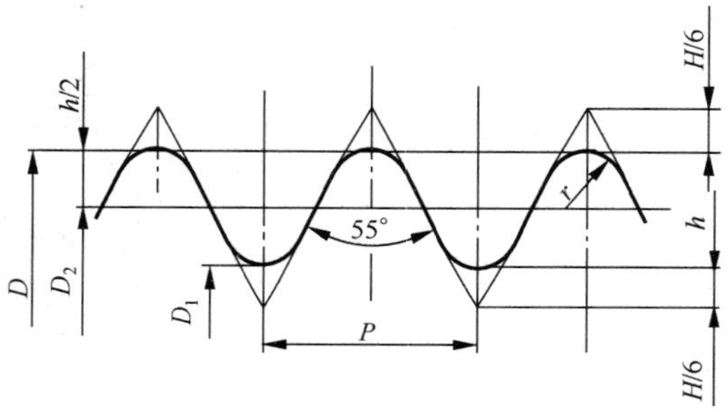

非螺纹密封管螺纹
(摘自 GB/T 7307-2001)

标记示例

尺寸代号为 3/4 的用螺纹密封的左旋圆柱内螺纹的标记为:R_p3/4LH;

尺寸代号为 3/4 的左旋圆锥内螺纹的标记为:R_c3/4LH;

尺寸代号为 3/4 的非螺纹密封的 A 级左旋管螺纹标记为:G 3/4 A-LH。

表 1.3 管螺纹尺寸代号及基本尺寸

尺寸代号	每 25.4 mm 内所包含的牙数 n	螺距 P (mm)	螺纹直径 大径 $D=d$ (mm)	螺纹直径 小径 $D1=d1$ (mm)	尺寸代号	每 25.4 mm 内所包含的牙数 n	螺距 P (mm)	螺纹直径 大径 $D=d$ (mm)	螺纹直径 小径 $D1=d1$ (mm)
1/16	28	0.907	7.723	6.561	1 1/8	11	2.309	37.897	34.939
1/8	28	0.907	9.728	8.566	1 1/4	11	2.309	41.910	38.952
1/4	19	1.337	13.157	11.445	1 1/2	11	2.309	47.803	44.845
3/8	19	1.337	16.662	14.950	1 3/4	11	2.309	53.746	50.788
1/2	14	1.814	20.955	18.631	2	11	2.309	59.614	56.656
5/8	14	1.814	22.911	20.587	2 1/4	11	2.309	65.710	62.752
3/4	14	1.814	26.441	24.117	2 1/2	11	2.309	75.184	72.226
7/8	14	1.814	30.201	27.877	2 3/4	11	2.309	81.534	78.576
1	11	2.309	33.249	30.291	3	11	2.309	87.884	84.926

1.4 倒角与倒圆(摘自 GB/T 6403.4—2008)

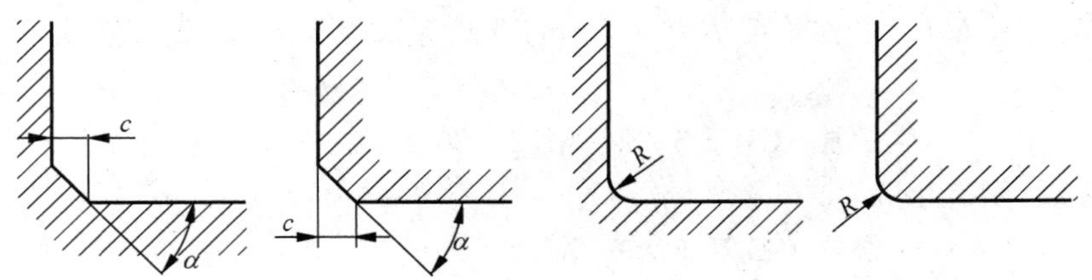

表 1.4 与直径 ø 相应的倒角 C 与倒圆 R 推荐值　　单位:mm

ø	<3	>3~6	>6~10	>10~18	>18~30	>30~50	>50~80	>80~120	>120~180	>180~250
C 或 R	0.2	0.4	0.6	0.8	1.0	1.6	2.0	2.5	3.0	4.0

1.5 砂轮越程槽(根据 GB/T 6403.5—2008)

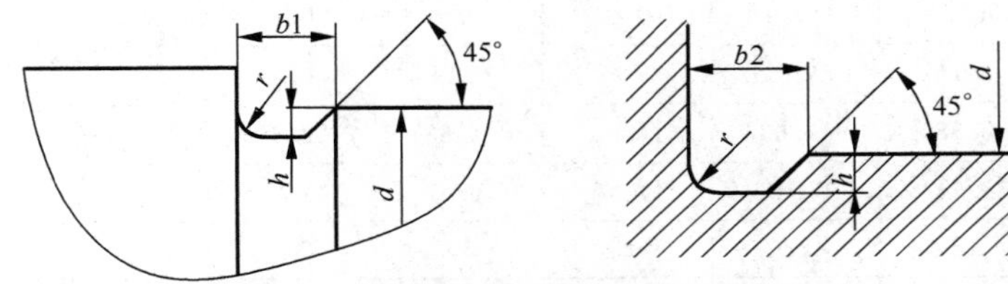

表 1.5 回转面及端面砂轮越程槽的尺寸　　单位:mm

d	~10			>10~15		>50~100		>100	
b_1	0.6	1.0	1.6	2.0	3.0	4.0	5.0	8.0	10
b_2	2.0	3.0		4.0		5.0		8.0	10
h	0.1	0.2		0.3	0.4		0.6	0.8	1.2
r	0.2	0.5		0.8	1.0		1.6	2.0	3.0

附录Ⅱ 标 准 件

2.1 螺 栓

六角头螺栓—A 和 B 级
GB/T5782—2000

六角头螺栓—全螺纹—A 和 B 级
GB/T 5783—2000

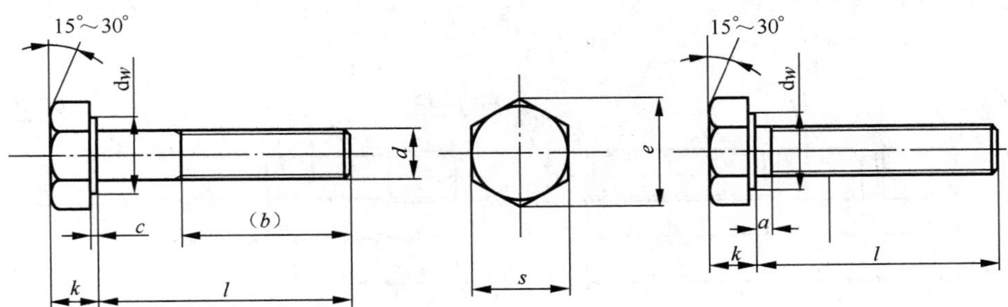

标记示例

螺纹规格 d = M12，公称长度 l = 80 mm，性能等级为 8.8 级，表面氧化，A 级的六角头螺栓标记为：

螺栓 GB/T 5782　M12×80

若为全螺纹，则表示为：

螺栓 GB/T 5783　M12×80

表 2.1　六角头螺栓各部分尺寸　　　　单位：mm

螺纹规格 d			M 6	M 8	M 10	M 12	M 16	M 20	M 24	M 30
e min	产品等级	A	11.05	14.38	17.77	20.03	26.75	33.53	39.98	—
		B	10.89	14.20	17.59	19.85	26.17	32.95	39.55	50.85
S max = 公称			10	13	16	18	24	30	36	46
k 公称			4	5.3	6.4	7.5	10	12.5	15	18.7
c	max		0.5	0.6	0.6	0.6	0.8	0.8	0.8	0.8
	min		0.15	0.15	0.15	0.15	0.2	0.2	0.2	0.2
d_w min	产品等级	A	8.88	11.63	14.63	16.63	22.49	28.19	33.61	—
		B	8.74	11.47	14.47	16.47	22	27.7	33.25	42.75
GB 5782—2000	b 参考	$l \leqslant 125$	18	22	26	30	38	46	54	66
		$125 < l \leqslant 200$	24	28	32	36	44	52	60	72
		$l > 200$	37	41	45	49	57	65	73	85
	l 公称		30~60	40~80	45~100	50~120	65~160	80~200	90~240	110~300
GB 5783—2000	a_{max}		3	4	4.5	5.3	6	7.5	9	10.5
	l 公称		12~ 60	16~80	20~100	25~120	30~150	40~150	50~150	60~200

注：1. d_w 表示支撑面直径，l_g 表示最末一扣完整螺纹到支撑面的距离，l_s 表示无螺纹杆部的长度；
2. 本表仅摘录画装配图所需尺寸；
3. 螺栓 l 的长度系列为：6,8,10,12,16,20,25,30,35,40,45,50,55,60,65,70～160(10 进位)，180～360(20 进位)，其中 55,65 的螺栓不是优化数值；
4. 无螺纹部分的杆部直径可按螺纹大径画出；
5. 末端倒角可画成 45°，端面直径小于等于螺纹小径。

2.2　双头螺柱

双头螺柱(bm=1d)GB 897—1988　　　　双头螺柱(bm=1.25d)GB 898—1988

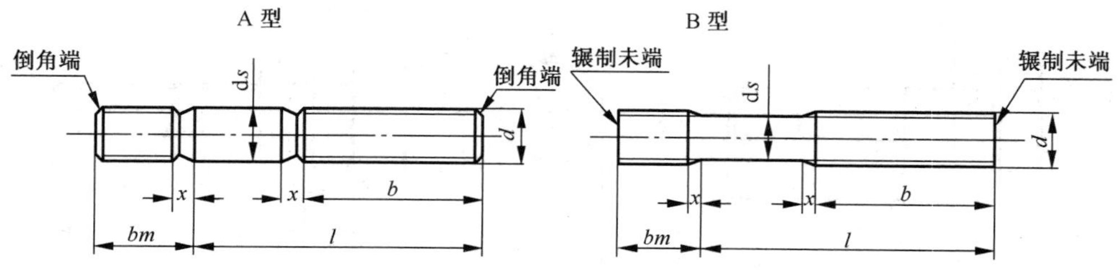

标记示例

两端为粗牙普通螺纹，d = 10 mm l = 50 mm，性能等级为 4.8 级，不经表面处理，B 型，bm = 1 d 的双头螺柱标记为：

螺柱 GB/T 897 M10×50

表 2.2 双头螺柱各部分尺寸 单位：mm

螺纹规格 d	b m 公称		ds		X max	b	l 公称
	GB 897—1988	GB 898—1988	max	min			
M5	5	6	5	4.7	1.5 P	10	16～(22)
						16	25～50
M6	6	8	6	5.7		10	20,(22)
						14	25,(28),30
						18	(32)～(75)
M8	8	10	8	7.64		12	20,(22)
						16	25,(28),30
						22	(32)～90
M10	10	12	10	9.64		14	25,(28)
						16	30～(38)
						26	40～120
						32	130
M12	12	15	12	11.57		16	25～30
						20	(32)～40
						30	45～120
						36	130～180
M16	16	20	16	15.57		20	30～(38)
						30	40～50
						38	60～120
						44	130～200
M20	20	25	20	19.48		25	35～40
						35	45～60
						46	70～120
						52	130～200

注：1. P 表示螺距；

2. l 的长度系列：16，(18)，20，(22)，25，(28)，30，(32)，35，(38)，40，45，50，(55)，60，(65)，70，(75)，80，(85)，90，(95)，100～200（10 进位）。括号内的数值尽可能不用。

2.3 螺 钉

开槽圆柱头螺钉（GB/T 65—2000） 开槽盘头螺钉（GB/T 67—2000） 开槽沉头螺钉（GB /T68—2000）

开槽圆柱头螺钉（GB/T 65-2000） 开槽盘头螺钉（GB/T 67—2000） 开槽沉头螺钉（GB/T 68—2000）

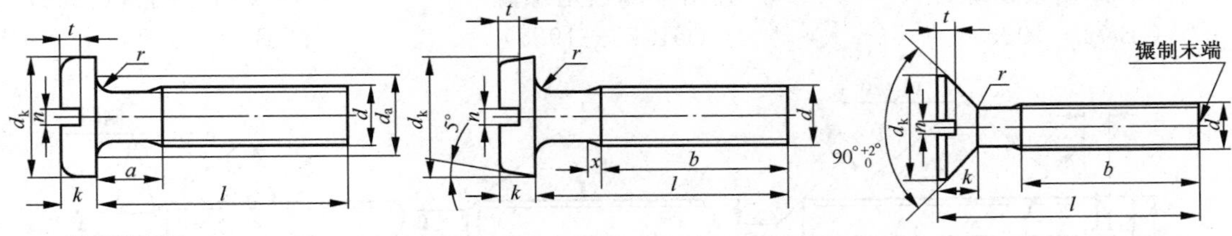

标记示例

螺纹规格 d=M5、公称长度 l=20、性能等级为 4.8 级、不经表面处理的 A 级开槽圆柱头螺钉

标记为：

螺钉 GB/T 65 M5×20

表 2.3　螺钉各部分尺寸　　单位:mm

规格 d		M3	M4	M5	M6	M8	M10
a max		1	1.4	1.6	2	2.5	3
b min		25	38	38	38	38	38
x max		1.25	1.75	2	2.5	3.2	3.8
n 公称		0.8	1.2	1.2	1.6	2	2.5
d_a max		3.6	4.7	5.7	6.8	9.2	11.2
GB/T 65—2000	d_k max	5.5	7	8.5	10	13	16
	k max	2	2.6	3.3	3.9	5	6
	t min	0.85	1.1	1.3	1.6	2	2.4
	l	4～30	5～40	6～50	8～60	10～80	12～80
GB/T 67—2000	d_k max	6.5	8	9.5	12	16	20
	k max	1.8	2.4	3.00	3.6	4.8	6
	t min	0.7	1	1.2	1.4	1.9	204
	l	4～30	5～40	6～50	8～60	10～80	12～80
GB/T 68—2000	d_k max	5.5	8.4	9.3	11.3	15.8	18.3
	k max	1.65	2.7	2.7	3.3	4.65	5
	t min	0.85	1.3	1.4	1.6	2.3	2.6
	l	5～30	6～40	8～45	8～45	10～80	12～80

注：1. 标准规定螺纹规格 d=M1.6～M10；
2. 螺钉公称长度系列 l 为:2,3,4,5,6,8,10,12,(14),16,20,25,30,35,40,45,50,(55),60,(65),70,(75),80,括号内的规格尽可能不采用；
3. GB/T 65 的螺钉,公称长度 $l \leqslant$ 40 mm 的,制出全螺纹;
GB/T 67 的螺钉,M1.6～M3,公称长度 $l \leqslant$ 30 mm 的螺钉,制出全螺纹;
GB/T 67 的螺钉,M4～M10,公称长度 $l \leqslant$ 40 mm 的螺钉,制出全螺纹;
GB/T 68 的螺钉,M1.6～M3,公称长度 $l \leqslant$ 30 mm 的螺钉,制出全螺纹;
GB/T 67 的螺钉,M4～M10,公称长度 $l \leqslant$ 45 mm 的螺钉,制出全螺纹;
4. 全螺纹时,$b=l-a$。

2.4　紧定螺钉

开槽锥端紧定螺钉（GB 71—1985）　　开槽平端紧定螺钉（GB 73—1985）　　开槽长圆柱端紧定螺钉（GB 75—1985）

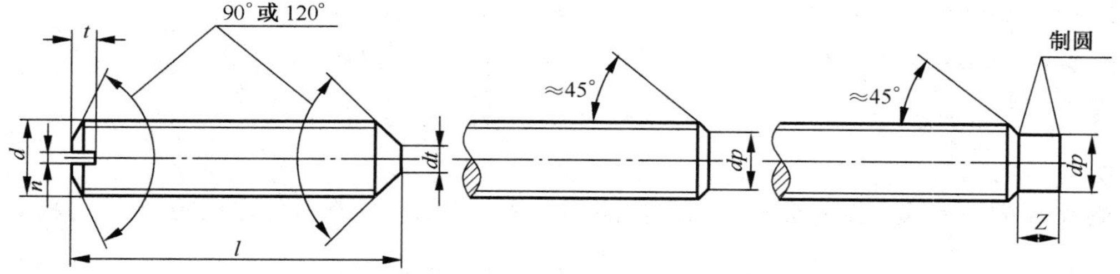

标记示例

螺纹规格 d=M5、公称长度 l = 12 mm、性能等级为 14H 级、表面氧化的开槽长锥端端紧定螺钉：

标记为：　　　　　　螺钉　GB 71 M 5×12

表 2.4　紧定螺钉各部分尺寸　　　　单位：mm

螺纹规格 d		M1.6	M 2	M2.5	M 3	M 4	M 5	M 6	M 8	M10	M12
P（螺距）		0.35	0.4	0.45	0.5	0.7	0.8	1	1.25	1.5	1.75
n 公称		0.25	0.25	0.4	0.4	0.6	0.8	1	1.2	1.6	2
t max		0.74	0.84	0.95	1.05	1.42	1.63	2	2.5	3	3.6
d_t max		0.16	0.2	0.25	0.3	0.4	0.5	1.5	2	2.5	3
d_p		0.8	1	1.5	2	2.5	3.5	4	5.5	7	8.5
z		1.05	1.25	1.5	1.75	2.25	2.75	3.25	4.3	5.3	6.3
l	GB 71—1985	2～8	3～10	3～12	4～16	6～20	8～25	8～30	10～40	12～50	14～60
	GB 73—1985	2～8	2～10	2.5～12	3～16	4～20	5～25	6～30	8～40	10～50	12～60
	GB 75—1985	2.5～8	3～10	4～12	5～16	6～20	8～25	10～30	10～40	12～50	14～60
l 系列		2,2.5,3,4,5,6,8,10,12,(14),16,20,25,30,35,40,45,50,(55),60									

注：l 为公称长度，括号内的规格尽可能不采用。

2.5　螺　　母

1 型六角螺母（GB/T 6170—2000）

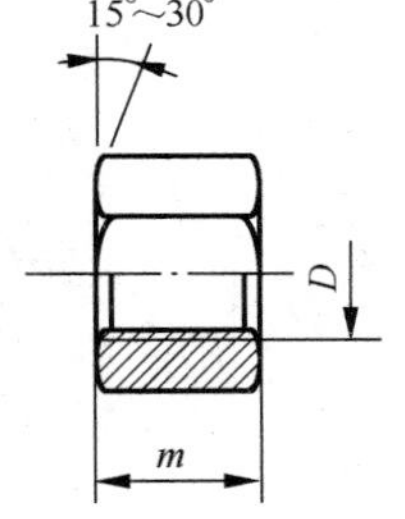

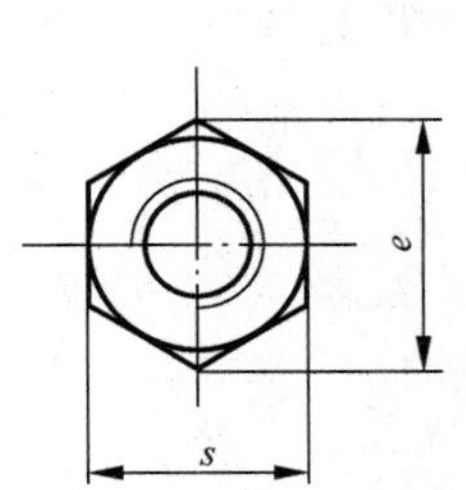

六角薄螺母（GB /T 6172.1—2000）

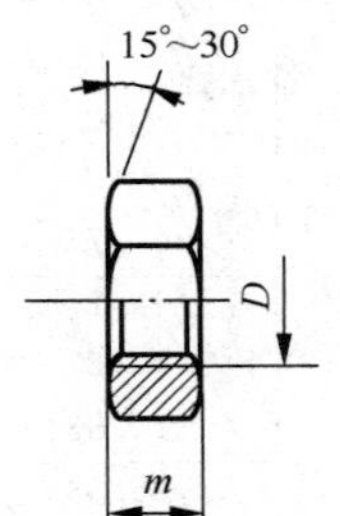

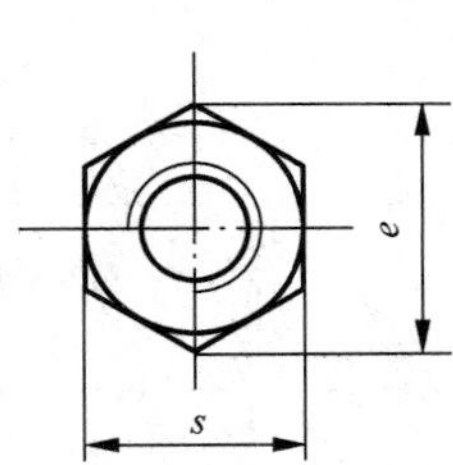

标记示例

螺纹规格 D = M12、性能等级为 8 级、不经表面处理、A 级的 1 型六角螺母：

螺母　GB/T 6170 M12

表 2.5　螺母各部分尺寸　　　　单位：mm

螺纹规格 D		M 4	M 5	M 6	M 8	I2M10	M12	M16	M 20	M 24	M 30	M 36
e min	GB/T 41—2000		8.63	10.89	14.20	17.59	19.85	26.17	32.95	39.55	50.85	60.79
	GB/T 6170—2000	7.66	8.79	11.05	14.38	17.77	20.03	26.75	32.95	39.55	50.85	60.79
	GB/T 6172.1—2000	7.66	8.79	11.05	14.38	17.77	20.03	26.75	32.95	39.55	50.85	60.79
s 公称 max	GB/T 41—2000		8	10	13	16	18	24	30	36	46	55
	GB/T 6170—2000	7	8	10	13	16	18	24	30	36	46	55
	GB/T 6172.1—2000	7	8	10	13	16	18	24	30	36	46	55
m max	GB/T 41—2000		5.6	6.4	7.9	9.5	12.2	15.9	19	22.3	26.4	31.9
	GB/T 6170—2000	3.2	4.7	5.2	6.8	8.4	10.8	14.8	18	21.5	25.6	31
	GB/T 6172.1—2000	2.2	2.7	3.2	4	5	6	8	10	12	15	18

2.6　垫　　圈

小垫圈—A 级　　平垫圈—A 级　　　　平垫圈 倒角型—A 级

（GB 848—2002）　（GB 97.1—2002）

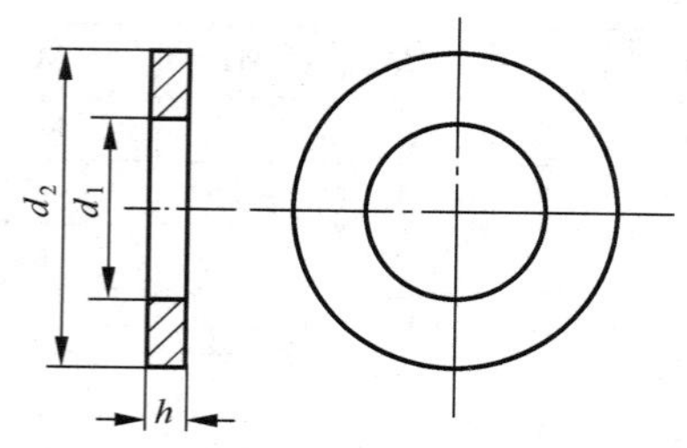

（GB 97.2—2002）

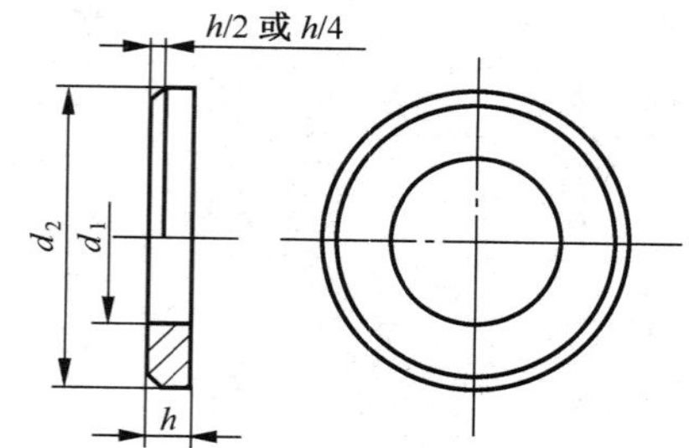

标记示例

标准系列、公称尺寸 d = 8 mm、性能等级为 140HV 级、不经表面处理的平垫圈：

垫圈　GB/T 97.1　8

表 2.6　垫圈各部分尺寸（GB 848—2002）　单位：mm

公称规格（螺纹大径 d）	内径 d_1		外径 d_2		厚度 h		
	公称(min)	max	公称(max)	min	公称	max	min
1.6	1.7	1.84	3.5	3.2	0.3	0.35	0.25
2	2.2	2.34	4.5	4.2	0.3	0.35	0.25
2.5	2.7	2.84	5	4.7	0.5	0.55	0.45
3	3.2	3.38	6	5.7	0.5	0.55	0.45
4	4.3	4.48	8	7.64	0.5	0.55	0.45
5	5.3	5.48	9	8.64	1	1.1	0.9
6	6.4	6.62	11	10.57	1.6	1.8	1.4
8	8.4	8.62	15	14.57	1.6	1.8	1.4
10	10.5	10.77	18	17.57	1.6	1.8	1.4
12	13	13.27	20	19.48	2	2.2	1.8
16	17	17.27	28	27.48	2.5	2.7	2.3
20	21	21.33	34	33.38	3	3.3	2.7
24	25	25.33	39	38.38	4	4.3	3.7
30	31	31.39	50	49.38	4	4.3	3.7
36	37	37.62	60	58.8	5	5.6	4.4

标准型弹簧垫圈

（GB/T 93—1987）

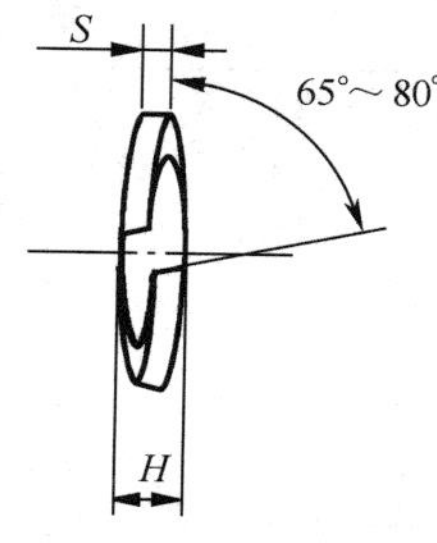

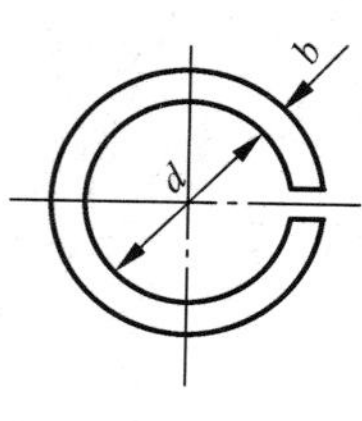

轻型弹簧垫圈

（GB/T 859—1987）

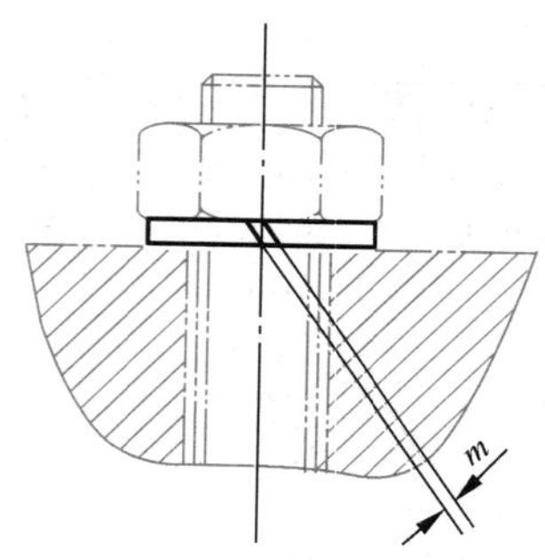

标记示例

规格 16 mm、材料为 65 Mn、表面氧化的标准型弹簧垫圈：

垫圈　GB 93　16

表 2.7　弹簧垫圈各部分尺寸　　单位:mm

螺纹规格 d		M4	M5	M6	M8	M10	M12	(M14)	M16	(M18)	M20	M24	M30
d		4.1	5.1	6.1	8.1	10.2	12.2	14.2	16.2	18.2	20.2	24.5	30.5
H	GB/T 93—1987	2.2	2.6	3.2	4.2	5.2	6.2	7.2	8.2	9	10	12	15
	GB/T 859—1987	1.6	2.2	2.6	3.2	4	5	6	6.4	7.2	8	10	12
$S(b)$	GB/T 93—1987	1.1	1.3	1.6	2.1	2.6	3.1	3.6	4.1	4.5	5	6	7.5
S	GB/T 859—1987	0.8	1.1	1.3	1.6	2	2.5	3	3.2	3.6	4	5	6
$m\leqslant$	GBT/ 93—1987	0.55	0.65	0.8	1.05	1.3	1.55	1.8	2.05	2.25	2.5	3	3.75
	GBT/ 859—1987	0.4	0.55	0.65	0.8	1	1.25	1.5	1.6	1.8	2	2.5	3
b	GB/T 859—1987	1.2	1.5	2	2.5	3	3.5	4	4.5	5	5.5	7	9

注:(1)括号内的规格尽可能不采用;

(2)m 应大于零 。

2.7 键

键槽的剖面尺寸(GB/T 1095—2003)

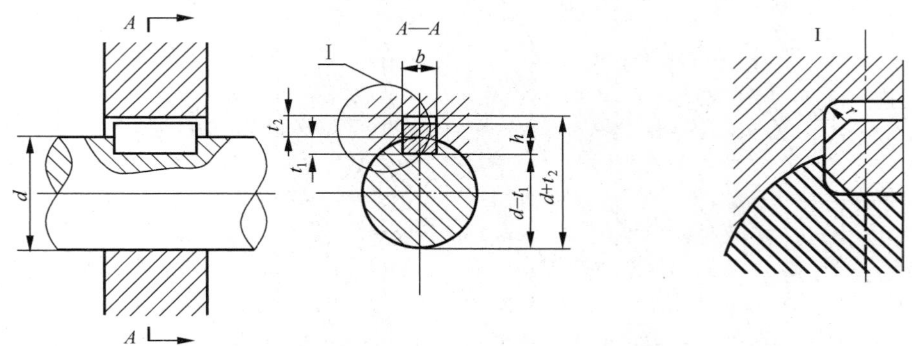

平键的剖面尺寸(GB/T 1096—2003)

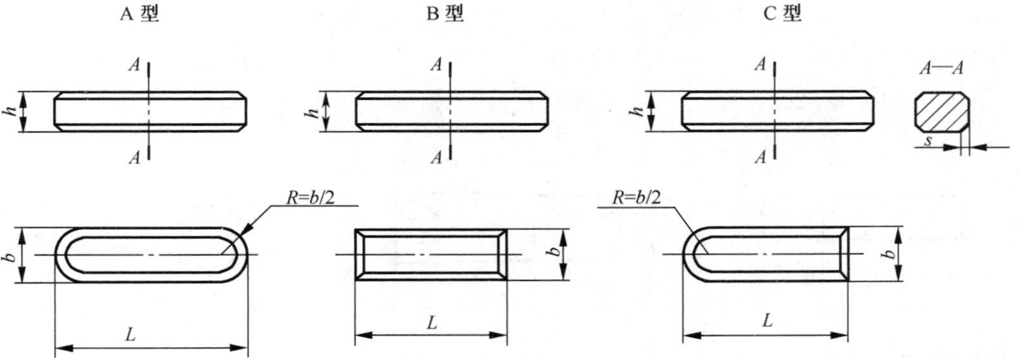

标记示例

圆头普通平键(A 型)、b = 18 mm 、h =11mm 、L=100 mm :GB/T 1096 键 18×11×100

方头普通平键(B 型)、b=18 mm 、h=11 mm 、L=100 mm :GB/T 1096 键 B 18×11×100

单圆头普通平键(C 型)、b=18 mm、h=11 mm、L=100 mm :GB/T 1096 键 C 18×11×100

表 2.8　键及键槽的尺寸　　单位:mm

键尺寸 $b\times h$	键槽											
	宽度 b						深度				倒圆或倒角 s	
	基本尺寸	偏差					轴 t_1		毂 t_2			
		松连接		正常连接		紧密连接						
		轴 H9	毂 D10	轴 N 9	毂 JS 9	轴和毂 P 9	公称尺寸	极限偏差	公称尺寸	极限偏差	min	max
2×2	2	+0.025 0	+0.060 +0.020	−0.004 −0.029	±0.012 5	−0.006 −0.031	1.2	+0.1 0	1	+0.1 0	0.08	0.16
3×3	3						1.8		1.4			
4×4	4	+0.030 0	+0.078 +0.030	0 −0.030	±0.015	−0.012 −0.042	2.5		1.8			
5×5	5						3.0		2.3		0.16	0.25
6×6	6						3.5		2.8			
8×7	8	+0.036 0	+0.098 +0.040	0 −0.036	±0.018	−0.015 −0.051	4.0	+0.2 0	3.3	+0.2 0		
10×8	10						5.0		3.3		0.25	0.40
12×8	12	+0.043 0	+0.120 +0.050	0 −0.043	±0.021 5	−0.018 −0.061	5.0		3.3			
14×9	14						5.5		3.8			
16×10	16						6.0		4.3			
18×11	18						7.0		4.4			
20×12	20	+0.052 0	+0.149 +0.065	0 −0.052	±0.026	−0.022 −0.074	7.5		4.9		0.40	0.60
22×14	22						9.0		5.4			
25×14	25						9.0		5.4			
28×16	28						10.0		6.4			
6,8,10,12,14,16,18,20,22,25,28,32,36,40,45,50,56,63,70,80,90,100,110,125,140,160,180,200,220,250,280												

2.8　销

圆柱销（GB/T 119.1—2000）

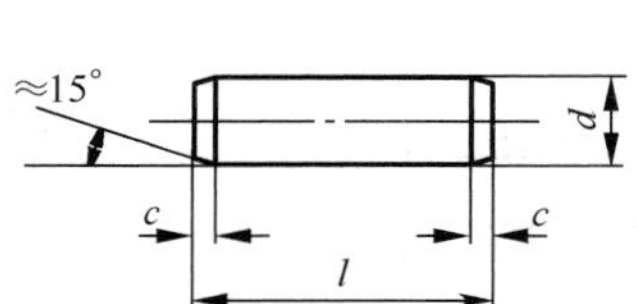

圆锥销（GB/T 117—2000）

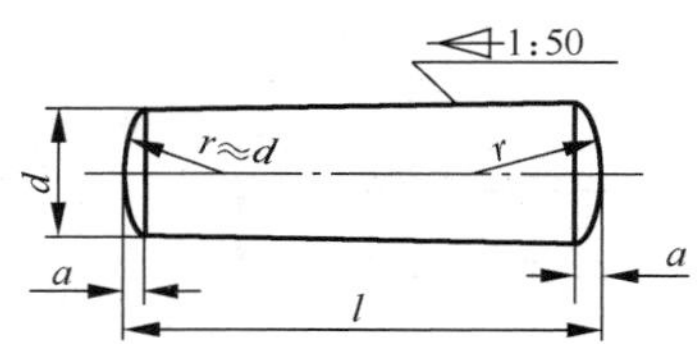

开口销（GB/T 91—2000）

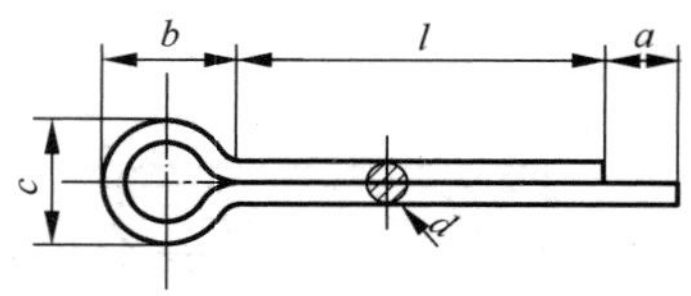

标记示例　公称直径为 6 mm、公差为 m6、长 30 mm 的圆柱销标记为：

销　GB/T 119.1　6 m6×30

公称直径为 10 mm、长 60 mm 的圆锥销标记为：

销 GB/T 117　10×60

公称直径为 5 mm、长 50 mm 的开口销标记为：

销 GB/T 91　5×50

表 2.9 圆柱销各部分尺寸 单位:mm

d	4	5	6	8	10	12	16	20	25	30	40	50
a≈	0.50	0.63	0.80	1.0	1.2	1.6	2.0	2.5	3.0	4.0	5.0	6.3
c ≈	0.63	0.80	1.2	1.6	2.0	2.5	3.0	3.5	4.0	5.0	6.3	8.0
长度范围 l	8—40	10—50	12—60	14—80	18—95	22—140	26—180	35—200	50—200	60—200	80—200	95—200
l(系列)	6,8,10,12,14,16,18,20,22,24,26,28,30,32,35,40,45,50,55,60,65,70,75,80,85,90,95,100,120,140,160,180,200											

表 2.10 圆锥销各部分尺寸 单位: mm

d	4	5	6	8	10	12	16	20	25	30	40
a≈	0.5	0.63	0.8	1	1.2	1.6	2	2.5	3	4	5
长度范围 l	14—55	18—60	22—90	22—120	26—160	32—180	40—200	45—200	50—200	55—200	60—200
l(系列)	6,8,10,12,14,16,18,20,22,24,26,28,30,32,35,40,45,50,55,60,65,70,75,80,85,90,95,100,120,140,160,180,200										

表 2.11 开口销各部分尺寸 单位:mm

d（公称）		1.2	1.6	2	2.5	3.2	4	5	6.3	8	10	12
c	max	2	2.8	3.6	4.6	5.8	7.4	9.2	11.8	15	19	24.8
	min	1.7	2.4	3.2	4	5.1	6.5	8	10.3	13.1	16.6	21.7
b ≈		3	3.2	4	5	6.4	8	10	12.6	16	20	26
a_{max}		2.5				3.2	4				6.3	
长度范围 l		8～26	8～32	10～40	12～50	14～65	18～80	22～100	30～120	40～160	45～200	70～200
l(系列)		4,5,6,8,10,12,14,16,18,20,22,24,26,28,30,32,36,40,45,50,55,60,65,70,75,80,85,90,95,100,120,140,160,180,200										

注:销孔的公称直径等于 d（公称）。

附录Ⅲ 公差与偏差

表 3.1 标准公差数值(摘自 GB /T 1800.2—2009)

公称尺寸(mm)		公差等级																
		IT1	IT2	IT3	IT4	IT5	IT6	IT7	IT8	IT9	IT10	IT11	IT12	IT13	IT14	IT15	IT16	IT17
大于	至	μm											mm					
——	3	0.8	1.2	2	3	4	6	10	14	25	40	60	0.1	0.14	0.25	0.4	0.6	1
3	6	1	1.5	2.5	4	5	8	12	18	30	48	75	0.12	0.18	0.3	0.48	0.75	1.2
6	10	1	1.5	2.5	4	6	9	15	22	36	58	90	0.15	0.22	0.36	0.58	0.9	1.5
10	18	1.2	2	3	5	8	11	18	27	43	70	110	0.18	0.27	0.43	0.7	1.1	1.8
18	30	1.5	2.5	4	6	9	13	21	33	52	84	130	0.21	0.33	0.52	0.84	1.3	2.1
30	50	1.5	2.5	4	7	11	16	25	39	62	100	160	0.25	0.39	0.62	1	1.6	2.5
50	80	2	3	5	8	13	19	30	46	74	120	190	0.3	0.46	0.74	1.2	1.9	3
80	120	2.5	4	6	10	15	22	35	54	87	140	220	0.35	0.54	0.87	1.4	2.2	3.5
120	180	3.5	5	8	12	18	25	40	63	100	160	250	0.4	0.63	1	1.6	2.5	4

续上表

公称尺寸(mm)		公差等级																
		IT1	IT2	IT3	IT4	IT5	IT6	IT7	IT8	IT9	IT10	IT11	IT12	IT13	IT14	IT15	IT16	IT17
大于	至	μm											mm					
180	250	4.5	7	10	14	20	29	46	72	115	185	290	0.46	0.72	1.15	1.85	2.9	4.6
250	315	6	8	12	16	23	32	52	81	130	210	320	0.52	0.81	1.3	2.1	3.2	5.2
315	400	7	9	13	18	25	36	57	89	140	230	360	0.57	0.89	1.4	2.3	3.6	5.7
400	500	8	10	15	20	27	40	63	97	155	250	400	0.63	0.97	1.55	2.5	4	6.3

表 3.2 轴的基本偏差数值(μm)(摘自 GB/T 1800.3—1998)

公称尺寸(mm)		基本偏差数值											
		上偏差 es											
大于	至	所有标准公差等级											
		a	b	c	cd	d	e	ef	f	fg	g	h	js
— —	3	−270	−140	−60	−34	−20	−14	−10	−6	−4	−2	0	
3	6	−270	−140	−70	−46	−30	−20	−14	−10	−6	−4	0	
6	10	−280	−150	−80	−56	−40	−25	−18	−13	−8	−5	0	
10	14	−290	−150	−95		−50	−32		−16		−6	0	
14	18												
18	24	−300	−160	−110		−65	−40		−20		−7	0	
24	30												
30	40	−310	−170	−120		−80	−50		−25		−9	0	
40	50	−320	−180	−130									
50	65	−340	−190	−140		−100	−60		−30		−10	0	
65	80	−360	−200	−150									
80	100	−380	−220	−170		−120	−72		−36		−12	0	
100	120	−410	−240	−180									
120	140	−460	−260	−200		−145	−85		−43		−14	0	
140	160	−520	−280	−210									
160	180	−580	−310	−230									
180	200	−660	−340	−240		−170	−100		−50		−15	0	
200	225	−740	−380	−260									
225	250	−820	−420	−280									
250	280	−920	−480	−300		−190	−110		−56		−17	0	
280	315	−1 050	−540	−330									
315	355	−1 200	−600	−360		−210	−125		−62		−18	0	
355	400	−1 350	−680	−400									
400	450	−1 500	−760	−440		−230	−135		−68		−20	0	
450	500	−1 650	−840	−480									

续上表

表 3.2 的分页表

公称尺寸(mm)		基本偏差数值															
		下偏差 ei															
大于	至	IT5 和 IT6	IT7	IT8	IT4 至 IT7	≤IT3 >IT7	所有标准公差等级										
		j			k		m	n	p	r	s	t	u	v	x	y	z
—	3	−2	−4	−6	0	0	+2	+4	+6	+10	+14		+18		+20		+26
3	6	−2	−4		+1	0	+4	+8	+12	+15	+19		+23		+28		+35
6	10	−2	−5		+1	0	+6	+10	+15	+19	+23		+28		+34		+42
10	14	−3	−6		+1	0	+7	+12	+18	+23	+28		+33		+40		+50
14	18													+39	+45		+60
18	24	−4	−8		+2	0	+8	+15	+22	+28	+35		+41	+47	+54	+63	+73
24	30											+41	+48	+55	+64	+75	+88
30	40	−5	−10		+2	0	+9	+17	+26	+34	+43	+48	+60	+68	+80	+94	+112
40	50											+54	+70	+81	+97	+114	+136
50	65	−7	−12		+2	0	+11	+20	+32	+41	+53	+66	+87	+102	+122	+144	+172
65	80									+43	+59	+75	+102	+120	+146	+174	+210
80	100	−9	−15		+3	0	+13	+23	+37	+51	+71	+91	+124	+146	+178	+214	+258
100	120									+54	+79	+104	+144	+172	+210	+254	+310
120	140	−11	−18		+3	0	+15	+27	+43	+63	+92	+122	+170	+202	+248	+300	+365
140	160									+65	+100	+134	+190	+228	+280	+340	+415
160	180									+68	+108	+146	+210	+252	+310	+380	+465
180	200	−13	−21		+4	0	+17	+31	+50	+77	+122	+166	+236	+284	+350	+425	+520
200	225									+80	+130	+180	+258	+310	+385	+470	+575
225	250									+84	+140	+196	+284	+340	+425	+520	+640
250	280	−16	−26		+4	0	+20	+34	+56	+94	+158	+218	+315	+385	+475	+580	+710
280	315									+98	+170	+240	+350	+425	+525	+650	+790
315	355	−18	−28		+4	0	+21	+37	+62	+108	+190	+268	+390	+475	+590	+730	+900
355	400									+114	+208	+294	+435	+530	+660	+820	+1000
400	450	−20	−32		+5	0	+23	+40	+68	+126	+232	+330	+490	+595	+740	+920	+1100
450	500									+132	+252	+360	+540	+660	+820	+1 000	+1250

表 3.3　孔的基本偏差数值(m)(摘自 GB/T 1800.3—1998)

公称尺寸(mm)		基本偏差数值																				
		下偏差 EI											上偏差 ES									
大于	至	所有标准公差等级											IT6	IT7	IT8	≤IT8	>IT8	≤IT8	>IT8	≤IT8	>IT8	≤IT7
		A	B	C	CD	D	E	EF	F	FG	G	H	J			K		M		N		P至ZC
—	3	+270	+140	+60	+34	+20	+14	+10	+6	+4	+2	0	+2	+4	+6	0	0	−2	−2	−4	−4	
3	6	+270	+140	+70	+46	+30	+20	+14	+10	+6	+4	0	+5	+6	+10	−1+△		−4−△	−4	−8+△	0	
6	10	+280	+150	+80	+56	+40	+25	+18	+13	+8	+5	0	+5	+8	+12	−1+△		−6+△	−6	−10+△	0	
10	14	+290	+150	+95		+50	+32		+16		+6	0	+6	+10	+15	−1+△		−7+△	−7	−12+△	0	
14	18																					
18	24	+300	+160	+110		+65	+40		+20		+7	0	+8	+12	+20	−2+△		−8+△	−8	−15+△	0	
24	30																					
30	40	+310	+170	+120		+80	+50		+25		+9	0	+10	+14	+24	−2+△		−9+△	−9	−17+△	0	
40	50	+320	+180	+130																		
50	65	+340	+190	+140		+100	+60		+30		+10	0	+13	+18	+28	−2+△		−11+△		△		
65	80	+360	+200	+150																		
80	100	+380	+220	+170		+120	+72		+36		+12	0	+16	+22	+34	−3+△		−13+△	−13	−23+△	0	
100	120	+410	+240	+180																		
120	140	+460	+260	+200		+145	+85		+43		+14	0	+18	+26	+41	−3+△		−15+△	−15	−27+△	0	
140	160	+520	+280	+210																		
160	180	+580	+310	+230																		
180	200	+660	+340	+240		+170	+100		+50		+15	0	+22	+30	+47	−4+△		−17+△	−17	−31+△	0	
200	225	+740	+380	+260																		
225	250	+820	+420	+280																		
250	280	+920	+480	+300		+190	+110		+56		+17	0	+25	+36	+55	−4+△		−20+△	−20	−34+△	0	
280	315	+1050	+540	+330																		
315	355	+1200	+600	+360		+210	+125		+62		+18	0	+29	+39	+60	−4+△		−21+△	−21	−37+△	0	
355	400	+1350	+680	+400																		
400	450	+1500	+760	+440		+230	+135		+68		+20	0	+33	+43	+66	−5+△		−23+△	−23	−40+△	0	
450	500	+1650	+840	+480																		

续上表

表 3.3 的分页表

公称尺寸(mm)		基本偏差数值 上偏差 ES												△					
		标准公差等级大于 IT7												标准公差等级					
大于	至	P	R	S	T	U	V	X	Y	Z	ZA	ZB	ZC	IT3	IT4	IT5	IT6	IT7	IT8
—	3	−6	−10	−14		−18		−20		−26	−32	−40	−60	0	0	0	0	0	0
3	6	−12	−15	−19		−23		−28		−35	−42	−50	−80	1	1.5	1	3	4	6
6	10	−15	−19	−23		−28		−34		−42	−52	−67	−97	1	1.5	2	3	6	7
10	14	−18	−23	−28		−33		−40		−50	−64	−90	−130	1	2	3	3	7	9
14	18						−39	−45		−60	−77	−108	−150						
18	24	−22	−28	−35		−41	−47	−54	−63	−73	−98	−136	−188	1.5	2	3	4	8	12
24	30				−41	−48	−55	−64	−75	−88	−118	−160	−218						
30	40	−26	−34	−43	−48	−60	−68	−80	−94	−112	−148	−200	−274	1.5	3	4	5	9	14
40	50				−54	−70	−81	−97	−114	−136	−180	−242	−325						
50	65	−32	−41	−53	−66	−87	−102	−122	−144	−172	−226	−300	−405	2	3	5	6	11	16
65	80		−43	−59	−75	−102	−120	−146	−174	−210	−274	−360	−48						
80	100	−37	−51	−71	−91	−124	−146	−178	−214	−258	−335	−445	−585	2	4	5	7	13	19
100	120		−54	−79	−104	−144	−172	−210	−254	−310	−400	−525	−690						
120	140	−43	−63	−92	−122	−170	−202	−248	−300	−365	−470	−620	−800	3	4	6	7	15	23
140	160		−65	−100	−134	−190	−228	−280	−340	−415	−535	−700	−900						
160	180		−68	−108	−146	−210	−252	−310	−380	−465	−600	−780	−1 000						
180	200	−50	−77	−122	−166	−236	−284	−350	−425	−520	−670	−880	−1 150	3	4	6	9	17	26
200	225		−80	−130	−180	−258	−310	−385	−470	−575	−740	−960	−1 250						
225	250		−84	−140	−196	−284	−340	−425	−520	−640	−820	−1 050	−1 350						
250	280	−56	−94	−158	−218	−315	−385	−475	−580	−710	−920	−1 200	−1 550	4	4	7	9	20	29
280	315		−98	−170	−240	−350	−425	−525	−650	−790	−1 000	−1300	−1 700						
315	355	−62	−108	−190	−268	−390	−475	−590	−730	−900	−1150	−1500	−1 900	4	5	7	11	21	32
355	400		−114	−208	−294	−435	−530	−660	−820	−1 000	−1 300	−1 650	−2 100						
400	450	−68	−126	−232	−330	−490	−595	−740	−920	−1 100	−1 450	−1 850	−2 400	5	5	7	13	23	34
450	500		−132	−252	−360	−540	−660	−820	−1 000	−1 250	−1 600	−2 100	−2 600						

表 3.4　轴的极限偏差(摘自 GB/T 1800.2—2009)　　单位:μm

公称尺寸(mm)	d		f			g	h			js	k	m	n	p	r	s	t	u
	9	11	7	8	9	6	6	7	8	7	7	6	6	6	6	6	6	6
>0~3	−20	−20	−6	−6	−6	−2	0	0	0	±	+10	+8	+10	+12	+16	+20		+24
	−45	−80	−16	−20	−31	−8	−6	−10	−14	5	0	+2	+4	+6	+10	+14		+18
>3~6	−30	−30	−10	−10	−10	−4	0	0	0	±	+13	+12	+16	+20	+23	+27		+31
	−60	−105	−22	−28	−40	−12	−8	−12	−18	6	+1	+4	+8	+12	+15	+19		+23
6~10	−40	−40	−13	−13	−13	−5	0	0	0	±	+16	+15	+19	+24	+28	+32		+37
	−76	−130	−28	−35	−49	−14	−9	−15	−22	7	+1	+6	+10	+15	+19	+23		+28
10~18	−50	−50	−16	−16	−16	−6	0	0	0	±	+19	+18	+23	+29	+34	+39		+44
	−93	−160	−34	−43	−59	−17	−11	−18	−27	9	+1	+7	+12	+18	+23	+28		+33
18~24																		+54
																		+41
18~30	−65	−65	−20	−20	−20	−7	0	0	0	±	+23	+21	+28	+35	+41	+48		
	−117	−195	−41	−53	−72	−20	−13	−21	−33	10	+2	+8	+15	+22	+28	+35		
24~30																	+54	+61
																	+41	+48

续上表

公称尺寸 (mm)	d		f			g	h			js	k	m	n	p	r	s	t	u
	9	11	7	8	9	6	6	7	8	7	7	6	6	6	6	6	6	6
30～40	−80 −142	−80 −240	−25 −50	−25 −64	−25 −87	−9 −25	0 −16	0 −25	0 −39	± 12	+27 +2	+25 +9	+33 +17	+42 +26	+50 +34	+59 +43	+64 +48	+76 +60
40～50																	+70 +54	+86 +70
50～65	−100 −174	−100 −290	−30 −60	−30 −76	−30 −104	−10 −29	0 −19	0 −30	0 −46	± 15	+32 +2	+30 +11	+39 +20	+51 +32	+60 +41	+72 +53	+85 +66	+106 +87
65～80															+62 +43	+78 +59	+94 +75	+121 +102
80～100	−120 −207	−120 −340	−36 −71	−36 −90	−36 −123	−12 −34	0 −22	0 −35	0 −54	± 17	+38 +3	+35 +13	+45 +23	+59 +37	+73 +51	+93 +71	+113 +91	+146 +124
100～120															+76 +54	+101 +79	+126 +104	+166 +144
120～140	−145 −245	−145 −395	−43 −83	−43 −106	−43 −143	−14 −39	0 −25	0 −40	0 −63	± 20	+43 +3	+40 +15	+52 +27	+68 +43	+88 +63	117 +92	+147 +122	+195 +170
140～160															+90 +65	+125 +100	+159 +134	+215 +190
160～180															+93 +68	+133 +108	+171 146	+235 +210
180～200	−170 −285	−170 −460	−50 −96	−50 −122	−50 −165	−15 −44	0 −29	0 −46	0 −72	± 23	+50 +4	+46 +17	+60 +31	+79 +50	+106 +77	+151 122	+195 +166	+365 +236
200～225															+109 +80	+159 130	+209 +180	+287 +258
225～250															+113 +84	+169 140	+225 +196	+313 +284
250～280	−190 −320	−190 −510	−56 −108	−56 −137	−56 −186	−17 −49	0 −32	0 −52	0 −81	± 26	+56 +4	+52 +20	+66 +34	+88 +56	+126 +94	+190 158	+250 +218	+347 +315
280～315															+130 +98	+202 170	+272 +240	+382 +350
315～355	−210 −350	−210 −570	−62 −119	−62 −151	−62 −202	−18 −54	0 −36	0 −57	0 −89	± 28	+61 +4	+57 +21	+98 +62	+98 +62	+144 +108	+226 +190	+304 +268	+426 +390
355～400															+150 +114	+244 +208	+330 +294	+471 +435

表 3.5 孔的极限偏差(摘自 GB/T 1800.2—2009) 单位:μm

公称尺寸 (mm)	D		F			G	H			JS	K	M	N	P	R	S	T	U
	9	11	7	8	9	7	7	8	9	8	7	7	7	7	7	7	7	7
>0～3	+45 +20	+80 +20	+16 +6	+20 +6	+31 +6	+12 +2	+10 0	+14 0	+25 0	±7	0 −10	−2 −12	−4 −14	−6 −16	−10 −20	−14 −24		−18 −28
>3～6	+60 +30	+105 +30	+22 +10	+28 +10	+40 +10	+16 +4	+12 0	+18 0	+30 0	±9	+3 −9	0 −12	−4 −16	−8 −20	−11 −23	−15 −27		−19 −31
6～10	+76 +40	+130 +40	+28 +13	+35 +13	+49 +13	+20 +5	+15 0	+22 0	+36 0	±11	+5 −10	0 −15	−4 −19	−9 −24	−13 −28	−17 −32		−22 −37
10～18	+93 +50	+160 +50	+34 +16	+43 +16	+59 +16	+24 +6	+18 0	+27 0	+43 0	±13	+6 −12	0 −18	−5 −23	−11 −29	−16 −34	−21 −39		−26 −44
18～24	+117 +65	+195 +65	+41 +20	+53 +20	+72 +20	+28 +7	+21 0	+33 0	+52 0	±16	+6 −15	0 −21	−7 −28	−14 −35	−20 −41	−27 −48		−33 −54
24～30																	−33 −54	−40 −61

续上表

公称尺寸（mm）	D		F			G	H			JS	K	M	N	P	R	S	T	U
	9	11	7	8	9	7	7	8	9	8	7	7	7	7	7	7	7	7
30～40	+142 +80	+240 +80	+50 +25	+64 +25	+87 +25	+34 +9	+25 0	+39 0	+62 0	±19	+7 −18	0 −25	−8 −33	−17 −42	−25 −50	−34 −59	−39 −64	−51 −76
40～50																	−45 −70	−61 −81
50～65	+174 +100	+290 +100	+60 +30	+76 +30	+104 +30	+40 +10	+30 0	+46 0	+74 0	±23	+9 −21	0 −30	−9 −39	−21 −51	−30 −60	−42 −72	−55 −85	−76 −106
65～80															−32 −60	−48 −78	−64 −94	−91 −121
80～100	+207 +120	+340 +120	+71 +36	+90 +36	+123 +36	+47 +12	+35 0	+54 0	+87 0	±27	+10 −25	0 −35	+45 +23	−24 −59	−38 −73	−58 −93	−78 −113	−111 −146
100～120															−41 −76	−66 −101	−91 −125	−131 −166
120～140	+245 +145	+395 +145	+83 +43	+106 +43	+143 +43	+54 +14	+40 0	+63 0	+100 0	±31	+12 −28	0 −40	+52 +27	−28 −68	−48 −88	−77 −117	−107 −147	−155 −195
140～160															−50 −90	−85 −125	−119 −159	−175 −215
160～180															−53 −93	−93 −133	−131 −171	−195 −235
180～200	+285 +170	+460 +170	+96 +50	+122 +50	+165 +50	+61 +15	+46 0	+72 0	+115 0	±36	+13 −33	0 −46	+60 +31	−33 −79	−60 −106	−105 −151	−149 −195	−219 −265
200～225															−63 −109	−113 −159	−163 −209	−241 −287
225～250															−67 −113	−123 −169	−179 −225	−267 −313
250～280	+320 +190	+510 +190	+108 +56	+137 +56	+186 +56	+69 +17	+52 0	+81 0	+130 0	±40	+16 −36	0 −52	+66 +34	−36 −88	−74 −126	−138 −190	−198 −250	−295 −347
280～315															−78 −130	−150 −202	−220 −272	−330 −382
315～355	+350 +210	+570 +210	+119 +62	+151 +62	+202 +62	+75 +18	+57 0	+89 0	+140 0	±44	+17 −40	0 −57	+98 +62	−41 −98	−87 −144	−169 −226	−247 −304	−369 −426
355～400															−93 −150	−187 −244	−273 −330	−414 −471

附录Ⅳ　推荐选用的配合

表 4.1　基孔制优先、常用配合（摘自 GB/T 1801—2009）

基准孔	轴													
	c	d	f	g	h	js	k	m	n	p	r	s	t	u
	间　隙　配　合					过　渡　配　合			过　盈　配　合					
H 6			H6/f 5	H6/g5	H6/h5	H6/js5	H6/k5	H6/m5	H6/n5	H6/p5	H6/r 5	H6/s5	H6/t5	
H 7			H7/f 6	* H7/g6	* H7/h6	H7/js6	* H7/k6	H7/m6	* H7/n6	* H7/p6	H7/r 6	* H7/s6	H7/t6	* H7/u6
H8			* H8/f 7	H8/g7	* H8/h7	H8/js7	H8/k 7	H8/m7	H8/n 7	H8/p7	H8/r 7	H8/s7	H8/t7	H8/u7
		H8/d 8	H8/f 8		H8/h8									

续上表

基准孔	轴														
	c	d	f	g	h	js	k	m	n	p	r	s	t	u
	间隙配合					过渡配合			过盈配合					
H9	H9/c9	*H9/d9	H9/f9		*H9/h9									
H10	H10/c10	H10/d10			H10/h10									
H11	*H11/c11	H11/d11			*H11/h11									
H12					H12/h12									

注：(1)H6/n5,H7/p6 在基本尺寸小于或等于 3 mm 和 H8/r7 在小于或等于 100 mm 时，为过渡配合。

(2)标注 * 的配合为优先配合。

表 4.2　基轴制优先、常用配合(摘自 GB/T 1801—2009)

基准轴	孔															
	C	D	F	G	H	Js	K	M	N	P	R	S	T	U
	间隙配合					过渡配合			过盈配合					
h5			F6/h5	G6/h5	H6/h5	Js6/h5	K6/h5	M6/h5	N6/h5	P6/h5	R6/h5	S6/h5	T6/h5	
h6			F7/h6	*G7/h6	*H7/h6	Js7/h6	*K7/h6	M7/h6	N7/h6	*P7/h6	R7/h6	*S7/h6	T7/h6	*U7/h6
h7			*F8/h7		*H8/h7	Js8/h7	K8/h7	M8/h7	N8/h7					
h8		D8/h8	F8/h8		H8/h8									
h9		*D9/h9	F9/h9		*H9/h9									
h10		D10/h10			H10/h10									
h11	*C11/h11	D11/h11			*H11/h11									
h12					H12/h12									

注：标注 * 的配合为优先配合。

附录Ⅴ　滚动轴承

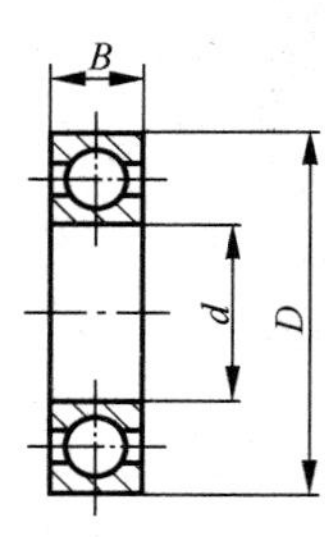

深沟球轴承(GB/T 276—1994)

标记示例

尺寸系列代号为 10，内圈孔径 d 为 40mm、外圈直径 D 为 68mm 的深沟

球轴承,标记为:

滚动轴承 6008 GB/T 276

深沟球轴承各个部分尺寸

轴承代号	尺寸(mm)			轴承代号	尺寸(mm)		
	d	*D*	*B*		*d*	*D*	*B*
尺寸系列代号(01)				尺寸系列代号(03)			
606	6	17	6	633	3	13	5
607	7	19	6	634	4	16	5
608	8	22	7	635	5	19	6
609	9	24	7	6300	10	35	11
6000	10	26	8	6301	12	37	12
6001	12	28	8	6302	15	42	13
6002	15	32	9	6303	17	47	14
6003	17	35	10	6304	20	52	15
6004	20	42	12	6305	25	62	17
6005	25	47	12	6306	30	72	19
6006	30	55	13	6307	35	80	21
6007	35	62	14	6308	40	90	23
6008	40	68	15	6309	45	100	25
6009	45	75	16	6310	50	110	27
6010	50	80	16	6311	55	120	29
6011	55	90	18	6312	60	130	31
6012	60	95	18				
尺寸系列代号(02)				尺寸系列代号(04)			
623	3	10	4	6403	17	62	17
624	4	13	5	6404	20	72	19
625	5	16	5	6405	25	80	21
626	6	19	6	6406	30	90	23
627	7	22	7	6407	35	100	25
628	8	24	8	6408	40	110	27
629	9	26	8	6409	45	120	29
6200	10	30	9	6410	50	130	31
6201	12	32	10	6411	55	140	33
6202	15	35	11	6412	60	150	35
6203	17	40	12	6413	65	160	37
6204	20	47	14	6414	70	180	42
6205	22	52	15	6415	75	190	45
6206	28	62	16	6416	80	200	48
6207	32	72	17	6417	85	210	52
6208	40	80	18	6418	90	225	54
6209	45	85	19	6419	95	240	55
6210	50	90	20	6420	100	250	58
6211	55	100	21	6422	110	280	65
6212	60	110	22				

圆锥滚子轴承(GB/T 297—1994)

标记示例

尺寸系列代号为 03,内圈孔径 *d* 为 30 mm 的圆锥滚子轴承,标记为:

滚动轴承　30306　GB/T 297

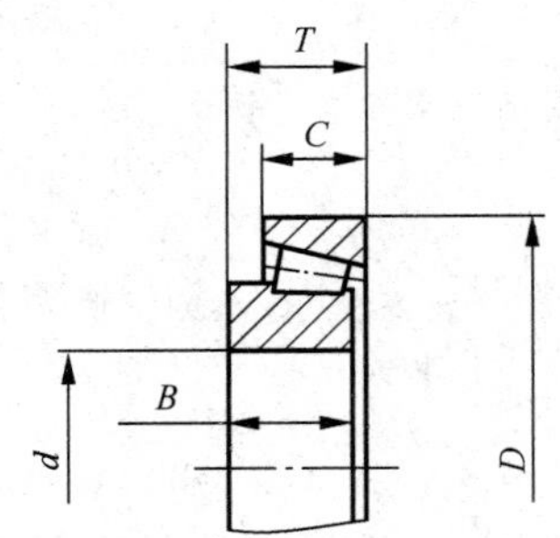

圆锥滚子轴承各个部分尺寸

轴承代号	尺寸(mm)					轴承代号	尺寸(mm)				
	d	*D*	*T*	*B*	*C*		*d*	*D*	*T*	*B*	*C*
尺寸系列代号(02)						尺寸系列代号(22)					
30204	20	47	15.25	14	12	32204	20	47	19.25	18	15
30205	25	52	16.25	15	13	32205	25	52	19.25	18	16
30206	30	62	17.25	16	14	32206	30	62	21.25	20	17
30207	35	72	18.25	17	15	32207	35	72	24.25	23	19
30208	40	80	19.75	18	16	32208	40	80	24.75	23	19
30209	45	85	20.75	19	16	32209	45	85	24.75	23	19
30210	50	90	21.75	20	17	32210	50	90	24.75	23	19
30211	55	100	22.75	21	18	32211	55	100	26.75	25	21
30212	60	110	23.75	22	19	32212	60	110	29.75	28	24
30213	65	120	24.75	23	20	32213	65	120	32.75	31	27
30214	70	125	26.25	24	21	32214	70	125	33.25	31	27
30215	75	130	27.25	25	22	32215	75	130	33.25	31	27
30216	80	140	28.25	26	22	32216	80	140	33.25	33	28
30217	85	150	30.50	28	24	32217	85	150	38.50	36	30
30218	90	160	32.50	30	26	32218	90	160	42.50	40	34
30219	95	170	34.50	32	27	32219	95	170	45.50	43	37
30220	100	180	37	34	29	32220	100	180	49	46	39
尺寸系列代号(03)						尺寸系列代号(23)					
30304	20	52	16.25	15	13	32304	20	52	22.25	21	18
30305	25	62	18.25	17	15	32305	25	62	25.25	24	20
30306	30	72	20.75	19	16	32306	30	72	28.75	27	23
30307	35	80	22.75	21	18	32307	35	80	32.75	31	25
30308	40	90	25.25	23	20	32308	40	90	35.25	33	27
30309	45	100	27.25	25	22	32309	45	100	38.25	36	30
30310	50	110	29.25	27	23	32310	50	110	42.25	40	33
30311	55	120	31.50	29	25	32311	55	120	45.50	43	35
30312	60	130	33.50	31	26	32312	60	130	48.50	46	37
30313	65	140	36	33	28	32313	65	140	51	48	39
30314	70	150	38	35	30	32314	70	150	54	51	42
30315	75	160	40	37	31	32315	75	160	58	55	45
30316	80	170	42.50	39	33	32316	80	170	61.50	58	48
30317	85	180	44.50	41	34	32317	85	180	63.50	60	49
30318	90	190	46.50	43	36	32318	90	190	67.50	64	53
30319	95	200	49.50	45	38	32319	95	200	71.50	67	55
30320	100	215	51.50	47	39	32320	100	215	77.50	73	60

附录Ⅵ　常用材料及热处理

表 6.1　钢铁产品牌号表示方法(GB/T 221—2008)

标准	名称	钢号	应　用　举　例	说　明
GB/T 700—2006	碳素结构钢	Q215	受轻载荷机件、铆钉、螺钉、垫片、外壳、焊件,螺栓、螺母、拉杆、钩、连杆、楔、轴、焊件	“Q”为钢的屈服点的“屈”字汉语拼音首位字母,数字为屈服强度数值(单位 MPa)
		Q235AF		
		Q275 Q235B		

续上表

标准	名 称	钢 号	应 用 举 例	说 明
GB/T 699—1999	优质碳素结构钢	30	曲轴、转轴、轴销、连杆、横梁、星轮，齿轮、齿条、链轮、凸轮、轧辊、曲柄轴，活塞杆、轮轴、齿轮、不重要的弹簧、万向联轴器，高负荷下耐磨的热处理零件，大尺寸的各种扁、圆弹簧、发条	数字表示钢中平均含碳量的万分数，例如“45”表示平均含碳量为0.45 %
		35		
		40		
		45		
		50		
		55		
		60		
		30Mn		
		65Mn		含锰量0.7 %～1.2 %的优质碳素钢
GB/T 3077—1999	合金结构钢	40Cr	较重要的调质零件：齿轮、进气阀、辊子、轴强度及耐磨性高的轴、齿轮、螺栓，汽车上重要的渗碳件、拖拉机上强度特高的渗碳齿轮强度高、耐磨性高的大齿轮，主轴、机座、箱体、支架等	1. 合金结构钢前面两位数字表示钢中含碳量的万分数 2. 合金元素含量以化学符号及阿拉伯数字表示 3. 合金元素含量小于1.5 %时仅注出元素符号
		45Cr		
		18CrMnTi		
		30CrMnTi		
		40CrMnTi		
GB/T 11352—2009	一般工程用铸造碳钢	ZG200—400		“ZG”表示铸钢，后面的两组数字表示其力学性能。第一组数字表示该牌号铸钢的屈服强度最低值，第二组数字表示其抗拉强度最低值
		ZG230—450		

表 6.2 铸铁（GB/T 5612—2008）

名称	牌 号	特性及应用举例	说 明
灰铸铁	HT150	低强度铸铁：盖、手轮、支架 高强度铸铁：床身、机座、齿轮、凸轮、汽缸泵体 高强度耐磨铸铁：齿轮、凸轮、高压泵、阀壳体、锻模	“HT”表示灰铸铁，后面的数字表示抗拉强度值（单位 MPa）
	HT200		
	HT350		
球墨铸铁	QT800-2 QT700-2	球墨铸铁用于具有较高强度，但塑性低：曲轴、凸轮轴、齿轮、汽缸、缸套、轧辊、水泵轴、活塞环、摩擦片	“QT”表示球墨铸铁，其后第一组数字表示抗拉强度（单位 MPa），第二组数字表示延长率（%）
	QT500-5 QT420-10		
可锻铸铁	KTH330-08 KTH370-12	黑心可锻铸铁：用于承受冲击振动的零件，如汽车、拖拉机、农机铸铁	“KT”表示可锻铸铁，“H”表示黑心，“B”表示白心，第一组数字表示抗拉强度值（单位 MPa），第二组数字表示延长率（%）
	KTB380-12 KTB400-05 KTB450-07	白心可锻铸铁：韧性较低，但强度高，耐磨性、加工性好。可代替低、中碳钢及低合金钢的重要零件，如曲轴、连杆、机床附件	

表 6.3　有色金属及合金

名　称	牌　号	应　用　举　例	说　　明
普通黄铜	H62	普通黄铜用于散热器、垫圈、弹簧、螺钉等 铸造黄铜用于轴瓦、轴套及其他耐磨零件 锡青铜用于承受摩擦的零件,如轴承 铝青铜用于强度高、减磨性、耐蚀性、铸造性良好,可用于制造蜗轮、衬套和防锈零件 铸造铝合金用于载荷不大的薄壁零件,受中等载荷零件,需保持固定尺寸的零件	H表示黄铜,后面数字表示平均含铜量的百分数
铸造黄铜	ZHMn58-2-2		牌号的数字表示含铜、锰、铅的平均百分数
铸造锡青铜	ZQSn 5-5-5 ZQSn 6-6-3		Q表示青铜,其后数字表示含锡、锌、铅的平均百分数
铸造铝青铜	ZQAl 9-2 ZQAl 9-4		字母后的数字表示含铝、铁的平均百分数
铸造铝合金	ZL 201 ZL 301 ZL 401		“L”表示铝,后面的数字表示顺序号

表 6.4　常用热处理和表面处理

名　称	代号及标注举例	说　　明	目　　的
退 火	Th	加热—保温—随炉冷却	消除铸、锻、焊零件的内应力,降低硬度,细化晶粒,增加韧性
正 火	Z	加热—保温—空气冷却	处理低碳钢、中碳结构钢,增加强度与韧性,改善切削性能
淬 火	C C48	加热—保温—急冷 淬火回火 HRC 45～50	提高机件强度及耐磨性。但淬火后引起内应力,使钢变脆,所以淬火后必须回火
调 质	T T235	淬火—高温回火 调质至 HB 220～250	提高韧性及强度。重要的齿轮、轴及丝杆等零件需调质
高频淬火	G G52 ()	高频电流加热—急速冷却 高频淬火后,回火至 HRC 50～55	提高表面硬度及耐磨性,常用来处理齿轮
渗碳淬火	S—C S 0.5—C 59	渗碳后,再淬火回火 渗碳层深 0.5,硬度 HRC 56～62	提高表面的硬度、耐磨性、抗拉强度
氮 化	D D 0.3—900	氨气内加热,使氮原子渗入表面。氮化深度 0.3,硬度大于 HV 850	提高表面硬度、耐磨性、疲劳强度和抗蚀能力
氰 化	Q Q59	碳氮原子渗入钢表面,得到氰化层 淬火后,回火至 HRC 56～62	提高表面硬度、耐磨性、疲劳强度和耐蚀性
时 效	时效处理	加热到 100～150°C 后,保温 5－20 小时,空冷,铸件可天然时效,露天放一年以上	消除内应力,稳定机件形状和尺寸
发蓝发黑	发蓝或发黑	氧化剂内加热使表面形成氧化铁保护膜	防腐蚀、美化,如用于螺纹连接件
镀 镍		用电解方法,在钢件表面镀一层镍	防腐蚀、美化
镀 铬		用电解方法,在钢件表面镀一层铬	提高表面硬度、耐磨性和耐蚀能力,也用于修复零件上磨损了的表面

附录Ⅶ AutoCAD 2008 常见命令一览表

常用命令一览表

分类	图标	名称	功能
绘图		直线	创建直线段
		构造线	创建无限长线
		多段线	创建二维由直线段和圆弧组成的多段线
		正多边形	创建闭合的正多边形
		矩形	创建矩形多段线
		三点圆弧	用三点创建圆弧
		圆一圆心、半径	指定半径创建圆
		样条曲线	创建 B 样条曲线
		点	创建多个点对象
		图案填充	用图案填充封闭区域或选定对象
		面域(图块)	将包含封闭区域的对象转变为面域对象
	A	多行文字	创建多行文字对象
修改		删除	从图形中删除对象
		复制对象	复制对象
		镜像	创建对象的镜像图像副本
		偏移	创建同心圆、平行线和等距曲线
		阵列	创建按指定方式排列的多个对象副本
		移动	将对象在指定方向上平移指定的距离
		旋转	绕基点旋转对象
		缩放	在 X、Y 和 Z 方向上同比放大或缩小对象
		拉伸	移动或拉伸对象
		修剪	用其他对象定义的剪切边修剪对象
		延伸	将对象延伸到另一对象
		打断于点	在指定点打断对象
		打断	在两点之间打断对象
		倒角	给对象加倒角
		圆角	给对象加圆角
		分解	将复合对象分解为其部件对象
		特性匹配	将选定对象的特征应用到其他对象
视图		实时平移	移动当前视口中的视图
		实时缩放	放大或缩小显示当前视口中对象的外观尺寸
		窗口缩放	按指定的矩形窗口缩放显示区域
		缩放上一个	缩放以显示上一个视图
		全部缩放	显示图形范围或栅格界限

续上表

分类	图标	名称	功能
标注		线性标注	创建水平或垂直线性标注
		对齐标注	创建对齐的线性标注
		半径标注	创建圆和圆弧的半径标注
		直径标注	创建圆和圆弧的直径标注
		角度标注	标注两直线夹角
		快速标注	快速进行标注或编辑标注
		基线标注	从上一个标注或选定标注的基线处创建线性标注、角度标注或坐标标注
		连续标注	从上一个标注或选定标注的第二条尺寸界线处创建线性标注、角度标注或坐标标注
		引线标注	创建引线和引线注释
		编辑标注	调整尺寸界线倾斜或文字旋转等
		编辑标注文字	移动或旋转标注文字
		标注更新	用当前标注样式更新标注对象
管理器		图层特性	管理图层及图层的属性(名称、颜色、线型、宽度等)
		文字样式	创建、修改及设置命名文字样式
		标注样式	创建、修改标注样式
坐标系		用户坐标系	管理用户坐标系
		世界坐标系	将用户坐标系设置为世界坐标系
		视图坐标系	建立新的用户坐标系，使其 XY 平面平行于屏幕
		原点坐标系	移动原点来定义新的用户坐标系

参考文献

[1] 谢军.现代机械制图[M].北京:机械工业出版社,2006.
[2] 孔宪庶.画法几何与工程制图[M].北京:机械工业出版社,2006.
[3] 大连理工大学工程图学教研室编.机械制图[M].6版.北京:高等教育出版社,2007.
[4] 高金莲.工程图学[M].北京:机械工业出版社,2005.
[5] 董晓英.现代工程图学[M].北京:清华大学出版社,2007.
[6] 董国耀.机械制图[M].北京:清华大学出版社,1997.
[7] 胡宜鸣.机械制图[M].北京:高等教育出版社,2001.
[8] 王巍.机械制图[M].北京:高等教育出版社,2000.
[9] 续丹.3D机械制图[M].北京:机械工业出版社,2002.
[10] 左宗义.工程制图[M].广州:华南理工大学出版社,2002.
[11] 石光源,周积义,彭福荫.机械制图[M].北京:高等教育出版社,1990.
[12] 董祥国.现代工程制图理论篇[M].南京:东南大学出版社,2003.
[13] 顾玉坚.现代工程制图实践篇[M].南京:东南大学出版社,2003.
[14] 金大鹰.机械制图[M].北京:机械工业出版社,2001.
[15] 王乃成.新编机械制图实用教程[M].北京:国防工业出版社,2006.
[16] 刘朝儒,彭福荫,高政一.机械制图[M].北京:高等教育出版社,2004.
[17] 杨惠英,王玉坤.机械制图[M].北京:清华大学出版社,2008.

教 师 服 务 登 记 表

填表日期：________

<table>
<tr><td>教师姓名</td><td></td><td>□先生
□女士</td><td>出生年月</td><td></td><td>职务</td><td></td><td>职称 □教授 □副教授 □讲师
□助教 □其他</td></tr>
<tr><td>学校</td><td colspan="2"></td><td>学院</td><td colspan="2"></td><td>系别</td><td></td></tr>
<tr><td>联系电话</td><td colspan="3">办公：
移动：</td><td>联系地址及邮编
E-mail</td><td colspan="3"></td></tr>
<tr><td>学历</td><td></td><td>毕业院校</td><td></td><td colspan="2">国外进修及讲学经历</td><td colspan="2"></td></tr>
<tr><td>研究领域</td><td colspan="7"></td></tr>
</table>

主讲课程	现用教材名	作者及出版社	教材满意度
课程 1 □专□本□研 人数： 学期：□春□秋			□满意 □一般 □不满意 □希望更换
课程 2 □专□本□研 人数： 学期：□春□秋			□满意 □一般 □不满意 □希望更换
课程 3 □专□本□研 人数： 学期：□春□秋			□满意 □一般 □不满意 □希望更换
著书计划			

希望提供的样书

注：申请的样书必须与本表填写的授课情况相符。

书 号	书 名
ISBN 7-113-□□□□□	

意见和建议

此表请填写人据实填写，以详尽、清晰为盼。填妥后请选择以下任何一种方式将此表返回：(如方便请赐名片)

地 址：北京市宣武区右安门西街 8 号 中国铁道出版社综合编辑部 **邮编**：100054

电 话：(010)51873014 **传真**：(010)51873027

E-mail：book@tdpress.com

图书详情可登录 http://www.tianlujy.com 网站查询